土壌汚染対策法と民事責任

小澤英明

Soil
Contamination
Countermeasures Law
and Civil Liability

白揚社

はしがき

　本書は、平成15年出版の『土壌汚染対策法』（以下「前著」という）を、最新の情報に基づいて全面的に書き改め、かつ、土壌汚染対策法が社会に与えている影響をさまざまに検討したものです。とくに、民事責任にどのような影響を及ぼしているかについて検討を加えています。本書の第4章までは前著においても対応する部分がありますが、第5章は判例評釈を目的として新たに書き下ろしました。そこで、本書はタイトルを「土壌汚染対策法と民事責任」としました。

　前著が出版されたのは、平成15年3月であり、土壌汚染対策法が施行された直後のことでした。それからもうすぐ8年が経過します。

　この間、この法律は土地取引に甚大な影響を及ぼし、人々の土壌汚染に対する関心を一変させました。原因者責任主義を一部修正するかたちではあっても、土地所有者責任主義とでもいうべき思想を導入したことが画期的であり、土地取引に極めて大きな影響を与えるだろうという前著のはしがきで書いたことは、予想どおりの結果となったと思います。

　この法律が土壌汚染対策の一般法として大きな抵抗なく国民に受容されたことは、特筆しておきたいと思います。しかし、施行後この法律のもつ問題がさまざまに現れて、法律の改正の必要性を人々が感じるようになったこともまた事実です。環境省を中心に各種検討会が開かれ、それらの検討を経て、平成21年に土壌汚染対策法が大きく改正されました。政令、省令も順次整備され、改正法は平成22年4月1日から施行されています。

　本書では、前著において私の考えの足りなかった部分を補い、誤っていたと思われる部分を書き改め、全体にわたってアップデートしました。特に第3章の逐条解説では改正法の考え方を詳述し、第4章では土壌汚染対策法が社会に投げかけたさまざまな法的論点を多方面から検討しました。そのうえで、「第5章　裁判例の分析」を追加しました。近年、土壌汚染が論点にな

った裁判例が少なからず公刊され、現時点でそれら全体を概観する必要があると考えたからです。なお、すべての章にわたって、最新情報に基づき文章は全面的に書き直しています。前著の見解を実質的に変えた部分は、それぞれの箇所で理由とともに明記するようにつとめました。

今や土壌汚染に関する文献は極めて多数にのぼるだけでなく、インターネットのおかげで、さまざまな情報に容易にアクセスが可能です。それらを十分に読み込むことはできておらず、重要な文献等の見落しがあることをおそれていますが、土壌汚染に関する重要な法的論点は、幅広くとりあげて考えてみようという姿勢で、本書を執筆しました。なお、本書は、特段の記述がない限り、すべて平成22年8月末日を判断基準時としています。

本書の作成にあたっては、株式会社白揚社の中村幸慈氏、鷹尾和彦氏、上原弘二氏に大変お世話になりました。

また、前著同様、本書の作成には所属する西村あさひ法律事務所の全面的な協力を得ました。國友愛美弁護士には第5章の「事案の概要」と「判決要旨」の作成にあたって多くを負っていますし、重岡裕介弁護士には第4章のQ31ないしQ33の会計に関わる部分の多くを負っています。さらに、法務部の渋谷俊毅さん、小泉郁恵さん、畠山和佳さん、蓮輪真紀子さんには、煩雑なリサーチ（過去の公的規制の詳細調査など）と校正で惜しみない協力を得ました。また、原稿をまとめるにあたって秘書の金成里佳さんにお世話になりました。これらの方々の協力がなければ本書は完成できませんでした。心から感謝いたします。

平成23年2月7日
小澤英明

目 次

はしがき　3
凡例　15
土壌汚染対策法に係る法令等　17

第1章　土壌汚染対策法の成立の背景

1　はじめに ──────────────────── 21
2　日本の土壌汚染の過去 ─────────────── 21
3　土壌汚染の広がり ───────────────── 22
4　土壌汚染に対する政府の取組み ────────── 24
5　アメリカのスーパーファンド法 ────────── 25
6　日本における地下水汚染に関する取組み ─────── 28
7　日本におけるダイオキシン対策 ────────── 29
8　土壌汚染に関する条例 ─────────────── 30
　(1) 地方公共団体の条例・要綱／(2) 東京都の環境確保条例
9　土壌汚染対策法の制定 ─────────────── 32
10　諸外国の土壌汚染に対する取組み ─────────── 32
　(1) アメリカの近時の動向／(2) その他の国々（ドイツ・オランダ・イギリス）／(3) 小括

第2章　土壌汚染対策法の制定と改正

1　平成14年制定時の土壌汚染対策法 ───────────── 43
2　平成14年制定時の土壌汚染対策法の特徴 ──────────── 44
　(1) 原因者責任主義の修正と土地所有者責任主義の導入／(2) 措置命令による除去義務等の発生と措置命令発動の制限／(3) 土壌汚染調査義務の限定／(4) 汚染土地発見体制の不備／(5) 土地の所有者等の免責規定の不存在／(6) 事前汚染防止対策規定の不存在／(7) 実現可能性の重視と将来世代利益の軽視

3　土壌汚染対策法の影響 ──────────────────── 50
　　(1) 取引時の土壌汚染調査／(2) 取引時の契約交渉／(3) 瑕疵の判断／(4) 土壌汚染関連条例の影響／(5) 紛争の発生／(6) 汚染土壌の掘削除去／(7) 汚染土地の管理体制の欠如
　4　土壌汚染対策法改正の議論 ──────────────── 54
　5　土壌汚染対策法改正の概要 ──────────────── 55
　　(1) 大規模な土地の形質の変更／(2) 二種類の規制区域／(3) 措置の指示／(4) 申請による土壌汚染区域の指定／(5) 汚染土壌の運搬及び処分に関する規制／(6) 法構造の対比／(7) リスク管理についての変わらない思想

第3章　土壌汚染対策法逐条解説

第一章　総則
　　第一条（目的）────────────────────────── 66
　　第二条（定義）────────────────────────── 67
第二章　土壌汚染状況調査
　　第三条（使用が廃止された有害物質使用特定施設に係る工場又
　　　　　は事業場の敷地であった土地の調査）──────────── 69
　　第四条（土壌汚染のおそれがある土地の形質の変更が行われる
　　　　　場合の調査）─────────────────────── 86
　　第五条（土壌汚染による健康被害が生ずるおそれがある土地の
　　　　　調査）───────────────────────── 91
第三章　区域の指定等
　第一節　要措置区域
　　第六条（要措置区域の指定等）───────────────── 96
　　第七条（汚染の除去等の措置）───────────────── 101
　　第八条（汚染の除去等の措置に要した費用の請求）──────── 117
　　第九条（要措置区域内における土地の形質の変更の禁止）───── 121
　　第十条（適用除外）───────────────────── 123
　第二節　形質変更時要届出区域
　　第十一条（形質変更時要届出区域の指定等）────────── 123
　　第十二条（形質変更時要届出区域内における土地の形質の変更

                の届出及び計画変更命令) ——————————— 127
　　第十三条（適用除外）——————————— 131
　第三節　雑則
　　第十四条（指定の申請）——————————— 131
　　第十五条（台帳）———————————————— 135
第四章　汚染土壌の搬出等に関する規制
　第一節　汚染土壌の搬出時の措置
　　第十六条（汚染土壌の搬出時の届出及び計画変更命令）——— 136
　　第十七条（運搬に関する基準）——————————— 141
　　第十八条（汚染土壌の処理の委託）————————— 142
　　第十九条（措置命令）——————————————— 143
　　第二十条（管理票）———————————————— 144
　　第二十一条（虚偽の管理票の交付等の禁止）————— 150
　第二節　汚染土壌処理業
　　第二十二条（汚染土壌処理業）——————————— 151
　　第二十三条（変更の許可等）———————————— 159
　　第二十四条（改善命令）—————————————— 161
　　第二十五条（許可の取消し等）——————————— 161
　　第二十六条（名義貸しの禁止）——————————— 162
　　第二十七条（許可の取消等の場合の措置義務）———— 162
　　第二十八条（環境省令への委任）—————————— 163
第五章　指定調査機関
　　第二十九条（指定の申請）————————————— 163
　　第三十条（欠格条項）——————————————— 164
　　第三十一条（指定の基準）————————————— 165
　　第三十二条（指定の更新）————————————— 166
　　第三十三条（技術管理者の設置）—————————— 166
　　第三十四条（技術管理者の職務）—————————— 166
　　第三十五条（変更の届出）————————————— 167
　　第三十六条（土壌汚染状況調査等の義務）—————— 167
　　第三十七条（業務規程）—————————————— 168

第三十八条（帳簿の備付け等） ── 169
第三十九条（適合命令） ── 169
第四十条（業務の廃止の届出） ── 170
第四十一条（指定の失効） ── 170
第四十二条（指定の取消し） ── 170
第四十三条（公示） ── 171

第六章　指定支援法人
第四十四条（指定） ── 171
第四十五条（業務） ── 172
第四十六条（基金） ── 174
第四十七条（基金への補助金） ── 175
第四十八条（事業計画等） ── 175
第四十九条（区分経理） ── 175
第五十条（秘密保持義務） ── 176
第五十一条（監督命令） ── 176
第五十二条（指定の取消し） ── 177
第五十三条（公示） ── 177

第七章　雑則
第五十四条（報告及び検査） ── 177
第五十五条（協議） ── 180
第五十六条（資料の提出の要求等） ── 181
第五十七条（環境大臣の指示） ── 181
第五十八条（国の援助） ── 183
第五十九条（研究の推進等） ── 184
第六十条（国民の理解の増進） ── 184
第六十一条（都道府県知事による土壌汚染に関する情報の収集、整理、保存及び提供等） ── 185
第六十二条（経過措置） ── 187
第六十三条（権限の委任） ── 187
第六十四条（政令で定める市の長による事務の処理） ── 188

第八章　罰則

- 第六十五条 ———————————————————————— 188
- 第六十六条 ———————————————————————— 189
- 第六十七条 ———————————————————————— 190
- 第六十八条 ———————————————————————— 190
- 第六十九条 ———————————————————————— 190

附則（旧法制定時の附則）
- 第一条（施行期日） ————————————————————— 191
- 第二条（準備行為） ————————————————————— 191
- 第三条（経過措置） ————————————————————— 192
- 第四条（政令への委任） ——————————————————— 192
- 第五条（検討） ——————————————————————— 192

附則（新法制定時の附則）
- 第一条（施行期日） ————————————————————— 193
- 第二条（準備行為） ————————————————————— 193
- 第三条（一定規模以上の面積の土地の形質の変更の届出に関する経過措置） ——————————————————————— 194
- 第四条（指定区域の指定に関する経過措置） ————————— 194
- 第五条（指定区域台帳に関する経過措置） —————————— 194
- 第六条（措置命令に関する経過措置） ———————————— 195
- 第七条（汚染の除去等の措置に要した費用の請求に関する経過措置） ———————————————————————— 195
- 第八条（形質変更時要届出区域内における土地の形質の変更の届出に関する経過措置） ———————————————— 195
- 第九条（汚染土壌の搬出時の届出に関する経過措置） ————— 196
- 第十条（指定調査機関の指定に関する経過措置） ——————— 196
- 第十一条（変更の届出に関する経過措置） —————————— 196
- 第十二条（適合命令に関する経過措置） ——————————— 197
- 第十三条（罰則の適用に関する経過措置） —————————— 197
- 第十四条（その他の経過措置の政令への委任） ———————— 197
- 第十五条（検討） —————————————————————— 197

第4章　土壌汚染 Q&A

1　土壌汚染対策法と条例 — 201
2　汚染原因者以外の責任の可能性 — 202
3　土地の所有者等の意義 — 202
4　土壌汚染調査義務の発生 — 203
5　汚染発覚と汚染の除去等の措置の指示・命令 — 204
6　汚染発覚と報告義務 — 205
7　任意汚染調査と要措置区域又は形質変更時要届出区域の指定 — 206
8　汚染の除去等の義務と土地の譲渡 — 207
9　複数義務者の責任 — 207
10　都道府県の原因者調査義務の有無 — 208
11　命令不服従の場合の制裁 — 208
12　汚染の除去等の指示又は命令の私法上の意味 — 209
13　地中への廃棄物の投棄に対する規制 — 210
14　地下への汚水の浸透に対する規制 — 212
15　廃棄物処分場の規制の歴史 — 214
16　土壌汚染対策法の規制数値と関連法規の規制数値との関係 — 216
17　汚染原因者に対する責任追及 — 218
18　汚染土地の売買と瑕疵担保責任 — 221
19　瑕疵担保責任の瑕疵とは — 222
20　瑕疵担保責任期間 — 224
21　土地売買における買主の留意点 — 227
22　土地売買時の汚染浄化の程度 — 229
23　濃度基準に達しない汚染 — 230
24　土地売買における売主の留意点 — 231
25　表明保証責任 — 232
26　宅地建物取引業者の責任 — 235
27　土地を担保にとる場合の融資者の留意点 — 236
28　不動産鑑定評価における土壌汚染の取扱い — 237
29　土壌汚染と固定資産税評価額 — 242

30	土壌汚染と相続税評価額	244
31	汚染土地と会計	245
32	土壌汚染土地担保債権の評価	250
33	土壌汚染とディスクロージャー	252
34	汚染土地処理のための会社分割	254
35	土壌汚染が疑われる会社の会社分割	254
36	土壌汚染が疑われる会社の事業譲渡	255
37	ISO14015とは	256
38	土壌汚染と保険	258
39	汚染除去を行う者への支援措置	260
40	海面埋立てと土壌汚染対策法との関係	261
41	不法投棄を受けた土地所有者の責任	264
42	汚染土壌の引取り	265
43	自然由来の土壌汚染	269
44	道路用地の買収と土壌汚染	270
45	土地区画整理と土壌汚染	275
46	土壌汚染調査会社と秘密保持	278
47	近隣住民による土壌汚染調査請求の可否	279

第5章 裁判例の分析

1　契約責任に関する裁判例

	裁判例1（足立区土地開発公社事件）	286
	裁判例2	291
	裁判例3	296
	裁判例4	298
	裁判例5	300
	裁判例6（江南化工事件）	304
	裁判例7（清和産業事件）	307
	裁判例8（三方商工事件）	310
	裁判例9（王子製紙事件）	314

裁判例 10（スルザーメテコジャパン事件） ——————— 318
　　裁判例 11（セボン事件） ——————————————— 321
　　裁判例 12（ミヤビエステックス事件） ——————— 323
　　裁判例 13 ———————————————————————— 325
　　裁判例 14 ———————————————————————— 327
　　裁判例 15（朝日電化事件） ——————————————— 329
　　裁判例 16（高瀬物産事件） ——————————————— 331
　　裁判例 17（光洋機械産業事件） ———————————— 333
　　裁判例 18（三共鑛金事件） ——————————————— 338
　　裁判例 19（潮産業事件） ———————————————— 340
　　裁判例 20（SMBC 総合管理事件） ——————————— 343
　　裁判例 21（HOYA 事件） ———————————————— 345
　　裁判例 22 ———————————————————————— 350
2　不法行為責任に関する裁判例
　　裁判例 23（日の出町一般廃棄物処分場事件） ———— 354
　　裁判例 24（群馬県工業団地土壌汚染事件） ————— 360
　　裁判例 25（福島県井戸水汚染事件） ————————— 366
　　裁判例 26（岡山県吉備郡産業廃棄物堆積事件） —— 371
3　行政事件に関する裁判例
　　裁判例 27（千葉県残土条例事件） ——————————— 378
　　裁判例 28（三菱瓦斯化学事件） ———————————— 381
　　裁判例 29（アスベストスラッジ事件） ———————— 385
　　裁判例 30（ホクレン精糖工場事件） ————————— 389
4　裁定例
　　川崎市土壌汚染事件 ————————————————— 393
5　裁判例からの示唆
　　(1) 瑕疵担保請求権行使に関する制約 ————————— 401
　　(2) 原因者に対する法的責任の追及 —————————— 403
キーワード・裁判例対照表 ——————————————— 406

付録

土壌汚染対策法 ──────────────── 411
土壌汚染対策法施行令 ─────────── 437
土壌汚染対策法施行規則 ────────── 442
汚染の除去等の措置に関するイメージ図 ──── 489

索引　497

凡　例

法……土壌汚染対策法（平成十四年五月二十九日法律第五十三号）

施行令……土壌汚染対策法施行令（平成十四年十一月十三日政令第三百三十六号）

施行規則……土壌汚染対策法施行規則（平成十四年十二月二十六日環境省令第二十九号）

旧法……土壌汚染対策法の一部を改正する法律（平成二十一年四月二十四日法律第二十三号）による改正前の土壌汚染対策法

旧施行規則……土壌汚染対策法施行規則の一部を改正する省令（平成二十二年二月二十六日環境省令第一号）による改正前の土壌汚染対策法施行規則

処理業省令……汚染土壌処理業に関する省令（平成二十一年十月二十二日環境省令第十号）

指定省令……土壌汚染対策法に基づく指定調査機関及び指定支援法人に関する省令（平成十四年十一月十五日環境省令第二十三号）

廃棄物処理法……廃棄物の処理及び清掃に関する法律（昭和四十五年十二月二十五日法律第百三十七号）

廃棄物処理法施行令……廃棄物の処理及び清掃に関する法律施行令（昭和四十六年九月二十三日政令第三百号）

環境確保条例……都民の健康と安全を確保する環境に関する条例（平成十二年十二月二十二日条例第二百十五号）

平成22年施行通知……「土壌汚染対策法の一部を改正する法律による改正後の土壌汚染対策法の施行について」（平成22年3月5日付け環水大土発第100305002号）

平成15年施行通知……「土壌汚染対策法の施行について」（平成15年2月4日付け環水土第20号）

処理業通知……「汚染土壌処理業の許可及び汚染土壌の処理に関する基準について」（平成22年2月26日付け環水大土発第100226001号）

運搬基準通知……「汚染土壌の運搬に関する基準等について」（平成22年3月10

日付け環水大土発第 100310001 号)

地歴調査に関する通知……「土壌汚染状況調査における地歴調査について」(平成 22 年 3 月 19 日付け環水大土発第 100319002 号)

濃度基準……法第 6 条第 1 項第 1 号に基づき施行規則第 31 条で定める基準

技術的事項答申……「土壌汚染対策法に係る技術的事項について」(平成 14 年 9 月 20 日付け中央環境審議会答申)

平成 20 年中央環境審議会答申……「今後の土壌汚染対策の在り方について」(平成 20 年 12 月 19 日付け中央環境審議会答申)

平成 21 年改正……土壌汚染対策法の一部を改正する法律(平成二十一年四月二十四日法律第二十三号)による土壌汚染対策法の改正

土壌汚染対策法に係る法令等

土壌汚染対策法に係る法令
- 土壌汚染対策法
- 土壌汚染対策法施行令
- 土壌汚染対策法施行規則
- 汚染土壌処理業に関する省令
- 土壌汚染対策法に基づく指定調査機関及び指定支援法人に関する省令

土壌汚染対策法に基づく告示
- 土壌ガス調査に係る採取及び測定の方法を定める件(平成15年3月6日環境省告示第16号)
- 地下水に含まれる調査対象物質の量の測定方法を定める件(平成15年3月6日環境省告示第17号)
- 土壌溶出量調査に係る測定方法を定める件(平成15年3月6日環境省告示第18号)
- 土壌含有量調査に係る測定方法を定める件(平成15年3月6日環境省告示第19号)
- 負担能力に関する基準を定める件(平成16年1月30日環境省告示第4号)
- 要措置区域内における土地の形質の変更の禁止の例外となる行為及び形質変更時要届出区域内における土地の形質の変更の届出を要しない行為の施行方法の基準を定める件(平成22年3月29日環境省告示第23号)
- 汚水が地下に浸透することを防止するための措置を定める件(平成22年3月29日環境省告示第24号)
- 大気有害物質の量の測定方法を定める件(平成22年3月29日環境省告示第25号)

土壌汚染対策法の施行通知等
・土壌汚染対策法の一部を改正する法律による改正後の土壌汚染対策法の施行について（平成22年3月5日環水大土発第100305002号）
・土壌汚染対策法第3条第1項の土壌汚染状況調査について（平成15年5月14日環水土発第030514001号）
・汚染土壌処理業の許可及び汚染土壌の処理に関する基準について（平成22年2月26日環水大土発第100226001号）
・汚染土壌の運搬に関する基準等について（平成22年3月10日環水大土発第100310001号）
・土壌汚染状況調査における地歴調査について（平成22年3月19日環水大土発第100319002号）

第 1 章

土壌汚染対策法の成立の背景

1 はじめに

　各種の調査機関が日本における土壌汚染の存在する場所の数を推測していますが、数十万単位で存在するのではないかと一般的に言われています[1]。このような多数の汚染場所を発生させた背景には、かつては汚染された物質を地中に埋めたり、浸透させたりすることの重大性が認識されておらず、また、各種物質の健康被害に対する影響が正しく認識されていなかったことが挙げられると思われます。要するに土壌汚染に対する国民の意識が低かったのです。このような背景の中で、さまざまな汚染物質が地中に埋められ、地中に浸透することが放置され、また、産業廃棄物の処分に伴って、さまざまな土壌汚染が生まれました。

2 日本の土壌汚染の過去

　土壌汚染を原因とする社会問題は、日本でも古くから存在しており、多く

---

[1] 例えば、社団法人土壌環境センターによると、調査が望まれる事業所数は、約928,000か所にのぼり、調査費用は2兆3000億円、浄化費用には11兆円、あわせて13兆3000億円もの費用が必要とされています（「我が国における土壌汚染対策費用の推定」2000年　社団法人土壌環境センター）。もっとも、ここで調査が望まれる事業所数とされているのは、「汚染調査を実施して汚染の有無を明確にしておいた方が望ましい、すなわち汚染が全く存在しないとは断定できない事業所」のこととされていますので、注意が必要です。なお、昭和50年4月1日から平成21年3月末日までに都道府県・政令市が把握した土壌汚染事例の累計は、調査事例が8965件、基準超過の汚染が判明した事例が4706件とのことです（「平成20年度土壌汚染対策法の施行状況及び土壌汚染調査・対策事例等に関する調査結果」平成22年3月環境省水・大気環境局）。これは、土壌汚染対策法や条例に基づかない調査も含んでいますが、任意調査のうち都道府県・政令市が把握していない事例数は相当数あると思われ、また、未だまったく手つかずの土地も数多いと思われることから、土壌汚染サイトの氷山の一角と見るべきものと思われます。

の深刻な被害をもたらしてきました。そのうち、神通川流域のイタイイタイ病が三井金属鉱業神岡鉱山から排出されたカドミウム汚染によるとの疑いが強くなったことを契機に、1970年に「農用地の土壌の汚染防止等に関する法律」（以下、「農用地土壌汚染防止法」という）が制定されました。カドミウムは亜鉛鉱石の中に含まれ、亜鉛精錬の副産物として生産されます。この法律は、農用地におけるカドミウム、銅及び砒素という特定有害物質が一定基準を超える場合、都道府県知事が対策地域を設定して、客土などの土壌復元事業を実施するものです。これは、土壌汚染防止のために特段規制を行うものではありません。なお、1970年の国会は公害国会とも呼ばれるほど、公害に関する各種の法律が制定されましたが、公害防止事業費事業者負担法もその年に制定されています。この法律で、農用地の客土事業が公害防止事業の一つとされました（同法2条2項3号）。公害防止事業とは、事業者の事業活動による公害を防止するために事業者にその費用の全部又は一部を負担させるものとして国又は地方公共団体が実施する事業です。この法律では、原因者負担の原則が貫かれています。すなわち、「公害防止事業に要する費用を負担させることができる事業者は、当該公害防止事業に係る地域において当該公害防止事業に係る公害の原因となる事業活動を行ない、又は行なうことが確実と認められる事業者とする」（同法3条）とあります。公害防止事業は、国又は地方公共団体が実施する事業であり、原因者である事業者は、その費用を負担するという構成となっています。

3　土壌汚染の広がり

このように農用地の汚染については、農用地土壌汚染防止法で一応の対策

2　農用地の土壌汚染状況及び農用地土壌汚染防止法のもとでの土壌汚染対策については、畑明郎『土壌・地下水汚染』（有斐閣　2001）10頁以下等参照。

3　同時に公害防止事業とされたものに、工場又は事業場の周辺又は設置予定地の周辺で行われる緩衝緑地その他公共空地の設置・管理事業、河川・湖沼・港湾など公共用水域に堆積した有害物質による被害の防止又は除去のために行われる浚渫事業、覆土事業及び耕うん事業又は水質の汚濁している公共用水域の浄化を目的として行われる浄化用水の導入事業、主として特定の事業者の利用に供される一定の公共下水道及び一定地域の事業活動にともなう産業廃棄物の処理施設の設置事業、公害が著しい地域から住宅・学校・児童福祉施設・病院等を集団的に移転又は除却する事業等があります。

が講じられてきましたが、農用地以外の土地の土壌汚染については長年手つかずの状況でした。このことが豊島（てしま）事件に代表される産業廃棄物の不法投棄による土壌汚染問題の発生の要因の一つとなりました。また、

4　農用地土壌汚染防止法に基づいて対策地域として指定された土地は、1996年末累計で66地域6260haであり、このうち、公害防止事業費事業者負担法による客土事業等は、同法が施行された1971年から1996年度末までの26年間に、合計40件行われ、事業費合計846億円、事業者負担割合44.5%とのことです。吉田文和『廃棄物と汚染の政治経済学』（岩波書店　1998）209頁参照。なお、平成19年度末現在、基準値以上の汚染が判明した農用地の累計面積は、7487haであり、対策地域として指定された土地は、うち6577haであり、対策事業が完了したのは6544haとされています（平成20年12月18日の環境省発表の「平成19年度農用地土壌汚染防止法の施行状況について（お知らせ）」参照）。

5　かつて土壌復元対策が講じられたのは、全国の土壌汚染農地のうちで、産米1ppm以上の指定地域のみで、1ppm未満であっても0.4ppm以上の準汚染農地は、石灰や珪酸カルシウムなどのカドミウム吸収抑制剤や水管理により産米のカドミウム濃度を下げるという対症療法しか取られず、土壌復元などの抜本的対策をしないまま準汚染米を作り続けてきたこと、このような対症療法では土壌中のカドミウム濃度が減少しないので、その年の気象条件や水管理の変化で産米中のカドミウム濃度が変動して、0.4ppm以上1ppm未満の準汚染米だけでなく1ppm以上の汚染米も時に流通することがあったことなど、農用地の土壌汚染対策にもなお課題があったことについては、畑明郎前掲書143頁以下参照。ただし、平成22年6月16日に農用地土壌汚染防止法施行令が改正され、都道府県の区域内の一定の地域内の農用地において生産される米に含まれるカドミウムの量が米1kgにつき0.4mgを超えるおそれが著しいと認められる地域をカドミウムに係る農用地土壌汚染対策地域に指定することになりました。これについて環境省は、「今般、食品、添加物等の規格基準の一部を改正する件（平成22年4月厚生労働省告示第183号）により、0.4ppmを超えるカドミウムを含む米が公共衛生の見地から販売等が禁止される食品に位置付けられたことを踏まえ、人の健康を損なうおそれがあるカドミウムを含む米の生産を防止するため、カドミウムに係る農用地土壌汚染対策地域の指定要件の改正を行うこととした。」と明記しています。環境省水・大気環境局長から都道府県知事あての平成22年6月16日付「農用地の土壌の汚染防止等に関する法律施行令の一部改正等について」（環水大土発第100616001号）参照。

6　豊島事件の顛末については、大川真郎『豊島産業廃棄物不法投棄事件』（日本評論社　2001）参照。豊島事件は、産業廃棄物を有償で受け入れて利益をあげることを企図した業者が、自らの所有土地に、リサイクル資源を保管していると表向き説明しながら、実際は大量の産業廃棄物を収集し野積みしたことにより生じた深刻な環境破壊事件で、香川県が適切な指導監督を怠ったことにより発生しました。地方公共団体の怠慢な環境行政の典型事例です。不法投棄されたものは、シュレッダーダスト、ラガーロープ、廃油、廃液、廃プラスチック、汚泥などさまざまで、また、野焼きも続けられたためダイオキシンなどさまざまな有害物質が発生しました。10年にもわたり公然と不法投棄が放置され、50万トンを超える廃棄物が残されました。2000年6月に香川県と住民との間で公害等調整委員会において調停が成立し、撤去処分が開始されましたが、適正な処分には莫大な費用を要すると見込まれています。なお、不法投棄を行った業者は、破産宣告を受け処理に要する費用を負担する能力がないところ、排出事業者の責任も問題となりました。適切な処分がなされるかどうか確認することもなく処理を委託したことに責任があるという判断で、排出事業者に一定の費用負担をさせる調停も成立していますが、その負担する費用は、全体の処理費用からすれば、かなり小さな割合です。なお、豊島廃棄物等の全体量は推計で66万8000トンであり、平成15年9月18日の本格稼働から平成22年3月末日までの、処理計画量は累計で41万1480トンであり、処理量

1970年代には東京都墨田区、江東区、江戸川区において日本化学工業が六価クロムを含む鉱滓を未処理のまま大量に埋めていることが発覚するなど、市街地の土壌汚染が指摘されるようになりました。しかし、農用地以外の土地の土壌汚染に対する法的規制については、ハイテク汚染とも呼ばれる揮発性有機化合物による土壌汚染を通した地下水汚染が深刻な問題として認識されたことを契機として、1996年に水質汚濁防止法が改正され、また、ダイオキシンの毒性に注目が集まったことを契機に1999年にダイオキシンについての特別法であるダイオキシン類対策特別措置法が制定された程度で、土壌汚染全般にわたる法規制がなされることはありませんでした。

4　土壌汚染に対する政府の取組み

ただ、この間、行政指導の基準となる各種の指針や基準は発表されてきました。まず、上記六価クロム事件を契機に1986年には「市街地土壌汚染に係る暫定対策指針」が制定されました。その後、1990年には、地方公共団体の判断基準を示す「有害物質が蓄積した市街地等の土壌を処理する際の処理目標について」が定められ、1991年には土壌汚染に関する環境基準である「土壌の汚染に係る環境基準」が定められました。また、1992年には

は累計で37万1203トンのようです（豊島廃棄物等処理事業の実施状況速報（平成22年8月末）、香川県豊島問題ホームページ参照）。

7　六価クロムによる土壌汚染については、吉田文和前掲書231頁等参照。

8　1970年代後半以降、アメリカのシリコンバレーやオランダのレッカーケルクなどで、揮発性有機化合物による大規模な土壌及び地下水の汚染が発覚し、住民の健康被害が問題とされました。揮発性有機化合物とは、トリクロロエチレン、テトラクロロエチレン、トリクロロエタンなど、揮発性が高く、不燃性であり、油の溶解力が高いなどの優れた性質を有しており、一般金属の前処理、塗料の溶剤、電子部品の洗浄、ドライクリーニング用の溶剤などさまざまな目的のために使用されてきました。日本でも1984年に半導体工場による地下水汚染が兵庫県太子町ではじめて明らかになり、東芝太子工場のトリクロロエチレンの貯蔵タンクの貯蔵・使用上の問題が土壌汚染の原因であろうと推定されました。その後次々に、揮発性有機化合物による地下水汚染が明らかになり、その汚染の範囲が広範にわたっていることが明らかになるようになりました。これら揮発性有機化合物による地下水汚染については、吉田文和前掲書81頁以下に詳しい記述があります。

9　その後1993年、1994年、1995年、1998年、2001年、2008年、2010年と数次にわたり改正されています。

「国有地に係る土壌汚染対策指針」として土壌汚染の調査対策指針がはじめて定められ、1994年には「重金属等に係る土壌汚染調査・対策指針及び有機塩素系化合物等に係る土壌・地下水汚染調査・対策暫定指針」に改正されました。さらに、1997年には「地下水の水質汚濁に係る環境基準」が定められ、1999年には「土壌・地下水汚染に係る調査・対策指針及び同運用基準」が定められ、土壌汚染と地下水汚染の調査対策指針が統合され、明確なものとなりました。[10]

　このように行政指導の基準となる各種の指針や基準は定められたものの、上記のとおり、土壌汚染の全般にわたる法規制がなされなかったことは日本の土壌汚染対策の遅れとしてかねてから批判されてきたものです。ただ、基準や対策指針とはいえ、上記のとおり1990年代には政府もさまざまな土壌汚染対策を検討するようになりました。これは、社会の環境に対する意識の向上を背景として、環境のあらゆる分野にわたって1990年代からは環境法が著しく発展をとげるようになったことと歩調をともにしています。このような流れの背後には国際的な環境問題に対する取組みの強化があります。とりわけ土壌汚染問題は、一つの重大な環境問題として、さまざまな事件を契機に先進諸外国で本格的な取組みがなされるようになりました。日本でもこのような諸外国の影響もあり、とりわけ地下水を飲料に利用している地域を抱える地方公共団体で大きな問題として認識され、後述するように、条例や要綱で先進的な取組みがなされるようになりました。このような流れに押されるようにして、後述するように地下水に関する水質汚濁防止法が改正され、ついに土壌汚染一般を対象にする土壌汚染対策法が成立したと言えると思います。

5　アメリカのスーパーファンド法

　土壌汚染浄化に関する先進諸外国の法制は日本でも多くの研究成果が発表され、初版ではその要約ともいうべき説明を記載していましたが、ここではアメリカについて歴史的記述を行うにとどめ、アメリカの近時の状況と初版

10　土壌汚染に関する政府の各種の環境基準等については、例えば、中杉修身「市街地土壌汚染の曝露リスクと環境基準・対策」環境情報科学31巻3号（2002年）18頁以下参照。

でふれていたドイツ、オランダ、イギリスの土壌汚染法制についての現在の状況についてのみ、本章の最後に参考情報を記載します。

　アメリカの土壌汚染に対する取組みは、ラブ・カナル事件[11]を契機として1980年に成立したスーパーファンド法（The Comprehensive Environmental Response, Compensation and Liability Act、ただし、1986年にThe Superfund Amendments and Reauthorization Actにより、1996年にThe Asset Conservation, Lender Liability, and Deposit Insurance Protection Actにより、1999年にThe Superfund Recycling Equity Actにより、また2002年にThe Small Business Liability Relief and Brownfields Revitalization Actにより改正された）で知られています。この法律は、連邦環境保護庁（Environmental Protection Agency）に有害物質による土壌汚染の危険がある土地についての情報を収集する幅広い権限があるとしたうえで、土壌汚染の浄化義務者を広く定めるとともに、連邦環境保護庁が浄化を行った場合は、その費用をスーパーファンドと呼ばれる基金（税金等から出費される）から支出し、後に責任当事者に費用の求償をするというものです。スーパーファンド法の概要は以下のとおりです[12]。

　浄化が行われるのは、施設（facility）又は船舶（vessel）から、有害物質（hazardous substance）又は汚染物質・汚濁物（pollutant or contamination）の環境（environment）中への放出（release）若しくは放出の重大なおそれ（threatened release）があり、その結果、人の健康及び環境に切迫した重大な危険を与える場合です。ここで施設とありますが、判例で施設とは有害物質が置かれるすべての場所を含むとされています。

　大統領は、潜在的責任当事者に自力除去を命令することができます。潜在的責任当事者が正当な理由がなく命令に従わなければ、潜在的責任当事者は

11　ラブ・カナル事件については、例えば、加藤一郎他『土壌汚染と企業責任』（有斐閣　1996）39頁以下等参照。

12　スーパーファンド法については、由喜門眞治「土壌汚染における浄化責任システム」神戸法学雑誌43巻1号251頁以下（1993年）、植木哲他『環境汚染への対応』（新日本法規出版　1995）134頁以下、加藤一郎他前掲書45頁以下、大坂恵理「アメリカ合衆国における土壌汚染問題への取組み」早稲田法学会誌48巻1頁以下（1998年）等参照。また、Farber & Findley, Environmental Law in a Nutshell (Eighth Edition), West Group（2010）のp.224-253参照。

裁判所に訴えられ、一日当たり一定額の罰金を課されます。潜在的責任当事者が命令に従わないために、連邦環境保護庁自ら対応措置を実施した場合、潜在的責任当事者は、基金の負担額と同額又は3倍以内の懲罰的損害賠償を請求されることがあります。

　この潜在的責任当事者は、第一に汚染施設の現在の所有者（owner）又は「運営者」（operator）、第二に有害物質が処分された時点の所有者又は「運営者」（すなわち過去の所有者又は「運営者」）、第三に当該施設に運び込まれた有害物質の発生者又は手配者（generator or arranger）、第四に当該施設へ有害物質を輸送した運搬者（transporter）です。免責されるのは、不可抗力、戦争行為、第三者の行為、善意の購入者の抗弁が認められる場合です。

　ここで、「所有者」と訳してある部分は、原語はownerです。英米法では不動産の権限を有する者は広くownerと言うのが普通であり、日本で言う所有者より広い概念で使われることも少なくありません。賃借人もleasehold interestすなわち賃借権のownerであると言うことができます。また、「運営者」と訳してある部分は、原語はoperatorです。ただ、これまでスーパーファンド法を日本に紹介した文献では、ごくわずかの例外を除いて、すべてoperatorを管理者と訳しています[13]。しかし、operatorを管理者と訳すのはやや奇妙であり、すなおに運営者と訳すべきだと考えます。つまり、これらownerとoperatorを合わせると、当該汚染施設の所有者、賃借人及びそこにおける事業の運営者といった概念になるものと思われます。このoperatorの本来含みうる者の範囲が広いため、親会社、株主、役員なども責任が認められたこともあります。また、融資者も施設の担保権を取得することがありますし、時には施設の所有者である債務者の事業運営に関わることもありますので、owner又はoperatorとして、潜在的責任当事者になることがあります。

　アメリカではこのように潜在的責任当事者の範囲が広く、その責任を争う

13　operatorを運営者と訳しているものに、小杉丈夫「子会社による土地汚染について、親会社が子会社施設の運営者として除去費用を負担するのはいかなる場合か」法律のひろば52巻8号（1999年）58頁以下があります。また、吉川栄一『企業環境法第二版』（上智大学出版会　2005）148頁では、operatorを管理運営者と訳しています。

訴訟が頻繁に提起され、また、潜在的責任当事者間で費用の分担をめぐって訴訟が頻繁に提起され、これらに要する弁護士費用が莫大であり、そのために基金がこれら弁護士費用に多く使われ、浄化のための費用として効率よく使われていないことが問題とされてきました。そのため、訴訟外で連邦環境保護庁が和解を主導するなどの試みが行われています。

なおアメリカの近時の動向については、本章の最後に少しふれたいと思います。

6 日本における地下水汚染に関する取組み

1984年に日本ではじめて半導体工場による地下水汚染が兵庫県太子町で明らかになり、以後ぞくぞくといわゆるハイテク汚染と呼ばれるハイテク関連機器の製造に伴って使用される揮発性有機塩素化合物による地下水汚染が明らかになりました。これに伴い、秦野市が1993年に全国に先駆けて「地下水汚染の防止及び浄化に関する条例」を公布しました。この条例では、過去の行為に起因する土壌汚染者に対しても遡及的に詳細調査と浄化を義務づけるとともに、市の資金と寄付金とからなる基金を設置し、汚染者が不明な場合は、市長が詳細調査及び浄化事業を行い、汚染者が判明したときに、後から費用償還を請求できるシステムが整備されました。[14]この秦野市に代表される地方の危機意識を背景に、地下水汚染に対する法律上の対応を迫られ、そのための水質汚濁防止法改正が1996年に行われ、翌年から施行されることになりました。ここではじめて地下水汚染の浄化に係る措置命令を都道府県知事が出せることになりました。これは、同法第14条の3で規定されていますが、なお原因者責任主義を貫いており、施設の現在の設置者が有害物質の地下への浸透があった時の設置者でなければ、現在の設置者は措置命令を受けることはなく、ただ、かかる浄化に協力する義務だけが課されています。環境省は、地下水汚染の原因となる浸透の時点で有害物質に指定されていない物質についても措置命令の時点で有害物質に指定されていれば、措置命令の対象であるとしています。[15]

---

14 秦野市の地下水汚染及びそれに対する取組みについては、吉田文和『廃棄物と汚染の政治経済学』(岩波書店 1998) 96頁以下及び236頁以下参照。

興味深いのは、上記水質汚濁防止法の改正がなされた後平成14年4月までに判明した汚染事例数は、1397件にのぼるようですが、同月まで浄化措置命令が出された事例は一件もなく、すべて自主的な浄化等がなされているとのことです。[16]

7　日本におけるダイオキシン対策

1999年の所沢市のダイオキシンによる野菜汚染騒動等を契機に、同年、ダイオキシン類対策特別措置法が制定されました。この法律で、都道府県知事は、大気や水質のみでなく、土壌のダイオキシン類による汚染状況をも常時監視し、調査測定をすることが定められました。汚染された土壌に関する

---

[15] 環境庁水質保全局監修・水質法令研究会編『逐条解説水質汚濁防止法』（中央法規出版　1996）292頁。なお、この点につき、大塚直「市街地土壌汚染浄化をめぐる新たな動向と法的論点（一）」自治研究75巻10号（1999年）16頁では、水質汚濁防止法が制定された1970年時点の同法には、有害物質等を含む汚水等が地下にしみこむことのないように適切な措置を講じるべきことが定められていたために、必ずしも遡及責任が認められたというべきではないという見解が示されています。しかし、本来的に何人も他人の健康に害を及ぼすかたちで汚染物質の放出を行うことは許されないと考えれば、その放出時点でその危険性がないことの合理的確信が存在しない限りは、その結果につき責任を問うことは、責任の遡及、すなわち事後のルールで責任をはじめて負わせるものであることにはならないと考えます。従って、そもそも1970年時点の同法においてそのような「適切な措置」を講じるべきことが定められていたから責任の遡及ではないという論理にも疑問があります。なお、注意を引くのは、水質汚濁防止法14条の3が導入された時の改正法附則で、その改正法が公布された平成8年6月5日までに特定事業場を他に譲渡してしまっている汚染原因者（正確には「当該浸透があった時において当該特定事業場の設置者であった者」）はもはや汚染の除去の義務を負わないとしているところで、なぜ、改正法の公布時までに特定事業場を所有していたか否かで責任の有無を別に考えようとしたのか合理的説明は難しいように思います。汚染原因者にその責任を追及するという発想であれば、改正法の公布時点まで特定事業場を所有していたか否かは責任の有無の判断に何ら影響はないと思われるからです。

[16] 2002年4月5日衆議院環境委員会における政府参考人環境省環境管理局水環境部長石原一郎氏の説明参照。ただし、この点については、水質汚濁防止法14条の3を受けて、人の健康被害を防止するための「必要な限度」を定めた同法施行規則9条の3第2項が地下水の飲用による危険防止を主眼としているため、「実際に汚染事例があったとき、直ちに飲用指導を行い、当座をしのぐ。なおかつ、簡易上水道として利用されている場合においては、実際に上水道を引くことによって、危機を回避する対策をしている。そういった意味での要件がなくなるということで、これまで浄化措置命令の発令はない。」（平成13年8月9日の「土壌環境保全対策の制度の在り方に関する検討会」（第7回）会議録8頁の伊藤洋環境省水環境部土壌環境課長の発言）という背景の事情があるようです。従って、地下水の汚染が判明しても、地下水の飲用をやめさせただけで、地下水の汚染は放置されている場合も少なくないのではないかと思われます。上記石原一郎水環境部長の説明は、このような背景を知らなければ、正しい理解ができません。

措置としては、農用地土壌汚染防止法とほぼ同様の規定が置かれました[17]。

8　土壌汚染に関する条例

(1) 地方公共団体の条例・要綱

1993年の秦野市の地下水に関する上記条例の制定後、いくつかの地方公共団体で土壌汚染に関する条例や要綱が制定されました。土壌汚染対策法制定以前に既に、例えば、東京都、新潟県、神奈川県、市川市では条例が定められ、また、東京都板橋区、横浜市、川崎市、千葉市、名古屋市等では要綱が定められていました[18]。ここでは土壌汚染対策法制定後も条例として独自の法的影響力をもった東京都の条例がどのような内容をもって制定されたのかについて概略を紹介します。

(2) 東京都の環境確保条例

東京都は2000年12月に公害防止条例を改正し、「都民の健康と安全を確保する環境に関する条例」（以下、「環境確保条例」という）を公布し、これを2001年4月1日から施行しました。これは、原因者責任主義だけでなく所有者責任主義をも制限的ながら導入しようとする意図を有した規定を含んでおり、注目に値します。

この第114条から第117条が土壌汚染、地下水汚染に関する対策責任を規定しています。

第114条に基づき、知事は、工場又は指定作業場を設置している者で有害物質を取り扱い、又は取り扱った者（「有害物質取扱業者」と呼ばれています）が有害物質により土壌を汚染したことにより大気又は地下水を汚染し、かつ、現に人の健康に係る被害が生じ、又は生じるおそれがあると認めるときは、その者に汚染処理計画書の作成と敷地内の汚染土壌の処理を命じるこ

17　ダイオキシン類対策特別措置法の制定の経緯及び内容については、大塚直『環境法第3版』（有斐閣　2010）417頁以下に詳しい解説があります。

18　平成12年7月1日現在の地方公共団体における土壌汚染対策に関連する条例、要綱、指導指針等の制定状況については、環境省が平成13年3月に公表したデータがあり、20の都道府県で条例等が整備されていたことがわかります（村岡元司「自治体の土壌・地下水汚染対策」産業と環境31巻9号（2002年）28頁以下参照。

とができます。

　第115条に基づき、知事は、有害物質による地下水の汚染が認められる地域がある場合は、当該地域内の有害物質取扱事業者に対して、その敷地内の土壌汚染状況を調査し、報告することを求めることができ、有害物質の濃度が基準を超える場合でその敷地の土壌汚染が当該地下水汚染の原因であると認められるときは、その者に汚染処理計画書の作成と敷地内の汚染土壌の処理を命じることができます。

　第116条により、有害物質取扱事業者は、工場若しくは指定作業場を廃止し、又はその全部又は主要な部分を除却しようとするときは、その敷地内の土壌汚染の状況を調査し、知事に届け出なければならず、その調査の結果、知事は、汚染土壌処理基準を超えていると認めるときは、汚染拡散防止計画書の作成と拡散防止の措置をとることを命じることができます。ここで注目すべきは、このような調査や汚染拡散防止の措置を行わずに、土地の譲渡が行われた場合は、譲渡を受けた者がこれらの義務を負うことを同条第4項で定めていることです。これは、一種の土地所有者責任です。

　第117条は、大規模の土地（3000平方メートル以上）の改変を行う者に一定の調査を行わせ、その調査の結果、土壌が汚染され、又はそのおそれがあると認められるときに、土壌汚染状況を調査し、報告することを求めることができるとしています。その結果、汚染が判明すれば、改変者は、汚染拡散防止計画書を作成しなければならず、また、これを実行しなけれならないとされています。この規定は、汚染の原因者ではなくとも汚染の拡大をもたらしうる者であれば、汚染の原因を生じさせた者以外の者にも汚染の拡大防止を義務づけるものですので、原因者責任主義に必ずしもこだわらない姿勢が見られます。この規定は、平成21年の土壌汚染対策法改正に影響を及ぼしたと思われるもので、この点については後に詳述します。

　なお、第118条では、これらの調査や処理の記録を保管し、土地の譲渡にあたっては、これらの記録を土地の譲渡を受ける者に確実に引き継がなければならないことが規定されています。

　第116条と第117条による措置の実績は以下のとおりです。

汚染拡散防止措置完了届出書からみる汚染拡散防止措置の内容

	汚染拡散防止措置完了届出書 届出件数	措置内容内訳				
		掘削除去	原位置浄化	不溶化	覆土	その他
116条	387	350	39	3	24	8
(%)		90.4	10.1	0.8	6.2	2.1
117条	349	321	12	15	48	9
(%)		92.0	3.4	4.3	13.8	2.6
合計	736	671	51	18	72	17
(%)		91.2	6.9	2.4	9.8	2.3

※H15年4月1日からH21年3月31日までの区部における条例第116・117条の届出数。
※措置の内容については複数の汚染処理方法がある。
（平成21年10月27日東京都環境局「第6回土壌汚染処理技術フォーラム資料」9頁より引用）

9　土壌汚染対策法の制定

　以上のような背景のもと、環境庁も土壌汚染対策の立法の必要性を認識し、環境庁水質保全局長の依頼により組織された土壌環境保全対策懇談会が1995年6月に「市街地土壌汚染対策の課題と当面の対応」をまとめ、その後2000年12月に環境庁に「土壌環境保全対策の制度の在り方に関する検討会」が設置され、その「中間取りまとめ」が2001年9月28日に発表されました。この中間取りまとめを基礎に土壌汚染対策法の法案づくりが行われました。かくして、土壌汚染対策法が2002年5月22日に成立し、29日に公布され、2003年2月15日に施行されました。

10　諸外国の土壌汚染に対する取組み

(1) アメリカの近時の動向

　先述しましたように、スーパーファンド法のアメリカにおける影響力は大

きなものだったのですが、同法が汚染土地の購入者にも浄化命令や浄化費用の負担を強いる可能性があるため、汚染のおそれのある土地はリスクが大きくて買えないと人々が思うようになり、汚染のおそれのある土地については、取引が行われず、未利用のまま放置されるという、いわゆるブラウンフィールド問題をもたらしました。そこで、不動産の購入者等がスーパーファンド法による責任追及を過度に警戒しなくともよいように、先述の The Small Business Liability Relief and Brownfields Revitalization Act（以下、「ブラウンフィールド活性化法」という）が成立し、スーパーファンド法が一部修正されました。ブラウンフィールド活性化法については、多くの紹介[19]が日本でも行われていますので、詳細はそれら文献を参照していただくとして、ここではもともとスーパーファンド法に規定のあった「善意の購入者の抗弁」がブラウンフィールド活性化法でどのように要件が緩和されたのかについてのみふれておきたいと思います。なお、ブラウンフィールドは、「有害物質、汚染物質、汚濁物質の存在又は潜在的な存在によって発展、再開発、再利用が困難になっている不動産」と同法では定義されています。

　ブラウンフィールド活性化法では、スーパーファンド法の潜在的責任当事者の一定の者（善意の土地所有者、隣接地の所有者、2002 年 1 月 11 日以降の善意の購入者の三類型）に「あらゆる適切な調査」（all appropriate inquiries）と呼ばれる土壌汚染調査の実施等の要件及びその他の要件（上記の三類型ごとに異なる）を満たすことで、免責を認めるとしました。その「あらゆる適切な調査」とは何かが問題になりますが、これについて、2005 年 10 月、連

---

[19] 大塚直「スーパーファンド法をめぐる議論」アメリカ法 2002 ― 1 号（2002 年）43 頁、黒坂則子「アメリカの土壌汚染浄化政策に関する一考察」同志社法学 55 巻 3 号（2003 年）65 頁、福田矩美子・黒坂則子・大塚直「アメリカ土壌汚染・ブラウンフィールド問題―あらゆる適切な調査についての最終規則―」季刊環境研究 148 号（2008 年）136 頁、福田矩美子「ブラウンフィールド問題に関する法政策の一考察」早稲田法学会誌 59 巻 1 号（2008 年）345 頁、同 2 号（2009 年）471 頁、黒坂則子「ブラウンフィールド新法におけるＡＡＩ規則の意義」同志社法学 60 巻 3 号（2008 年）1221 頁、大塚直「米国スーパーファンド法の現状と我が国の土壌汚染対策法の改正への提言」自由と正義 59 巻 11 号（2008 年）17 頁、小林寛「アメリカ合衆国の土壌汚染問題に関する最近の動向」国際商事法務 37 巻 10 号（2009 年）1297 頁、黒坂則子「米国の土壌汚染対策法の現状と課題」環境法研究 34 号（2009 年）74 頁、織朱實「わが国の土壌汚染対策とリスクコミュニケーション」同 122 頁、黒坂則子「アメリカの土壌汚染浄化政策」日本不動産学会誌 23 巻 3 号（2009 年）88 頁等参照。

邦環境保護庁が「あらゆる適切な調査最終規則」を制定しました[20]。これにより、その詳細は明らかになりましたが、ブラウンフィールド活性化法において、「あらゆる適切な調査最終規則」の制定にあたり、その要件として、「①環境専門家による調査の結果、②当該施設における汚染の可能性に関する情報収集を目的とした、過去および現在の所有者、管理者ならびに占有者に対するインタビュー、③権原連鎖の書類、航空写真、建設局の記録、土地利用の記録等、当該不動産が最初に開発された以降の歴史的資料の調査、④連邦、州、その他地域の法律に基づいて申請された、当該施設に対する環境浄化に関する先取特権の記録、⑤当該施設またはその近隣の汚染に関する、連邦、州および地方自治体の記録、廃棄物処理の記録、地下貯蔵槽の記録および有害廃棄物の取扱い、発生、処理、廃棄、漏出の記録の検討、⑥当該施設およびその隣接地の現地点検、⑦被告側の専門知識と経験、⑧当該不動産の購入価格と、汚染が存在しなかった場合の不動産評価額との関係、⑨当該不動産に関して、一般的に知られている、または通常認識し得る情報、⑩当該不動産における汚染の存在または存在の可能性についての明白性の程度および適切な調査により汚染を発見する能力[21]」といったことを含めなければならないとされていたものであり、これらを見ただけでも、試料調査に至る以前に尽くすべき調査が網羅されていることがわかります。このようないわゆるフェーズ１の調査をすべて尽くしても汚染の存在が判明しなかったということでない限り、購入した者がスーパーファンド法上の免責を受けることはありません。

(2) その他の国々

土壌汚染に関して先進的な取組みを進めてきたとされるドイツ、オランダ、イギリスにつき、改訂版執筆時（2010年８月末現在）に筆者が参考にしえた情報から、各国の法律の状況を以下に紹介します。以下の紹介は、筆

20　同規則の詳細（翻訳を含む）については、福田矩美子・黒坂則子・大塚直前掲論文参照。

21　黒坂則子前掲論文（2008年）327頁参照。なお、同論文では、日本ではフェーズ１調査が標準化されておらず、今後連邦環境保護庁が制定した「あらゆる適切な調査最終規則」要件のように、「土壌汚染リスク評価をより的確に行う統一的なルールの策定が求められ」、かかる調査を行った者には「アメリカと同様、善意の土地所有者等の抗弁を認めることも一つの方策として考えられる」と指摘しています。

者が日本法を担当して執筆に参加している二つの国際的な環境法に関するガイドブックである、PRACTICAL LAW COMPANY の CROSS-BORDER HANDBOOKS ENVIRONMENT 2009/2010（以下、PLC ENVIRONMENT という）と GLOBAL LEGAL GROUP の ENVIRONMENT LAW 2010（以下、GLG ENVIRONMENT という）の各国の紹介に基づいています。執筆者は各国の法律事務所の弁護士です。[22]参照したのは、いずれも改訂版執筆時の最新のものですが、改訂版を読者が読まれる際には既に古くなっている情報もありえますので、一応の参考情報として以下はお読み下さい。

ドイツ　有害物質による土壌汚染については土壌保全法に基づいて規制がなされています。また、連邦及び州の水保全法が汚染地下水を規制しています。

　行政当局が土壌汚染を疑うに足りる十分な証拠をもっていれば、潜在的責任当事者（下記参照）に事実の調査を命じることができます。一定以上の汚染が判明すれば、浄化や封じ込めや監視といった対策を命じることができます。対策は当該土地の用途に応じてさまざまです。規制の違反、とりわけ浄化命令に違反すれば、罰金を科せられ、懲役刑もありえます。なお、行政当局は、責任当事者の費用負担で自ら対策を講じることができ、その場合、費用請求権は抵当権で担保することができます。

　以下の各当事者が潜在的責任当事者であり、行政当局は、そのうち誰に対しても責任追及することができます。

　①土壌汚染原因者
　②土壌汚染原因者の包括承継人
　以上の①及び②を行為責任者と呼びます。
　③土地所有者、土地賃借人、土地占有者

---

[22]　ドイツについて PLC ENVITONMENT は、Dr. David Elshorst（Clifford Chance LLP）が、GLG ENVIRONMENT は、Wolf Friedrich Spieth, Michael Ramb（Freshfields Bruckhaus Deringer LLP）が執筆しています。オランダについては、PLC ENVIRONMENT は、Nicolien van den Biggelaar 他（De Brauw Blackstone Westbroek NV）が、GLG ENVIRONMENT は Bart Koolhaas, Petra de Rooy（DLA Piper）が執筆しています。イギリスについて PLC ENVIRONMENT は、Katrina Moore, Ben Stansfield（Clifford Chance LLP）が、GLG ENVIRONMENT は、Daniel Lawrence, Jonathan Isted（Freshfields Bruckhaus Deringer LLP）が執筆しています。

④過去の土地所有者

ただし、1999年3月1日以降に売却し、かつ、売却時に土壌汚染の存在を知っていた者であることが必要です。

以上の③及び④を状態責任者と呼びます。

行政当局から責任追及された状態責任者は、行為責任者に求償ができ、行政当局から責任追及された行為責任者は、責任追及をされていない他の行為責任者に求償ができます。

以上のとおりですので、土地の売買にあたっては、買主は、潜在的責任当事者になることをおそれて、土壌汚染に関心をもつことになります。また、売主は、売主が自ら汚染している場合は、土地を売却してもなお責任当事者となります。このことは、買主が土壌保全法上の責任を引き受けることを売主と合意しても同様であるとされています。

なお、土地の売主は、知っている環境上の事項、とりわけ土壌汚染と地下水汚染については、買主に開示しなければならないとされています。この点は特約では排除できず、買主は、売主に対して受けた損害の賠償を請求できます。

オランダ 土壌汚染の主要な法律は土壌保護法です。同法ではさまざまな汚染物質について規制水準を設けています。すなわち、対策を要することになる水準、汚染があるか否かを決める水準、その中間の水準です。同法では、1987年1月1日の同法施行より前に原因のある汚染と同日以降に原因のある汚染とを分けて取り扱います。前者の事例では、行政当局が工業用地の所有者又は土地賃借人に深刻な汚染について浄化を命じることができます。深刻な汚染とは、当該土壌の実際の若しくは意図されている使用により、又は環境への潜在的な汚染の拡散により、人間や生態系に直ちに浄化が必要となるような危険をもたらすものとされています。後者の事例では、地上又は地中で何らかの行為をする者は、新たな汚染の発生を防止し、1987年1月1日以後にもたらされた汚染を遅滞なく浄化しなければなりません。

行政当局は、汚染土地の調査を命じることができ、いかなる対策を講じるべきか指令を発することができます。なお、建築の許可は、敷地が汚染されていないということを示す調査をしなければ与えられません。

土壌汚染の原因者ではない、現在の土地所有者又は占有者は、土地を取得した際に汚染を知っていたか知りうべきであれば、調査及び浄化費用を負担しなければなりません。汚染を知らなかったとしても、行政当局が汚染を浄化したことにより、土地の価値が増加した場合は、所有者は負担を負わされえます。過去の所有者は、原因者であった場合に汚染に対して責任があります。

　売主は、売買時に知っていたか知りえた隠れた土地の環境問題については買主に伝えていなければ、責任を負います。

イギリス　汚染土地とは、環境（人間の健康を含む）に対して重大な危険が生じつつあるか生じる重大な可能性があると地方行政当局に把握された土地のことを指します。危険は土地の現在の用途を考慮して判断されます。汚染物質が地中にあるからといって必ずしも汚染土地とは解されていません。なお、土地が一定以上の水質汚染をもたらしているか、もたらす可能性がある場合も汚染土地と把握されます。地方行政当局は、管轄地域の汚染土地を調査しなければなりません。地方行政当局と環境庁は、汚染土地の情報を記載した公的記録を管理し、汚染土地が判明した場合は、任意の対策が講じられなければ、しかるべき者たちに汚染対策措置を講じるように求める通知を出さなければなりません。汚染土地の開発許可を申請する場合、許可を与える条件として開発の開始前に講じるべき対策を課することができます。上記通知に反する場合は罰金刑に処せられます。なお、地方行政当局及び環境庁は、自ら対策措置を講じて費用を関係者から徴収することができます。

　汚染土地の対策責任者は、第一次的には原因者又は知りながら汚染を許した者（以上、あわせて「クラスA」）です。知りながら汚染を許した者とされるには、汚染の存在を知り、かつ、それを阻止又は除去できる能力のある者でなければなりません。クラスAに該当する人がいなければ、責任はクラスBの人たちに移ります。すなわち、土地の所有者や占有者であり、これらの者が汚染に責任があったかとか汚染の存在を知っていたかは関係がありません。なお、売却後も汚染の原因をつくったかつての所有者や占有者は責任を負い続けるのが原則です。例外規定や責任配分は、複雑なルールで規定されているようです。なお、売主と買主との間での責任配分の合意につい

ては、一般的に、地方行政当局も環境庁もこれに効力を認めているようです。[23]

土地を購入するにあたって買主のリスクは、知りながら汚染を許した者となるリスクと土地所有者となることによるクラスBの者となるリスクです。また、隣地に汚染が広がる場合に民事訴訟を提起されるリスクです。なお、売主は、売買以前の責任を売買によって免れることはできません。ただし、買主は、売主の責任を引き受けることを合意できるとされています。

一般的に、売主は環境上の問題点を買主に開示する義務は負いません。従って、買主注意せよと言う原則は働きます。しかし、売主は、その行動によって買主に誤解を与えたり誤導した場合は、責任を負うことがあります。買主は、一般的に、売主に対して環境情報について表明保証を求めて、売主に環境情報を開示させようとします。売主が関係する環境情報を完全に開示していなければ、売主は潜在的には買主に損害賠償責任を負うことになります。

(3) 小括

アメリカ、ドイツ、オランダ、イギリスを見ますと、おおよそ次のようなことが言えるのではないかと考えます。

第一に、一定の汚染の疑いがあれば土地の所有者等に調査を命じることができることは共通であるように思われます。なお、行政当局に汚染土地の把握の義務があるのかについては、イギリスがそれを明確に肯定していますが、土壌汚染の把握については、どの国も総じて日本の土壌汚染対策法より行政当局の責務が強いものとして制度が組み立てられているのではないかとの印象を受けます。

第二に、一定の汚染があれば対策を講じることを行政当局が命じうることは共通であるように思われますし、汚染の程度により対策もさまざまでありうるところも共通であるように思われます。ただ、問題は、どのような汚染状況であれば、どのような対策が命じられているのかであり、この点につき詳細な各国の比較なくして、土壌汚染についての各国の取り組み方の深度は

---

23 GLG ENVIRONMENT p.127。

比較しえないように思われます。

　第三に、対策を命じられうる当事者については、大きく分けて、原因者と現在の土地所有者等とがあり、どの国もどちらにも対策を命じることができるように思われますが、イギリスについては、命じるにあたって一定の順序が規定されています。

　第四に、土壌汚染に対する責任者が複数ある場合に、その者たちの間の責任の配分については、どの国でも問題となっているものの、より紛争が起きにくいかたちで命令を発するように行政当局が配慮しており、しかし、対策の緊急性等からは対策を容易に講じうる者に対する命令を行うということもあるように思われます。

　第五に、オランダやイギリスでは建築にあたって土壌汚染対策を前提としているように思われ、建築時点をとらえた対策を推進しようとする意図があるように思われます。

　第六に、上記のとおり、原因者ではない土地の所有者等に土壌汚染対策が命じられることがありうるので、どの国も土地の売買にあたって土地購入者が土壌汚染に大変神経質になっていることは共通ですし、土地の売買にあたって土地の性状について売主が買主に誤解を与える行為や買主を誤導する行為を行うと、売主に責任が問われることも共通であるように思われます。

第 2 章

土壌汚染対策法の制定と改正

1　平成14年制定時の土壌汚染対策法

　平成14年制定時の土壌汚染対策法（以下、「法」という）は次のような内容のものでした。

　すなわち、一定の有害な物質（「特定有害物質」と呼ばれています）を製造したり使用したり処理したりしていた水質汚濁防止法上の特定施設の使用を廃止する時点で、土地の所有者や管理者や占有者（これらは「所有者等」と呼ばれています）に土地の土壌汚染の調査が義務づけられることになりました。また、一般的に、健康被害をもたらすおそれのある一定の汚染が存在するおそれがあれば、土地の所有者等が土壌汚染の調査を都道府県知事から命じられることがあるとされました。

　これら汚染の調査は、その調査を行うのにふさわしい者として環境大臣が指定する者に行わせなければならないとされました（この指定を受けた者は、「指定調査機関」と呼ばれています）。

　このようにして、一定の汚染があると判明した土地は、汚染された土地として指定され（このような土地の区域は「指定区域」と呼ばれました）、都道府県の作成する指定区域台帳に登載され公開されることになりました。

　都道府県知事は、一定の条件のもと、この指定区域内の土地につき、汚染による健康被害を防止する措置（この措置は「汚染の除去等の措置」と呼ばれています）を土地の所有者等に命じることができるものとされました。また、汚染の原因者が土地の所有者等と異なることが明らかで、原因者に命じることが相当な場合は、汚染の原因者が汚染の除去等の措置を命じられるものとされました。

　また、指定区域内で土壌を採取したり土地のかたちを相当程度変更する場

合はその工事内容等を事前に都道府県知事に届けなければならないとされました。その届けられた工事内容等に問題があれば、その計画の変更が命じられることがあるものとされました。

なお、汚染の除去等の措置を講ずる者に対する助成等を目的として基金が設けられることが予定され、政府からの資金援助がなされることも予定されました。

この法律は、平成15年2月15日から施行されました。なおこの法律を施行するため、政令として土壌汚染対策法施行令が制定され、省令として土壌汚染対策法施行規則が制定されました。また、「土壌汚染対策法に基づく指定調査機関及び指定支援法人に関する省令」も制定されました。

2　平成14年制定時の土壌汚染対策法の特徴

平成14年制定時の土壌汚染対策法は以下のとおりの特徴を有していました。平成21年改正法でも以下の特徴はほぼ残されています。平成21年改正で変更がある部分はそのつど言及します。

(1) 原因者責任主義の修正と土地所有者責任主義の導入

それまで日本の土壌汚染に関する法的責任についての考えは、原因者責任主義に貫かれていましたが、この法律により、汚染の除去等の措置の命令の相手は、土地の所有者等とされ、土地所有者責任主義が導入されることになりました。ただし、汚染原因者が土地の所有者等ではないことが明らかで、汚染原因者に汚染の除去等の措置を行わせるのが相当である場合は、土地の所有者等にその措置の命令は出せず、原因者に命令を出すものとされました。また、土地の所有者等に汚染の原因がない場合は、汚染の除去等の措置を命じられて損害を受けた土地の所有者等は原因者に対して責任追及ができるものとされました。このように原因者責任主義はなお尊重されていますが、土地所有者であるというだけで汚染の浄化等の責任を負わされる可能性が生まれたのですから、この点の法律制度の大転換は特筆に値します。

(2) 措置命令による除去義務等の発生と措置命令発動の制限

　この法律は、一定の汚染があれば、当然に一定の者が汚染の除去等の措置を行う義務を負うという規定を置いているわけではなく、あくまでも都道府県知事が汚染の除去等の措置を命じてはじめてこの法律のもとでの汚染の除去等の措置を行う義務が発生するとされました（平成 21 年改正では命令の前段階として後述するように指示というステップをふむことになりましたが、基本的な考え方に変更はありません）。しかも、施行令及び施行規則では措置を命じる要件を極めて限定しました。すなわち、原則として、特定有害物質の地下水汚染を通じた健康被害リスクの観点からは、地下水が飲用に利用されるおそれがある必要があり、特定有害物質の直接摂取による健康被害リスクの観点からは、一般の人が当該土地に立ち入ることのできるおそれが必要とされました。換言すると、原則として周辺で地下水が飲用に利用されず、また一般人の立入りが禁じられている土地の土壌汚染の除去等の措置の命令はなしえないものとされました。これは、この法律では、土壌汚染は、人々がこれに曝露されるルートが遮断されていれば、人々の健康に害は及ばないのであるから、遮断されている状態であれば特段対策を講じなくてよいし、そのような状態にすることが対策として必要なことであるという考え方によるものです。もちろん、汚染の存在がわかっていたり、そのおそれがあると知りながら事態を放置していた者は、周辺住民等に将来的に汚染による損害等が発生したような場合に不法行為責任を問われる余地があり、措置命令が発せられていないからと言って、事態を放置できるというわけにもいきませんが、この法律では汚染の除去等の義務が措置命令により生じること、また措置命令が出される場合が大幅に制限されているという特徴を有しています。

(3) 土壌汚染調査義務の限定

　この法律では、特定施設の使用の廃止という機会をとらえて、汚染の調査を義務づけていますが、平成 15 年 2 月 15 日現在既に使用が廃止されている土地や現に特定施設の使用中の土地は汚染の調査を義務づけられることは原則としてないものとされました。もっとも、土壌汚染による健康被害が生ずるおそれがある土地については、都道府県知事が土地の所有者等に調査を命

じることはできるとされました。ただ、ここでも施行令や施行規則が調査を命じる機会を極めて限定しており、既に述べた措置命令の場合と同様、原則として周辺で地下水が飲用に利用されず、また一般人の立入りが禁じられている土地の土壌汚染の調査の命令はなしえないものとされました。

なお、従来の地方公共団体の条例の中には、大規模な開発の機会をとらえて土壌汚染の調査を義務づけるものもありましたが、この法律では、当該土地に指定区域において開発がなされる場合に汚染の拡大を防止することを開発業者に義務づけるだけで、開発一般を汚染調査の機会としてはとらえているわけではありませんでした。ただ、この点については、平成21年改正法により大きく変更されましたので後述します。

(4) 汚染土地発見体制の不備

上記のとおり、汚染調査義務の発生の機会がかなり限定されていますが、それならば、他に汚染土地を発見できる何らかの体制の確立をこの法律がめざしているのかと言えば、それもありません（平成21年改正で都道府県知事が土壌汚染に関する情報を収集し、整理し、保存し、適切に提供する努力義務が新設されましたが、抽象的努力義務にとどまっています）。これは、汚染が発覚した場合に、責任者が最終的な汚染の除去等の措置をやりとげるまで、監督する立場の行政主体の負担はかなり大きいことが予想されますので、そのような負担の発生を避けようとしたものだろうと思われます。

しかし、土壌汚染に対する立法として、一方では土地所有者責任主義などの新機軸を打ち出して土壌汚染対策を推進する姿勢を見せながら、他方で土壌汚染の発覚をあたかもおそれているような消極的姿勢を見せるのは、土壌汚染に関する先進諸外国にも例がないのではないかと思われます。例えば、アメリカのスーパーファンド法では、その第一の特色として「この法律は、土地を化学物質で汚染された土地であると連邦政府や州政府が認定でき、かつ、その対策の優先順位を判断できるように、情報収集及び分析のシステムを確立した。」と言われているように、アメリカでは、環境保護庁（Environmental Protection Agency）は、有害物質による汚染の危険がある

24　Farber & Findley, Environmental Law in a Nutshell (Eighth Edition), West Group (2010) P.225 参照。

土地についての情報を収集する義務があるとされています。実際に、全国対応センター（National Response Center: NRC）と呼ばれる機関が24時間体制のホットラインで一般からの調査要求その他の通報を受けていると言われています[25]。また、イギリスでも、地方自治体は、随時、汚染されている土地かどうかを判定するために調査する義務を負わされています[26]。

ところが、日本の土壌汚染対策法では汚染されている土地を誰が発見する義務があるのかが不明確であり、また、その情報が地方公共団体に集まるシステムなどの工夫もまったくありません。

(5) 土地の所有者等の免責規定の不存在

諸外国で土地の所有者等に土壌汚染の浄化義務を課している場合も、一定の場合には何らかの免責規定を置いている場合が見られますが、この法律では、別に原因者がいることが明らかであり、その原因者が汚染の除去等の措置を講ずることが相当である場合を除き、土地の所有者等には免責規定が置かれていません。従って、汚染されていることを知らずに土地を買っていても、また、他人に土地を汚染させられても、土地所有者であるというだけで、汚染の除去等の措置を義務づけられるおそれがあります。従って、土地を購入する者にとっては、土壌の汚染があるか否かは極めて大きな関心事たらざるをえなくなりました。なお、この法律では、単に土地の所有者だけではなく、土地の所有者、管理者又は占有者を土地の「所有者等」と総称して、汚染の除去等の措置の命令の対象にしています。ここで言う「管理者又は占有者」の範囲が必ずしも明確ではありません。

(6) 事前汚染防止対策規定の不存在

この法律では、汚染の判明した区域の指定を行い、この指定された区域を都道府県の台帳に登載して公開するものとされており、この区域からの汚染の拡大を防止することはめざしていますが、これ以上に土壌汚染を事前に防止するための対策を直接に定めた規定はありません。そこで、この法律は、

25　加藤一郎他『土壌汚染と企業責任』（有斐閣　1996）90頁参照。

26　Wolf, White & Stanley, Principles of Environmental Law (Third Edition), Cavendis Publishing Limited (2002) P.234 参照。

土壌汚染防止の法律ではなく、土壌汚染の事後的な一部対策法にすぎないとの批判もされることがありました[27]。しかし、原因者責任主義を一部修正するかたちで土地所有者責任主義を導入していることは、前述のとおりですので、土地の取引の関係当事者が土壌汚染に対して寄せる関心は、従来とは比較にならない程度に高まることが予想され、そうであれば、土壌汚染の防止に対してすべての者が高い関心をもつようになることが予想され、間接的には事前の汚染防止に相当程度効果をもたらすものと考えられます。

(7) 実現可能性の重視と将来世代利益の軽視

この法律だけでは必ずしも明確ではないですが、施行令及び施行規則によれば、この新しい法律のもとでは、土壌汚染調査を命じるにしても、汚染の除去等の措置を命じるにしても、最低限の規制ですませようとしていることが明らかです[28]。その背景にある考え方は、命令を出しても、その命令に従うには少なからぬ費用の支出が伴うことは明らかですから、そのような費用の支出を命じるには、命じるだけの明白な必要性がなければならないだろうと

---

27 畑明郎「土壌汚染対策法の問題点」環境管理38号（2002年）53頁参照。

28 アメリカのスーパーファンド法では、危険な物質か否かを判断するにあたっては、放出されれば、「公衆の健康若しくは福祉又は環境」に実質的な危険があるか否か（Farber & Findley 前掲書 p.225）を基準としており、イギリスの環境保護法でも汚染された土地か否かを判断するにあたっては、生物の健康や生態系に著しく危害を加えるか否か（人間の場合には財産に対する危害も含む）（Wolf, White & Stanley 前掲書 p.231）を基準にしているのに対し、土壌汚染対策法は、単に「人の健康に係る被害を生ずるおそれがあるもの」のみを特定有害物質としています（法2条1項）。従って、法律の条文を見ても、その保護法益に土壌汚染問題にかねてから取り組んでいる先進諸外国の法律とわが国の土壌汚染防止法とはかなりのへだたりがあることがわかります。

29 この種の考え方については、例えば、佐竹五六「土壌汚染対策法の施行を前にして―行政運営視点からの若干の考察―」環境情報科学31巻3号（2002年）7頁以下参照。同氏は日常的生活感覚を超えたリスクには国民的支持は得にくいだろうとの判断を示しています。そこには将来世代への現在世代の義務という発想はほとんど見られません。現実の国民感覚の重視という一つの考え方の典型的なものです。なお、大塚直教授は、「原因者主義か所有者主義か―土壌環境保全対策に関する立法を素材にして」法学教室257号（2002年）89頁以下において、「土壌汚染のリスク低減立法を検討する際には、一方で、将来世代の利益、リスクの長期的な管理という問題があり、他方で、飲用水に影響しない場合の土壌汚染の環境リスクについては国民の理解が十分でない状態にあり…（中略）…、また、汚染原因者は責任の遡及という観点から、土地所有者等は自らは汚染の原因者ではなくむしろ犠牲者であるという観点から、ともに、リスク低減措置を講ずることについて相当抵抗することが予想されるなど、この問題が机上の論理ではすまない複雑

いう考え方であろうと思います。[29]このような考え方は、一方では、実現可能性を重視した対応であるとの評価も可能ですが、他方では、現在の世代の利益のみにとらわれ、将来世代の利益を軽視しているとの批判を受けるものと思います。[30]特に以下の規定にこの考え方が現われています。すなわち、施行令及び施行規則のもとでは、特定有害物質の地下水汚染を通じた健康被害のリスク防止の観点からは、飲用に利用される可能性がない限り（ただし河川等の水質汚濁を招いている場合は飲用にかかわらず問題視されます）、土壌汚染がいくら地下水汚染を招いている可能性があっても土壌汚染の調査を命じることもできないし、また土壌汚染が地下水の汚染を引き起こしていることが発覚してもその土壌汚染を除去することを命じることもできません。また、施行令及び施行規則のもとでは、特定有害物質の直接摂取を通じた健康被害のリスク防止の観点からは、土地に立入りができないような状態であれば、汚染の調査を命じたり、汚染の除去等の措置を命じたりできません。また、汚染除去等の対策も、とりあえず予定される土地利用を考慮して、最低限の対応を求めています。

　ただし、土壌汚染対策法が人の健康という観点からは長期的リスク管理を行う目的で土壌汚染の濃度基準を設定していることは特筆しておくべきと考えます。前著ではこの点について十分な理解が足りなかったと考えていま

　な要素をはらんだものになっていることに注意しなければならないであろう」（同 97 頁）とされています。これは、国民的支持のない立法案は画餅に帰するとの見解を示されているものと思われます。理想と現実のバランスをとることの重要性を指摘されている点で、正当な議論です。ただし、土壌汚染浄化の立法案を議論するにあたって、実現可能性を強調しすぎると、なぜアメリカその他の国々で将来世代の利益という考え方が広く支持を受け、単に現在世代の健康保護にとどまらないかたちで立法に結実しているのかという、現代の環境法の潮流の核となる部分を見過ごすことにもなりかねないので注意が必要であると考えます。

30 「将来世代の利益」などと言うと、外来思想のようにも聞こえますが、これは、「未来の子孫に対する思ひやり」と同義であり、むしろわが国で古来最も大切にされてきた思想のように思われます。保田與重郎があるところで、「以前のことだが、私は郷里で、水田の上表土を数尺堀り上げ、その底へ木の枝を敷きつめてゐる工事を見たことがあつた。それは暗渠排水の古い方法である。その工事をしてゐる農家の老父が、このまへにしてからもう二百年たつから、といつた。二百年まへの先祖のしたことを記憶につたへてゐて、年数をくることがこの老父には出来るのである。さうして二百年まへに、自分がその工事をしたやうな老人の口吻が、大へん面白く、やがて感動をよんだ。」と書いていたことがありました（保田與重郎『日本浪曼派の時代』（至文堂 1969）、『作家の自伝 97 保田與重郎』（日本図書センター　1999）所収 45 頁参照）が、土壌汚染対策法のもとでの土壌汚染に対する対応は「未来の子孫」にどのように評価されることになるのでしょうか。

す。つまり、その濃度は、地下水については一生涯にわたりその地下水を飲用しても（70年間、1日2ℓの飲用を前提とする）、健康に対する有害な影響がない濃度として（なお毒性に関する閾値がないもの、例えばベンゼン、トリクロロエチレンなどでは、一生涯にわたりその地下水を飲用した場合のリスク増分が10万分の1となるレベルをもって）基準値が設定されており、直接摂取に関しては一生涯（70年間）汚染土壌のある土地に居住した場合を想定して基準値が設定されています。[31]従って、濃度基準を超えた土壌汚染が存在する土地であるからといって、またその有害物質に人々が曝露する危険があるからと言って、現在世代の人々の健康に直ちに被害をもたらすわけではなく、その多くはかなり長期的に影響を及ぼすリスクがあるにすぎません。この法律は、そのリスクを適切に管理しようという意図で制定されたという点は正当に評価されるべきものと考えます。従って将来世代の利益については、少なくとも健康被害の防止という観点からは現在の科学的知見のもと十分な対応をとるという意図があることは明らかです。しかし、問題なのは、周辺で地下水を井戸水として飲用している人がいなければ地下水汚染を放置してよいという発想で、これでは将来地下水を新たに飲用に利用しようとしても既に地下水が汚染され飲用に利用できないなどの不利益を将来世代に負わせることになり、また、将来、地下水を汚染から防ごうとしても土壌汚染が拡散していてその対策を講ずるために莫大なコストを将来世代に負わせかねないことで、これらの点はあらためて検討が必要であろうと考えます。その場合、わずかに濃度基準をオーバーしているものと、はるかに濃度基準をオーバーしているものとを同一に考えるべきではないと思われ、汚染の程度による区別した取扱い等が必要であろうと思われます。

3　土壌汚染対策法の影響

(1) 取引時の土壌汚染調査

　平成15年2月15日に施行されて以来、この法律が土地取引にもたらした

---

[31] この考え方については、環境省が折にふれて公表しています。例えば、環境省中央環境審議会の平成20年12月19日付「今後の土壌汚染対策の在り方について（答申）」の報道発表にあたって示された「参考資料2-2」3頁以下等参照。

影響には甚大なものがありました。原因者ではなくとも土壌汚染対策の措置を命じられるかもしれないというリスクは、土地の買主にとっては大きな問題で、そのリスクを排除するため、土壌汚染が疑われる土地は調査することなく売買されることはないのが常識であるという程度に人々の意識がすっかり変わりました。もともと平成10年頃からは、アメリカのスーパーファンド法の経験で土壌汚染に懲りた米国系ファンド等の要請により、土地取引にあたっては土壌汚染を意識して、事前に調査をするということがしだいに増え始めたということが言えますが、その傾向を決定的なものにしたのが土壌汚染対策法であると言えます。

(2) 取引時の契約交渉

土壌汚染が判明した場合に、売買契約における瑕疵担保責任をどのように考えるべきかという点をめぐって紛争が発生することが予想されますので、売買契約にあたっては、単に事前に土壌汚染の有無を調査するだけでなく、売買契約における売主の表明保証の条項に土壌汚染についてどのように記載するかが大きな契約交渉上の論点となりました。表明保証条項とは、売主や買主が契約締結時点又は契約実行時点において、一定の事項に誤りがないことを相手方に請け合う条項で、表明保証条項違反があれば、違反者が相手方に損害賠償責任を負うというものです。日本では瑕疵担保責任が法定責任として存在しているため、買主注意せよと言う英米法の伝統的な法理論は適用がなく、当事者が合理的に予定した性状や機能が売買の目的物に欠けていれば、売主は瑕疵担保責任を負います。ただ、何をもって瑕疵とすべきかで議論がありうるので、そのような議論をまきおこす事態を防止するために、近年日本でも大規模取引ではアメリカの取引実務で定着している表明保証条項を資産売買契約に盛り込むことが当然とされる状況になってきました。土壌汚染対策法施行以来、その主要な関心事の一つが土壌汚染問題となったと言えます。

(3) 瑕疵の判断

土壌汚染対策法施行後は、特段の事情（例えば、産業廃棄物の埋立地等であり土壌汚染がある程度ありそうであることを買主が承知して買っているな

どの事情）がない限り、同法で定められた基準以上の濃度の土壌汚染があれば、それは、土地の瑕疵だということが人々の共通の理解になったと思われます。先述のように、土壌汚染対策法では対策を命じられる土壌汚染は、健康被害のおそれがある状況に置かれている場合で、しかも、この点についてはかなり限定的に土壌汚染対策法が考えており、直接摂取リスクの観点では汚染された土地に第三者が容易に立ち入ることができるような状態になっていなければ措置命令はなく、また飲用リスクの観点では原則として地下水が汚染されて近隣の居住者が井戸を通じて汚染地下水を飲むおそれがあるような状態になっていなければ措置命令はないにもかかわらず、同法で定める特定有害物質が基準以上の濃度で土壌に存在するだけで、原則として土地の瑕疵と判断するのが取引通念になったと言ってよいと思います。かつては土壌がどのように汚染されているのかについて、売買当事者がほとんど注意を払わなかったことを想起すると、まさに時代が大きく変わったと言えます。

(4) 土壌汚染関連条例の影響

　先述の東京都の環境確保条例のように土壌汚染対策法制定以前から土壌汚染規制を行っていた地方自治体も少なからず存在していましたが、土壌汚染対策法施行後も、法律を補完することを目的として、土壌汚染対策法には見られない規制を行う地方自治体も増えました。東京都のように大規模な土地開発を行う際に開発者に土壌汚染調査を義務づける条例では、単に土地取引だけでなく、自ら所有する土地の開発時も調査の契機となりますので、条例に基づく土壌汚染調査の機会も一層増えることになりました。

(5) 紛争の発生

　土壌汚染対策法は、行政当局が自ら積極的に土壌汚染の有無を調査して判明した土壌汚染についての除去等の対策を原因者や土地の所有者等に命じるという制度ではなく、行政当局の立場は極めて受け身ですから、行政当局の土壌汚染に関する何らかの命令が引き金となって紛争が発生することはほとんどありません。紛争が発生するのは、売買を契機に汚染が判明した場合（売買する前にわかる場合と売買後にわかる場合とがあります）や、開発を契機に汚染が判明した場合で、汚染の除去等の措置の費用負担を当該土地の

売主に対し請求できないかというかたちで、紛争が発生します。しかし、問題となる土地取引が相当以前に行われている場合もあり、解決が容易ではありません。後に詳述しますが、このようにして土壌汚染をめぐり日本全国で紛争が頻発することになりました。

(6) 汚染土壌の掘削除去

　土壌汚染対策法では土壌汚染対策をさまざまに定めており、土壌汚染に人々が曝露することを防げるのであれば、もっとも費用のかからない対策で十分とされているのですが、汚染物質を土地に残したままの対策（例えば原位置封じ込め）は実務上はまったくの不人気で、とられている対策の圧倒的に多くは掘削除去の方法であると言われています。先述しましたように、土壌汚染対策法上、土壌汚染の調査を義務づけられる契機は極めて限定的です。従って、土壌汚染対策法施行後に土壌汚染が判明した多くのケースは土地取引時の任意の調査です。買主とすれば、汚染物質が土地の中にある以上は適正に土地を管理しない限り、将来土壌汚染の拡散といった問題を発生させるおそれを感じますので、いくら売主が「掘削除去しない安価な対策方法もあります。」と説明しても、汚染を完全に除去する掘削除去しか対策として許さないという対応をとりがちなのもまた当然です。かくして、掘削除去が圧倒的に多くなっているものと思われます[32]。掘削除去という対策は、汚染土壌を当該土地から他に移すことになりますので、適正処分がされないと、汚染の拡大をもたらすとして心配されています。とりわけ、土壌はいくら汚染土壌であってもこれは廃棄物処理法上の廃棄物ではないという取扱いが定着していますので、汚染土壌の運搬や処分に対する規制の必要性が多くの識者から指摘されるようになりました。

32　平成18年度に都道府県等が把握した土壌汚染事例（法対象以外を含む）499件についての対策の実施内容を調査したところ、「掘削除去」が選択されたものは、437件で、87.6％を占めていたとのことです。また平成20年8月末までに対策が行われた指定区域について調査したところ、含有量基準が超過したサイトでは、法に基づくと、土壌汚染の除去を行う必要があるサイトは0サイトであるにもかかわらず、88サイトにおいて、溶出量基準が超過したサイトでは、法に基づくと、土壌汚染の除去を行う必要があるサイトは18サイトであるにもかかわらず、194サイトにおいて、それぞれ土壌汚染の除去が行われたとのことです（中央環境審議会平成20年12月19日付「今後の土壌汚染対策の在り方について（答申）」参照）。

(7) 汚染土地の管理体制の欠如

　土壌汚染対策法は、義務づけられた土壌汚染調査により判明した土壌汚染のある土地のみを汚染土地としての管理の対象としており、しかし、義務づけられた土壌汚染調査は先述のように極めて限定されている結果、土壌汚染が判明した土地の多くが土壌汚染対策法上の汚染土地としての管理の対象外となるという構造をもっていました[33]。従って、任意の調査によって土壌汚染が判明した土地については、その後どのような対策が講じられようと、どのようにいいかげんに管理されようと、また放置されようと、土壌汚染対策法は関知しないということになります。任意の調査で判明した土壌汚染であっても、どのように対処すべきであるかを自主的に行政当局に相談するというケースも数多くあるわけですが、闇から闇にほうむられるケースも数多くあることが予想され、汚染土地の管理に果たす土壌汚染対策法の役割が余りにも小さいことが当然ながら多くの識者からの批判の対象になりました。

4　土壌汚染対策法改正の議論

　以上に述べたように、土壌汚染対策法の施行は社会に多くの影響をもたらしたのですが、このような影響をもたらした土壌汚染対策法について、その基本的な制度目的を問題とするような根本的な批判はなく、むしろ、土壌汚染に対する規制は先進諸外国でも進められているように当然のことだとの受け止め方がほとんどであったように思われます。しかし、土壌汚染の問題に対処するにあたって、もっと賢い方法もあるのではないかという批判は当然にあり、土壌汚染対策法について、施行後5年を迎えて、その改正を議論するため、環境省主宰の「土壌環境施策に関するあり方懇談会」が開かれ、平成19年から平成20年3月まで計8回の会議を経て、平成20年3月に懇談

---

[33]　(社)土壌環境センターが平成19年度について会員企業を対象に実施した調査（166社のうち123社の回答）によると、平成19年に受注した件数は次のとおりです。すなわち、調査（サンプル調査以上）を行った件数が7039件で、うち自主調査が91％、条例・要綱によるものが7％、土壌汚染対策法によるものが2％で、うち汚染が判明したものが3206件で、対策を行ったものが2498件であり、うち自主的なものが85％、条例・要綱によるものが13％、土壌汚染対策法によるものが2％とのことです（(社)土壌環境センター「土壌汚染状況調査・対策に関する実態調査結果」(平成19年度) 参照)。

会報告がまとめられました。以後、この報告を基本に中央環境審議会の審議を経て、同審議会から平成20年12月19日に答申が出され、その後土壌汚染対策法の改正案が策定され、平成21年の通常国会に上程され、若干の追加変更が加えられたものの、ほぼ政府原案どおりの内容で土壌汚染対策法の改正が行われました。

平成20年3月の懇談会報告においては、次の4点が大きな課題として整理されました。すなわち、第1に「土壌汚染の調査と土壌汚染対策法の対象について」、法に基づく義務として行われる調査より任意調査や条例に基づく調査の件数が圧倒的に多いという現状から、「法律の対象の入り口となる調査契機について見直しを含め検討が必要」であると指摘しています。第2に「土壌汚染対策の傾向について」、対策の多くが掘削除去の方法をとっていますが、より簡易な対策でも十分である場合が少なくないという問題意識から「汚染の程度や土地利用状況に応じた合理的で適切な対策が実施されていくような施策を推進すべきである」と指摘しています。また、第3にブラウンフィールド（危険物や有害物質の存在、あるいは存在の可能性があるために再開発または再利用することが難しくなっている不動産）の問題をとりあげ、「汚染の状況や土地利用の目的に応じて有効に土地の利活用が図られるように幅広い関係者が連携して取り組んでいく必要がある」としています。さらに第4に、搬出汚染土壌の適正な処理を課題としてとりあげています。

5　土壌汚染対策法改正の概要

以上の議論を経て、土壌汚染対策法の改正が平成21年4月に成立し、平成22年4月1日から施行されました。

改正のポイントは、次の5点です。第一に、土壌汚染調査が義務づけられる契機として大規模な土地の形質変更が加わりました（法4条）。第二に、従来の指定区域が二種類に分類されました。すなわち、要措置区域（6条）と形質変更時要届出区域（11条）です。法律の中では「要措置区域等」（16条1項）と総称されています。第三に、要措置区域では知事が措置命令を発

する前に、必要な措置を指示するという一段階が加わりました（7条2項）。第四に、任意の土壌汚染調査も土地の所有者等の申請により、要措置区域又は形質変更時要届出区域に指定してもらう道が開かれました（14条）。第五に、要措置区域又は形質変更時要届出区域からの汚染土壌の搬出についての届出制（16条）、汚染土壌の運搬に関する基準設定（17条）及び汚染土壌処理業の許可制の導入（22条）という汚染土壌の運搬及び処分に関する一連の新たな規制が導入されました。以下に概要を説明します。

(1) 大規模な土地の形質の変更

既に説明しましたように、東京都の環境確保条例など既にいくつかの条例では、大規模な土地の開発にあたって、土壌汚染の拡散防止と汚染土壌の適正処理の確保を目的として、土壌汚染に関する調査を開発者に義務づけ、汚染が判明した場合に一定の対策を講じさせるという仕組みをとっていたものがありました。今回の法改正でも同様の発想で、3000平方メートル以上の形質の変更を行う場合には届出義務が課され（4条1項）、汚染のおそれがある場合は、調査が命じられることになりました（4条2項）。この調査も土壌汚染状況調査という法定調査の一つになりましたので（2条2項）、その調査の結果、汚染が判明すれば、要措置区域又は形質変更時要届出区域に指定されます。放置すれば健康被害のおそれがある場合は、要措置区域に指定されますが、そうではない場合は、形質変更時要届出区域に指定されます。かかる汚染の結果を見てもなお開発を行いたい開発者は、形質の変更の届出を行って、施行方法等を都道府県知事に届け出なければなりません（12条1項）。届け出た施行方法が基準に合致しなければ、計画の変更命令が出されます（12条4項）。このように、一定の汚染がある土地を大規模に開発する場合は、法律上、調査と対策を行う必要が出てきました。これにより、土壌汚染調査のきっかけが増え、また、法律に則った汚染土地の管理の機会が広がることになります。

(2) 二種類の規制区域

改正前は、一定の濃度の土壌汚染があれば、指定区域には指定されるものの、区域の種類が一種類しか存在していなかったために、その指定区域が健

康被害をもたらすおそれのある汚染として直ちに対策をとるべきものか否か、またどのような対策をとるべきかは不明でした。このことが過剰なまでの土壌汚染対策を招いているのではないかとの反省から、今回の改正では指定区域を二種類に分けることになりました。すなわち、対策を講じなければ健康被害をもたらすおそれのある土地と、そうではない土地とに分けられました。前者が要措置区域（6条）であり、後者が形質変更時要届出区域（11条2項）です。前者は、対策をしなければ健康被害をもたらすおそれがある状態に土壌汚染の状況があるものです。後者は、土壌汚染の状況がそのような状態にないために、汚染土地の形質変更時に土壌汚染の拡散がなされないように、また、汚染土壌が不適切に処理されないように注意を払えば足りる土地と位置づけられることになりました。このように一定の土壌汚染があるものの、対策がすぐに必要なものかどうかで区分することにより、リスクの度合いを明らかにすることになりました。

(3) 措置の指示

　従来は、健康被害のおそれのある土壌汚染土地の場合に、都道府県知事が措置命令を出せることになっていましたが、法律の運用上は、措置命令の前に土地の所有者等において自主的に対策が講じられるために、措置命令が発せられた例は皆無に近いという状況でした。そのため、いかなる措置が法律上義務づけられるのかが個別具体的事例では判然としないという状況が生まれていました。そこで、このたびの改正では、要措置区域の指定とセットで措置の指示が行われることになりました（7条）。この結果、健康被害のおそれがある土壌汚染の土地については何が法律上必要とされる対策なのかが明確になるようになりました。なお、指示された措置を講じたことによる損害の求償を原因者に請求できることも明示され、これまで措置命令が皆無に近かったことから死文化していた第8条の原因者への求償規定の活用も今後見込まれることになります。

(4) 申請による土壌汚染区域の指定

　この法律の特徴として、この法律により義務づけられた調査の結果判明した土壌汚染のある土地のみがこの法律に従った管理又は対策を求められ、そ

れ以外の土地は、かかる規制の外に置かれるという不都合がありました。従って、圧倒的に多くの任意調査の結果判明した土壌汚染土地を地方公共団体が管理する体制にはなっていないという大きな問題がありました。従って、平成20年12月19日の中央環境審議会による答申によっても、任意調査の結果土壌汚染が判明すれば、行政当局に届出をさせるべきだとの答申がなされていたものです。ただ、今回の改正では、この点が答申どおりとはならず、任意調査の結果判明した土壌汚染土地については、土地の所有者等が届け出て要措置区域又は形質変更時要届出区域に指定してもらうことができるという規定にとどまりました（14条）。これは、内閣法制局との調整の中で、正直者が損をするような制度の組み立て方に内閣法制局から異論が出た結果であるようです。ただ、同じ程度の汚染があるのに一方では規制に服する土地があり、他方ではまったく規制に服さない土地があるという制度の立て方こそ常識的には理解しがたいところであろうと思われます。今回の改正で挿入された任意申請の制度ですが、任意に申請することの利点は、当該土地が要措置区域か形質変更時要届出区域かの峻別がなされ、健康被害のおそれの観点からのリスクが明確になり、仮に要措置区域と指定されても措置の内容が指示されるので、何が法律上義務づけられた対策なのかが明確になるということがあげられます。また、第8条の原因者への求償規定の活用も可能になります。

(5) 汚染土壌の運搬及び処分に関する規制

従来も指定区域から汚染土壌を搬出することに関連して、汚染土壌の適正な処分方法とその確認方法については規制がなされていました。この改正では、これに加えて、要措置区域又は形質変更時要届出区域から汚染土壌を搬出する場合は、所定事項を事前に都道府県知事に届け出なければならなくなりました（16条1項）。この届出を見て、都道府県知事は運搬基準や汚染土壌処理基準の遵守を確保するために命令を出せることになります（16条4項）。これにより、要措置区域又は形質変更時要届出区域からの汚染土壌搬出は、より適正なものになると思われますが、届出の対象はこれらの区域からの汚染土壌の搬出に限られます。そうなると、本来危惧されていた、任意の調査の結果判明した土壌汚染が不適正に処理されることについての対応が

ないのではと気になりますが、この点は、要措置区域又は形質変更時要届出区域からの汚染土壌の運搬方法の基準が規定され（17条）、汚染土壌処理業が許可制になったこと（22条）から、それら区域以外の土地の汚染された土壌の運搬及び処理もそれら区域の汚染土壌と同様の条件でなければ事実上引き受けられないことになり、事実上相当程度適正処理が進むものと思われます。ただ、規制に服しないという点で大きな抜け穴があることには違いがありません。

(6) 法構造の対比

次頁に平成21年改正前と改正後とで法の構造にどのような変化があるかを示します。

(7) リスク管理についての変わらない思想

改正前も改正後も土壌汚染リスクの管理に関してはまったく変わりのない基本思想があります。すなわち以下のとおりです。

第一に、土壌汚染対策法が対策を求めるためには、当該土地が一定程度の「濃度基準」以上に汚染されているということと「健康被害が生ずるおそれ」があるという二つの要件が必要です。

第二に、土壌汚染は、地表及び地下に存在していますが、その汚染の人への曝露経路を遮断することで、「健康被害が生ずるおそれ」はなくなると考えられています。従って、当該土地がいくら甚だしく汚染されていても、汚染曝露経路を遮断できれば、それ以上の対策は土壌汚染対策法上求められません。

第三に、「健康被害が生ずるおそれ」には、直接摂取のリスクと飲用リスクがあるとされています。前者は地表及び地下浅いところにある有害物質が直接手にふれられて又は風により口に入るなどのリスクで、後者は井戸を通じて土壌汚染により汚染された地下水を飲むことによるリスクです。

第四に、「健康被害が生ずるおそれ」を検討するにあたって、直接摂取のリスクに関しては一生涯（70年と想定）その土地で暮らした場合、飲用リスクに関しては一生涯（70年と想定）その土壌汚染が原因で汚染された2

〈土壌汚染対策法の構造（改正前）〉

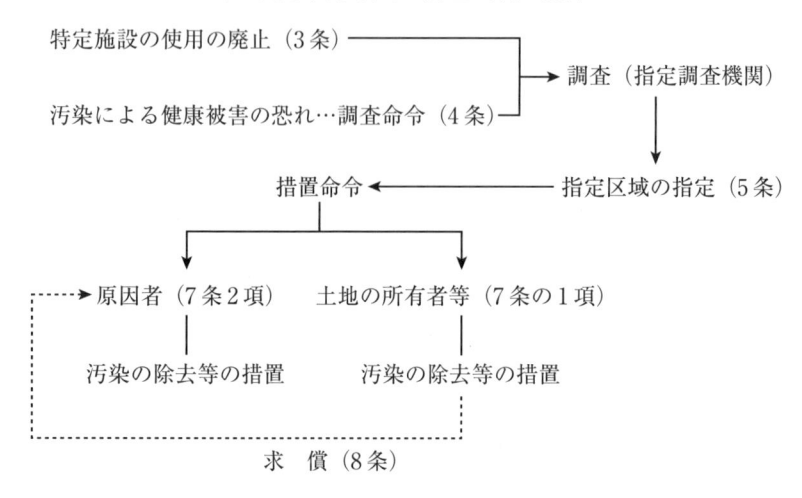

```
特定施設の使用の廃止（3条）─────┐
                              ├→ 調査（指定調査機関）
汚染による健康被害の恐れ…調査命令（4条）┘
                                        ↓
          措置命令 ←──────── 指定区域の指定（5条）
             │
       ┌─────┴─────┐
       ↓           ↓
   原因者（7条2項）  土地の所有者等（7条の1項）
       │           │
   汚染の除去等の措置  汚染の除去等の措置
       └──── 求　償（8条）────┘
```

〈土壌汚染対策法の構造（改正後）〉

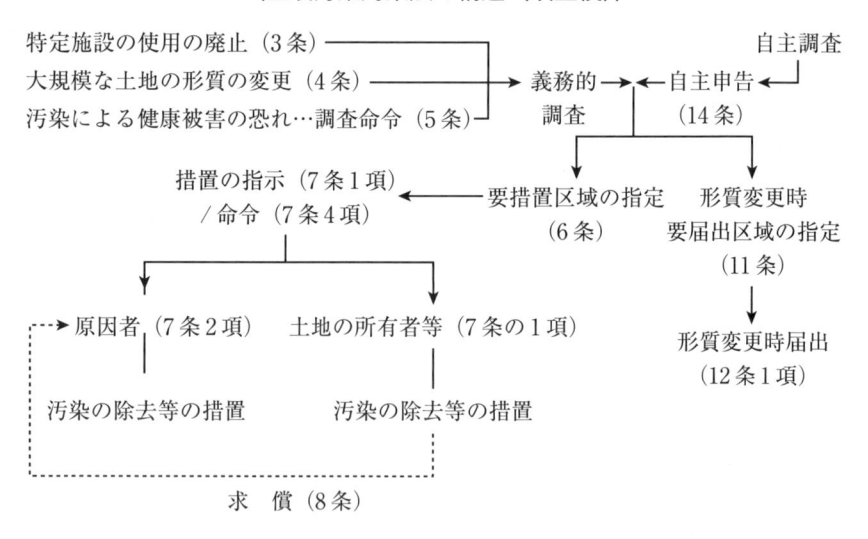

```
特定施設の使用の廃止（3条）─────┐              自主調査
大規模な土地の形質の変更（4条）────┼→ 義務的 →← 自主申告 ←
汚染による健康被害の恐れ…調査命令（5条）┘   調査      （14条）
                              ↓       ↓
    措置の指示（7条1項） ←── 要措置区域の指定   形質変更時
    ／命令（7条4項）           （6条）       要届出区域の指定
         │                                （11条）
    ┌────┴────┐                              ↓
    ↓         ↓                          形質変更時届出
 原因者（7条2項） 土地の所有者等（7条の1項）       （12条1項）
    │         │
 汚染の除去等の措置  汚染の除去等の措置
    └─── 求　償（8条）───┘
```

リットルの地下水を毎日飲み続ける場合に、健康被害が生じるかどうかを問題にしています。

　第五に、この法律で義務づけた調査の結果判明した土壌汚染しか行政は土壌汚染対策の適正をはかる責任はないものとされており、任意の調査によりどんなに深刻な汚染が発見されても、それを行政が責任もって対処する仕組みとはなっていません。任意の調査まで手が回らないという理由からだろうと思われます。

　以上は、本書の中でさまざまに説明していますので、その詳細は、それらを読んでいただくとしても、以上のことが頭に入っていないと、この法律を誤解してしまいます。以上のことはいずれも非常に重要なのですが、法律の条文だけを読んでも理解できません。施行令や施行規則の条文を読み込まないとわかりませんし、中には、それらを読み込んだだけでも結局わからないこともあり、法律、施行令、施行規則の作成過程で開かれる審議会や各種検討会の議論を追わないと理解できないものもあります（上記第四の思想など）。以上のうち、第一、第二及び第三の思想全体を理解しやすいように、説明図を以下のとおり作成しましたので、参考にしてください。

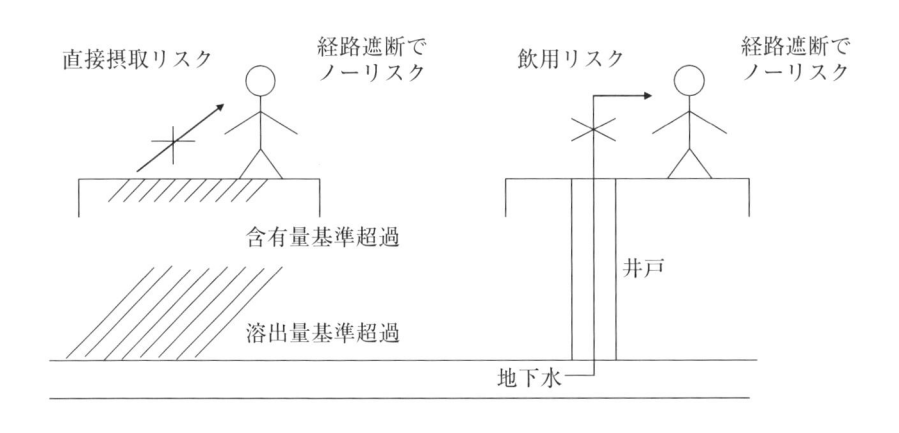

```
直接摂取リスク   経路遮断で        飲用リスク    経路遮断で
                 ノーリスク                      ノーリスク

          含有量基準超過                  井戸

          溶出量基準超過
                                          地下水
```

　濃度基準超過　　＋　　健康被害のおそれ　　→　　対策が必要
（含有量基準超過、溶出量基準超過）　（直接摂取、地下水飲用）

第 3 章

土壌汚染対策法逐条解説

土壌汚染対策法（平成十四年法律第五十三号）

第一章　総　則（第一条・第二条）
第二章　土壌汚染状況調査（第三条―第五条）
第三章　区域の指定等
　第一節　要措置区域（第六条―第十条）
　第二節　形質変更時要届出区域（第十一条―第十三条）
　第三節　雑則（第十四条・第十五条）
第四章　汚染土壌の搬出等に関する規制
　第一節　汚染土壌の搬出時の措置（第十六条―第二十一条）
　第二節　汚染土壌処理業（第二十二条―第二十八条）
第五章　指定調査機関（第二十九条―第四十三条）
第六章　指定支援法人（第四十四条―第五十三条）
第七章　雑則（第五十四条―第六十四条）
第八章　罰則（第六十五条―第六十九条）
附則

第一章　総　則

(目　的)

> 第一条　この法律は、土壌の特定有害物質による汚染の状況の把握に関する措置及びその汚染による人の健康に係る被害の防止に関する措置を定めること等により、土壌汚染対策の実施を図り、もって国民の健康を保護することを目的とする。

　ここでは、この法律の目的が記載されています。国民の健康を保護することが目的とされていることは当然ですが、「特定有害物質」による汚染に関心があることが読み取れます。このような法律の目的条項に、政令で定める「特定有害物質」を引用することには立法技術上疑問がありますが、「土壌の特定有害物質による汚染の状況の把握に関する措置及びその汚染による人の健康に係る被害の防止に関する措置を定めること等により、」の部分は、その後の「土壌汚染対策の実施を図り、もって国民の健康を保護する」という目的を達成する手段についての例示であることも文理上明らかですので、ここでは、この目的達成のために一定の対象となる有害物質を定めて対応したいということが記載されていると理解すればよいでしょう。

　ここには、諸外国でみられるような環境一般の保護が目的として明示されていないこと、また、現在の科学では不明な将来の人間の健康に対する悪影響を防止することが目的として含まれているのか否か疑義が生じうることに注意が必要です。ただ、将来の人間の健康に対して悪影響を防止することは現在世代の当然の義務ですから（憲法 11 条）、将来の国民の健康は当然に保

護法益に入ると解釈すべきであると考えます[34]。

　なお、この法律の名称が土壌汚染対策法であり土壌汚染防止法ではないのはなぜか、この法律は土壌汚染を事前に防止するという観点に乏しいのではないかといった疑問が提起されることがあります。このような疑問に対しては、本来、土壌汚染の予防は水質汚濁防止法や大気汚染防止法や廃棄物処理法等で対処されているのであり、それらの規制法で未然の防止は行っているため、そのような既存の規制法がありながらも、結果として生じた土壌汚染に対して、「未然防止とは手分けを」して対応することを目的として、この法律を「土壌汚染対策を規定した法律というふうに構成」したといった説明が環境省からなされています[35]。

（定　義）

> 第二条　この法律において「特定有害物質」とは、鉛、砒素、トリクロロエチレンその他の物質（放射性物質を除く。）であって、それが土壌に含まれることに起因して人の健康に係る被害を生ずるおそれがあるものとして政令で定めるものをいう。
>
> ２　この法律において「土壌汚染状況調査」とは、次条第一項、第四条第二項及び第五条の土壌の特定有害物質による汚染の状況の調査をいう。

---

[34] 大塚直「土壌汚染対策法の法的評価」ジュリスト1233号（2002年）23頁において、大塚教授は、「本法は、よきにつけあしきにつけ、徹頭徹尾、健康被害の防止を目的とした法律である」、「将来世代のための清浄な土地の確保という観点は残念ながら本法の埒外にあるといわなければならない」とされています。同教授が指摘されるように「将来世代のための清浄な土地の確保」という目的は確かに入っていないかもしれませんが、憲法11条の精神及び環境基本法の精神から将来の世代のための「健康」保護は、むしろ当然に本法の目的であると解すべきであると考えます。むしろ、将来の国民の健康については、どのようなおそれがあればどのような規制をするのかについて、かなり判断に幅があると思われ、この点が議論の分かれるところになるものと思われます。

[35] 環境省環境管理局長西尾哲茂氏の平成14年4月25日の参議院環境委員会における説明等参照。なお、現在の土壌汚染をもたらした過去の原因行為及びそれに対する法規制の推移（かつてはほとんど存在せず、少しずつ整備されてきたこと）については、拙稿「日本における土壌汚染と法規制―過去および現在」都市問題101巻8号（2010年）44頁参照。また、本書第4章Q13ないしQ16参照。

(1) 第1項

第1項では、この法律で規制の対象とする特定有害物質が定義されています。ここでは、鉛、砒素、トリクロロエチレンという代表的な有害物質以外は、政令に委ねられ、詳細は施行令第1条に規定されています。

ここで放射性物質が除かれているのは、環境基本法第13条が放射性物質による汚染の防止措置については、原子力基本法その他の関係法律に委ねていることによるものです。廃棄物の処理及び清掃に関する法律でも廃棄物の定義から放射性物質は除かれており（同法2条1項）、同じ趣旨です。

ダイオキシン類は、ダイオキシン類対策特別措置法で対策を講ずることとされ、この法律の規制対象から除かれています。

また、油類や硝酸性窒素類による土壌汚染も問題視されてきていましたが、政令では規制対象に含まれていません。

油類は、一部発ガン性が疑われていることもあり、環境基準化が検討されていると言われていますが、健康面にどのような影響を及ぼすか、データ、指標が乏しく、規制対象には含まれていないと説明されています。ただ、今後の検討の結果しだいでは特定有害物質に入る可能性が十分にあります[36]。

硝酸性窒素類は、ドライクリーニングではない水洗い専門クリーニング店が添加物としてリン酸塩、硝酸塩を含有する水洗浄剤を使用しており、排水管などの漏れがあれば地下水汚染を発生させている可能性があると指摘されていますが[37]、これを規制の対象にしないのは、土壌の中で他の形態の窒素成分に変化しやすく、また、土壌汚染対策で硝酸性窒素類による地下水汚染対策を講ずることが困難であるからと中央環境審議会は説明しています[38]。

---

[36] 土壌汚染防止法案を可決した参議院の環境委員会の全会一致で決議された附帯決議（巻末資料参照）第1項にも「油類」への言及があります。

[37] 株式会社インタリスク他『土壌と地下水のリスクマネジメント』（工業調査会 2000）58頁参照。なお、硝酸性窒素の地下水の環境基準は1999年2月に定められています。その地下水汚染の実態については、寺尾宏「硝酸性窒素による地下水汚染とその浄化対策」産業と環境31巻9号（2002年）39頁以下参照。

[38] 平成14年9月中央環境審議会土壌農薬部会土壌汚染技術基準等専門委員会「土壌汚染対策法に係る技術的事項についての考え方の取りまとめ案」に関する国民の皆様からの意見募集結果について」1頁参照。

(2) 第2項

第2項では「土壌汚染状況調査」の定義がなされています。ここでは、このことばが極めて限定的に定義されていることに注意が必要です。このことばは、第6条第1項第1号で使われ、また、同号が第11条第1項に引用され、この法律の規制が及ぶ要措置区域又は形質変更時要届出区域に指定されるには、かかる「土壌汚染状況調査」の結果判明した土壌汚染土地に限られてしまい、この法律の規制が「土壌汚染状況調査」によらず、つまり任意に判明した土壌汚染土地には及ばないことに注意が必要です。ただし、平成21年改正により新設された第14条の指定の申請により指定される場合は規制の対象となります。

第二章　土壌汚染状況調査

（使用が廃止された有害物質使用特定施設に係る工場又は事業場の敷地であった土地の調査）

> 第三条　使用が廃止された有害物質使用特定施設（水質汚濁防止法（昭和四十五年法律第百三十八号）第二条第二項に規定する特定施設（次項において単に「特定施設」という。）であって、同条第二項第一号に規定する物質（特定有害物質であるものに限る。）をその施設において製造し、使用し、又は処理するものをいう。以下同じ。）に係る工場又は事業場の敷地であった土地の所有者、管理者又は占有者（以下「所有者等」という。）であって、当該有害物質使用特定施設を設置していたもの又は次項の規定により都道府県知事から通知を受けたものは、環境省令で定めるところにより、当該土地の土壌の特定有害物質による汚染の状況について、環境大臣が指定する者に環境省令で定める方法により調査させて、その結果を都道府県知事に報告しなければならない。ただし、環境省令で定めるところにより、当該土地について予定されている利用の方法からみて土壌の特定有害物質による汚染により人の健康に係る被害が生ずるおそれがない

旨の都道府県知事の確認を受けたときは、この限りでない。
 2　都道府県知事は、水質汚濁防止法第十条の規定による特定施設（有害物質使用特定施設であるものに限る。）の使用の廃止の届出を受けた場合その他有害物質使用特定施設の使用が廃止されたことを知った場合において、当該有害物質使用特定施設を設置していた者以外に当該土地の所有者等があるときは、環境省令で定めるところにより、当該土地の所有者等に対し、当該有害物質使用特定施設の使用が廃止された旨その他の環境省令で定める事項を通知するものとする。
 3　都道府県知事は、第一項に規定する者が同項の規定による報告をせず、又は虚偽の報告をしたときは、政令で定めるところにより、その者に対し、その報告を行い、又はその報告の内容を是正すべきことを命ずることができる。
 4　第一項ただし書の確認を受けた者は、当該確認に係る土地の利用の方法の変更をしようとするときは、環境省令で定めるところにより、あらかじめ、その旨を都道府県知事に届け出なければならない。
 5　都道府県知事は、前項の届出を受けた場合において、当該変更後の土地の利用の方法からみて土壌の特定有害物質による汚染により人の健康に係る被害が生ずるおそれがないと認められないときは、当該確認を取り消すものとする。

(1) 第1項

　第1項では、水質汚濁防止法第2条第2項の特定施設のうち、土壌汚染対策法の特定有害物質をその施設で製造し、使用し、又は処理する施設を規制の対象にしています。特定施設は、このような有害物質を含む汚水又は廃液を排出する施設ですので、その排出に伴って土壌汚染が発生する可能性が高いために、対象とされます[39]。ただ、その特定施設の使用が廃止された特定施

---

[39] ただし、特定有害物質を取り扱っている事業所はかかる水質汚濁防止法上の特定施設に限りません。かかる特定施設以外で使用された特定有害物質が原因で土壌汚染が判明した事例も数多く

設に関する工場又は事業場の敷地だけを規制対象としています。仮に稼働中であっても使用の内容に変更があれば、調査させるべきではないかという意見が立法の過程において一般から寄せられましたが、かかる意見に対して、中央環境審議会の専門委員会からは、稼動中の工場等については、不特定の人に対する直接摂取によるリスクが発生しないことから使用内容の変更が行われても直接リスクの観点からの調査をさせることにはしていないという回答がなされています。また、環境省の説明によりますと、地下水汚染については、都道府県が地下水のモニタリング等を実施しているため、法第5条（旧法4条）に基づき地下水汚染が発見された場合に対処すればよいとの考えによるもののようですが、地下水の汚染が発見されてからでは遅いとの批判がなされています[41]。実際、都道府県の地下水のモニタリングが万全であれば環境省の説明にも一理ありますが、そのためには莫大な税金の投入の必要があることは明らかで、万全を期待することは、不合理ですから、十分な説明ではありません。なお、平成21年改正に向けて行われた中央環境審議会の土壌制度小委員会でも委員の中から稼働中の工場の敷地の改変時の調査をすべき旨の意見が強く出されたこともありましたが、結局法改正にはつながりませんでした[42]。

なお、「使用の廃止」とは、その施設の使用をやめる場合だけでなく、施設の使用は続けるものの特定有害物質の使用をやめる場合も該当します。

この法律が施行される前に使用が廃止された施設の敷地は調査の対象からはずれます（法附則3条）。すなわち、施行後に廃止されることを契機に調査義務が生じます。

調査対象の物質は、平成21年改正に伴う施行規則改正により重大な変更

（中央環境審議会土壌農薬部会土壌制度小委員会第3回（平成20年8月7日）配付資料の資料4「土壌汚染対策法に基づく調査以外で汚染が判明した事例について」参照）、かかる特定施設の敷地のみに注意を払えば十分な対策を講ずることができるということにはなりません。

40 中央環境審議会土壌農薬部会土壌汚染技術基準等専門委員会平成14年9月「『土壌汚染対策法に係る技術的事項についての考え方の取りまとめ案』に関する国民の皆様からの意見募集結果について」4頁参照。

41 参議院環境委員会2002年4月25日議事録における民主党の福山哲郎氏と環境省環境管理局長西尾哲茂氏との質疑応答参照。

42 中央環境審議会土壌農薬部会土壌制度小委員会第5回（平成20年9月18日）の大塚直委員の発言等参照。

が加えられました。すなわち、改正以前は、調査の対象となる特定有害物質は、使用が廃止された有害物質使用特定施設において製造され、使用され、又は処理されていた特定有害物質のみが対象でした（旧施行規則1条1項）。しかし、改正により、これらに限定されることなく、調査対象地において、土壌の汚染状態が法第6条第1項第1号の環境省令で定める基準（施行規則31条）（以下、「濃度基準」という）に適合していないおそれがあると認められる特定有害物質の種類について、土壌その他の試料の採取及び測定の対象とするとしています（施行規則3条2項）。つまり、使用が廃止された当該特定施設に限らず、当該特定施設の敷地である調査対象地における過去の履歴から特定有害物質の汚染のおそれがあれば、それらの物質をすべて調査対象としなければならなくなりました。これは、平成21年改正により導入された法第4条の土壌汚染調査の調査対象物質と平仄を合わせたものです（平成22年施行通知第3の1.(5)参照）。

　平成21年改正により、上記のとおり、調査対象地において汚染の可能性のある特定有害物質全部に調査対象が広がりました。そのため、土壌汚染の調査を行うにあたっても、調査実施者は、調査対象地がどのような特定有害物質で汚染されている可能性があるかを過去の調査対象地の地歴から検討せざるをえなくなりました。しかし、それは、容易なことではありません。この点についての情報は、公的届出資料等行政が保有している情報により判明することもあります。そこで、平成21年改正に伴う施行規則改正により、調査実施者は、知事に対し、試料採取の対象とすべき特定有害物質の種類の通知を求める申請をすることができるようになりました（施行規則3条3項）。申請の書式は様式第二です（同4項）。調査実施者は、この申請の際、地歴調査において試料採取等の対象とすべきと判断した特定有害物質の種類及びその理由等汚染のおそれを推定するために有効な情報を添えて行わなければなりません（同5項）。これを受けて、知事は、汚染の可能性のある特定有害物質の種類を通知します（同3項）。調査実施者は、義務的には、この通知を受けた種類についてのみ試料採取をすればよいことになります（同3条2項ただし書）。

　調査義務者は、かかる施設の敷地の所有者、管理者又は占有者であり、これらは、所有者等と総称されています。かかる施設の敷地の所有者等は、当

該有害物質を使用した施設を設置した者であれば、当然に調査を行う義務を負い、自ら設置していない場合は、都道府県知事からの使用廃止の通知（法3条2項）を受けることにより調査を行う義務が生じます。「施設を設置」した者かどうかは、水質汚濁防止法第5条において特定施設を設置する者は、都道府県知事に一定の事項を届けることが求められていますので、その条項における施設の設置と同様に解釈すべきことになります[43]。なお、水質汚濁防止法第11条第1項で、上記届出をした者からその届出に係る特定施設を譲り受け、又は借り受けた者は、その届出をした者の地位を承継するとあり、また、同法第11条第2項で、上記届出をした者の合併後の存続法人は、その届出をした者の地位を承継するとありますので、これら特定及び一般承継人もここで言う「施設を設置し」ていた者に当たると思われます[44]。従って、施設の敷地の所有者等は、多くの場合、施設の使用が廃止されたときに当然に調査義務を負うと思われますが、当然には調査義務を負わない土地の所有者等もいます。例えば、地主甲がある会社乙に敷地を工場用地として賃貸していたような場合で、借地人である乙が特定施設の設置者であるような場合は、この地主甲は、自ら特定施設を設置していない敷地の土地所有者等に該当しますので、都道府県知事からの施設の使用の廃止の通知を受けて、はじめて調査義務を負うことになります（法3条2項、1項）。この通知が出された場合は、甲と乙がいずれも調査義務を負うことになります。

第1項では、「ただし、環境省令で定めるところにより、当該土地について予定されている利用の方法からみて土壌の特定有害物質による汚染により人の健康に係る被害が生ずるおそれがない旨の都道府県知事の確認を受けたときは、この限りでない。」と、一定の場合の調査義務の免除の規定があり

---

[43] ただ、水質汚濁防止法は、公共用水域へ汚水や排水を流すことに関心があります。従って、同法5条で特定施設を設置する者とは、「公共用水域に水を排出する者」とされています。そのため、公共用水域へ水を排出していない特定施設の設置者の概念をどのように解釈すべきかという問題は、水質汚濁防止法から直接導くことはできません。しかし、同条項とできるだけつりあいのとれた解釈を行おうとすれば、結局、有害物質の製造、使用又は処理する事業を行っている者を施設設置者と理解すべきであろうと考えます。従って、施設の所有者と施設設置者とは必ずしも一致しないと考えておく必要があります。

[44] ただ、前注のとおり、施設の所有者と施設設置者とが分かれる場合があります。そのような場合は、施設の所有権の取得や賃借により当然に施設の設置者になると考えるべきではないと思います。環境庁水質保全局監修『改訂水質汚濁防止法の解説』(1988年　中央法規出版)218頁参照。

ます。これを受けた施行規則第16条第2項では、以下のいずれかに該当する場合は、その確認を得られるものとされています。第一は、引き続き同一の工場・事業場又は従業員等以外の者が立ち入ることができない工場・事業場の敷地として利用される場合であり、第二は、当該工場又は事業場の建築物が事業主の居住に利用されている建築物と同一か又は近接している小規模な工場又は事業場において、その居住に利用されていた建築物が引き続き当該設置者の居住用に使われる場合であり、第三は、鉱山保安法に基づく命令の対象になる事業場の敷地又は跡地である場合です[45]。なお、いかなる場合にこの免除の規定が適用されるべきかについては、平成22年施行通知（第3の1.（4）②イ.参照）に詳しく環境省の見解が示されています。

　第1項ただし書の確認を受け、調査の免除を受けている事例は数多く、特定施設としての使用の廃止後もなお調査が行われていない件数が調査を行っている件数よりはるかに多くなっています[46]。その多くはその使用の廃止後も工場等の敷地として利用していることによるものです。

　確認の申請は、施行規則第16条第1項に従って、施行規則の様式第三に従って行わなければなりません。

　なお、ここで定義される土地の所有者等の範囲は、「土地の所有者、管理者又は占有者」とありますが、この範囲の解釈が問題となります。

---

[45] これは、土壌汚染対策法案の閣議決定に際しとりかわされた、「鉱山保安法管理区域は、第3条第1項但し書きを適用して調査・報告の義務を免除し、第4条第1項（旧法：引用者注）に基づく調査命令の発動要件に該当しない」という2002年2月13日付け経済産業省原子力安全・保安院長、環境省環境管理局長「覚書」によるもののようであり、強い批判があります。畑明郎「土壌汚染対策法の問題点」環境管理38号（2002年）53頁参照。なお、施行規則16条2項3号では、鉱山又はその附属施設の敷地又は鉱山の敷地であった土地のうち「鉱業権の消滅後5年以内であるもの又は同法第39条第1項の命令に基づき土壌の特定有害物質による汚染による鉱害を防止するために必要な設備がされているもの」が法3条1項ただし書の確認が得られるべき土地であるとしています。ここにおいては、要するに鉱山に関しては、経済産業省ですべて適切に処理するため、事業が廃止されたことを契機に土壌汚染対策法を根拠に調査は行うべきではないとの考え方が示されています。鉱業権の消滅後5年と限定したのは、その期間はなお、鉱山保安監督部長が鉱害防止の措置を命じることができるからであろうと思われます（鉱山保安法39条1項）。

[46] 平成15年2月15日の法施行日から平成21年3月末日までの法3条1項に規定する有害物質使用特定施設の使用が廃止された件数は累計で5,212件のうち、調査猶予件数は累計で4,201件にものぼっており、調査猶予された主な理由としては、工場等の敷地として使用したことによるもので、4,018件となっています（環境省「平成20年度土壌汚染対策法の施行状況及び土壌汚染調査・対策事例等に関する調査結果」参照）。

環境省は、この解釈については、「『土地の所有者等』とは、土地の所有者、管理者及び占有者のうち、土地の掘削等を行うために必要な権原を有し調査の実施主体として最も適切な一者に特定されるものであり、通常は、土地の所有者が該当する。なお、土地が共有物である場合は、共有者のすべてが該当する。『所有者等』に所有者以外の管理者又は占有者が該当するのは、土地の管理及び使用収益に関する契約関係、管理の実態等からみて、土地の掘削等を行うために必要な権原を有する者が、所有者ではなく管理者又は占有者である場合である。その例としては、所有者が破産している場合の破産管財人、土地の所有権を譲渡担保により債権者に形式上譲渡した債務者、工場の敷地の所有権を既に譲渡したがまだその引渡しをしておらず操業を続けている工場の設置者等が考えられる。なお、この『土地の所有者等』についての考え方は、法第4条第1項、法第5条第1項、法第7条第1項等の他の規定についても共通である。」との説明を行っています（平成22年施行通知第3の1.(2)①参照）。土地の掘削権限という点を最重要視してこのように解釈することについては、土壌汚染調査のために土地が物理的に受けるダメージが無視できると思われることから、少なくとも土壌汚染調査を扱う本条においては合理性がないと考えますが、この法律の実務上の運用は、かかる環境省の解釈により行われると思われますので、ここではこれ以上ふれないことにしたいと思います。

　施行規則第1条第1項によりますと、調査結果の報告は、調査義務が発生した時点から120日以内に行わなければならないとされています。ただし、120日以内に報告できない特別の事情（例えば、建築物の除却に相当程度の期間を要する場合などが考えられます）があると認められるときは、都道府県知事はその期限を延長することができるとされています。また、施行規則第1条第2項では、調査報告すべき事項が定められています。調査報告は施行規則様式第一に従って行わなければなりません。

　土壌汚染状況調査の方法については、技術的事項答申に沿って施行規則第3条以下に定められています。

　まず、施行規則第3条第1項において、単に調査対象地だけでなく、「その周辺の土地」についても、調査対象地における土壌の特定有害物質による汚染のおそれを推定するために有効な情報を把握すべきことが規定されてい

ます。これは、試料調査を行う前段階の調査であり、具体的にいかなる調査を行うべきかについては、平成22年施行通知で詳細に示されています。なお、同通知で、地歴調査の項目及び手順を別に示すとされていましたが、それは、地歴調査に関する通知、すなわち、平成22年3月19日付の環境省水・大気環境局土壌環境課長から都道府県・政令市土壌環境保全担当部局長あての「土壌汚染状況調査における地歴調査について」と題する通知（環水大土発第100319002号）で示されました。

技術的事項答申によると、法第3条第1項の規定による調査対象地の調査の範囲は、原則として、使用が廃止された有害物質使用特定施設に係る工場又は事業場の敷地であった土地のすべての区域であるとされていました。もっとも、工場や事業場の敷地内でも管理棟であった部分など汚染が存在する可能性が低い部分として都道府県知事が確認できる区画については、基本とする試料採取地点の密度よりも粗い密度で試料採取地点を選定してもさしつかえないとされ、また、グランドや駐車場などに使われるなど汚染が存在する可能性がないと考えられる部分として都道府県知事が確認できる区画については、試料採取を行わなくてよいとされていました。施行規則第3条第6項第1号がこの後者の「汚染が存在する可能性のない部分」に該当し、同第2号がこの前者の「汚染が存在する可能性が低い部分」に該当します。施行規則第4条第3項は、以上の答申の考え方を反映したものになっています。平成22年施行通知（第3の1.(6)③イ.参照）では、これらにつきさらに具体例を挙げて説明を行っています。

また、技術的事項答申によると、特定有害物質の性状により、重金属等、揮発性有機化合物、農薬等の3種類に分類して、重金属等については土壌含有量調査及び土壌溶出量調査を、揮発性有機化合物については土壌ガス調査及び土壌溶出量調査を、農薬等については土壌溶出量調査を行うべきものとされていました。施行規則では、この答申の考え方に沿って、揮発性有機化合物を第一種特定有害物質[47]とし、重金属等を第二種特定有害物質[48]とし、農薬等を第三種特定有害物質[49]として、特定有害物質を三種類に分けたうえで、第

---

[47] 地下水に溶出しやすく、また、地下水に溶出した場合の移動距離が大きいことから、地下水汚染による健康被害のおそれを引きおこしやすく、一方、汚染土壌の直接摂取により健康被害はないとされています（環境省による旧法についてのQ&AのA2-2参照）。

一種特定有害物質には土壌ガス調査（気体の採取及び当該気体に含まれる対象物質の量の測定を土壌ガス調査と呼んでいます）を行い（施行規則6条1項1号）、対象物質が検出されたときはさらに土壌溶出量調査を行うべきこと（同8条）を、第二種特定有害物質には土壌含有量調査及び土壌溶出量調査を行うこと（同6条1項2号）、第三種特定有害物質には土壌溶出量調査を行うこと（同6条1項3号）が規定されています。

分類	調査対象物質	試料採取等の方法
第一種特定有害物質 （揮発性有機化合物）	四塩化炭素 1,2-ジクロロエタン 1,1-ジクロロエチレン シス-1,2-ジクロロエチレン 1,3-ジクロロプロペン ジクロロメタン テトラクロロエチレン 1,1,1-トリクロロエタン 1,1,2-トリクロロエタン トリクロロエチレン ベンゼン	土壌ガス調査（土壌ガス調査において特定有害物質が検出された場合には、深部土壌の溶出量調査を含む。）
第二種特定有害物質 （重金属等）	カドミウム及びその化合物 六価クロム化合物 シアン化合物 水銀及びその化合物 セレン及びその化合物 鉛及びその化合物 砒素及びその化合物 ふっ素及びその化合物 ほう素及びその化合物	土壌溶出量調査及び土壌含有量調査
第三種特定有害物質 （農薬等）	シマジン チオベンカルブ	土壌溶出量調査

| | チウラム
PCB
有機りん化合物 | |

(平成 22 年施行通知第 3 の 1. (6) ⑤より引用)

　なお、平成 21 年改正に伴い改正された施行規則では、地表を基準に土壌採取の深度を設定していた従来の考え方をあらため、汚染のおそれが生じた場所の位置を基準に深度を設定することになった点に注意が必要です。この点について、平成 22 年施行通知（第 3 の 1.(6) ⑥イ.(ロ) 参照）では、「ここにいう『汚染のおそれが生じた場所の位置』とは、調査義務の契機となった有害物質使用特定施設が設置されるよりも前に設置されていた特定有害物質を使用等し、又は貯蔵等する施設が設置されていた時点の地表や特定有害物質又は特定有害物質を含む固体若しくは液体が漏出した地下配管の高さ等を想定している。」と説明しています。

　試料の採取地点は、調査対象地の最北端の地点（複数ある場合はそのうち最も東にある地点）に起点を定め、その起点から調査対象地を東西南北の方向に 10 メートル四方の格子状に区画し（当該区画された調査対象地を「単位区画」という）[50]、汚染が存在するおそれが比較的多いと認められる土地を含む単位区画については、100 平方メートル単位で試料採取等を行うこととし、すべての当該単位区画において 1 地点（汚染が存在するおそれが多いと認められる部分における任意の地点[51]）を採取地点とすることを原則とすると

48　物質により異なりますが、揮発性有機化合物に比べれば地下水汚染により健康被害のおそれは起こしにくいものの、表層にとどまりやすいため汚染土壌の直接摂取による健康被害のおそれがあるとされています（前注参考文献参照）。

49　揮発性有機化合物に比べれば地下水汚染による健康被害のおそれは引き起こしにくいとされています。また、汚染土壌の直接摂取による健康被害のおそれはないと言われています（前々注参考文献参照）。

50　調査対象地の境界部分に 100 平方メートル未満の区画が多数生じ、必要以上に区画の数が多くなる場合があるため、一定の方法により格子の線を回転させることにより、区画される部分の数を減らすことができ、また、一定条件に適合する場合には、100 平方メートル未満の区画を隣接する区画と合わせることができるものとされています（施行規則 4 条 1 項ただし書、2 項、平成 22 年施行通知第 3 の 1. (6) ④ア. 参照）。

51　「汚染が存在するおそれが多いと認められる部分」については、「有害物質使用特定施設及び関連する配管、地下ピット、排水ます等の当該特定有害物質を使用等する施設の場所又はその周辺」

されています（施行規則4条1項、同3項1号、6条2項1号、同3項1号、同4項1号、平成22年施行通知第3の1.（6）④イ.（イ）参照）。汚染が存在するおそれが少ないと認められる土地を含む単位区画については、30メートル四方の格子で画される900平方メートル単位で試料採取等を行うこととし、試料採取等対象物質が第一種特定有害物質である場合には、30メートル四方の格子状の区画内の1地点[52]で試料を採取して調査をし、それ以外の場合には、30メートル四方の格子状の区画内にある単位区画のうち、いずれか5つの単位区画（ただし、30メートル四方の格子内にある単位区画の数が5つ以下である場合には、そのすべての単位区画）の各1地点（単位区画の中心）で試料を採取し、これを混合して一つの試料として調査しますが（施行規則4条3項2号、6条2項1号、同3項1号、同4項1号、平成22年施行通知第3の1.（6）④イ.（イ）（ロ）参照）、汚染が判明すればより精密な調査を行うために、その30メートル四方の格子内にある単位区画ごとに試料採取等を行うことになります（施行規則7条1項、2項）。なお、汚染が存在するおそれがない単位区画については、試料採取等を行わないこととされています（平成22年施行通知第3の1.（6）④イ.（ハ）参照）。これらの調査対象地の区画の設定方法及び区画ごとに行う試料の採取地点の基本的な考え方について図に整理すると、以下のようになります。

であるとされています。また「任意の地点」については、「法の趣旨から考えて基準不適合のおそれがより多いと考えられる地点のことであり、調査実施者は地歴調査の結果を基に合理的に判断することが必要となる。」とされています（平成22年7月環境省水・大気環境局土壌環境課「土壌汚染対策法に基づく調査及び措置に関するガイドライン暫定版」126頁、142頁参照）。

52 当該30メートル四方の格子の中心が、調査対象地の区域内にある場合は、当該30メートル四方の格子の中心を含む単位区画の中心地点、調査対象地の区域内にない場合は、同区域内のいずれか1つの単位区画の中心地点となります（施行規則4条3項2号イ、6条2項1号、同3項1号、同4項1号）。

区画の設定方法及び試料の採取地点の参考例

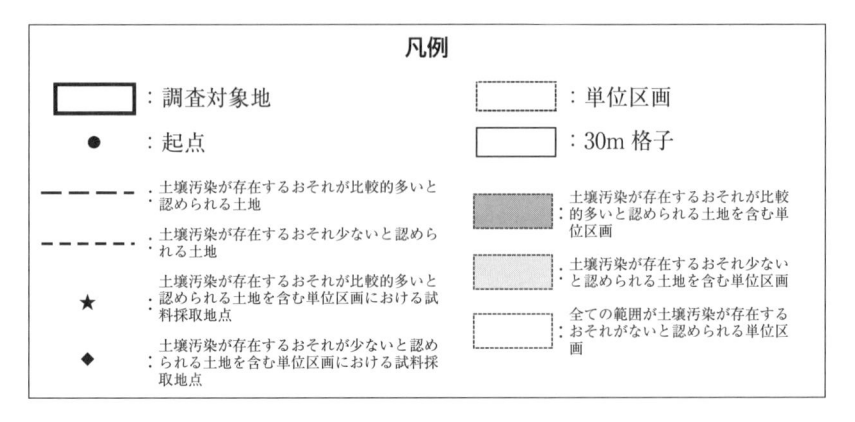

凡例

- ▭ ：調査対象地
- ● ：起点
- − − − ：土壌汚染が存在するおそれが比較的多いと認められる土地
- − − − ：土壌汚染が存在するおそれ少ないと認められる土地
- ★ ：土壌汚染が存在するおそれが比較的多いと認められる土地を含む単位区画における試料採取地点
- ◆ ：土壌汚染が存在するおそれが少ないと認められる土地を含む単位区画における試料採取地点
- ▭ ：単位区画
- ▭ ：30m格子
- ▨ ：土壌汚染が存在するおそれが比較的多いと認められる土地を含む単位区画
- ▨ ：土壌汚染が存在するおそれ少ないと認められる土地を含む単位区画
- ▭ ：全ての範囲が土壌汚染が存在するおそれがないと認められる単位区画

① 調査対象地に汚染が存在するおそれが多い土地を含む場合

単位区画の設定例
（最北端が複数ある場合）

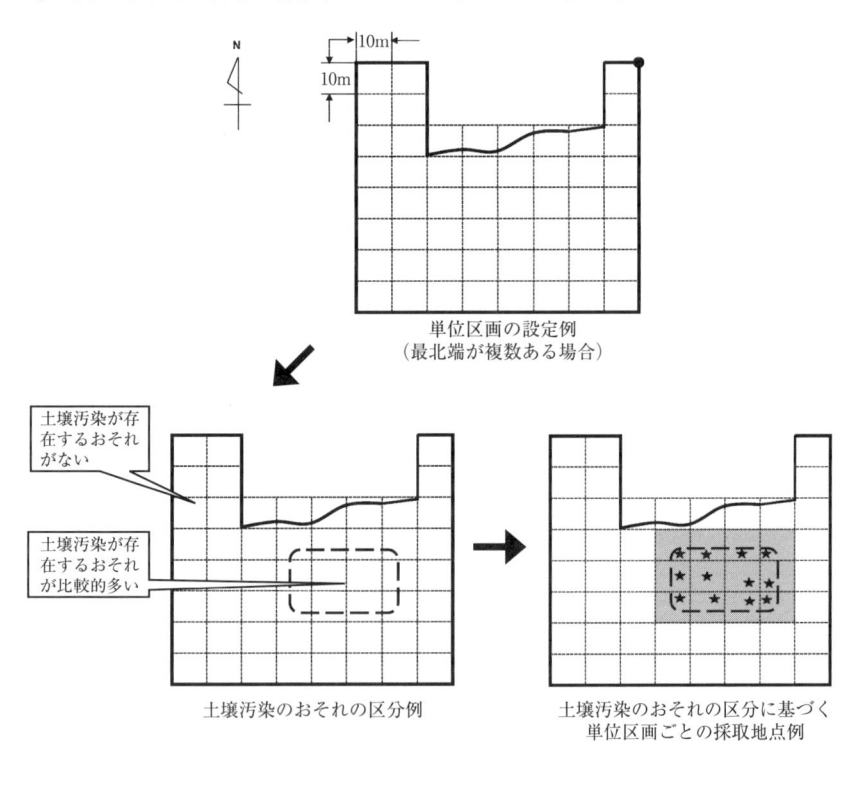

土壌汚染が存在するおそれがない

土壌汚染が存在するおそれが比較的多い

土壌汚染のおそれの区分例

土壌汚染のおそれの区分に基づく単位区画ごとの採取地点例

② ①の事例に汚染が存在するおそれが少ない土地を加えた場合

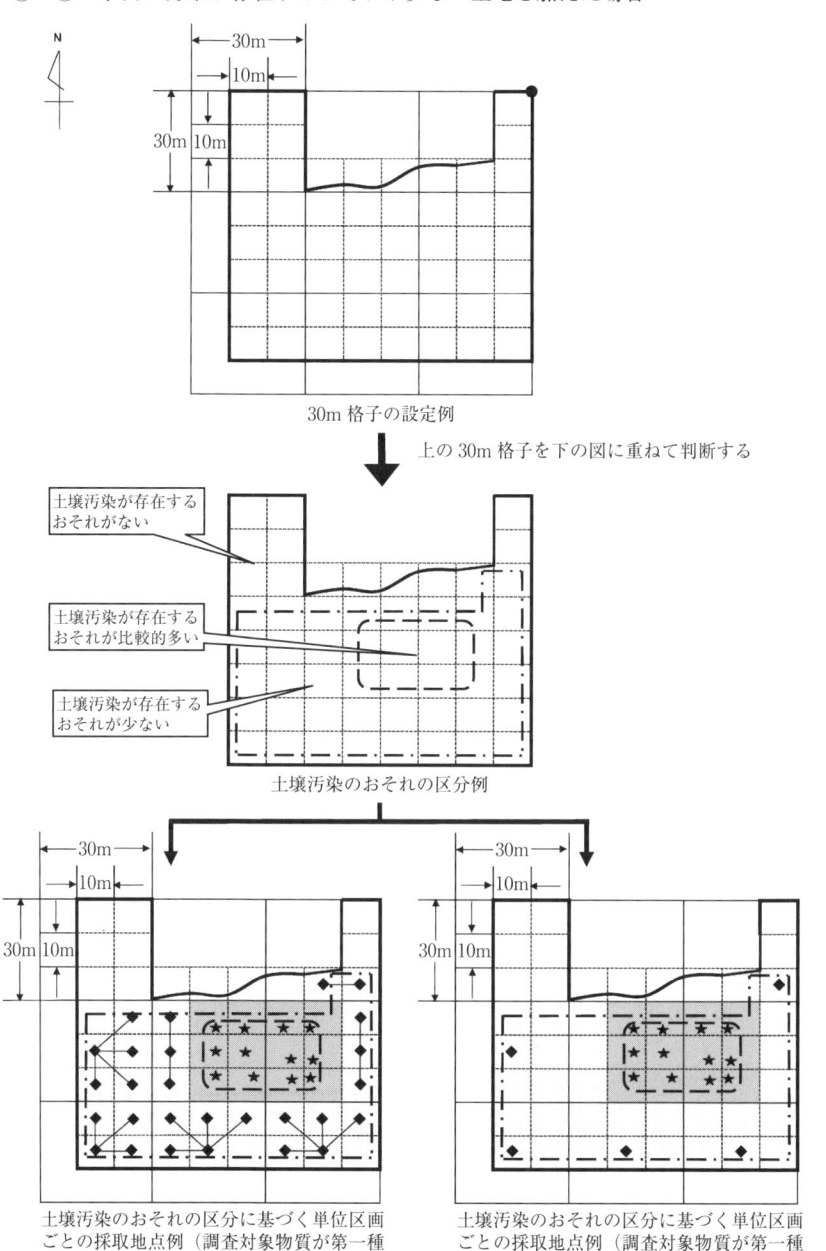

30m格子の設定例

↓ 上の30m格子を下の図に重ねて判断する

- 土壌汚染が存在するおそれがない
- 土壌汚染が存在するおそれが比較的多い
- 土壌汚染が存在するおそれが少ない

土壌汚染のおそれの区分例

土壌汚染のおそれの区分に基づく単位区画ごとの採取地点例（調査対象物質が第一種特定有害物質以外の特定有害物質の場合）

土壌汚染のおそれの区分に基づく単位区画ごとの採取地点例（調査対象物質が第一種特定有害物質の場合）

土壌ガス調査、土壌溶出量調査及び土壌含有量調査の方法については施行規則第6条第2項ないし第4項に規定されており、試料の採取及び測定の具体的な方法については、環境大臣告示（平成15年3月6日環境省告示16号ないし19号）により定められています。土壌ガス調査については、試料の採取地点において、表層から80ないし100センチメートルまでの深度の地中における土壌ガス（試料採取地点における土壌ガスの採取が困難な場合には地下水）を採取し、当該土壌ガス中の特定有害物質の量を測定するものとされており（施行規則6条2項、平成15年3月6日環境省告示16号）、土壌溶出量調査及び土壌含有量調査については、試料の採取地点における、汚染のおそれが生じた場所の位置から深さ50センチメートルまでの間の土壌すべて（地表から深さ10メートルまでの範囲にある土壌に限る）を採取し、測定することとされています（施行規則6条3項、同4項）。ただし、当該汚染のおそれが生じた場所の位置が地表と同一の位置にある場合又は当該汚染のおそれが生じた場所の位置が明らかでない場合には、試料の採取地点における、地表から深さ5センチメートルまでの間の土壌すべてと、地表から深さ5センチメートルないし50センチメートルまでの間の土壌すべての2種類を採取し、これらを同じ重量混合して測定するものとされています（施行規則6条3項1号、2号、同4項1号）。これらの試料採取の深度について簡単な図に整理すると、以下のようになります。

　なお、土壌ガス調査において土壌ガスが検出された場合には、土壌溶出量を測定するために、当該土壌ガスが検出された連続する単位区画により構成される一定範囲の土地ごとに、土壌汚染が存在するおそれが最も多いと認められる地点[53]において、地表から深さ10メートルの深部までにある土壌をボーリングにより採取することとされています（施行規則8条、平成22年施行通知第3の1.(6)⑧参照）。その際に採取すべき土壌については、汚染の

---

[53] 「土壌汚染が存在するおそれが最も多いと認められる地点」については、「原則として、土壌ガス調査において、隣接するすべての単位区画における土壌ガス調査の結果と比べ、高い濃度の土壌ガス等が検出された地点とする。」とされています（平成22年施行通知第3の1.(6)⑧参照）。これは、単位区画ごとに、当該単位区画を囲む他の単位区画の調査結果と比較して、最も高い濃度の土壌ガスが検出されている場合に、当該単位区画内の試料採取地点が「土壌汚染が存在するおそれが最も多いと認められる地点」となることを意味しています。そのため、連続する一連の土地の範囲内に「土壌汚染が存在するおそれが最も多いと認められる地点」が複数存在する場合もあります。

〈土壌ガス調査、土壌溶出量調査及び土壌含有量調査の試料採取の深度〉

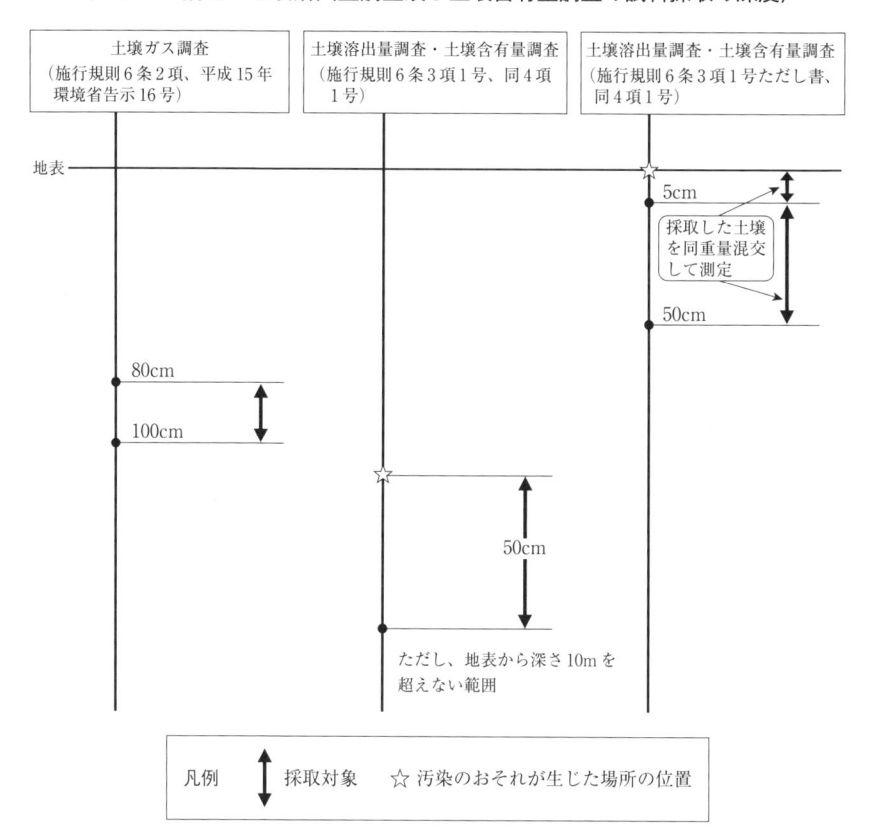

```
┌─────────────────┐  ┌─────────────────┐  ┌─────────────────┐
│   土壌ガス調査    │  │土壌溶出量調査・土壌│  │土壌溶出量調査・土壌│
│（施行規則6条2項、 │  │  含有量調査      │  │  含有量調査      │
│  平成15年        │  │（施行規則6条3項1号│  │（施行規則6条3項1号│
│  環境省告示16号） │  │  、同4項1号）    │  │  ただし書、同4項1号）│
└────────┬────────┘  └────────┬────────┘  └────────┬────────┘
         │                    │                    ☆
地表─────┼────────────────────┼────────────────────┼──
         │                    │                   5cm ┌──────┐
         │                    │                    │ │採取した土壌│
         │                    │                    │ │を同重量混交│
         │                    │                    │ │して測定   │
         │                    │                   50cm└──────┘
         │                    │                    
         │  80cm               │                    
         ├──                  │                    
         │  100cm              ☆
         ├──                  │
         │                    │
         │                   50cm
         │                    │
         │                    │
         │                    │
         │              ┌─────────────┐
         │              │ただし、地表から深さ10mを│
         │              │超えない範囲         │
         │              └─────────────┘
```

┌──┐
│ 凡例 ↕ 採取対象 ☆ 汚染のおそれが生じた場所の位置 │
└──┘

おそれが生じた場所の位置の土壌（当該位置が地表と同一又は不明な場合には地表から深さ5センチメートルまでの間の土壌）、汚染のおそれが生じた場所の位置から深さ50センチメートルの地点の土壌（当該位置が不明な場合には地表から深さ50センチメートルの地点の土壌）、及び地表から深さ1メートルないし10メートルまでの範囲で、1メートルごとの地点で採取した土壌（ただし、地表から汚染のおそれが生じた場所の位置の深さまでの土壌は除く）とされています（施行規則8条2項1号）。[54]

---

[54] この他、地表から深さ10メートル以内に帯水層の底面がある場合には、当該底面より深い位置にある土壌についても、ここから除外されることになり、別途、帯水層の底面の土壌が採取の対象とされています（施行規則8条2項1号ハ、ニ）。

なお、土壌汚染の有無が判明していない場合であっても、土地の所有者等が土壌汚染がある土地とみなしてよいと考える場合は、調査費用の低減及び調査の効率化の観点から、土壌汚染状況調査の全部又は一部の過程を省略することができます（施行規則11条ないし14条）。平成21年改正前は、一定の汚染が判明した後のその余の試料採取等の省略については規定していましたが、平成21年改正によりこれにとどまらないものとなりました。なお、以上については、平成22年施行通知第3の1.（6）⑪を参照して下さい。

また施行規則第15条では、法施行前の調査も一定の水準に達しているものであれば、土壌汚染状況調査における調査として認められることが規定されています。もちろん、その間に特定有害物質による新たな汚染が生じたおそれがないことが必要です。

(2) 第2項

水質汚濁防止法第10条に基づき特定施設の使用の廃止を行う者は、その届出を行わなければなりませんが、その届出を契機にして、又はその他の事情で、特定施設の使用の廃止を都道府県知事が知ることがあります。第2項は、そのような場合に、もし、その設置者以外に土地の所有者等がいるときは、都道府県知事は、その土地の使用者等に使用が廃止されたことを通知すべきことを規定しています。施行規則第17条において、この通知の相手方は、特定施設の使用の廃止がなされた時点の土地の所有者等になすべきこと、ただ、その後土地の所有者等に変更がなされた場合には、新たな土地の所有者等が調査することに合意をしていれば新たな土地の所有者等に通知することが規定されています。なお、本項によって通知を受けた土地の所有者等は、本条第1項により、原因者でなくとも調査義務を負わされることになりますが、土地の所有者等の中に設置者がいる限りは、本条第3項の報告等の命令は、まずは、土地の所有者等に該当する設置者になされるべきものと考えます。

(3) 第3項

第3項は、第1項に基づき調査義務を負うに至る者が、所定の報告をしない場合や虚偽報告がなされた場合の都道府県知事がなしうる措置が規定され

ています。すなわち、報告の提出命令や報告の是正命令が出せることが規定されています。第2項により通知がなされた場合、第1項に従って、設置者も土地の所有者等も調査義務を負います。通常は、設置者が調査することになるでしょうが、所定の期間内に調査報告がなされない場合、都道府県知事は、それら義務者の全員又は一部のふさわしい者を選んでこの命令を出せることになります。

(4) 第4項

この条項は平成21年改正により挿入されました。改正前は施行規則（改正前施行規則12条4項）において事後届出の規定はあったのですが、改正により法律本文中に事前届出とすることが明示されることになりました。これは、平成20年12月19日の中央環境審議会答申「今後の土壌汚染対策の在り方について」（以下「平成20年中央環境審議会答申」という）にある「法第3条第1項ただし書に基づき有害物質使用特定施設が廃止された場合であっても健康被害のおそれがないとの都道府県知事等の確認を受けて調査が猶予されている土地については、土地の売買や譲渡が行われる際には、旧所有者の都道府県知事等への届出が確実に行われるようすべきである。また、土地の形質変更が行われる際には、都道府県知事等に届け出ることとし、当該土地における調査の必要性を再度判断する機会を設け、必要に応じて形質変更を行う部分について土壌汚染調査が実施されるようにするべきである。」（第3の1.(3) 参照）を受けて定められたものです。土地の利用の方法の変更が土地の形質変更や譲渡によってもたらされる場合も本項の適用があると解されます。本項で言う環境省令とは施行規則第19条のことです。

(5) 第5項

この条項は前項の届出があった場合に調査猶予のための確認を取り消すべき場合を規定しています。本項の「人の健康に係る被害が生ずるおそれ」とは本条第1項ただし書の「人の健康に係る被害が生ずるおそれ」と同義ですので、同ただし書を受けて定められた施行規則第16条第2項の状態ではなくなる場合に取消しがなされるものと解されます。

（土壌汚染のおそれがある土地の形質の変更が行われる場合の調査）

> 第四条　土地の掘削その他の土地の形質の変更（以下「土地の形質の変更」という。）であって、その対象となる土地の面積が環境省令で定める規模以上のものをしようとする者は、当該土地の形質の変更に着手する日の三十日前までに、環境省令で定めるところにより、当該土地の形質の変更の場所及び着手予定日その他環境省令で定める事項を都道府県知事に届け出なければならない。ただし、次に掲げる行為については、この限りではない。
> 　一　軽易な行為その他の行為であって、環境省令で定めるもの
> 　二　非常災害のために必要な応急措置として行う行為
> 　2　都道府県知事は、前項の規定による土地の形質の変更の届出を受けた場合において、当該土地が特定有害物質によって汚染されているおそれがあるものとして環境省令で定める基準に該当すると認めるときは、環境省令で定めるところにより、当該土地の土壌の特定有害物質による汚染の状況について、当該土地の所有者等に対し、前条第一項の環境大臣が指定する者（以下「指定調査機関」という。）に同項の環境省令で定める方法により調査させて、その結果を報告すべきことを命ずることができる。

(1) 第1項

　この第4条は平成21年改正で挿入されました。大規模開発を契機として土壌汚染の有無の調査を行わせるものです。類似の規定は、既に平成12年から東京都の環境確保条例で制定され、その後若干の地方公共団体で同様の規制がなされていましたが、この条文により同様の規制が全国に広がることになります。

　大規模開発を法定調査の契機とするのは、従来の法定調査の契機が余りにも少なかったという事情があります。自主調査の場合は、いくら土壌汚染が

発見されても法律の規制に服しないため、汚染が判明しても適正な対策や汚染土壌の処理がなされているのか疑わしく、もっと法定調査の契機を増やすべきだと多くの識者が指摘していました。しかし、法定調査の契機を増やすとしてもどの範囲で増やすのかは議論があり、平成21年改正のための環境省主宰の「土壌環境施策に関するあり方懇談会」が発表した2008年3月の懇談会報告では大規模な土地取引も調査の契機とすることが検討対象とされましたが、結局、平成21年改正では、取引がいくら大規模なものであっても、調査の契機とはされませんでした。土地の形質の変更という土地開発の場合は、もし、そこに汚染土壌が存在すれば、これを撹拌し、さらには他の土地へ土壌汚染を拡大するおそれをもたらすことから、調査を強制するにふさわしいと考えられたものです。なお、大規模開発に限定するのは、土壌汚染の調査を小規模の開発に強制しても、費用負担能力の観点から困難なことを強いることになり不適切であろうという発想によるものと思われます。大規模開発かどうかということよりも、過去の土地の履歴の方が汚染の有無の判断に関係がありますが、費用負担能力を優先させて立法したものと言えます。なお、大規模な開発であれば必ず調査するということではなく、次項で解説しますように、大規模な開発を行うということは、調査の契機となるにすぎません。

　なお、届出の対象となる「土地の形質の変更」とは、土地の形状を変更する行為全般をいうものとされますが、「土地の形質の変更の内容が盛土のみである場合には、当該盛土が行われた土地が汚染されていたとしても、当該土地から汚染が拡散することはないことから、届出は不要とする。」とされています（平成22年施行通知第3の2.（2）①参照）。

　環境省令で定める規模というのは3000平方メートル以上です（施行規則22条）。この面積は都の環境確保条例と同様です。これは、土地の形質の変更を行う面積です。仮に広大な土地の一部（3000平方メートル未満）の形質の変更を行うにすぎないような場合は対象とならないことになります。なお、3000平方メートル以上か否かは、「同一の事業の計画や目的の下で行われるものであるか否か、個別の行為の時間的近接性、実施主体等を総合的に判断し」（平成22年施行通知第3の2.（2）①参照）て決めることになります。

届出義務者は、「土地の形質の変更をしようとする者」ですが、環境省では「具体的には、その施行に関する計画の内容を決定する者である。土地の所有者等とその土地を借りて開発行為等を行う開発業者等の関係では、開発業者等が該当する。また、工事の請負の発注者と受注者の関係では、その施行に関する計画の内容を決定する責任をどちらが有しているかで異なるが、一般的には発注者が該当するものと考えられる。」（平成22年施行通知第3の2.(2)②参照）と説明しています。なお、届出を行う者が当該土地の所有者等でない場合にあっては、「当該土地の所有者等の当該土地の形質の変更の実施についての同意書」を添付しなければなりません（施行規則23条2項2号）。

　ここで土地の形質を変更する者は、施行規制で定める様式第六の書式に従って、①氏名又は名称及び住所並びに法人にあってはその代表者の氏名、②土地の形質の変更の対象となる土地の所在地、③土地の形質の変更の場所（図面の添付が必要）、④土地の形質の変更の着手予定日、⑤土地の形質の変更の規模を知事に届け出る義務を負います（施行規則23、24条）。都の環境確保条例では、土地の改変者が「有害物質の取扱事業場の設置状況その他の土地の利用の履歴」や「有害物質の使用、排出等の状況」（環境確保条例施行規則58条3項）を調査のうえ、届け出なければならないとされているのに対し、この条文では、このような事項は届出義務の対象からはずれています。土地の形質を変更する者の調査の負担を軽減する意図かと思われます。その分、知事がこれらの状況を調査しなければならない立場に立たされますので（次項参照）、知事の負担が大きいと思われます。

　なお、一定の改変行為は届出対象からはずれます。本項第1号は軽易な行為と農業・林業の通常行為と鉱山保安法で規制されている行為です。軽易な行為に該当するには、①土壌の対象土地の区域外への搬出を伴わず、②土地の形質の変更に伴い土地の形質の変更を行う場所からの土壌の飛散も流出もなく、③土地の形質の変更を行う部分の深さが50センチメートル未満である必要があります（施行規則25条1号）。

　また、農業・林業の通常行為とは、土壌を対象土地の区域外へ搬出しない「農業を営むために通常行われる行為」（耕起、収穫等日常的に反復継続して行われる軽易な行為が念頭に置かれていることにつき、平成22年施行通知

第3の2.(2)①ア．参照）及び「林業の用に供する作業路網の整備」です（施行規則25条2号、3号）。

　鉱山に関しては、鉱山保安法第2条第2項本文に規定する鉱山若しくは同項ただし書に規定する附属施設の敷地又は鉱業権の消滅後5年以内であるもの又は同法第39条第1項の命令により土壌の特定有害物質による汚染による鉱害を防止するために必要な設備がされている鉱山の敷地であった土地において行われる形質の変更は除かれることになっています（施行規則25条4号、16条2項3号）。ここで5年とあるのは、鉱山保安法がその鉱業権消滅後5年以内の敷地での形質変更も問題の発生がないように規制していることから、土壌汚染対策法は発動させなくてよいという発想によるものです。

(2) 第2項

　大規模開発を行う者も自動的に調査義務を負うわけではありません。この第2項により、知事が調査命令を出した場合だけ調査義務を負います。

　ここで注意すべきは、第4条第1項の届出義務者が形質の変更をしようとする者であり、一方で、第4条第2項で、調査命令を受ける者は、「土地の所有者等」と規定されている点です。東京都の環境確保条例では、届出者も調査者もいずれも「土地改変者」とされているところと異なります（東京都環境確保条例117条1項、2項）。届出義務者が土地の所有者等でもあることが一般には多いと思われますが、必ずしもこの二つは一致しません。例えば、売買契約締結後クロージング日（決済日）以前に、買主が届出し、売主が土地の所有者として施行規則第23条第2項第2号の同意書を提出した場合、クロージング日以前に命令が売主に出されると、土地の所有権はクロージング日に買主に移転するものの、調査義務が売主に残るという問題が発生します。売買契約で、かかる場合、買主が調査の責任を負うと定めることで、当事者間では責任の所在がはっきりしますが、買主が調査をしない場合、売主がこの法律上の調査義務を負ったままとなってしまうという問題があります。なお、クロージング日の前に調査命令が出てしまって、買主があわてて売買契約を解除する行動に出たり、決済を行わなかったりした場合は、もっと深刻な事態に陥ります。もともと、第4条は、土地の形質変更が前提の条文ですので、形質変更が行われなくなった場合は、都道府県知事が

事情変更を理由に調査命令の取消を行うことでかかる事態を解決すべきと考えますが、都道府県知事が取消を任意に行う保証がない以上、売主としてはクロージング日の前に施行規則第23条第2項第2号の同意書を提出する場合は、以上の問題が発生するリスクを事前に考慮して必要な対策を講じておくべきと思われます。

どのような場合に知事が調査命令を出すのかは、施行規則で詳細が規定されています（施行規則26条）。すなわち、以下のとおりです。

①土壌の特定有害物質による汚染状態が濃度基準に適合しないことが明らかである土地であること

②特定有害物質又は特定有害物質を含む固体若しくは液体が埋められ、飛散し、流失し、又は地下に浸透した土地であること

③特定有害物質を製造し、使用し、又は処理する施設に係る工場又は事業場の敷地である土地又は敷地であった土地であること

④特定有害物質又は特定有害物質を含む固体若しくは液体が保管され、若しくは貯蔵されている施設（特定有害物質を含む液体が地下に浸透することを防止するための措置であって環境大臣が定めるものが講じられている施設を除く）（なお、容器により密閉した状態のままでなされる貯蔵又は保管は含めないと環境省は説明しています。平成22年施行通知第3の2.(3)④参照）に係る工場又は事業場の敷地である土地又は敷地であった土地であること

⑤その他②から④までと同等程度に濃度基準に適合しないおそれがある土地であること

なお、第2項で「環境省令で定めるところにより」というのは、調査命令の手続きを規定しており、命令は、①調査の対象となる土地の場所及び特定有害物質の種類並びにその理由、②報告を行うべき期限を記載した書面で行うものとされています（施行規則27条）。

これでわかるように、調査は、汚染が疑われる範囲に限定されるものであり、汚染が疑われる特定有害物質に限定されるものであるため、これらの点の判断に誤りがあれば、土壌汚染が十分には調査されないことに注意が必要です。従って、この調査命令に従って調査を行っても当該開発土地に土壌汚染がなかったことの証明にはなりません。あくまでも、汚染があるとされる

区域には入らないということです。汚染が判明した場合は、後述のとおり、要措置区域又は形質変更時要届出区域に分類されます。汚染が判明しなかったということで、例えば「白区域」に指定されることにはなりません。

調査の方法は、第3条の調査方法と同様です。

平成21年改正によって導入された本条ですが、これは土地の形質の変更時の汚染土壌の飛散や流出の防止が制定の目的ですので、汚染が人為的原因によるものであろうと自然的原因によるものであろうと区別はされません（平成22年施行通知第3の2.（3）⑤参照）。

（土壌汚染による健康被害が生ずるおそれがある土地の調査）

> 第五条　都道府県知事は、第三条第一項本文及び前条第二項に規定するもののほか、土壌の特定有害物質による汚染により人の健康に係る被害が生ずるおそれがあるものとして政令で定める基準に該当する土地があると認めるときは、政令で定めるところにより、当該土地の土壌の特定有害物質による汚染の状況について、当該土地の所有者等に対し、指定調査機関に第三条第一項の環境省令で定める方法により調査させて、その結果を報告すべきことを命ずることができる。
>
> 　2　都道府県知事は、前項の土壌の特定有害物質による汚染の状況の調査及びその結果の報告（以下この項において「調査等」という。）を命じようとする場合において、過失がなくて当該調査等を命ずべき者を確知することができず、かつ、これを放置することが著しく公益に反すると認められるときは、その者の負担において、当該調査を自ら行うことができる。この場合において、相当の期限を定めて、当該調査等をすべき旨及びその期限までに当該調査等をしないときは、当該調査を自ら行う旨を、あらかじめ、公告しなければならない。

(1) 第1項

　この条項は、土壌汚染の調査を都道府県知事が命じることのできる一般規定です。健康被害が生ずるおそれがある土地について、都道府県知事が調査を命じることができますが、どのような場合にその土地に該当すると考えるべきかは、すべて政令に任され、これについては、施行令第3条で規定されています。この政令の条項は、土壌汚染調査命令を出せる実質的な根拠規定なので、極めて重要ですが、一読しただけではわかりづらい規定です。順に説明します。なお、この施行令第3条の考え方は、平成21年改正によってもまったく変更がありません。

　まず、第一に、施行令第3条では、その第2号のイやロに該当する場合は、どういう場合であろうと、調査命令を出さないということが示されています。つまり、イに該当する場合は、既に法第7条第6項の技術的基準に適合する汚染の除去等の措置が適切になされている以上は、もはや調査の対象とする必要はないという判断です。もちろん、その措置が適切になされていなければ、仮にその措置が一旦なされていても、調査命令を出すことを妨げられるわけではありません。次に、ロに該当する場合は、鉱山保安法の領分なので、この土壌汚染対策法では手を出さないということが示されていると言えます。これは、土壌汚染対策法第3条第1項ただし書の適用事例に鉱山保安管理区域を入れることと合わせて、この法案の閣議決定の際に経済産業省と環境省とで取り交わされた覚書に従って、鉱山保安管理区域を土壌汚染対策法の埒外に置くための規定です。[55]

---

[55] 注45参照。このような覚書が法律制定以前に省庁間で取り交わされることは、大きな問題をはらんでいます。単に技術的な問題であればともかくも、法律の適用範囲を縛ることを省庁間で法律制定以前に約束し、それを可能にするように法律条文で重要な事項を政令に委ねるという手法は、法治主義の根本を崩すおそれがあります。とりわけ、かつて、日本の土壌汚染の深刻な被害が鉱山開発に伴い発生したことを想起すると、この問題は大きな問題です。鉱山保安管理区域を適用除外にすることの是非は、当然に種々議論されるべきことで、議論の末に、鉱山保安管理区域に関しては、鉱山保安法に委ねることが適切であるという結論が導かれることはあってもよいことです。問題は、そのような議論を国会で正面から行わず、法律にそのような重大なことを規定しないことです。もし、このような手法が許されるのならば、政令により、法律そのものが骨抜きにされかねません。本来、政令に広範に委任することは憲法上疑義があり、鉱山保安管理区域を土壌汚染対策法の埒外に置くことを定める政令の規定は、この観点からの検討も必要です。この点については、国会審議の段階で、上記覚書の存在が明らかになり、民主党の福山哲郎氏が政府を批判しています（平成14年4月25日参議院環境委員会会議録参照）。なお、法律が政令に委任することができる範囲については、例えば、行政法制研究会「重要法令関係慣用語の

第二に、調査命令を出すためには、濃度基準（法6条1項1号に基づき施行規則31条で定める基準のことです（平成21年7月29日の中央環境審議会「今後の土壌汚染対策の在り方について―土壌汚染対策法の一部を改正する法律の施行に向けて―（答申）」などでこの意味で使われており、本書でも同じ意味で使っています）。この濃度基準は二種類あり、施行規則3条6項で土壌溶出量基準、土壌含有量基準と呼んでいます。また、施行規則28条で、施行令3条1号イ及びハで言及されている基準はこれらの基準であると規定されています）を超過しているか超過しているおそれがある必要があります。このことは、施行令第3条第1号のいずれも、最初に表示しています。

　第三に、地下水汚濁の観点と直接摂取の観点とを分けて定めています。施行令第3条第1号のイとロが地下水汚濁の観点からの規定であり、ハが直接摂取の観点です。

　第四に、地下水汚濁の観点からは、施行令第3条第1号のイとロの二つを区別しています。これがわかりづらいところです。よく読みますと、イでは、既に濃度基準を超える土壌汚染が判明している場合で、ロではそのおそれがあるにすぎない場合について規定していることがわかります。そもそも、既に濃度基準を超える土壌汚染が判明していながら、その汚染の全体像を把握することを目的に都道府県知事が土壌汚染の調査命令を出すにあたって何らかの制約を受けるということは考えにくいことですから、このイの規定はわかりづらいものです。ここでは、そのような場合ですら、都道府県知事の調査命令の権限に制約を課していることに注意が必要です。すなわち、イでは、その汚染により、一定以上の「地下水の水質の汚濁が生じ、又は生

解説、委任政令」判例時報1429号（1992年）17頁以下参照。同解説には、「委任政令の内容は、法律による委任の範囲内に限られる。そして、法律が政令に委任することができる範囲については、憲法41条が『国会は、国権の最高機関であって、国の唯一の立法機関である。』と定めているところから、この趣旨を否定し、いわば実質的に国会の立法権を没却するような抽象的かつ包括的なものであってはならず、例えば、手続的な事項、技術的な事項、事態の推移に応じ臨機に措置しなければならないことが予想される事項等に関する個別的、具体的なものに限られるものとされている。」との一般的な解釈が示されていますが、常識的な解釈です。以上に述べた、法による行政の観点から、このような覚書の処理、政令又は省令を見なければ法律がどのように機能するのかわからないような法律の条文の定め方、すなわち、手続的・技術的事項又は臨機に措置すべき事項にとどまらない事項についての政令・省令の規定は、再検討される余地がありそうに思われます。

ずることが確実であると認められ」ることが必要です。なぜ、地下水の水質の汚濁が生ずることが確実でなければならないのか疑問があるところですが、ここで「確実である」という文言について、環境省は「原則として都道府県が行う定期的な地下水モニタリング（測定回数は3回以上、期間は2年以上）の結果、濃度レベルが増加傾向にあり、このまま一様に増加するとすれば、次回のモニタリングの機会には地下水基準に適合しなくなると考えられる場合である。なお、直近のモニタリング結果における濃度レベルの目安は、地下水基準の概ね0.9倍程度を超過していることであり、これを参考に判断することとされたい。」（平成22年施行通知第3の3.(2)①ア.（イ）参照）と説明しています。次に注意すべきは、ロの場合は、つまり、当該土地に濃度基準を超える汚染があるおそれしかない場合は、その汚染を原因として地下水の水質汚濁が一定程度生じていることが要件となっています。ここでわかるように、地下水が汚染されてはじめて、都道府県知事が調査命令を出せる仕組みとなっており、そのような深刻な事態に至るまでは、都道府県知事のイニシアティブによる調査命令が出せません。その意味では、この政令のもとでは、土壌汚染対策法第5条は、地下水汚染の予防に直接的にはほとんど寄与しないと言えます。

　第五に、地下水汚染の観点からは、地下水が飲用に供されるか否かが大きな判断の基準となっていることに注意が必要です。すなわち、イでもロでも、最後に「当該土地又はその周辺の土地にある地下水の利用状況その他の状況が環境省令で定める要件に該当すること」とあり、これを受けて定められている施行規則第30条第1号ないし第3号はすべて地下水の飲用による危険の存在を要件としているからです。ただ、同条第4号ではその地下水の汚染により公共用水域（河川、湖沼、港湾、沿岸海域、かんがい用水路等を意味します）の水質が環境基準に合致しなくなる場合にも汚染調査への道を開いていますが、これは極めて深刻な地下水汚染の場合であり、要するにそこまで深刻でなければ、地下水の飲用による危険があるかを調査命令の発動の要件としていることがわかります。なお、周辺で地下水が飲用に供されるリスクを検討するにあたっては、地下水の流動の状況から「地下水汚染が生じているとすれば地下水汚染が拡大するおそれがあると認められる区域」がどの範囲であるかを検討しなければなりません。この点について環境省は、

特定有害物質の種類	一般値　（m）
第一種特定有害物質	概ね　1,000
六価クロム	概ね　500
砒素、ふっ素及びほう素	概ね　250
シアン、カドミウム、鉛、水銀及びセレン並びに第三種特定有害物質	概ね　80

（平成22年施行通知第3の3.（2）①ア.（ロ）より引用）

「地下水汚染が到達する具体的な距離については、地層等の条件により大きく異なるため個々の事例ごとに地下水の流向・流速等や地下水質の測定結果に基づき設定されることが望ましい。それが困難な場合には、一般的な地下水の実流速の下では以下の一般値の長さまで地下水汚染が到達すると考えられることから、これを参考にして判断することとされたい。」として上記の表を示しています（平成22年施行通知第3の3.（2）①ア.（ロ）参照）。

　第六に、直接摂取の観点からは、当該土地において、既に濃度基準を超過している汚染が判明している場合も、また、そのおそれがあるにすぎない場合も、当該土地に一般の人々が立ち入ることができる状態であることを施行令第3条第1号ハは要求しています。そもそも濃度基準を超過している汚染が存在することが判明している場合に、なぜ、その全体像を把握するために汚染調査の命令を出すことを都道府県知事が制約されるのか疑問ですが、さらに、疑問であることは、当該土地の所有者等が、一般の人を立入禁止にすれば、調査命令を受けることがないということです。

　このように、とりわけ施行令第3条では、都道府県知事が調査命令を出せる場合を大きく制約していることに注意が必要です。実際この条項（旧法4条）を根拠に調査命令が出されたのは、平成15年の法施行から平成21年3月までの間に全国でわずかに5件にとどまっており（環境省水・大気環境局「平成20年度土壌汚染対策法の施行状況及び土壌汚染調査・対策事例等に関する調査結果」（平成22年3月）4頁参照）、死文とまでは言えませんがほとんど死文化しており、平成21年改正でもまったく変更がなかったことにも注意が必要です。このことは、果たして、法律の精神がこれほど汚染の調査に消極的なものか疑問を引き起こします。しかし、土壌汚染に関する問題

は、地方公共団体の自治事務と解されていますので、法律及びその委任を受けた政省令でこのような調査権限しか与えられていなければ適切な対処ができないと考える都道府県や市町村は、独自の調査権限を条例で定めればよいと言えます。法律や政省令でこのような権限しか与えられていないということは、都道府県や市町村の議員が議会で必要な条例を制定しないまま適切な土壌汚染調査や対策を行わない理由にはなりません。

(2) 第2項

　第2項は、第1項が調査を命じる相手方を土地の所有者等であるとしていますが、土地の所有者等が誰かを都道府県知事が過失なくして知り得ない場合に、都道府県知事が自ら調査を行うことができることを定めています。ただ、要件として「これを放置することが著しく公益に反すると認められるとき」という要件が付されています。なぜ、このような制限的な要件を付したのかは理由が不明です。このような要件がなければ、都道府県の負担が大きいということが理由であるかもしれません。

第三章　区域の指定等

第一節　要措置区域

(要措置区域の指定等)

> 第六条　都道府県知事は、土地が次の各号のいずれにも該当すると認める場合には、当該土地の区域を、その土地が特定有害物質によって汚染されており、当該汚染による人の健康に係る被害を防止するため当該汚染の除去、当該汚染の拡散の防止その他の措置（以下「汚染の除去等の措置」という。）を講ずることが必要な区域として指定するものとする。
> 　一　土壌汚染状況調査の結果、当該土地の土壌の特定有害物質による汚染状態が環境省令で定める基準に適合しないこと。

> 二　土壌の特定有害物質による汚染により、人の健康に係る被害が生じ、又は生ずるおそれがあるものとして政令で定める基準に該当すること。
> 2　都道府県知事は、前項の指定をするときは、環境省令で定めるところにより、その旨を公示しなければならない。
> 3　第一項の指定は、前項の公示によってその効力を生ずる。
> 4　都道府県知事は、汚染の除去等の措置により、第一項の指定に係る区域（以下「要措置区域」という。）の全部又は一部について同項の指定の事由がなくなったと認めるときは、当該要措置区域の全部又は一部について同項の指定を解除するものとする。
> 5　第二項及び第三項の規定は、前項の解除について準用する。

(1) 第1項

　この条文は、平成21年改正で挿入されました。改正以前は、施行規則第31条で言及されている別表第二及び第三（あわせて「濃度基準」という）を超えた濃度の土壌汚染が判明すれば、「指定区域」に指定されることになっていました（旧法5条）。一方で、旧法は、指定区域内で健康被害のおそれのある土地であれば、知事が措置命令を出せることになっていました（旧法7条）。そこで、指定区域は、放置すると健康被害をもたらすおそれのある土地とそうではない土地の両方を含みつつ、健康被害の防止は必要があれば知事の措置命令で対処することになっていました。このように指定区域が両方の土地を含むため、旧法のもとでは、指定区域に指定されれば、すぐに対策を講じなければ健康被害をもたらすかのような印象を人々に与えることにもなりました。

　しかし、この法律の制定時から、この法律の基本的な考え方として、いくら土壌が汚染されていても、その汚染の人への曝露経路を遮断すれば健康被害のおそれはないのだという判断が存在していました。この考え方からすれば、その遮断がされている状態であれば、濃度基準を超過する土壌汚染の土地であっても、対策を講じなくとも健康被害のおそれはないということにな

ります。従って、指定区域もそのように対策を講じなければ健康被害を引き起こすおそれのある土地なのか、それともそうではない土地なのかを分類して、人々に適切なリスク判断を行わせるべきだとの意見が強くなりました。

以上の経緯から本条が規定されたと言えます。その分類を行うにあたっての判断の分かれ目は、土壌汚染の人への曝露経路が遮断されているかどうかによるものとされました。

第1項第1号は、濃度基準を超える土壌汚染があることを意味し、第2号は、曝露経路が遮断されていないことを意味します。この両方の要件を満たせば、健康被害を引き起こすおそれのある状態の土地であり、対策を講じる必要がある土地として、要措置区域と定義されることになりました。ただ、注意すべきは、濃度基準を超えれば第1号の要件が充足されるのではなく、「土壌汚染状況調査の結果」、濃度基準を超過することが判明する必要があります。「土壌汚染状況調査」とは、第3条第1項(使用が廃止された有害物質使用特定施設に係る工場又は事業場の敷地であった土地の調査)、第4条第2項(土壌汚染のおそれがある土地の形質の変更が行われる場合の調査)及び第5条(土壌汚染による健康被害が生ずるおそれがある土地の調査)に限定されています(法2条2項)。従って、任意に調査を行って濃度基準を超過した汚染が判明しても、原則として、要措置区域には(形質変更時要届出区域にも)指定されません。ただし、例外として、法第14条第1項の申請により「土壌汚染状況調査」とみなされる(法14条3項)自主調査があります。これについては本章の法第14条の逐条解説を参照して下さい。

第1項第2号の「政令で定める基準」は、施行令第5条で定められていますが、旧法第7条第1項の「政令で定める基準」と同様です。土壌汚染の人への曝露経路の遮断がされていないと判断できる基準と言えます。

曝露経路が遮断されていなければ、曝露の可能性があるということになるわけですが、地下水経由の場合については、当該土地の周辺で地下水の飲用利用等がある場合にその可能性があると考えられています。それならば、「周辺で地下水の飲用利用等がある場合」かどうかはどのようにして判断するかが問題となります。これについては施行令第5条第1号イで言及している施行令第3条第1号イの要件を満たすこと、すなわち施行規則第30条第1号ないし第4号のいずれかがあることが必要であり、このうち、第1号の

要件について、環境省は、「行政保有情報、近隣住民用のための回覧板、戸別訪問等により」「地下水汚染が生じているとすれば地下水汚染が拡大するおそれがあると認められる区域」（本章法5条1項の逐条解説参照）内に飲用井戸が存在しないことを確認し、かつ、当該区域内に上水道が敷設されていれば、かかる可能性はないとして判断してよいとの考え方を示しています（平成22年施行通知第4の1.(3)①ア．参照）。また、「いわゆる自然的原因のみによる土壌汚染については、地質的に同質な状態で汚染が広がっていることから、一定の区画のみを封じ込めたとしてもその効果の発現を期待することができないのが通常の場合であると考えられる。このため、かかる土壌汚染地のうち土壌溶出量基準に適合しない汚染状態にあるものについては、その周辺の土地に飲用井戸が存在する場合には、当該周辺の土地において上水道の敷設や利水地点における対策等浄化のための適切な措置を講ずるなどしたときは『人の健康に係る被害が生じ、又は生ずるおそれがあるものとして政令で定める基準』（法第6条第1項第2号）に該当しないものとみなし、形質変更時要届出区域に指定するよう取り扱われたい。」と説明しています（平成22年施行通知第4の1.(3)①ア．参照）。

　なお、対策を講じるべきかどうかを、曝露経路が遮断されているかどうかで判断することには疑問も提起されるかもしれません。つまり、人間の健康被害の防止だけを目的とすべきではなく、将来世代の対策費用負担の増加を考慮すべきであるという発想からは、現時点で土壌汚染の人への曝露経路が遮断されているかどうかが問題なのではなく、どれだけ危険度の高い特定有害物質がどの程度の濃度で土壌に存在するかが問題で、一定以上の危険をもつ状態であれば、現時点でその曝露経路が遮断されているからと言って対策を講じなくていいというのではなく、むしろ、汚染が拡大する前に適切な対策を講じるべきだとの判断になろうかと思われます。しかし、そのような政策的な判断はこの法律では行われていません。そのため、この第1項の第2号は、曝露経路の遮断のないことを要件としているものとなっています。

　第1項の第2号の要件を満たさないが、つまり、曝露経路は遮断されているが、第1号の濃度基準を超えた汚染がある場合は、後述する「形質変更時要届出区域」に指定され、形質変更時だけ一定の対応が求められますが、それまでは放置することが認められます（法11条参照）。なお、放置すること

が認められるというのは、この法律の中だけの話であり、このように濃度基準を超えた土壌汚染の土地が売買契約の責任等、私法上の責任から何らかの対処が求められるかどうかは私法上の問題として別途検討すべき問題となります。

(2) 第2項
　第2項では、要措置区域の指定は、環境省令で定めるところにより公示するとされています。これを受けて、施行規則第32条により、公示の方法が規定されています。すなわち、都道府県（ただし一定の場合は市）の公報により、当該指定をする旨、当該要措置区域、濃度基準を超えた特定有害物質の種類、講じるべき指示措置を明示のうえ、地番、一定の施設等からの距離及び方向又は平面図により要措置区域を明示するとされています。地番だけでは特定に不適切な場合にその他の方法を用いることになるものと思われます。
　なお、区域指定は、土壌汚染状況調査における試料採取等の結果に基づく調査対象地の汚染状態の評価が100平方メートルの単位区画で行われることから（施行規則9条1項、2項）、かかる100平方メートルの単位区画を対象にして行われ、これより小さい区画を対象としては行われないものとされています。[56]

(3) 第3項
　第3項では、要措置区域の指定は、公示により効力が生じることを規定しています。

(4) 第4項
　第4項では、要措置区域も汚染の除去等の措置により指定の事由がなくなったと認められるときに指定を解除されることを規定しています。なお、第1項第1号の要件はなお満たし、第2号の要件は満たさなくなれば、後述する形質変更時要届出区域の指定をすることになります（法11条1項）。

---

[56] 環境省平成22年6月28日作成の「改正土壌汚染対策法に関するQ&A」参照。

(5) 第5項

第5項では、要措置区域の解除も指定と同様の公示の方法で行うこと及び解除の効力発生要件が公示であることを規定しています。

(汚染の除去等の措置)

> 第七条　都道府県知事は、前条第一項の指定をしたときは、環境省令で定めるところにより、当該汚染による人の健康に係る被害を防止するため必要な限度において、要措置区域内の土地の所有者等に対し、相当の期限を定めて、当該要措置区域内において汚染の除去等の措置を講ずべきことを指示するものとする。ただし、当該土地の所有者等以外の者の行為によって当該土地の土壌の特定有害物質による汚染が生じたことが明らかな場合であって、その行為をした者（相続、合併又は分割によりその地位を承継した者を含む。以下この項及び次条において同じ。）に汚染の除去等の措置を講じさせることが相当であると認められ、かつ、これを講じさせることについて当該土地の所有者等に異議がないときは、環境省令で定めるところにより、その行為をした者に対し、指示するものとする。
> 2　都道府県知事は、前項の規定による指示をするときは、当該要措置区域において講ずべき汚染の除去等の措置及びその理由その他環境省令で定める事項を示さなければならない。
> 3　第一項の規定により都道府県知事から指示を受けた者は、同項の期限までに、前項の規定により示された汚染の除去等の措置（以下「指示措置」という。）又はこれと同等以上の効果を有すると認められる汚染の除去等の措置として環境省令で定めるもの（以下「指示措置等」という。）を講じなければならない。
> 4　都道府県知事は、前項に規定する者が指示措置等を講じていないと認めるときは、環境省令で定めるところにより、その者に対し、当該指示措置等を講ずべきことを命ずることができる。

> 5　都道府県知事は、第一項の規定により指示をしようとする場合において、過失がなくて当該指示を受けるべき者を確知することができず、かつ、これを放置することが著しく公益に反すると認められるときは、その者の負担において、指示措置を自ら講ずることができる。この場合において、相当の期限を定めて、指示措置等を講ずべき旨及びその期限までに当該指示措置等を講じないときは、当該指示措置を自ら講ずる旨を、あらかじめ、公示しなければならない。
> 6　前三項の規定によって講ずべき指示措置等に関する技術的基準は、環境省令で定める。

(1) 第1項

　ここでは、要措置区域においていかなる対策を誰にさせるかについて規定を置いています。要措置区域は、旧法であれば措置命令が出されうる土地ですので、旧法での措置命令の条文を大方踏襲していますが、平成 21 年改正で大きく変わった点は、いきなり対策が命じられるのではなく、まず、いかなる対策を講ずるべきかが「指示」されるということになったことです。その指示に従わない場合にのみ、命令が出されます。旧法のもとで措置命令がほとんど出されなかったという事情（平成 15 年 2 月 15 日の法施行日から平成 21 年 3 月末日まで累計でわずか 1 件のみ）が改正の動機となっています。旧法のもとでは、指定区域に指定されても対策を講ずるにあたって、事実上、土地の所有者等が地方公共団体に相談をし、その行政指導を受けながら対策を講ずるという対応がとられていたため、土地の所有者等が対策を検討するにあたって、よるべき基準が明確ではなく、将来の法的又は経済上のリスクを考慮し、結局、安全を見て汚染の除去という徹底した対策がとられがちでした。平成 15 年 2 月 15 日の法施行日から平成 21 年 3 月末日までの指定区域における措置の実施内容は次頁の表のとおりです。しかし、多くの事例で採用されている掘削除去による土壌汚染の除去は、搬出土を適正に処理しなければかえって汚染の拡散を招くとの批判も強く、とるべき対策は、健康被害を防ぐために客観的に必要な範囲の措置でよく、その点を明確にした

第3章 土壌汚染対策法逐条解説

措置の実施内容（指定区域）

（件数：複数回答有）

			指定件数		VOC（第一種）超過		重金属等（第二種）超過		農薬等（第三種）超過		複合汚染	
			H20	累計	H20	累計	H20	累計	H20	累計	H20	累計
		地下水の水質の測定	1	(13)	0	(2)	1	(9)	0	(0)	0	(2)
土壌汚染の除去		掘削除去	31	(204)	3	(40)	27	(151)	0	(0)	1	(13)
		原位置浄化	2	(32)	2	(23)	0	(4)	0	(0)	0	(5)
		バイオレメディエーション	0	(4)	0	(3)	0	(1)	0	(0)	0	(0)
		化学的分解	0	(12)	0	(7)	0	(2)	0	(0)	0	(3)
		土壌ガス吸引	0	(7)	0	(6)	0	(0)	0	(0)	0	(1)
		地下水揚水	2	(9)	2	(7)	0	(1)	0	(0)	0	(1)
		その他	0	(0)	0	(0)	0	(0)	0	(0)	0	(0)
封じ込め	原位置	鋼矢板工法	1	(3)	0	(0)	1	(3)	0	(0)	0	(0)
		地中壁工法	0	(0)	0	(0)	0	(0)	0	(0)	0	(0)
		その他	0	(0)	0	(0)	0	(0)	0	(0)	0	(0)
		遮水工封じ込め	0	(0)	0	(0)	0	(0)	0	(0)	0	(0)
		原位置不溶化	0	(0)	0	(0)	0	(0)	0	(0)	0	(0)
		不溶化埋め戻し	0	(0)	0	(0)	0	(0)	0	(0)	0	(0)
		遮断工封じ込め	1	(1)	0	(0)	1	(1)	0	(0)	0	(0)
入換え	土壌	指定区域内土壌入換え	1	(1)	0	(0)	1	(1)	0	(0)	0	(0)
		指定区域外土壌入換え	0	(2)	0	(0)	0	(2)	0	(0)	0	(0)
		盛土	1	(4)	0	(0)	1	(3)	0	(0)	0	(1)
舗装		コンクリート舗装	3	(5)	0	(0)	3	(5)	0	(0)	0	(0)
		アスファルト舗装	1	(10)	0	(0)	1	(10)	0	(0)	0	(0)
		立入禁止	4	(10)	0	(0)	4	(10)	0	(0)	0	(0)
		その他	0	(2)	0	(0)	0	(2)	0	(0)	0	(0)
		回答事例数	42	(262)	5	(67)	36	(180)	0	(0)	1	(15)

注1）（ ）内の数字は、法施行日（平成15年2月15日）以降、平成20年度末での累計件数である。

注2）1つの区域において、複数の措置が行われることがあるため、措置の内容の合計数と指定区域件数とは一致しない。

（平成22年3月環境省水・大気環境局「平成20年度土壌汚染対策法の施行状況及び土壌汚染調査・対策事例等に関する調査結果」27頁、表19より引用）

指示が知事から出されることが望ましいという判断のもと改正が行われました。

以上のような改正が加えられましたが、本条の基本的な考え方、すなわち誰にどのような土壌汚染対策を講ずることを義務づけるべきかについては改正の前後で変更はありません。以下に説明します。

この条文で注目すべきは、土地所有者責任主義とでもいうべき考え方を導入したことです。この法律が制定される前までは、汚染の原因者ではない者が汚染の除去等を義務づけられることは日本の環境法のもとではなかったのですが、ここで原因者ではない者が汚染の除去を義務づけられる可能性がうまれたことは画期的なことです。この法律ができる前の平成12年12月、環境庁に「土壌環境保全対策の制度のあり方に関する検討会」が設置され、平成13年9月28日に「中間取りまとめ」が発表されましたが、この中間取りまとめがこの法律の起草の土台になっていることは疑いありません。この中間取りまとめにおいて、土地所有者責任主義の導入がはじめて正面から打ち出されたのですが、その取りまとめにおいて、この点については賛否両論があったようです。ただ、原因者だけしか汚染の除去等の義務を負わないとすれば、その原因者が特定できなければいつまでも対策が進まないことになります。土壌汚染対策を進めるという観点では、この土地所有者責任主義とでもいうべき考え方は賢明な方法といわざるをえないと思います。[57]

この点については、この法律の起草の直接の土台となった中央環境審議会の平成14年1月「今後の土壌環境保全対策の在り方について」（上記中間取りまとめに対する一般の意見を集めたあとに出されたもの）の参考資料に中

---

[57] 大塚直教授は、土壌汚染対策法も原因者負担原則を貫いていると解するとされ、その根拠として、法7条において、汚染の除去等の措置は汚染原因者が明らかな場合には汚染原因者が実施することとされており、法8条において、土地所有者等が措置を実施した場合には、汚染原因者に費用を請求できることとされていることを挙げておられます（大塚直『環境法第3版』（2010年有斐閣）413頁）。しかし、汚染原因者が不明であったり、汚染原因者に費用償還を行う資力がない場合は、土地の所有者等が汚染の除去等の措置を行わなければならず、また、自ら費用を負担せざるをえないことになるのですから、この法律が原因者負担原則を貫いているとは言えません。原因者負担原則を貫くのならば、汚染の原因者でない者がこれらのことを強いられるのは背理だからです。有毒な物質による土壌汚染の被害の深刻さが憂慮され、現在及び将来の国民のために土地を安全な状態に保つ責務が土地所有者にあることがあらためて明確に認識されるにいたったので、土地所有者責任主義が導入されたと、土地所有権概念の現代的理解から説明するべきものと考えます。

央環境審議会の考え方がのせられています。そこでは三つほど原因者責任主義を貫けない理由が記載されています。第一は、土地所有権と浄化措置を行う権原との衝突です。「水質汚濁、大気汚染等の他の公害が、水、大気等の公共財を保全の対象としているのに対して、土壌汚染は特定個人等の財産たる土地を保全の対象としていることから、土地に対する権原を有する土地所有者を差し置いて、汚染原因者が土地の管理状態の変更を伴うリスク低減措置を実施することは権原上困難であり、措置の遂行自体が進まない。」と説明されています。第二は、原因者責任の場合の現実的対策の困難です。後に詳しく紹介しますが、この法律では、現実的な対策を講ずることを最優先にしているために、措置の指示や命令の内容も必要最低限の措置となることをめざしています。この点で、「土壌汚染による環境リスクを適切に低減するためには、汚染土壌の浄化、汚染土壌の封じ込め、覆土・舗装等の種々の措置を実施し得ると考えられるが、汚染原因者をリスク低減措置の第一義的な実施主体とする考えは、汚染行為そのものの責任を問うことになるから、汚染原因者が実施すべきリスク低減措置としては、汚染が生ずる前の状態にまで浄化を行うこととなる。」と説明しています。汚染原因者に義務づけるとすれば、そのような徹底的な措置を義務づけるべきことにならないとおかしくないかと言いたいわけです。第三は、対策の実行の遅延です。「人の健康に影響を及ぼすおそれがある土壌汚染が判明したとしても、その時点で汚染原因者が明らかでない場合には、汚染原因者を特定するまでの間、汚染が発見された時点のままに放置されることにより、適切なリスク管理が図られない。」と説明しています。

　重要なのは、法第7条第1項のただし書です。ここでは、土地の所有者等以外に原因者がいることが明らかであり、かつ、その原因者に汚染の除去等の措置を講じさせることが相当であるときには、その原因者に「指示するものとする。」としているわけですから、そのような場合には土地の所有者等に汚染の除去等の措置を指示したり命じたりしてはいけないということが明示されています。このような場合は、土地所有者責任主義によらず、原因者責任主義によることを明らかにしているわけです。なお、このただし書では、「土地の所有者等に異議がない」ということも要件とされています。異議がある場合は、土地の所有者等に命令が出されることになるのですから、

異議を出すことは、よほど特殊の場合でしょう。従って、問題なのは、ほかに原因者がいて、その者に措置を命じることが相当であるとは何かということです。ところで、都道府県知事は、どこまで原因者を特定する作業を求められるのでしょうか。この点について、法律の条文は、解釈の手がかりを与えてはいません。都道府県知事に原因者特定の責任まで負わせれば、その特定の誤りをおそれて、都道府県知事の措置の指示も行われなくなるおそれがあります。それではこのように土地所有者責任主義というべき考え方をわざわざとり入れた意味もなくなるので、都道府県知事が合理的な調査を行っても容易に判断がつかない場合は、それ以上、都道府県知事に特定のための作業を求めていないと解すべきだと考えます。そのような場合は、土地の所有者等に指示を出せると解すべきです。要するに、原因者が特定できないということを措置指示の遅延の理由にすることはできないと考えます。原因者ではない土地の所有者等は、原因者を特定できるに足りる資料を都道府県に提出できなければ、措置の指示を受けるリスクがあることになります。このため、土地の所有者等が原因者ではない可能性が相当程度ありながら、土地の所有者等が調査するのに必要な、合理的期間を与えずに、都道府県知事がいきなり措置の指示を土地の所有者等に出すことは、原則として許されず、許されるのは、よほど緊急を要する場合であると解すべきだろうと考えます。なお、ほかに原因者がおり、その原因者を特定できるけれども、その原因者に汚染の除去等の措置を講じさせることが相当ではないという場合もあるでしょう。それはどういう場合かが問題になります。最もありそうなケースは、原因者が倒産状態等で資力がない場合です。

　なお、施行規則第34条第2項において、この原因者に対する指示を複数の者に対して行う場合は、それらの者が「当該土地の土壌の特定有害物質による汚染を生じさせたと認められる程度に応じて講ずべき汚染の除去等の措置を定めて行うものとする。」とされており、その帰責度合を適宜考慮すべきことが規定されています。この規定に従って、帰責度合の低い者には費用の一部負担の指示が可能だと考えます。

　以上に見たように、この第7条第1項により、土地の所有者等は、自らが汚染の原因者ではなくとも、時に汚染の除去等の措置を義務づけられることがあることになります。土壌汚染浄化に関する先進諸外国では、この法律で

言う「土地の所有者等」に類した概念のもとで、土地の所有者等に汚染原因がなくとも汚染浄化の責任を負わせることが一般的です。それでも、一定の場合に、免責の規定を置くことが見受けられますが、この土壌汚染対策法ではそのような免責規定はありません。これは、免責規定を置けば、また、その免責事由に該当するか否かで紛争が起きることを危惧したのかもしれません。しかし、この法律の施行前に土地の所有者等になった者で、その取得時に汚染が存在していたことを知らなかったことについて善意無過失（あるいは善意無重過失）の者や、自然災害で土壌汚染がもたらされた者や、故意または重過失（あるいは過失）なくして、所有していた土地が第三者の不法行為で汚染された者等についても、一切、免責を認めないことは、立法論として疑問があるところです[58]。もっとも、原因者でないにもかかわらず汚染の除去等の措置の指示を受けた者には地方自治体からの助成が出やすくなっています。というのは、法第44条の指定支援法人である財団法人日本環境協会は、かかる者に地方自治体が助成を行ったときにはかかる地方自治体に助成金を交付することになっているからです（法45条1号、施行令6条1項。なお、同項の基準は、平成16年環境省告示4号により定められ、所得や資産の多い者は対象外とされます）。

　なお、施行規則第42条で「担保権の実行等により一時的に土地の所有者等となった者が講ずべき措置」については、特別の対応を行うこととしています。すなわち、立入禁止措置又は地下水のモニタリングだけを命じようと考えています。これは、法第7条第6項を根拠にした規定のように思われますが（施行規則38条）、細かな技術的基準にかかわる論点ではなく、むしろ、一定の場合は汚染の除去等の措置を求めないということを規定している

58　なお、私は、土壌汚染浄化に関する立法論をかつて試みたことがあります（拙稿「土壌汚染浄化の立法論の分析」判例タイムズ1071号（2001年）65頁以下）。その中で、土壌汚染浄化に関する法律の施行前に土地の所有者になった者と法律の施行後に土地の所有者になった者とは、議論を分けて浄化責任を考えるべきであって、いずれの場合にも、一定の場合に免責を認めるべき場合があるとして、詳細な議論を展開したことがありました（同論文70頁）。また、その論文の脱稿後に出された平成13年9月28日の「土壌環境保全対策の制度の在り方について」（中間取りまとめ）が土地所有者の中で浄化責任を免れる者についての議論をまったく紹介していなかったので、不審に思って、上記論文の追記に、その点の検討が必要であることを指摘していました。しかし、結局、この点についての配慮が一切ないかたちで、土壌汚染対策法は成立しました。なぜ、この点の配慮が一切ないかたちで立法化されたのか疑問が残るところです。

に等しいので、便宜的にここで説明をしておきます。施行規則第42条では「自らが有する担保権の実行としての競売における競落その他これに類する行為により土地の所有者等となった者であって、当該土地を譲渡する意思の有無等からみて土地の所有者等であることが一時的であると認められる」者を対象としています。この条項について、環境省は、「これは、債権の回収を目的として一時的に土地を保有しているに過ぎない土地の所有者等には、応急的な措置を行わせるに止め、売却後の新しい所有者等に対して封じ込め、盛土等の恒久的な措置を行わせるものである。『これに類する行為により土地の所有者等となる』とは、ⅰ）自ら（親会社、子会社等を含む。）が担保権を有している不動産について、当該担保権の被担保債権の満足のために所有権を取得すること、ⅱ）ⅰ）により不動産の所有権を取得した者からの当該不動産の取得であって、取引慣行として、不動産に担保を付した他の債権の取得に付随して行われているもの（債権のバルクセールの一部としての土地の売買）が該当する。したがって、代物弁済、任意売買等、公的機関の介在しない手続により土地の所有者等となる場合も含み得るものである。『土地を売却する意思があり所有等が一時的と認められる』とは、土地を売却する意思が外部に継続的に表示されており、かつ、適正な価格以上の価格が提示されれば必ず売却する意思があると認められることである。」（平成22年施行通知第4の1.(6)④オ．参照）と説明しています。

(2) 第2項

第2項では、前項に従って措置の指示をする場合に、相手方に示す事項を規定しています。施行規則第35条で要求されている事項も含めて整理すると、以下のとおりです。

　①講ずべき汚染の除去等の措置
　②講ずべき汚染の除去等の措置として当該指示に係る措置を指示する理由
　③汚染の除去等の措置を講ずべき土地の場所
　④汚染の除去等の措置を講ずべき期限

なお、ここで指示される措置は最低限講じられるべき措置であり、それ以上の効果を有する措置を講ずることが禁じられるわけではなく、この点は次項で定められています。

(3) 第3項

　第1項に基づき指示される措置は、公益の観点から最低限講じられるべき措置を指示するにすぎません。しかし、対策として認められる措置は場合によってはいくつも存在するのであって、そのうち、指示された措置が指示を受けた者にとって最善な措置であるとは限りません。特に、土地取引を行う場合には、買主がより徹底した措置を求めるならば、それに応じなければ土地は売れないのですから、指示された措置以上にコストがかかってもより徹底した措置を講じたいと思うことは十分にあります。従って、本項では、そのように許された土壌汚染対策として、指示措置と同等以上の効果のある措置を講ずることができることを示しています。なお、どのような措置が土壌汚染対策として同等以上の効果のある措置であるかについては、施行規則第36条で言及する別表第五で規定されています。これについては、後述の本条第6項の解説において示した「地下水の摂取等によるリスクに対する汚染の除去等の措置」及び「直接摂取によるリスクに対する汚染の除去等の措置」の各表を参照して下さい。

　また、本項に基づいて指示措置を講じる者は、指示措置を実施する前提として、必要に応じて深度も含めた汚染の範囲を特定するための詳細な調査（以下、「詳細調査」という）を行い、その調査結果も踏まえて指示措置等を実施することになります。詳細調査は法で規定されたものではありませんが、その具体的な方法については、平成22年7月に環境省水・大気環境局土壌環境課が発表した「土壌汚染対策法に基づく調査及び措置に関するガイドライン暫定版」186頁以下に示されています。その基本的な考え方については、以下のとおりです。

　すなわち、詳細調査の実施後、その結果に基づいて基準不適合土壌の存在範囲を設定、把握することになりますが、基準不適合土壌の平面範囲の設定については、土壌汚染状況調査と同等な調査により、特定有害物質の濃度が汚染状態に関する基準に適合することが判明した単位区画を除いて、原則として要措置区域の単位区画のすべてにおいて基準不適合土壌が分布するものとみなすこととされています。また、基準不適合土壌の深さの設定は、単位区画ごとに行いますが、深度調査（後述します）が実施されている単位区画では、深度調査により求められた汚染の到達深度を基準不適合土壌の深さと

し、深度調査が実施されていない単位区画については、近接する深度調査地点の調査結果より汚染の到達深度を求めるものとされています。具体的には、当該単位区画の中心点から最も近い深度調査地点における基準不適合土壌の到達深度を基準不適合土壌の深さとし、当該単位区画の中心点からの距離が同一である複数の深度調査地点が存在する場合には、汚染の到達深度が深い値を採用するものとされています。

　それでは深度調査はどのようにして行うのでしょうか。土壌汚染対策法では、試料採取の深度については、施行規則第6条に定める調査方法の他に、第一種特定有害物質については施行規則第8条、第二種及び第三種特定有害物質については施行規則第10条にそれぞれ追加調査の方法が規定されています。詳細調査においても、これらと同等の調査を行うことになり、試料採取深度は地表から10メートルまでの範囲において1メートル単位の採取を基本とするのを原則として、汚染のおそれが生じた場所の位置においては、当該位置から50センチメートルの範囲が追加されることになります。[59] 以上の点から、汚染の深さの確定方法は、汚染が確認された深度から連続する2以上の深度で汚染が認められなかった場合、最初に汚染が認められなかった深度までを汚染の深さとし、汚染の深さを設定した後、汚染が認められた深度と最初に汚染が認められなかった深度との間において汚染の深さを絞り込むことは可能であるとされています。この考え方を図示したものが同ガイドライン暫定版に掲載されていますので、以下に引用します（次頁参照）。なお、試料採取範囲の目安は、第一種ないし第三種特定有害物質いずれも地表から深度10メートルまでとなりますが、帯水層の底面が10メートル以内に認められる場合には、帯水層の底面の土壌を採取して終了します。ただし、詳細調査の結果、地表から深度10メートル以深に基準不適合土壌が認められる場合は調査を継続し、必ず基準適合を連続した2深度以上確認し、汚染の深さを決定しなければならないとされています。

---

[59] 汚染の深さの把握においては、特定有害物質の到達深度（汚染状態に関する基準に不適合な深度）を把握することが重要であることから、原則として一定深度（1メートル）ごとに試料を採取し、その土壌溶出量や土壌含有量を測定することとなります。ただし、特定有害物質の移動経路を詳細にとらえることにより、最適な原位置浄化の設計に資することを目的とする場合等においては、地層の状態等も考慮したより詳細な試料採取を行うことが適当であるとされています（「土壌汚染対策法に基づく調査及び措置に関するガイドライン暫定版」191頁参照）。

第 3 章　土壌汚染対策法逐条解説

汚染の深さの考え方の例

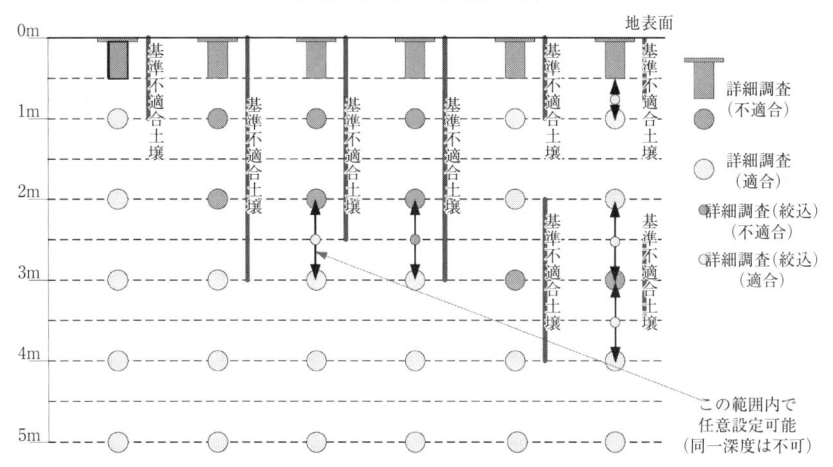

（平成 22 年 7 月環境省水・大気環境局土壌環境課「土壌汚染対策法に基づく調査及び措置に関するガイドライン暫定版」190 頁、図 5.3.2-1 より引用）

なお、深度調査の地点（平面的な位置）については、土壌汚染状況調査において試料採取を行った地点と同じ地点で実施することが基本となります[60]。

(4) 第 4 項

前項の指示に従わなかった者に対しては、本項に基づいて命令が出されます。命令は、履行期限を定めて、書面により行われます（施行規則 37 条）。

(5) 第 5 項

第 5 項は、第 5 条第 2 項で都道府県知事が自ら調査ができるのと同様に、汚染の除去等の措置を自ら講ずることができることを規定しています。第 5

---

[60] 調査対象物質が第一種特定有害物質である場合には、土壌汚染状況調査の結果から推定される特定有害物質の浸透地点（土壌ガス濃度の高まりがみられる地点）を深度調査地点の基本とすることが望ましいとされています。これは、①第一種特定有害物質は比較的狭い範囲から浸透する事例が多いため汚染の深さを的確に把握するためには浸透地点の特定が重要であること、②第一種特定有害物質による地下水汚染事例が多いため、第二種及び第三種特定有害物質より精度の高い調査が必要であること、③過去の実績から表層土壌ガス濃度が高い地点で深層に高濃度の汚染がみられる場合が多いことが、その主たる理由であり、第二種及び第三種特定有害物質の場合であっても、必要に応じて浸透地点の把握を目的とした深度調査地点の特定を実施してもよいものとされています（「土壌汚染対策法に基づく調査及び措置に関するガイドライン暫定版」191 頁参照）。

条第2項と同様に、過失がなく汚染の除去等の措置を命ずべき者を確知できず、これを放置することが著しく公益に反することが必要です。

(6) 第6項
　第6項は、汚染の除去等の措置に関する技術的基準は、環境省令で定めるとしています。この基準は、施行規則第39条から第42条までに定められています。これらの規定は、技術的事項答申に沿って定められていますので、まずこの答申の基本的な考え方を紹介します。
　技術的事項答申では、「土壌は水や大気と比べ移動性が低く、土壌中の有害物質も拡散・希釈されにくいため、土壌汚染は水質汚濁や大気汚染とは異なり、汚染土壌から人への有害物質の曝露経路の遮断により、直ちに汚染土壌の浄化を図らなくても、リスクを低減し得るという特質がある。このため、直接摂取によるリスクについては、汚染土壌の浄化以外に、土地の利用状況等に応じて、指定区域への立入禁止、汚染土壌の覆土・舗装といった方法を適切に講じることによっても、適切にリスクを管理することが可能である。また、地下水等の摂取によるリスクについても、汚染土壌の浄化以外に、有害物質が地下水等に溶出しないように、遮断又は封じ込め等を行う方法、あるいは、土壌は汚染されていても有害物質がまだ地下水には達していない場合には、指定区域内で地下水のモニタリングを実施し、必要が生じた場合に浄化又は遮断・封じ込めといった方法により、適切にリスクを管理することが可能である。」という認識に基づいて、適用する措置を、直接摂取によるリスクと地下水等の摂取によるリスクについて、分けて定めるべきだとしています。これを見てわかることは、技術的事項答申の考え方は、汚染の除去等の措置は、さまざまにあるだろうが、とりあえず健康を守るために最低限の措置を講じればよいという発想に基づいています。有害物質が地下水に達していないあいだは地下水のモニタリングですませるところなどにこの考え方が現れていますが、汚染対策を遅らせることの不経済については十分な配慮がないように思われます。[61]

61　汚染対策を遅らせることがいかに不経済であるかは明らかであり、多くの論者が強調していることです。例えば、鈴木茂「汚染土壌対策市場の現状と展望」産業と環境31巻9号（2002年）49頁以下参照。

平成21年改正により導入された措置の指示にあたって指示されるべき内容については、土地の所有者等及び汚染原因者の主観にかかわらず、専ら土地の汚染状態及び土地の用途によって客観的に定められることになりました（施行規則36条、別表第五）。また、「土壌汚染の除去が指示措置とされるのは土地の用途からみた限定的な場合のみとしており、土壌汚染の除去、とりわけ、掘削除去は、汚染の拡散のリスクを防止する観点から、できるかぎり抑制的に取り扱うこととした」（平成22年施行通知第4の1．(6)④ア．参照）と説明されています。

　指示措置の内容については、施行規則別表第五の中段に規定があります。また、これと同等以上の措置は同表の下段に規定があります。この表の中で、地下水汚染を経由する健康被害のおそれの対策が「一」から「六」まで、直接摂取による健康被害のおそれの対策が「七」から「九」までに規定されています。「一」から「六」までのうち、「一」は、まだ地下水汚染が生じていない段階ですが、「二」から「六」までは、すべて地下水汚染が生じている場合の規定です。「二」から「六」と5つに分類しているのは、特定有害物質の第一種の場合（「二」のケース）、第二種の場合（「三」と「四」のケース）、第三種の場合（「五」と「六」のケース）ごとに分類しているからですが、第二種と第三種に二つずつケースがあるのは、汚染の濃度が第二溶出量基準にも合致していないのか、それとも第二溶出量基準には合致しているが溶出量基準には合致していないのかという二つのケースを分けて規定しているからです。重金属等の第二種と農薬等の第三種では、汚染濃度の違いで対策の区分をしているため二つのケースに分類して規定しているものです。第二溶出量基準は、より緩やかな基準（溶出量基準の3倍から30倍までの溶出量で定められているもの）なので、これを満たさない濃度汚染となると、濃度が濃い汚染となるために、対策もより厳しいものが要求されることになります。前述しましたように、指示措置は最低限の措置であり、各ケースにより、同等以上の措置が以上のように許されていることが規定されているわけですが、地下水経由による健康被害のおそれの対策として許される措置の一覧は、次頁上のとおりとなります。

　上記のとおり、施行規則別表第五の「七」から「九」までは、直接摂取による健康被害のおそれの対策です。いずれも重金属等の第二種特定有害物質

地下水の摂取等によるリスクに対する汚染の除去等の措置

措置の種類	第一種特定有害物質（揮発性有機化合物）		第二種特定有害物質（重金属等）		第三種特定有害物質（農薬等）		【凡例】
	第二溶出量基準		第二溶出量基準		第二溶出量基準		◎講ずべき汚染の除去等の措置（指示措置） ○環境省令で定める汚染の除去等の措置（指示措置と同等以上の効果を有すると認められる措置）
	適合	不適合	適合	不適合	適合	不適合	
原位置封じ込め	◎	◎*	◎	◎*	◎		
遮水工封じ込め	◎	◎*	◎	◎*	◎		
地下水汚染の拡大の防止	○	○	○	○	○	○	
土壌汚染の除去	○	○	○	○	○	○	
遮断工封じ込め			○	○	○	◎	
不溶化			○				

＊汚染土壌の汚染状況を第二溶出量基準に適合させた上で行うことが必要。

（平成 22 年 7 月環境省水・大気環境局土壌環境課「土壌汚染対策法に基づく調査及び措置に関するガイドライン暫定版」181 頁、表 5.2.2-3 より引用）

直接摂取によるリスクに対する汚染の除去等の措置

措置の種類	通常の土地	盛土では支障がある土地*1	特別な場合*2	【凡例】
舗装	○	○	○	◎講ずべき汚染の除去等（指示措置） ○環境省令で定める汚染の除去等の措置（指示措置と同等以上の効果を有すると認められる措置）
立入禁止	○	○	○	
盛土	◎			
土壌入換え	○	◎		
土壌汚染の除去	○	○	◎	

＊1 「盛土では支障がある土地」とは，住宅やマンション（一階部分が店舗等の住宅以外の用途であるものを除く。）で，盛土して 50cm かさ上げされると日常生活に著しい支障が生ずる土地
＊2 乳幼児の砂遊び等に日常的に利用されている砂場等や，遊園地等で土地の形質の変更が頻繁に行われ盛土等の効果の確保に支障がある土地については，土壌汚染の除去を指示することとなる。

（平成 22 年 7 月環境省水・大気環境局土壌環境課「土壌汚染対策法に基づく調査及び措置に関するガイドライン暫定版」184 頁、表 5.2.2-5 より引用）

の含有量基準を超える土壌汚染がある場合ですが、「七」は乳幼児の砂遊びなどがありうる土地で対策は一番厳しく、「八」は一定の居住用土地で対策は次に厳しく、「九」はそれ以外で盛土でもよいとされています。直接摂取による健康被害のおそれの対策として許される措置の一覧は、次頁下のとおりとなります。

　なお、措置のより詳細な実施方法は、施行規則第40条を受けて、施行規則別表第六に規定されています。ただ、ことばだけでは、これらの措置の明確なイメージが得られませんので、巻末に付録として、中央環境審議会土壌農薬部会土壌制度小委員会第2回（平成20年7月16日）配布資料の参考資料1「土壌汚染対策法に基づく措置の概要」に掲載されている各措置のイメージ図を転載します。この資料は、平成21年改正に伴う施行規則の改正以前の作成であるため、現行の施行規則の表現と必ずしも平仄が合っていない部分がありますが、各措置の実施方法自体は改正の前後で概ね変更はありませんので、参考になると思います。参考までに、整理しますと、資料の「1．直接摂取の防止の観点からの措置」の①の盛土の図は、別表第六の「11　盛土」に該当します。②の舗装の図は、「8　舗装」に該当します。③の立入禁止の図は、「9　立入禁止」に該当します。④の土壌入換え（指定区域外）の図は、「10　土壌入換え」の「1」に該当します。⑤の土壌入換え（指定区域内）の図は、「10　土壌入換え」の「2」に該当します。資料の「2．地下水経由の摂取の防止の観点からの措置」の①の原位置封じ込めの図は、「2　原位置封じ込め」に該当します。②の遮水工封じ込めの図は、「3　遮水工封じ込め」に該当します。③の遮断工封じ込めの図は、「6　遮断工封じ込め」に該当します。④の原位置不溶化の図は、「7　不溶化」の「1」に該当します。⑤の不溶化埋め戻しの図は、「7　不溶化」の「2」に該当します。資料の「3．直接摂取及び地下水経由の摂取の防止の両方観点からの措置」の①掘削除去の図は、「5　土壌汚染の除去」の「1」に該当します。②の原位置浄化（分解）の図、③の原位置浄化（地下水揚水処理法）の図及び④の原位置浄化（土壌ガス吸引法）の図は、「5　土壌汚染の除去」の「2」に該当します。なお、平成21年改正で新たに導入された措置である、別表第六の「4　地下水汚染の拡大の防止」については、前述の環境省の「土壌汚染対策法に基づく調査及び措置に関するガイドライン暫定版」240頁、241頁及び246頁に

掲載の図を参照して下さい。

　また、施行規則第41条では、一定の基準に従って廃棄物埋立護岸において造成された土地であって、港湾管理者が管理するものについては、汚染の除去等の措置が講じられているものとみなすという規定が置かれています。ここでは、このような施行規則を制定する根拠を法第7条第6項に求めていますが（施行規則38条参照）、この施行規則第41条は、一定の土地については、措置命令を出さないということを定めているものであり、措置命令の技術的な基準の制定を省令に委任している法第7条第6項の趣旨に反しているように思われます。

　ところで、廃棄物処分場での土壌汚染問題をどのように考えるべきかをここで整理しておきたいと思います。一般に、廃棄物処理法における廃棄物処理基準を遵守すれば、廃棄物を処分しても当該土地には土壌汚染は発生しないとされています。そこで、その基準を守って廃棄物処分を行った処理業者は、原因者として法第7条第1項ただし書の指示を受けることはないとされています（施行規則34条1項ただし書）。しかし、基準を守らずに廃棄物処分を行った処理業者は対象になりえます。ところで、廃棄物処分を行った時点では基準に従っていても、その後当該土地で特定有害物質が漏出しないというわけではありません。その場合、当該土地が廃棄物処分場であったからといって、当該土地がこの土壌汚染対策法の対象外になるわけではありません。ただ、港湾法に従って廃棄物埋立護岸において造成された土地であって、港湾管理者が管理するものについては、施行規則第41条により、汚染の除去等の措置が講じられた土地とみなされることになっています。従って、汚染の除去等の措置の指示を受けることはありません。しかし、かかる施行規則第41条の例外的取扱いを受ける土地を除くと、特段の規定はありませんので、かつての廃棄物処分場が時の経過等により、土壌汚染をもたらしている場合は、原則的な考えに従って、土地の所有者等が汚染の除去等の措置を指示され、命令されることがあります。この場合、土地の所有者等が自分は原因者ではないのだから、廃棄物処分を行った処理業者に指示すべきだと反論しても、その廃棄物処分が所定の基準に従っていれば、上記のとおり原因者とは考えられないことになりますので、かかる反論は有効ではありません。その場合、廃棄物処分後に当該土地の管理を怠ったことが原因で土

壌汚染が発生していれば、それを怠った者が原因者になるものと思われますが、土地の所有者が次々に変わったような場合は、いつ漏出したのか、何をもって管理を怠ったというべきかで争いになると思われます。結局、原因者不明となりかねず、その場合は土地の所有者等が汚染の除去等の措置の指示を受けるリスクがでてきます。従って、汚染物質が地中に埋められている土地は、いくら埋立て時において信頼できる業者が廃棄物処分を行っていても、時の経過等で汚染物質の漏出が考えられるならば、当該土地の取得を行おうとする者は取得にかなり慎重であるべきものと思われます（なお、以上については、平成22年施行通知第4の1.(6)⑤イ．も参照）。

また、施行規則第42条には前述したとおり、担保権の実行等により一時的に土地の所有者等となった者が講ずる措置につき、特例が定められています。

（汚染の除去等の措置に要した費用の請求）

> 第八条　前条第一項本文の規定により都道府県知事から指示を受けた土地の所有者等は、当該土地において指示措置等を講じた場合において、当該土地の土壌の特定有害物質による汚染が当該土地の所有者等以外の者の行為によるものであるときは、その行為をした者に対し、当該指示措置等に要した費用について、指示措置に要する費用の額の限度において、請求することができる。ただし、その行為をした者が既に当該指示措置等に要する費用を負担し、又は負担したものとみなされるときは、この限りでない。
> 2　前項に規定する請求権は、当該指示措置等を講じ、かつ、その行為をした者を知った時から三年間行わないときは、時効によって消滅する。当該指示措置等を講じた時から二十年を経過したときも、同様とする。

(1) 第1項

この条文は、汚染の除去等の措置をこの法律で義務づけられた者が原因者

に対して求償する権利を有することが規定されているもので、この法律の中で唯一私法上の法律関係に直接的な影響を及ぼすことを企図して定められた規定です。前述のとおり、この法律では原因者ではない土地の所有者等が汚染の除去等の措置を義務づけられる場合がありますので、その場合、措置を講じた義務者は、原因者に対して求償できることが規定されたものです。

　この条文がなければ、措置を講じた義務者と原因者との間に直接の契約関係がない場合は、不法行為や不当利得や事務管理といった、契約を根拠にしない法理で請求権があるか否かを検討する必要があります。しかし、不法行為と構成する場合は、原因者の汚染行為が汚染時に何らかの行政法規に違反していなくとも、その土壌汚染行為自体を不法行為と評価できるのかという問題があります。また、不当利得と構成する場合は、原因者に土壌汚染対策の措置を講ずる義務があることが前提にならなければなりません。その義務を前提にできるのかが議論になります。さらに、事務管理と構成する場合は、汚染の除去等の措置が原因者の事務でなければならず、なぜ、原因者の事務となるのかが問題になります。また、この条文がなければ、措置を講じた義務者と原因者との間で売買契約がある場合も、売買契約上の責任を問えない限りは、契約の法理を根拠にして措置費用を請求することはできません。

　このように、この条文がなければ、この法律で措置義務者とさせられた者の原因者に対する請求権を根拠づけることは必ずしも容易ではないことから、その問題を解決するためにこの条文が置かれたということが言えます。

　この条文は、平成21年改正で若干の変更がなされたものの、旧法の第8条をほぼ踏襲しており、基本の発想には新旧変わりがありません。変更部分は、従来、措置命令だけだったところ、平成21年改正により、措置の指示が加えられたので、それに応じて、指示された措置を講じれば、求償できるとされているところです。ただ、今回、措置の指示という手順が加わったことにより、条文の規定が「当該指示措置等に要した費用について、指示措置に要する費用の額の限度において、請求することができる。」とされたことから、この法律の基本的な考え方、すなわち、健康被害を防止するために必要な最低限の対策のためには規制をかけるが、それ以上のことには手を出さないという考え方がより鮮明になったと思います。と言うのは、前述のとお

り、措置義務者は、指示された措置そのものを行わなければならないのではなく、その措置と同等以上の措置を行えばよいため、健康被害の防止に最低限必要な指示された措置ではなく、徹底した土壌汚染の除去の措置も可能です。しかし、それは、健康被害の防止に最低限必要な措置のコストを超えるコストの支出となってしまいます。そこで、その場合は、前者のコストしか原因者には請求できないということが、「指示措置に要する費用の額の限度において」ということばで規定されているわけです。

　注意すべきは、この求償の権利は、要措置区域において土壌汚染対策の措置義務を負った土地の所有者等のみに認められており、後述する形質変更時要届出区域で形質の変更を行うために、やむをえず対策を講じなければならなくなった者には認められていないことです。さらに、形質変更時要届出区域で自主的に対策を講じる者にも認められていないことです。

　つまり、要措置区域の土地は、放置した場合に健康被害が生じるおそれがあるため、健康被害を防止すべく、土地の所有者等にこの法律により措置の指示が出され、措置義務が課されるわけですが、形質変更時要届出区域の土地は、放置するだけでは健康被害が生じるおそれはないため、措置の指示は出されません。そういう土地の形質を変更する行為は、汚染土壌の拡散という危険を招きうるので、形質を変更する者に一定の対策を講じることが義務づけられるだけです。その場合の費用は、この条項の求償の対象にはなっていません。従って、費用の支出者が、その費用を回収しようとすれば、既存の法理論のもとで、しかるべき法的責任を負うべき者を探し出して責任を追及するしかありません。それは必ずしも容易なことではありません。

　また、形質変更時要届出区域といえども、濃度基準は超えて汚染されているわけで、放置した場合に長期間にわたって汚染が拡散します。そのような事態が生じることを防止するため、土地の所有者等が自主的に対策を講じたいと考えることは十分に考えられます。また、土地を売買するにあたり、汚染土地であれば、これを購入したい者が現れないので、汚染を自主的に除去することは十分に考えらます。しかし、これらの場合に支出される費用もこの条項では求償権の対象とされてはいません。このような取扱いが立法政策上適切なのかは議論がありうるところですが、この法律では、そのような場合には求償権を認めてはおらず、原因者に対する求償権があるか否かは、既

存の法理論で検討せよとしているわけです。

　なお、第1項ただし書は、どのように解釈するのかが難しい規定です。これについては、平成22年施行通知で、次のような場合が該当すると例示しています（平成22年施行通知第4の1.(7) 参照。平成15年施行通知と同旨です）。

　ⅰ）汚染原因者が当該汚染について既に汚染の除去等の措置を行っている場合
　ⅱ）措置の実施費用として明示した金銭を、汚染原因者が土地の所有者等に支払っている場合
　ⅲ）現在の土地の所有者等が、以前の土地の所有者等である汚染原因者から、土壌汚染を理由として通常より著しく安い価格で当該土地を購入している場合
　ⅳ）現在の土地の所有者等が、以前の土地の占有者である汚染原因者から、土壌汚染を理由として通常より著しく値引きして借地権を買い取っている場合
　ⅴ）土地の所有者等が、瑕疵担保、不法行為、不当利得等民事上の請求権により、実質的に汚染の除去等の措置に要した費用に相当する額の填補を受けている場合
　ⅵ）措置の実施費用は汚染原因者ではなく現在の土地の所有者等が負担する旨の明示的な合意が成立している場合

　この通知は、法令ではないのですが、立法に深く関与した環境省の見解ですので、参考にせざるをえません。これらを見ると、指示に従った措置の費用を原因者は一回限り負担すればよいということと、原因者が措置費用を実質的に負担している場合はこの求償を受けることはないことが示されています。後者については疑問があると前著では述べましたが、この通知に従うと、後者もこのただし書が妥当する事例であると考えるべきことになります（前著第Ⅳ章の土壌汚染Q&A「39　リスク込み売買と原因者責任」の項目では、結局、後者の場合は対策が講じられてはいないのだから旧法8条1項ただし書の適用はないという趣旨の説明を行いましたが、この通知に従うと適用があるという結論になります）。

(2) 第2項

第2項は、土地所有者等から原因者への求償の時効を扱っています。この汚染を一種の不法行為と考えれば、費用を支出させられた被害者である現在の土地所有者等が行為者である原因者を知った時から3年を求償の時効期間とすることは、民法第724条の一般原則と合致しますが、興味深いのは、この第2項で、「当該指示措置等を講じた時から20年を経過したときも、同様とする。」とあるところです。不法行為の責任と考えれば、民法第724条の規定に従って、除斥期間は、不法行為の時から20年のはずですが、ここでは、損害を受けた時から20年という発想で規定がつくられています。民法の不法行為一般の原則にとどまらない考え方が示されており、興味深いところです。

この規定が存在していなければ、仮に不法行為を根拠としても不法行為時から20年を経過することで、不法行為責任は消滅するということになりそうです。従って、汚染行為から20年以上を経過して対策の指示を受けても原因者への求償はできなくなる可能性があります。そういう事態においても求償を可能にするため、このように20年の計算の起算時を指示措置等を講じた時としているものです。

なお、過去の汚染行為を不法行為と判断できるかはかなり議論がありうる論点です。この論点については、本書第4章のQ17及び第5章5(2)も参考にして下さい。

（要措置区域内における土地の形質の変更の禁止）

> 第九条　要措置区域内においては、何人も、土地の形質の変更をしてはならない。ただし、次に掲げる行為については、この限りでない。
> 　一　第七条第一項の規定により都道府県知事から指示を受けた者が指示措置等として行う行為
> 　二　通常の管理行為、軽易な行為その他の行為であって、環境省令で定めるもの
> 　三　非常災害のために必要な応急措置として行う行為

要措置区域では、措置の指示を受けて措置をすみやかに講じることが予定されていますので、その措置によらない形質の変更を行うことは原則として禁じられます。
　ただし書第1号は、指示措置等そのものなので、当然のことです。
　ただし書第2号の「通常の管理行為、軽易な行為その他の行為であって、環境省令で定めるもの」とは、施行規則第43条に詳細が規定されています。
　施行規則第43条第1号は軽易な行為を定義しています。そのうち、ロとハは、地表から一定の深さまで帯水層がない旨の都道府県知事の確認を受けた場合は、その深度に応じて通常の基準以上の深さまでの形質の変更もできることを示しています。帯水層の深さの確認を知事に求めるための手続きは施行規則第44条で定められました。
　施行規則第43条第2号は、指示措置等と一体となって行われる形質の変更であって、一定の要件を満たす形質変更です。同号に定める「環境大臣が定める基準」は、平成22年3月29日環境省告示第23号で定められています。一定の要件を満たすかどうかは知事の確認が必要です。その確認を知事に求めるための手続きは、施行規則第45条で定められました。
　施行規則第43条第3号は、既に指示措置等が行われている土地に手を加える場合で、一定の要件を満たす形質変更です。一定の要件を満たすかどうかは知事の確認が必要です。これについては、「指示措置等が講じられ、指定の解除に至るまでの地下水モニタリングの期間中又は地下水汚染の拡大の防止の実施中に行われる土地の形質の変更について」前号と同様の考え方の下、「汚染の拡散を伴わない方法により行われる場合に限り、土地の形質の変更の禁止の例外とした（規則第43条第3号）。」（平成22年施行通知第4の1.（8）②ウ．参照）と環境省が説明しているとおりで、前号の施行方法の基準と同様です。この場合の知事の確認については施行規則第46条に定められています。
　ただし書第3号は、非常時の応急措置であり、当然のことを規定しています。

（適用除外）

> 第十条　第四条第一項の規定は、第七条第一項の規定により都道府県知事から指示を受けた者が指示措置等として行う行為については、適用しない。

　第4条に定める大規模な形質変更時の調査に係る義務は、要措置区域において指示措置等を行う場合には生じないことを規定しています。

第二節　形質変更時要届出区域

（形質変更時要届出区域の指定等）

> 第十一条　都道府県知事は、土地が第六条第一項第一号に該当し、同項第二号に該当しないと認める場合には、当該土地の区域を、その土地が特定有害物質によって汚染されており、当該土地の形質の変更をしようとするときの届出をしなければならない区域として指定するものとする。
> 　2　都道府県知事は、土壌の特定有害物質による汚染の除去により、前項の指定に係る区域（以下「形質変更時要届出区域」という。）の全部又は一部について同項の指定の事由がなくなったと認めるときは、当該形質変更時要届出区域の全部又は一部について同項の指定を解除するものとする。
> 　3　第六条第二項及び第三項の規定は、第一項の指定及び前項の解除について準用する。
> 　4　形質変更時要届出区域の全部又は一部について、第六条第一項の規定による指定がされた場合においては、当該形質変更時要届出区域の全部又は一部について第一項の指定が解除されたものとする。この場合において、同条第二項の規定による指定の公示をしたときは、前項において準用する同条第二項の規定による解除の公示をしたものとみなす。

(1) 第1項

これは、濃度基準を超える土壌汚染があるものの（法6条1項1号に該当するということ）、健康被害のおそれがある（法6条1項2号に該当するということ）とは言えない土地について、「形質変更時要届出区域」という区域指定を行うことを規定したものです。

ただ、注意すべきは、濃度基準を超えれば上記前者の要件が充足されるのではなく、「第6条第1項第1号」で定めるように、「土壌汚染状況調査の結果」、濃度基準を超過することが判明する必要があります。「土壌汚染状況調査」とは、第3条第1項（使用が廃止された有害物質使用特定施設に係る工場又は事業場の敷地であった土地の調査）、第4条第2項（土壌汚染のおそれがある土地の形質の変更が行われる場合の調査）及び第5条（土壌汚染による健康被害が生ずるおそれがある土地の調査）に限定されています（法2条2項）。従って、任意に調査を行って濃度基準を超過した汚染が判明しても、原則として、形質変更時要届出区域には（要措置区域にも）指定されません。

ただし、例外があります。後述のとおり、平成21年改正により、自主調査でも一定の要件を満たす調査であれば、申請により「土壌汚染状況調査」とみなす規定が挿入されました（法14条3項）。そこで、その申請によって、形質変更時要届出区域に（健康被害のおそれがあれば、要措置区域に）指定されることが可能になりました。平成21年改正以前は、かかる申請による区域指定という制度が用意されておらず、しかも、土壌汚染状況調査が平成21年改正以前は旧法第3条と第4条（改正後の法3条と5条に相当）に限定されていたため、法の規制を受ける指定区域に指定される事例が汚染判明地のごくわずかにとどまっていました。これでは、多くの土壌汚染地が規制の枠外に置かれてしまい、適切な管理等が期待できないとして、自主調査の結果であっても土壌汚染が発見されれば、その旨の報告を義務づけることを制度化することが議論されましたが、平成21年の改正では結局義務づけの制度化は見送られ、この自主申告による指定制度というかたちでの制度化が行われたものです。この制度については、後述します。

なお、前述のとおり、平成21年改正により従来の指定区域が要措置区域とこの形質変更時要届出区域に分類されました。形質変更時要届出区域は、

名称どおり、形質変更時に届出をする義務がある区域ですが、それまでは放置していてもこの法律上は何ら規制がありません。ただ、一定以上の濃度の汚染をもっている土地ですので、形質変更により汚染の拡散等が危惧されます。そこで、形質変更時には届出をさせ必要な規制に服しなければならない土地とされています。詳細は次条で解説します。

(2) 第2項

　ここでは、形質変更時要届出区域の指定の事由がなくなった場合には指定を解除することが規定されています。二つ注意すべき点があります。一つは、区域の一部の解除が認められるということです。今一つは、指定の事由がなくなるには、「土壌の特定有害物質による汚染の除去」が必要であるということです。つまり、「汚染の除去等の措置」がなされればよいのではなく、「汚染の除去」が必要であるということです。「土壌汚染の除去」とは、施行規則別表第五の中で定義されていますように、基準不適合土壌（これは、施行規則3条6項1号に定義がありますように、土壌溶出量基準又は土壌含有量基準に適合しない汚染状態にある土壌であって、換言すると濃度基準を超えた汚染のある土壌のことです）を当該土地から取り除き、又は基準不適合土壌の中の特定有害物質を取り除くことです。なお、「土壌汚染の除去」については、平成22年施行通知第4の1.(6)④イ.(ホ)も参照して下さい。

　第7条第6項で見たように、汚染の除去等の措置として認められる対策にはさまざまなものがあり、その中には、汚染を地中に残す対策も含まれますが、そのような対策は「汚染の除去」には該当しません。これについて、平成15年施行通知では、指定区域の解除に関する説明で、「『汚染の除去により指定区域の全部又は一部についてその指定の事由がなくなったと認める』とは、土壌中の特定有害物質を取り除くことにより、指定区域の指定基準に適合することとなったことである。したがって、汚染の除去等の措置のうち、指定基準に適合しない土壌汚染が残るもの（原位置封じ込め等）、土壌の改質により指定基準に適合することとなったもの（原位置不溶化等）が行われた場合は該当しない。」と述べていましたが、この説明は、この条項における「汚染の除去」にも妥当します。

なお、この指定の解除がされれば、当該解除された土地には特定有害物質は一切含まれない土地として、いわば白の証明のされた土地と言えるのかという問題がありますが、そうとは言い切れないことにも注意が必要です。そもそも、この法律で定められる土壌汚染状況調査の調査基準も、調査区域の土壌の全量検査を求めるわけでもなく、あくまでも一定のメッシュを切って調査ポイントを定めて調査するにすぎないため、必然的に調査漏れがありうるからです。汚染の除去もそこで判明した汚染の除去にとどまるため、調査の限界から調査漏れとなった汚染までは除去し得ないため、区域指定の解除は白の証明とまでは言い切れません。

(3) 第3項

ここでは、形質変更時要届出区域の解除にあたって、要措置区域の指定の公示方法に準じること、また、要措置区域の指定が公示によって効力が生じるのと同様に、形質変更時要届出区域の指定も公示によって効力が生じることを規定しています。

(4) 第4項

ここでは、形質変更時要届出区域の全部又は一部が要措置区域に指定された場合の処理について規定しています。健康被害のおそれがないと当初判断され、形質変更時要届出区域に指定されたものの、後日、人への曝露経路の遮断がされていないということがわかり、健康被害のおそれがあるとして、要措置区域に指定替えする場合です。例えば、土壌汚染含有量基準に適合しないことにより指定された形質変更時要届出区域であって、立入禁止が講じられたものについては、囲いの損壊等によりその効果が失われたまま放置されるに至った場合などが考えられます（平成22年施行通知第4の2.(2)③参照）。ここでは、その場合は、要措置区域の指定により、形質変更時要届出区域の指定が解除されたものとみなされ、要措置区域の指定の公示により、形質変更時要届出区域の解除の公示がされたものとみなすということを規定しており、要措置区域の指定と公示でこの指定替えに必要な手続は完了できることを示しています。

（形質変更時要届出区域内における土地の形質の変更の届出及び計画変更命令）

> 第十二条　形質変更時要届出区域内において土地の形質の変更をしようとする者は、当該土地の形質の変更に着手する日の十四日前までに、環境省令で定めるところにより、当該土地の形質の変更の種類、場所、施行方法及び着手予定日その他環境省令で定める事項を都道府県知事に届け出なければならない。ただし、次に掲げる行為については、この限りでない。
> 　一　通常の管理行為、軽易な行為その他の行為であって、環境省令で定めるもの
> 　二　形質変更時要届出区域が指定された際既に着手していた行為
> 　三　非常災害のために必要な応急措置として行う行為
> 　2　形質変更時要届出区域が指定された際当該形質変更時要届出区域内において既に土地の形質の変更に着手している者は、その指定の日から起算して十四日以内に、環境省令で定めるところにより、都道府県知事にその旨を届け出なければならない。
> 　3　形質変更時要届出区域内において非常災害のために必要な応急措置として土地の形質の変更をした者は、当該土地の形質の変更をした日から起算して十四日以内に、環境省令で定めるところにより、都道府県知事にその旨を届け出なければならない。
> 　4　都道府県知事は、第一項の届出を受けた場合において、その届出に係る土地の形質の変更の施行方法が環境省令で定める基準に適合しないと認めるときは、その届出を受けた日から十四日以内に限り、その届出をした者に対し、その届出に係る土地の形質の変更の施行方法に関する計画の変更を命ずることができる。

(1) 第1項

　形質変更時要届出区域における形質変更時には一定の事項を知事に届け出なければならないことが規定されています。平成21年改正以前も、指定区域における形質の変更時には同様の規制がありました（旧法9条）。しかし、平成21年改正で、大規模な形質変更を行う場合の土壌汚染調査義務が新設されたため（法4条）、形質変更時要届出区域における形質変更の規制は従来よりもかなり大きな意味をもつことになります。なぜならば、法第4条に基づく調査の結果、濃度基準を超えれば、形質変更時要届出区域か要措置区域のいずれかには分類されてしまうので、多くの形質変更時要届出区域が誕生すると思われること、また、開発を契機としている以上は、所定のコストとタイムスケジュールの中での開発が現実のものとして目の前に予定されているのであり、その予定されたコストとタイムスケジュールがこの条項の規制に左右されてしまうからです。従って、この条項は、従来にも増して大きな意味をもつことになります。

　「土地の形質の変更」とは、「土地の形状又は性質の変更のことであり、例えば、宅地造成、土地の掘削、土壌の採取、開墾等の行為が該当し、基準不適合土壌の搬出を伴わないような行為も含まれる。」（平成22年施行通知第4の2.(3)②ア.参照）と環境省は説明しています。また、「土地の形質の変更をしようとする者」とは、「その施行に関する計画の内容を決定する者である。土地の所有者等とその土地を借りて開発行為等を行う開発業者等の関係では、開発業者等が該当する。また、工事の請負の発注者と受注者との関係では、その施行に関する計画の内容を決定する責任をどちらが有しているかで異なるが、一般的には発注者が該当するものと考えられる。」（平成22年施行通知第4の2.(3)②ア.参照）と環境省は説明しています。

　本項と本項で言及している省令（施行規則49条）を合わせ読むと、形質変更をしようとする者は、以下の事項を届け出なければなりません。

①土地の形質の変更を行う形質変更時要届出区域の所在地
②当該土地の形質の変更の種類
③当該土地の形質の変更の場所
④施行方法
⑤着手予定日

⑥氏名又は名称及び住所並びに法人にあっては、その代表者の氏名
⑦土地の形質の変更の完了予定日

また、届出は、施行規則様式第十によらなければならず（施行規則48条1項）、その届出書には以下の図面の添付が必要です（同2項）。
　①土地の形質の変更をしようとする場所を明らかにした形質変更時要届出区域の図面
　②土地の形質の変更をしようとする形質変更時要届出区域の状況を明らかにした図面
　③土地の形質の変更の施行方法を明らかにした平面図、立面図及び断面図
　④土地の形質の変更の終了後における当該土地の利用の方法を明らかにした図面

以上でわかるように、届出書添付図面に施行方法の詳細を示さなければなりません。

なお、例外として届け出る必要がないとされる行為があります。本項の第1号には、「通常の管理行為、軽易な行為その他の行為であって、環境省令で定めるもの」が挙げられています。これを受けて施行規則第50条が定められています。同条は、要措置区域において土地の形質の変更禁止の例外として、法第9条第2号の「通常の管理行為、軽易な行為その他の行為であって、環境省令で定めるもの」に基づき定められた施行規則第43条を準用しています。第2号には「形質変更時要届出区域が指定された際既に着手していた行為」が、第3号には「非常災害のために必要な応急措置として行う行為」が挙げられています。

(2) 第2項
第2項は、形質変更時要届出区域が指定された際既に土地の形質の変更に着手している者の届出義務を規定しています。つまり、前項第2号で事前届出は不要ですが、本項で事後届出が必要であるということです。なお、施行規則第51条には、届け出るべき事項が規定され、また、届出は、施行規則様式第十に従って行うべきことが規定されています。

(3) 第3項

　第3項は、非常災害のために必要な応急措置を行った者の届出義務を規定しています。ここでも事後届出です。この場合の届出につき、施行規則第52条が規定しています。

(4) 第4項

　第4項は、第1項で届け出られた土地の形質の変更の施行方法が基準に適合しない場合に、その計画の変更を命じることができるとしています。その基準については、施行規則第53条が規定しています。同条によりますと、土地の形質の変更の際に遵守すべき事項として、次の三つが挙げられています。第一は、基準不適合土壌（濃度基準超過の土壌のことで、施行規則3条6項1号に定義があります）又は特定有害物質の飛散、揮散又は流出を防止するために必要な措置を講ずることです（施行規則53条1号）。第二は、基準不適合土壌（土壌溶出量基準を超えるものに限る）が当該形質変更時要届出区域内の帯水層に接しないようにすることです（施行規則53条2号）。第三は、形質変更時要届出区域内の土地の形質の変更を行った後には、法第7条第6項の技術的基準に適合する汚染の除去等の措置が講じられた場合と同等以上に人の健康に係る被害が生ずるおそれがないようにすることです（施行規則53条3号）。ここで注意すべきは、ここでは汚染の除去等の措置そのものが求められているわけではないということです。土地の形質の変更の施行方法が人の健康に係る被害を生ずるおそれがないように計画され行われているということが求められているにすぎません。また、注意すべきは、形質変更時要届出区域における形質変更にあたってとるべき対策は、要措置区域の場合とは異なって、知事から指示されるものではないということです。つまり、開発をしようとする者が企図している開発の内容に応じて対策も変わりうるので、いかなる対策を行うべきかは、形質変更を行おうとする者が以上の基準を遵守できるように自ら定める必要があり、その計画の届出を見て上記基準が守られていないと知事が判断する時のみ計画の変更が命じられるということになります。

　なお、形質変更時要届出区域においてその形質の変更が完了した後の取扱いが問題になりますが、その完了の報告を義務づける規定はありません。た

だ、環境省は、「形質変更時要届出区域台帳には、土地の形質の変更の実施状況を記載することとしている。したがって、都道府県知事は、土地の形質の変更の届出があった場合には、その完了についての任意の報告又は法第54条第1項に基づく報告を受け、必要に応じその実施状況を確認の上、形質変更時要届出区域台帳の訂正（土壌汚染の除去が行われた場合は、形質変更時要届出区域の指定の解除。以下同じ。）を行うこととされたい。」と知事に通知していますので（平成22年施行通知第4の2.(3)③ウ.参照）、そのような取扱いがなされるものと思われます。

（適用除外）

> 第十三条　第四条第一項の規定は、形質変更時要届出区域内における土地の形質の変更については、適用しない。

　第4条に定める大規模な形質変更時の調査に係る義務は、形質変更時要届出区域において土地の形質の変更を行う場合にはあらためて不要であることを規定しています。

第三節　雑　則

（指定の申請）

> 第十四条　土地の所有者等は、第三条第一項本文、第四条第二項及び第五条第一項の規定の適用を受けない土地の土壌の特定有害物質による汚染の状況について調査した結果、当該土地の土壌の特定有害物質による汚染状態が第六条第一項第一号の環境省令で定める基準に適合しないと思料するときは、環境省令で定めるところにより、都道府県知事に対し、当該土地の区域について同項又は第十一条第一項の規定による指定をすることを申請することができる。この場合において、当該土地に当該申請に係る所有者等以外の所有者等

がいるときは、あらかじめ、その全員の合意を得なければならない。
2　前項の申請をする者は、環境省令で定めるところにより、同項の申請に係る土地の土壌の特定有害物質による汚染の状況の調査（以下この条において「申請に係る調査」という。）の方法及び結果その他環境省令で定める事項を記載した申請書に、環境省令で定める書類を添付して、これを都道府県知事に提出しなければならない。
3　都道府県知事は、第一項の申請があった場合において、申請に係る調査が公正に、かつ、第三条第一項の環境省令で定める方法により行われたものであると認めるときは、当該申請に係る土地の区域について、第六条第一項又は第十一条第一項の規定による指定をすることができる。この場合において、当該申請に係る調査は、土壌汚染状況調査とみなす。
4　都道府県知事は、第一項の申請があった場合において、必要があると認めるときは、当該申請をした者に対し、申請に係る調査に関し報告若しくは資料の提出を求め、又はその職員に、当該申請に係る土地に立ち入り、当該申請に係る調査の実施状況を検査させることができる。

(1) 第1項

　この条文は平成21年改正で導入された重要な規定です。前述したとおり、平成20年中央環境審議会答申では、自主的な土壌汚染調査を行った場合も土壌汚染が判明すれば、その旨地方公共団体に報告させることを検討すべきとされていましたが、改正法案の作成過程でその制度化は見送られました。結局、報告義務を課すると、かかる土地を法律の規制に置くことになるため、かかる土地にさまざまな法的規制を及ぼすことになり、自主的に調査した者が調査をしなかった者より不利になるので、それは自主調査を阻害するということが理由のようです。ただ、同じ濃度の汚染がある土地が一方では

法律の規制に服し、他方では服さないというのは、健康被害の防止というこの法律の基本思想からも疑問のある対応であろうと思います。しかし、いずれにしろ、自主調査の結果判明した土壌汚染の報告義務は平成21年改正でも定められなかったわけです。

ただ、自主調査の結果、土壌汚染が判明した場合、どのような対策を講じるべきかについては、従来からも少なからず地方公共団体と相談して対策が決められていた実態がありました。また、土地の所有者等の中にも、土壌汚染を隠すのではなく、判明すればこれを公表して、必要があれば、近隣の人々にも説明をすることがリスクコミュニケーションの観点からも重要であるという認識が広まってきています。そのような考え方にたてば、自主調査の結果であろうと土壌汚染が判明すれば、法律の規制に服させた方が透明性のある適切な処理ができるという判断になろうと思われます。そこで、自主調査で判明した土壌汚染も、一定の要件を満たす調査によるものであれば、申告により、これを法律上義務づけられて判明した土壌汚染の場合と同様に扱う道を開くべきだとの考えから、本条が設けられることになりました。

本項で「環境省令で定めるところにより」とは、施行規則第54条のことであり、同条は、指定の申請は同規則の様式第十一によることを規定しています。様式第十一には、①指定を受けたい土地の所在地、②申請に係る調査における試料採取等対象物質、③申請に係る調査の方法、④申請に係る調査の結果、⑤分析を行った計量法第107条の登録を受けた者の氏名又は名称、⑥申請に係る調査を行った者の氏名又は名称を記載すべきことが規定されています。

本項の最後の文章で「この場合において、当該土地に当該申請に係る所有者等以外の所有者等がいるときは、あらかじめ、その全員の合意を得なければならない。」とあります。これは、本項による申請を行えば、要措置区域又は形質変更時要届出区域に指定されることになりますので、当該土地がこの法律の規制に服することになります。それは、一方では、透明な処理を可能にするわけですが、他方で、土地の所有者等にこの法律に基づく義務を負わせることにもなります。従って、この負担を負う可能性のある土地の所有者等の全員の合意を得てから申請せよとしているわけです。

(2) 第2項

　本項は、前項の申請を行う者は、申請に係る調査がどのようなものであり、どのような結果であったか等を、書類を添付して申請せよというものですが、ここで「環境省令で定める書類」とある添付書類は、施行規則第56条で、①申請に係る土地の周辺の地図、②申請に係る土地の場所を明らかにした図面、③申請者が申請に係る土地の所有者等であることを証する書類、④申請に係る土地に申請者以外の所有者等がいる場合にあっては、これらの所有者等全員の当該申請することについての合意を得たことを証する書類が挙げられています。

(3) 第3項

　本項は、第1項の申請に係る調査が法第3条第1項の環境省令で定める調査方法（すなわち施行規則3条ないし15条）で行われたと認められる場合に（より詳細な方法で行われた場合も含まれることについて、平成22年施行通知第4の3.(3) 参照）、要措置区域又は形質変更時要届出区域に指定できることを規定しており、指定に必要な調査は、この法律で要措置区域や形質変更時要届出区域に指定するために要求している調査方法と同等のものを求めているということができます。ただし、土壌汚染状況調査と同様、調査の過程の全部又は一部を省略して申請することができますが、この場合は、第二溶出量基準及び土壌含有量基準に適合しない汚染状態にあるとみなされます（法3条1項の逐条解説、平成22年施行通知第4の3.(3) 参照）。また、かくして指定がなされた場合は、当該土地においてなされた調査を法第2条第2項の「土壌汚染状況調査」とみなすこととしており、この法律の中で引用されている「土壌汚染状況調査」に、第1項の申請に係る土地の調査も含まれることになることを示しています。

(4) 第4項

　本項は、本条により申請された汚染土地の土壌汚染の調査が適正になされているのかどうかを知事がチェックできるようにするための規定です。

（台　帳）

> 第十五条　都道府県知事は、要措置区域の台帳及び形質変更時要届出区域の台帳（以下この条において「台帳」という。）を調製し、これを保管しなければならない。
> 2　台帳の記載事項その他その調製及び保管に関し必要な事項は、環境省令で定める。
> 3　都道府県知事は、台帳の閲覧を求められたときは、正当な理由がなければ、これを拒むことができない。

(1)　第1項

　ここでは、この法律で指定される要措置区域等（すなわち、要措置区域と形質変更時要届出区域の二つの区域）の指定に関する台帳の整備について規定しています。第1項は、その調製と保管が知事の責任であるということを規定しています。

(2)　第2項

　本項は、台帳の記載事項は環境省令で定めることを規定しており、これを受けて、施行規則第58条が詳細を規定しています。

　台帳は、要措置区域と形質変更時要届出区域に分けて保管しなければなりません（施行規則58条3項）。

　台帳には少なくとも次のような事項を記載することになります（施行規則58条4項）。すなわち、当該区域に指定された年月日、その所在地、その概況、自主申請（法14条3項）により指定された場合はその旨、土壌の汚染状態（これについては、「規則様式第13及び第14の記載事項のほか、各サンプリング地点ごとの特定有害物質の含有量及び溶出量、サンプリング及び分析の日時及び方法等を記載した書類を帳簿に添付することとする。」（平成22年施行通知第4の4.(1) 参照）とされています）、土壌汚染調査の調査項目を省略した場合（施行規則11条1項、13条1項、14条1項）はその旨及びその理由、土壌汚染状況調査を行った指定調査機関の氏名又は名称、要措置区域（土壌溶出量基準に係るものに限る）にあっては地下水汚染の有

無、形質変更時要届出区域であって汚染の除去等の措置を講じたものについてはその旨及び当該汚染の除去等の措置、土地の形質の変更の実施状況です。

また、台帳で調整する図面は以下のとおりです（施行規則58条5項）。すなわち、図面として、土壌汚染状況調査において土壌その他の試料の採取を行った地点を明示した図面、汚染の除去等の措置に該当する行為の実施場所及び施行方法を明示した図面、区域の周辺の地図を備えるべきものとされています。

(3) 第3項

第3項では台帳の閲覧を求められたときは、正当な理由がなければ拒めないと規定されています。ここで「正当な理由」とは、台帳の変更作業中であるなど物理的に閲覧に供しえないような場合に限定されるべきものと考えます。[62]

第四章　汚染土壌の搬出等に関する規制

第一節　汚染土壌の搬出時の措置

（汚染土壌の搬出時の届出及び計画変更命令）

> 第十六条　要措置区域又は形質変更時要届出区域（以下「要措置区域等」という。）内の土地の土壌（指定調査機関が環境省令で定める方法により調査した結果、特定有害物質による汚染状態が第六条第一項第一号の環境省令で定める基準に適合すると都道府県知事が認めたものを除く。以下「汚染土壌」という。）を当該要措置区域等外へ搬出しようとする者（その委託を受けて当該汚染土壌の運搬のみを行おうとする者

---

[62] 「台帳の編集、改訂作業など物理的な事由で閲覧させることができない場合などを想定して」起草されたものということは、法案の審議を行った参議院環境委員会においても環境省環境管理局長西尾哲茂氏が言明しています（2002年4月25日参議院環境委員会議事録参照）。

を除く。）は、当該汚染土壌の搬出に着手する日の十四日前までに、環境省令で定めるところにより、次に掲げる事項を都道府県知事に届け出なければならない。ただし、非常災害のために必要な応急措置として当該搬出を行う場合及び汚染土壌を試験研究の用に供するために当該搬出を行う場合は、この限りでない。
　一　当該汚染土壌の特定有害物質による汚染状態
　二　当該汚染土壌の体積
　三　当該汚染土壌の運搬の方法
　四　当該汚染土壌を運搬する者及び当該汚染土壌を処理する者の氏名又は名称
　五　当該汚染土壌を処理する施設の所在地
　六　当該汚染土壌の搬出の着手予定日
　七　その他環境省令で定める事項
2　前項の規定による届出をした者は、その届出に係る事項を変更しようとするときは、その届出に係る行為に着手する日の十四日前までに、環境省令で定めるところにより、その旨を都道府県知事に届け出なければならない。
3　非常災害のために必要な応急措置として汚染土壌を当該要措置区域等外へ搬出した者は、当該汚染土壌を搬出した日から起算して十四日以内に、環境省令で定めるところにより、都道府県知事にその旨を届け出なければならない。
4　都道府県知事は、第一項又は第二項の届出があった場合において、次の各号のいずれかに該当すると認めるときは、その届出を受けた日から十四日以内に限り、その届出をした者に対し、当該各号に定める措置を講ずべきことを命ずることができる。
　一　運搬の方法が次条の環境省令で定める汚染土壌の運搬に関する基準に違反している場合　当該汚染土壌の運搬の方法を変更すること。

> 二　第十八条第一項の規定に違反して当該汚染土壌の処理を第二十二条第一項の許可を受けた者（以下「汚染土壌処理業者」という。）に委託しない場合　当該汚染土壌の処理を汚染土壌処理業者に委託すること。

(1) 第1項

　この条項は、汚染土を要措置区域又は形質変更時要届出区域（合わせて「要措置区域等」と定義されています）から外へ搬出する場合の届出義務を課しています。搬出に着手する14日前に知事に届出が必要で、この間に届け出られた搬出方法の適否が判断されることになります。

　注意すべきは、本項で「汚染土壌」の定義を要措置区域等の汚染土と定義しているところで、いくら土地が汚染されていても、すなわち、土地が法第6条第1項第1号の環境省令で定める基準（いわゆる「濃度基準」）に適合していなくとも、その土地が要措置区域等に指定されていなければ、その土地の土壌をこの法律では「汚染土壌」とは呼ばないことになります。国民が通常使う言葉と違う定義がされているので、十分な注意が必要です。濃度基準を超える汚染された土壌は、この「汚染土壌」という言葉とは区別して「基準不適合土壌」と呼ばれています（施行規則3条6項1号、同31条1項、31条2項、法6条1項1号）。

　また、本項で、要措置区域又は形質変更時要届出区域を「要措置区域等」と定義しているところも、誤解を与えかねない表現です。要措置区域と形質変更時要届出区域では比較にならないくらい前者が少ないと思われるところ、これらを総称して「要措置区域等」と名付けることは言葉のもつイメージと対象とが離れているので注意が必要です。

　以上をまとめますと、ある土地に濃度基準以上の汚染された土壌があるからといって、すべてこの法律で汚染のある土地としての区域指定がされるわけではありませんが、濃度基準以上の汚染された土壌がある土地のうち、この法律で規制を及ぼすべき土地として区域指定された土地は、総称して「要措置区域等」とされ、そこの土壌のみがこの法律では「汚染土壌」と呼ばれる資格があるということになります。

本項のかっこ書きの中で「特定有害物質による汚染状態が第6条第1項第1号の環境省令で定める基準に適合すると都道府県知事が認めたものを除く」としているのは、要措置区域等の中でもすべての土壌が濃度基準を超えた汚染状態とは限らないからで、濃度基準以下の汚染の土壌を搬出するなら、それは「汚染土壌」とは考えずに、本項の規制の対象からはずすということを規定しているものです。ただ、そのためには、25種のすべての特定有害物質が濃度基準以下でなければなりませんし、濃度基準以下の土壌か否かは、「環境省令で定める方法により」調査しなければならず、その調査方法については施行規則第59条が規定しています（ある地点の地下の土壌が汚染されていると言っても、汚染されている深度が一定の範囲に限定されているということが十分にありえます。この点の調査をいかに行うべきかについては、前述の環境省の「土壌汚染対策法に基づく調査及び措置に関するガイドライン暫定版」337頁以下参照）。この調査には「掘削前調査の方法」と「掘削後調査の方法」とがあります。もっとも、当分の間、この調査方法は掘削前調査の方法のみとされています（土壌汚染対策法施行規則の一部を改正する省令（平成22年環境省令第1号）附則2条）。後者は希釈の問題があるからと思われます。なお、かかる調査は、搬出時に規制を受けたくない場合にのみ必要となるのであって、規制を受けてよいのであれば、かかる調査を行う必要はありません。知事の認定を得るための手続きは施行規則第60条で規定されています。申請書の書式は様式第十五となります。

要措置区域等は、平成21年改正以前はまとめて「指定区域」と呼ばれていたものであり、改正前にも指定区域からの汚染土壌の搬出には規制がありました（旧施行規則36条4号）。しかし、法律条文本体には条項がなく、わかりづらいものでしたので（同号ロ及びハで、搬出先において周辺環境に特定有害物質による汚染が拡散しないよう、環境大臣が定める方法により汚染土壌の処分を行うことや、汚染土壌の処分が適正に行われたことについて、環境大臣が定めるところにより確認することと規定されて、これらを受けて環境省告示がありました）、平成21年改正でこのように正面から規制を行ったものです。

本項で汚染土壌を搬出しようとする者とは、「その搬出に関する計画の内容を決定する者である。土地の所有者等とその土地を借りて開発行為等を行

う開発業者等の関係では、開発業者が該当する。また、工事の請負の発注者と受注者との関係では、その施行に関する計画の内容を決定する責任をどちらが有しているかで異なるが、一般的には発注者が該当するものと考えられる。」と環境省では説明しています(平成22年施行通知第5の1.(2)①参照)。

　搬出については、「汚染土壌を人為的に移動することにより、当該要措置区域等の境界線を超えることをいう。ただし、要措置区域等と一筆であるなど要措置区域等内の土地の所有者等と同一の者が所有等をする当該要措置区域等に隣接する土地において、一時的な保管、特定有害物質の除去等を行い、再度当該要措置区域等内に当該汚染土壌を埋め戻す場合には、周囲への汚染の拡散のおそれの少ない行為であることから、『搬出』には該当しないものとして運用されたい。」との環境省の通知があります(平成22年施行通知第5の1.(2)①参照)。

　本項第1号から第7号まで届け出なければならない事項が列挙されていますが、第7号の「その他環境省令で定める事項」とは、次のとおりとされています(施行規則62条)。

　①氏名又は名称及び住所並びに法人にあっては、その代表者の氏名
　②要措置区域等の所在地
　③汚染土壌の搬出、運搬及び処理の完了予定日
　④汚染土壌の運搬の用に供する自動車等の所有者の氏名又は名称及び連絡先
　⑤運搬の際、積替えを行う場合には、当該積替えを行う場所の所在地並びに所有者の氏名又は名称及び連絡先
　⑥積替えのために一時保管する場合には、保管施設の所在地並びに所有者の氏名又は名称及び連絡先

　また、届出書添付の書類及び図面については施行規則第61条第2項が規定しており、以下の書類及び図面が添付されなければなりません。

　①汚染土壌の場所を明らかにした要措置区域等の図面
　②搬出に係る必要事項が記載された使用予定の管理票の写し
　③汚染土壌の運搬の用に供する自動車等の構造を記した書類
　④運搬の過程において、積替えのために当該汚染土壌を一時的に保管する場合には、当該保管の用に供する施設の構造を記した書類

⑤汚染土壌の処理を汚染土壌処理業者に委託したことを証する書類
　⑥汚染土壌処理業者の許可証の写し

(2) 第2項
　本項は、汚染土壌の搬出に係る届出内容を変更する場合にその変更の届出を行うべきことを定めています。本項に係る環境省令は施行規則第63条であり、届出書式は様式第十七です。

(3) 第3項
　本項は、非常災害の際に必要な応急措置として事前届出なく汚染土壌を排出した場合（かかることが許されることについては本条1項ただし書）の事後届出について規定しています。本項に係る環境省令は施行規則第64条であり、届出書式は様式第十八です。

(4) 第4項
　本項は、汚染土壌の搬出に係る届出内容が不適切な場合の知事の命令権限を定めています。
　第1号は、後述とおり（法17条）、運搬に関する基準が定められ、その遵守が求められるところ、届出内容がかかる基準に違反していると認められる場合に、運搬の方法の変更を命ずる規定です。
　第2号は、後述のとおり（法18条）、汚染土壌の処理は許可を受けた汚染土壌処理業者に委託しなければならないところ、これに反している場合に、許可を受けた汚染土壌処理業者に処理を委託することを命ずる規定です。

（運搬に関する基準）

> 第十七条　要措置区域等外において汚染土壌を運搬する者は、環境省令で定める汚染土壌の運搬に関する基準に従い、当該汚染土壌を運搬しなければならない。ただし、非常災害のために必要な応急措置として当該運搬を行う場合は、この限りでない。

本条の運搬の基準は、施行規則第65条で詳細に定められています。なお、同条の趣旨については、運搬基準通知、すなわち、平成22年3月10日に環境省水・大気環境局土壌環境課長が都道府県・政令市土壌環境保全担当部局長あてに出した「汚染土壌の運搬に関する基準等について」（環水大土発第100310001号）も参考にする必要があります。

例えば、施行規則は混載については、次のように規定しています（同条5号）。

- イ　運搬の過程において、汚染土壌とその他の物を混合してはならないこと。
- ロ　運搬の過程において、汚染土壌から岩、コンクリートくずその他の物を分別してはならないこと。
- ハ　異なる要措置区域等から搬出された土壌が混合するおそれのないように、搬出された要措置区域等ごとに区分して運搬すること。ただし、当該汚染土壌を一つの汚染土壌処理施設において処理する場合は、この限りでないこと。

また、汚染土壌の保管は、汚染土壌の積替えを行う場合を除いて行ってはならない（同条7号）ことや、汚染土壌の積替えの基準（同条6号）、汚染土壌の積替えのための一時的保管の基準（同条8号）なども詳しく規定されています。

さらに、汚染土壌の運搬は、要措置区域等外への搬出の日から30日以内に終了すること（同条12号）や、汚染土壌の運搬の他人への委託禁止（同条15号）も規定されています。

（汚染土壌の処理の委託）

> 第十八条　汚染土壌を当該要措置区域等外へ搬出する者（その委託を受けて当該汚染土壌の運搬のみを行う者を除く。）は、当該汚染土壌の処理を汚染土壌処理業者に委託しなければならない。ただし、次に掲げる場合は、この限りでない。
> 　一　汚染土壌を当該要措置区域等外へ搬出する者が汚染土壌処理業者であって当該汚染土壌を自ら処理する場合

>   二　非常災害のために必要な応急措置として当該搬出を行う場合
>   三　汚染土壌を試験研究の用に供するために当該搬出を行う場合
>   2　前項本文の規定は、非常災害のために必要な応急措置として汚染土壌を当該要措置区域等外へ搬出した者について準用する。ただし、当該搬出をした者が汚染土壌処理業者であって当該汚染土壌を自ら処理する場合は、この限りでない。

(1) 第1項

　本項は、汚染土壌を要措置区域等から外へ搬出する者は、法第22条第1項の許可を受けた汚染土壌処理業者に汚染土壌の処理を委託すべきことを規定しています。かっこ内に「その委託を受けて当該汚染土壌の運搬のみを行う者を除く」とあるのは、運搬だけを行う者にはこの義務は課されないこと、つまり、運搬を依頼する場合は依頼主にこの義務があることを示しています。例外がただし書で規定されています。

(2) 第2項

　前項第2号で「非常災害のために必要な応急措置として当該搬出を行う場合」は、搬出にあたって汚染土壌の処理の委託を汚染土壌処理業者に委託する義務は免れるのですが、非常災害の状況が過ぎれば、搬出者が搬出した汚染土壌の処理を原則に戻って汚染土壌処理業者に委託すべきことが規定されています。

(措置命令)

> 第十九条　都道府県知事は、次の各号のいずれかに該当する場合において、汚染土壌の特定有害物質による汚染の拡散の防止のため必要があると認めるときは、当該各号に定める者に対し、相当の期限を定めて、当該汚染土壌の適正な運搬及び

処理のための措置その他必要な措置を講ずべきことを命ずることができる。
一　第十七条の規定に違反して当該汚染土壌を運搬した場合　当該運搬を行った者
二　前条第一項（同条第二項において準用する場合を含む。）の規定に違反して当該汚染土壌の処理を汚染土壌処理業者に委託しなかった場合　当該汚染土壌を当該要措置区域等外へ搬出した者（その委託を受けて当該汚染土壌の運搬のみを行った者を除く。）

本条は、運搬基準に違反して汚染土壌が運搬されたり（1号）、汚染土壌処理業者に処理を委託せずに汚染土壌が搬出されたり（2号）した場合に、知事が運搬者や搬出者に対して、「当該汚染土壌の適正な運搬及び処理のための措置その他必要な措置を講ずべきこと」を命令できる権限を定めています。

原状回復措置にとどまらず、本条の趣旨から考えて合理的に必要な措置を広く命じることができるものと考えます。

（管理票）

第二十条　汚染土壌を当該要措置区域等外へ搬出する者は、その汚染土壌の運搬又は処理を他人に委託する場合には、環境省令で定めるところにより、当該委託に係る汚染土壌の引渡しと同時に当該汚染土壌の運搬を受託した者（当該委託が汚染土壌の処理のみに係るものである場合にあっては、その処理を受託した者）に対し、当該委託に係る汚染土壌の特定有害物質による汚染状態及び体積、運搬又は処理を受託した者の氏名又は名称その他環境省令で定める事項を記載した管理票を交付しなければならない。ただし、非常災害のために必要な応急措置として当該搬出を行う場合及び汚

染土壌を試験研究の用に供するために当該搬出を行う場合は、この限りでない。
2　前項本文の規定は、非常災害のために必要な応急措置として汚染土壌を当該要措置区域等外へ搬出した者について準用する。
3　汚染土壌の運搬を受託した者（以下「運搬受託者」という。）は、当該運搬を終了したときは、第一項（前項において準用する場合を含む。以下この項及び次項において同じ。）の規定により交付された管理票に環境省令で定める事項を記載し、環境省令で定める期間内に、第一項の規定により管理票を交付した者（以下この条において「管理票交付者」という。）に当該管理票の写しを送付しなければならない。この場合において、当該汚染土壌について処理を委託された者があるときは、当該処理を委託された者に管理票を回付しなければならない。
4　汚染土壌の処理を受託した者（以下「処理受託者」という。）は、当該処理を終了したときは、第一項の規定により交付された管理票又は前項後段の規定により回付された管理票に環境省令で定める事項を記載し、環境省令で定める期間内に、当該処理を委託した管理票交付者に当該管理票の写しを送付しなければならない。この場合において、当該管理票が同項後段の規定により回付されたものであるときは、当該回付をした者にも当該管理票の写しを送付しなければならない。
5　管理票交付者は、前二項の規定による管理票の写しの送付を受けたときは、当該運搬又は処理が終了したことを当該管理票の写しにより確認し、かつ、当該管理票の写しを当該送付を受けた日から環境省令で定める期間保存しなければならない。
6　管理票交付者は、環境省令で定める期間内に、第三項又は

第四項の規定による管理票の写しの送付を受けないとき、又はこれらの規定に規定する事項が記載されていない管理票の写し若しくは虚偽の記載のある管理票の写しの送付を受けたときは、速やかに当該委託に係る汚染土壌の運搬又は処理の状況を把握し、その結果を都道府県知事に届け出なければならない。

7　運搬受託者は、第三項前段の規定により管理票の写しを送付したとき（同項後段の規定により管理票を回付したときを除く。）は当該管理票を当該送付の日から、第四項後段の規定による管理票の写しの送付を受けたときは当該管理票の写しを当該送付を受けた日から、それぞれ環境省令で定める期間保存しなければならない。

8　処理受託者は、第四項前段の規定により管理票の写しを送付したときは、当該管理票を当該送付の日から環境省令で定める期間保存しなければならない。

(1) 第1項

　本条は、管理票（いわゆるマニフェスト）制度を廃棄物と同様に汚染土壌にも適用した規定です。ただ、前述しましたように、「汚染土壌」という言葉が要措置区域等（すなわち、要措置区域又は形質変更時要届出区域）における濃度基準以上の汚染土を意味することから（法16条1項）、要措置区域等以外から搬出される汚染土は規制の対象になっていないという問題をはらんでいます。同じ濃度の汚染が土壌にあっても、一方は、要措置区域等にあるからこのマニフェスト制の規制に服し、他方は、それらの区域外にあったからこのマニフェスト制の規制には服さないという奇妙な現象が生まれます。土壌汚染対策に関しては要措置区域等に限定しても、汚染された土壌の運搬や処理に関しては、ひとしく規制に服させるという選択肢はありえましたが、任意の調査により判明した土壌汚染について報告義務を課さないとする以上、汚染土の把握が制度上担保されないため、このような制度のひずみを生んでいます。

管理票は、汚染土壌の運搬又は処理を委託した者から運搬受託者に交付されます。当該委託が処理のみに係るものである場合は、処理の受託者に交付します。管理票に記載すべき事項の詳細は施行規則第67条に詳細が規定され、本項の記載と合わせると以下のような事項を記載すべきことになります。なお、管理票の書式は施行規則様式第十九とされています。
　①委託に係る汚染土壌の特定有害物質による汚染状態
　②委託に係る汚染土壌の体積
　③運搬又は処理を受託した者の氏名又は名称
　④管理票の交付年月日及び交付番号
　⑤氏名又は名称、住所及び連絡先並びに法人にあっては、その代表者の氏名
　⑥当該要措置区域等の所在地
　⑦法人にあっては、管理票の交付を担当した者の氏名
　⑧運搬受託者の住所及び連絡先
　⑨運搬の際、積替えを行う場合には、当該積替えを行う場所の名称及び所在地
　⑩保管施設（施行規則62条6号）の所在地並びに所有者の氏名又は名称及び連絡先
　⑪処理受託者の住所及び連絡先
　⑫当該委託に係る汚染土壌の処理を行う汚染土壌処理施設の名称及び所在地
　⑬当該委託に係る汚染土壌の荷姿
　なお、管理票の交付にあたっては、施行規則第66条で次のことを遵守すべきことが定められています。
　①搬出の届出において知事に「使用予定の管理票」として届け出た写しの原本を交付すること
　②運搬の用に供する自動車等ごとに交付すること。ただし、一の自動車等で運搬する汚染土壌の運搬先が二以上である場合には、運搬先ごとに交付すること
　③交付した管理票の控えを、運搬受託者（処理受託者がある場合にあっては、当該処理受託者）から管理票の写しの送付があるまでの間保管すること

(2) 第2項

前項ただし書で「非常災害のために必要な応急措置として当該搬出を行う場合」は、搬出にあたって管理票を交付する義務は免れるのですが、非常災害の状況が過ぎれば、委託者は、原則にそって、受託者に管理票を交付すべきことが規定されています。

(3) 第3項

この条項は、運搬受託者は運搬を終了した場合は、運搬終了後10日以内に（施行規則69条）、管理票に所定の事項（施行規則68条）を記載して、管理票交付者に写しを送付するとともに、処理受託者がいる場合は、さらに管理票をその者に渡さなければならないということを規定しています。

(4) 第4項

この条項は、処理受託者は処理を終了した場合は、処理終了後10日以内に（施行規則71条）、管理票に所定の事項（施行規則70条）を記載して、処理を委託した管理票交付者に管理票の写しを送付しなければならないことが規定されています。処理受託者が管理票を運搬受託者から渡された場合は、その運搬受託者にも管理票の写しを送付すべきことが規定されています。

(5) 第5項

この条項は、管理票交付者が前二項により、運搬受託者や処理受託者から管理票の写しの送付を受けたときは、運搬と処理が完了したことを確認しなければならない義務があることと、かかる管理票の写しを送付を受けた日から5年間（施行規則72条）保存しなければならないことを規定しています。

(6) 第6項

この条項は、管理票の交付を行ってから、40日たっても運搬終了を確認する管理票の写しが送付されてこなかったり（施行規則73条1号）、100日たっても処理終了を確認する管理票の写しが送付されてこなかったり（施行規則73条2号）した場合や、運搬受託者や処理受託者が記載すべき事項が記載されていなかったり虚偽の記載のある管理票の写しの送付を受けたとき

第3章　土壌汚染対策法逐条解説

〈管理票の流れ〉

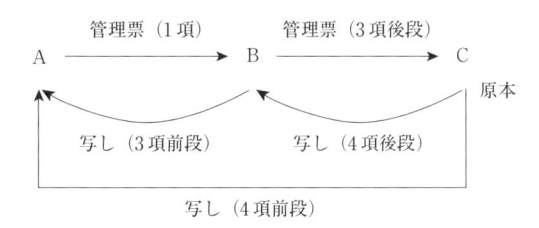

```
            管理票（1項）        管理票（3項後段）
     A ─────────────→ B ─────────────→ C    原本
      ↖                ↖
         写し（3項前段）    写し（4項後段）

              写し（4項前段）
```

具体的な管理票の流れについては下記の社団法人土壌環境センターのホームページにある説明図もあわせて参照して下さい。

〈管理票の流れ〉

【6枚複写】

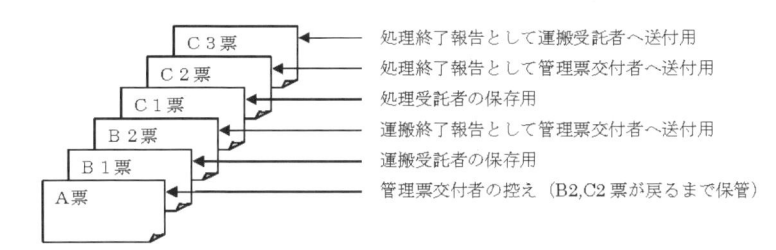

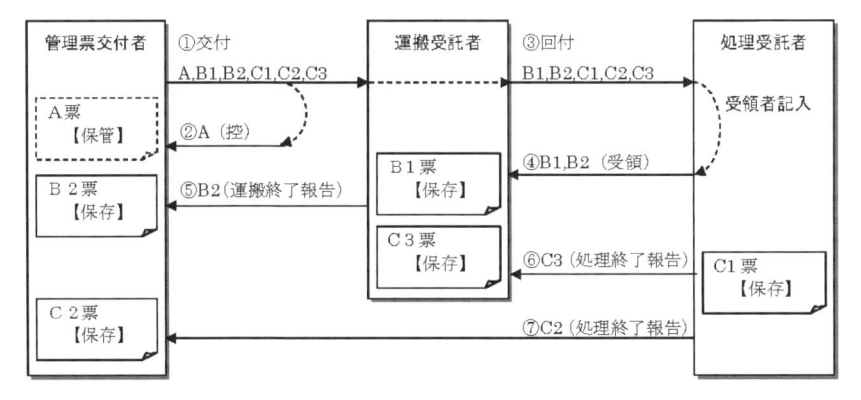

- C3票 ← 処理終了報告として運搬受託者へ送付用
- C2票 ← 処理終了報告として管理票交付者へ送付用
- C1票 ← 処理受託者の保存用
- B2票 ← 運搬終了報告として管理票交付者へ送付用
- B1票 ← 運搬受託者の保存用
- A票 ← 管理票交付者の控え（B2,C2票が戻るまで保管）

管理票交付者		運搬受託者		処理受託者
	①交付 A,B1,B2,C1,C2,C3 →		③回付 B1,B2,C1,C2,C3 →	受領者記入
A票【保管】	②A（控）←	B1票【保存】	④B1,B2（受領）←	
B2票【保存】	⑤B2（運搬終了報告）←	C3票【保存】	⑥C3（処理終了報告）←	C1票【保存】
C2票【保存】	⑦C2（処理終了報告）←────────────────────			

（社団法人土壌環境センターのホームページ掲載の「「管理票」の記入要領・記入例」より引用）

149

は、管理票交付者は、速やかに運搬や処理がどういう状況だったかを把握して、その結果を知事に届け出る義務があることを規定しています。このような問題を管理票交付者が把握できるようにすることがこの管理票制度の目的とするところです。届出書式は、施行規則の様式第二十によります。

(7) 第7項

この条項は、運搬受託者が処理受託者から処理終了を確認する管理票の写しの送付を受けた日から当該管理票の写しを5年間（かかる処理受託者がいない場合は運搬終了を確認する管理票の写しを管理票交付者に送付してから当該管理票を5年間）（施行規則75条）、保存する義務を規定しています。

(8) 第8項

この条項は、処理受託者が処理の終了を確認して管理票の写しを処理を委託した管理票交付者に送付後5年間（施行規則76条）、管理票を保存しなければならない義務を規定しています。

以上のとおりですが、Aが管理票交付者、Bが運搬受託者、Cが処理受託者とした場合、管理票の流れ、写しの流れは前頁のとおりです。

なお、汚染土壌処理施設に搬入された土壌を再処理汚染土壌処理施設（汚染土壌処理施設において処理することができない特定有害物質を処理するための施設）に搬出する場合、その搬出にあたり、その運搬を他人に委託する場合には、汚染土壌が適切に運搬されたか否かを事後的に確認する必要があることから、管理票（「2次管理票」と呼ばれる）を交付しなければなりません（汚染土壌処理業に関する省令（以下、「処理業省令」という）5条18号）。2次管理票の取扱いについては、同条19号、20号参照）。

（虚偽の管理票の交付等の禁止）

> 第二十一条　何人も、汚染土壌の運搬を受託していないにもかかわらず、前条第三項に規定する事項について虚偽の記載をして管理票を交付してはならない。

> 2　何人も、汚染土壌の処理を受託していないにもかかわらず、前条第四項に規定する事項について虚偽の記載をして管理票を交付してはならない。
> 3　運搬受託者又は処理受託者は、受託した汚染土壌の運搬又は処理を終了していないにもかかわらず、前条第三項又は第四項の送付をしてはならない。

(1) 第1項

　汚染土壌の運搬の受託がないにもかかわらず運搬受託者が記載すべき管理票に何人も虚偽記載をして管理票を他人に交付してはならないことが規定されています。違反は、3月以下の懲役又は30万円以下の罰金とされています（法66条8号）。

(2) 第2項

　汚染土壌の処理の受託がないにもかかわらず処理受託者が記載すべき管理票に何人も虚偽記載をして管理票を他人に交付してはならないことが規定されています。違反は、3月以下の懲役又は30万円以下の罰金とされています（法66条8号）。

(3) 第3項

　運搬受託者や処理受託者は、運搬や処理が終了していないにもかかわらず、運搬や処理を確認する管理票の写しを管理票交付者に送付してはならないことが規定されています。違反は、3月以下の懲役又は30万円以下の罰金とされています（法66条9号）。

第二節　汚染土壌処理業

（汚染土壌処理業）

> 第二十二条　汚染土壌の処理（当該要措置区域等内における処理を除

く。）を業として行おうとする者は、環境省令で定めるところにより、汚染土壌の処理の事業の用に供する施設（以下「汚染土壌処理施設」という。）ごとに、当該汚染土壌処理施設の所在地を管轄する都道府県知事の許可を受けなければならない。
2　前項の許可を受けようとする者は、環境省令で定めるところにより、次に掲げる事項を記載した申請書を提出しなければならない。
　　一　氏名又は名称及び住所並びに法人にあっては、その代表者の氏名
　　二　汚染土壌処理施設の設置の場所
　　三　汚染土壌処理施設の種類、構造及び処理能力
　　四　汚染土壌処理施設において処理する汚染土壌の特定有害物質による汚染状態
　　五　その他環境省令で定める事項
3　都道府県知事は、第一項の許可の申請が次に掲げる基準に適合していると認めるときでなければ、同項の許可をしてはならない。
　　一　汚染土壌処理施設及び申請者の能力がその事業を的確に、かつ、継続して行うに足りるものとして環境省令で定める基準に適合するものであること。
　　二　申請者が次のいずれにも該当しないこと。
　　　　イ　この法律又はこの法律に基づく処分に違反し、刑に処せられ、その執行を終わり、又は執行を受けることがなくなった日から二年を経過しない者
　　　　ロ　第二十五条の規定により許可を取り消され、その取消しの日から二年を経過しない者
　　　　ハ　法人であって、その事業を行う役員のうちにイ又はロのいずれかに該当する者があるもの

4　第一項の許可は、五年ごとにその更新を受けなければ、その期間の経過によって、その効力を失う。
5　第二項及び第三項の規定は、前項の更新について準用する。
6　汚染土壌処理業者は、環境省令で定める汚染土壌の処理に関する基準に従い、汚染土壌の処理を行わなければならない。
7　汚染土壌処理業者は、汚染土壌の処理を他人に委託してはならない。
8　汚染土壌処理業者は、環境省令で定めるところにより、当該許可に係る汚染土壌処理施設ごとに、当該汚染土壌処理施設において行った汚染土壌の処理に関し環境省令で定める事項を記録し、これを当該汚染土壌処理施設（当該汚染土壌処理施設に備え置くことが困難である場合にあっては、当該汚染土壌処理業者の最寄りの事務所）に備え置き、当該汚染土壌の処理に関し利害関係を有する者の求めに応じ、閲覧させなければならない。
9　汚染土壌処理業者は、その設置する当該許可に係る汚染土壌処理施設において破損その他の事故が発生し、当該汚染土壌処理施設において処理する汚染土壌又は当該処理に伴って生じた汚水若しくは気体が飛散し、流出し、地下に浸透し、又は発散したときは、直ちに、その旨を都道府県知事に届け出なければならない。

(1) 第1項

　平成21年改正では、汚染土壌の適正処理をどのように確保するかが大きな課題とされました。そのための一つの柱が汚染土壌処理業の許可制であり、許可を受けた業者でなければ汚染土壌を処理できないことになりました。本条は、その汚染土壌処理業の許可について定めています。ただ、「汚染土壌」の定義が要措置区域又は形質変更時要届出区域（これらを総称して

「要措置区域等」と定義される）の土地の土壌（濃度基準以下であると特に認定された部分を除く。本章法16条の逐条解説参照）とされたため、濃度基準以上の汚染の土壌であっても要措置区域等以外の土地の土壌であれば、その処理は、本条の許可の対象とはなりません。従って、汚染された土壌の適正処理の観点では、改正後の法律のもとでも制度上大きな穴があいていると言わざるをえません。

　平成21年改正以前は汚染された土壌を処分するにあたって、不要として捨てられる土壌が一体廃棄物なのか否かという基本的な点すら法律上ははっきりしていませんでした。不要物として捨てられるのなら廃棄物処理法上の廃棄物にならざるをえないようにも思われるのですが、実務上は捨てられる土壌も廃棄物ではないという取扱いが浸透しており、環境省も汚染された土壌は廃棄物処理法の廃棄物には該当しないと明言してきたため、これを廃棄物として処遇することはなされていませんでした。ただ、一般的に廃棄物が廃棄された後もなお廃棄物以外との区別が容易にできるのに対比して、汚染された土壌の場合は、それが廃棄されると汚染されていない土壌と区別がつかなくなります。その意味で不適切な処分がもたらす問題が大きく、適切な処分を確保する制度の構築が強く求められていました。この社会の要請に応えるため、汚染土壌をあたかも廃棄物のようにとらえて、土壌のもつ特殊性に配慮した規制をしいて、既に説明しましたように、平成21年改正により、排出規制、運搬規制と並んで処理規制が制度化され、処理業者が許可制となったものです。

　そもそも汚染された土壌がどのように処理されるのかという点ですが、これについて大まかなイメージを得るには下記図（中央環境審議会土壌農薬部会第27回（平成22年5月18日）配布資料の資料4「改正土壌汚染対策法の概要と留意点」掲載の図から作成）がわかりやすいので、この図を使って説明します。すなわち、第二溶出量基準以下の汚染土壌であれば、処理を加えることなく、埋立処理施設にて埋め立てることができます。しかし、第二溶出量基準を超過する汚染土壌であれば、埋立処理施設に埋め立てることは

63　環境省HP「土壌汚染対策法Q&Aコーナー」Q11-4等参照。また環境省が関与して作られた土壌環境法令研究会『逐条解説土壌汚染対策法』（新日本法規出版　2003）22頁以下参照。なお、本書第4章Q&AのQ42の解説参照。

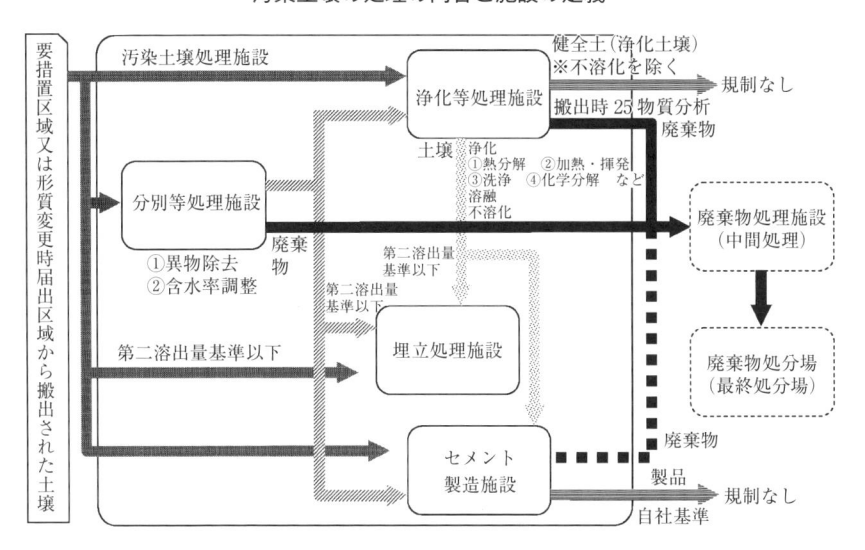

汚染土壌の処理の内容と施設の定義

（図：要措置区域又は形質変更時届出区域から搬出された土壌 → 汚染土壌処理施設（浄化等処理施設、分別等処理施設、セメント製造施設、埋立処理施設）の処理フロー。浄化等処理施設では土壌の浄化（①熱分解、②洗浄、③溶融、不溶化、②加熱・揮発、④化学分解など）を行い、健全土（浄化土壌）※不溶化を除く→規制なし、搬出時25物質分析、廃棄物→廃棄物処理施設（中間処理）→廃棄物処分場（最終処分場）。分別等処理施設では①異物除去、②含水率調整、廃棄物。第二溶出量基準以下→埋立処理施設。セメント製造施設→製品→規制なし（自社基準）、廃棄物。）

できません。すなわち、浄化等処理施設、分別等処理施設又はセメント製造施設にて処理が必要となります。

汚染土壌は廃棄物ではないという整理ですので、その処理施設も廃棄物処理施設ではなく「汚染土壌処理施設」と呼ばれます。なお、本項で定める環境省令は施行規則ではなく、処理業省令です。

同省令第1条によると、汚染土壌処理施設としては、以下の四種類があります。

①浄化等処理施設（汚染土壌について浄化、溶融又は不溶化を行うための施設）
②セメント製造施設（汚染土壌を原材料として利用し、セメントを製造するための施設）
③埋立処理施設（汚染土壌の埋立てを行うための施設）
④分別等処理施設（汚染土壌から岩石、コンクリートくずその他の物を分別し、又は汚染土壌の含水率を調整するための施設）

本項により、汚染土壌処理業の許可は汚染土壌処理施設ごとに得なければなりません。

なお、汚染土壌処理業の許可に関しては、処理業省令だけでなく、これを受けて、平成22年2月26日に環境省水・大気環境局土壌環境課長が都道府県・政令市土壌環境保全担当部局長あてに出した「汚染土壌処理業の許可及び汚染土壌の処理に関する基準について」（環水大土発第100226001号）（以下、「処理業通知」という）も参考にする必要があります。

(2) 第2項
　汚染土壌処理業の許可に関する申請は、所定の記載事項を記載した申請書によるべきことが規定されています。書式は、処理業省令で定める様式第一です（処理業省令2条1項）。本項と本項を受けた処理業省令第3条により規定する申請書記載事項は以下のとおりとなります。
①氏名又は名称及び住所並びに法人にあっては、その代表者の氏名
②汚染土壌処理施設の設置の場所
③汚染土壌処理施設の種類、構造及び処理能力
④汚染土壌処理施設において処理する汚染土壌の特定有害物質による汚染状態
⑤汚染土壌処理施設に係る事業場の名称及び申請者の事務所の所在地
⑥他に許可を受けている場合にあっては、許可をした都道府県知事及び許可番号（詳細は処理業省令3条2号参照）
⑦汚染土壌の処理の方法
⑧セメント製造施設にあっては、製造されるセメントの品質管理の方法
⑨汚染土壌の保管設備を設ける場合には、当該保管設備の場所及び容量
⑩申請者が法人である場合には、過去に土壌汚染対策法違反を行うなどした役員の氏名及び住所（詳細は処理業省令3条6号）
⑪再処理汚染土壌処理施設（定義は処理業省令2条2項22号参照）に係る事項
　イ　再処理汚染土壌処理施設に係る事業場の名称及び所在地
　ロ　再処理汚染土壌処理施設についての許可をした都道府県知事及び許可番号（詳細は処理業省令3条7号ロ参照）
　ハ　再処理汚染土壌処理施設の種類及び処理能力
なお、申請書に添付すべき書類及び図面については、処理業省令第2条第

2項で定められています。

(3) 第3項

本項は汚染土壌処理業の許可の基準について規定しています。第1号の「環境省令で定める基準」とは、処理業省令第4条で詳細が規定されています。なお、処理業通知においてもさらに詳細な留意点に言及されています（処理業通知第1の2.(3)及び(4)参照）。

汚染土壌処理施設に関する基準（処理業省令4条1号）は、処理業通知に「当該申請に係る施設について、汚染土壌の処理に伴い汚染土壌処理施設に係る事業場の外への汚染を拡散させることを防止することを含め、その構造が取り扱う汚染土壌の量及び汚染状態に応じた適正な処理ができるものであることを確保することを目的とする」（処理業通知第1の2.(3)柱書参照）と説明しているとおりであり、この目的に照らして必要な詳細な基準が定められています。排出水を公共用水域に排出する場合の要件や下水道を使用する場合の要件が定められているほか、汚染土壌処理施設の周縁の地下水の汚染状態を測定するための設備や浄化等処理施設やセメント製造施設における排出口における大気有害物質の量を一定限度にするための設備の設置なども規定されています。

また、申請者の能力に関する基準も詳細が定められ（処理業省令4条2号）、大気汚染や水質汚濁等に関して必要な知識を有する者の汚染土壌処理施設への配置も求められています。また、「汚染土壌処理施設の維持管理及び汚染土壌の処理の事業を的確に、かつ継続して行うに足りる経理的基礎を有すること」や「廃止措置を講ずるに足りる経理的基礎を有すること」も要件とされています。これらについては、処理業通知に詳細な参考事項が盛り込まれています。例えば、廃止措置を講ずるに足りる経理的基礎があるのか否かは、見積書に記載された廃止時の措置に要する費用（見積り算出方法も細かく指示されています）の総額を、直近の貸借対照表で示されている流動資産の額の合計が上回っているか否かという観点から審査すべしといったことまで書かれています（処理業通知第1の2.(4)②参照）。

(4) 第4項

　汚染土壌処理業の許可は、5年更新であることを規定しています。

(5) 第5項

　前項の処理業の許可の更新にあたっては、当初の許可取得時と同様の手続きにより同様の基準から審査されるものであることを規定しています。ただし、許可申請時の添付書類から変更のない一部の書類又は図面の添付は省略ができます（処理業省令2条3項）。

(6) 第6項

　本項では汚染土壌処理の基準に従うべきことが規定されていますが、詳細は、処理業省令第5条で規定しています。排出水の公共用水域又は下水道への排出に関する規制、汚染土壌の処理に伴って発生する大気有害物質の大気中への排出に関する規制、汚水の地下浸透の防止に関する規制等が定められています。また、汚染土壌処理施設への汚染土壌の受入れの基準については、同条第4号に詳細が規定され、これを受けて処理業通知に詳細が定められています（処理業通知第2の2.(4)参照）。本条第1項の解説で言及した図は、かかる規制を受けて整理されたものです。なお、当然のことですが、汚染土壌の処理にあたっては、土壌汚染対策法だけでなく関係法令を遵守しなければならず、特に、下水道法、大気汚染防止法、騒音規制法、海洋汚染等及び海上災害の防止に関する法律、廃棄物の処理及び清掃に関する法律、水質汚濁防止法、悪臭防止法、振動規制法、ダイオキシン類対策特別措置法が明示的に言及されています（処理業省令5条5号）。なお、汚染土壌の処理は、当該汚染土壌が汚染土壌処理施設に搬入された日から60日以内に終了することも規定されています（同条9号）。

(7) 第7項

　本項は、汚染土壌処理業の再委託を禁じています。汚染土壌処理業の許可を得るにはこれまで述べましたさまざまな条件を満たす必要がありますので、無資格者に業務を再委託すべきではないことは当然ですが、有資格者への再委託も本項により禁じられます。自己の能力にあった適切な受注と業務

遂行を確保するためであろうと思われます。なお、施行通知において、「ここにいう処理の再委託の禁止とは、汚染土壌処理業者と当該汚染土壌処理業者に汚染土壌の処理を委託した当該汚染土壌を要措置区域等外へ搬出した者との委託契約に違反して、汚染土壌の処理を他人に委託することをいい、汚染土壌処理業者が許可に係る汚染土壌処理施設において当該委託に係る処理を終えた後の汚染土壌を、許可申請時の申請書に記載した再処理汚染土壌処理施設に引き渡すことは、再委託の禁止に当たらないこととする。」とされています（平成22年施行通知第5の2.（4）参照）。

(8) 第8項

本項は、汚染土壌処理業の業務遂行に係る記録の保管と利害関係者への閲覧を許すべき義務を規定しています。記録する事項については処理業省令第7条で詳細が規定されており、記録の閲覧については同第6条で詳細を規定しています。なお、閲覧を許すべき「利害関係を有する者」について、平成22年施行通知では、「要措置区域等外へ当該汚染土壌を搬出した者や運搬した者及び汚染土壌処理施設が設置されている場所の周辺に居住する者等が含まれる。」と記されています（平成22年施行通知第5の2.（5）参照）。

(9) 第9項

本項は、汚染土壌処理施設において発生した事故についての都道府県知事への届出義務を規定しています。

（変更の許可等）

> 第二十三条　汚染土壌処理業者は、当該許可に係る前条第二項第三号又は第四号に掲げる事項の変更をしようとするときは、環境省令で定めるところにより、都道府県知事の許可を受けなければならない。ただし、その変更が環境省令で定める軽微な変更であるときは、この限りでない。
> 2　前条第三項の規定は、前項の許可について準用する。
> 3　汚染土壌処理業者は、第一項ただし書の環境省令で定め

> る軽微な変更をしたとき、又は前条第二項第一号に掲げる事項その他環境省令で定める事項に変更があったときは、環境省令で定めるところにより、遅滞なく、その旨を都道府県知事に届け出なければならない。
> 4　汚染土壌処理業者は、その汚染土壌の処理の事業の全部若しくは一部を休止し、若しくは廃止し、又は休止した当該汚染土壌の処理の事業を再開しようとするときは、環境省令で定めるところにより、あらかじめ、その旨を都道府県知事に届け出なければならない。

(1) 第1項

　本項は、汚染土壌処理業者が許可に係る「汚染土壌処理施設の種類、構造及び処理能力」（前条2項3号）又は「汚染土壌処理施設において処理する汚染土壌の特定有害物質による汚染状態」（同4号）を変更するときは変更の許可を得なければならないことを規定しています。申請書の書式は処理業省令様式第二であり、記載事項は処理業省令第8条に規定があります。なお、ただし書で定める「環境省令で定める軽微な変更」は、処理能力の減少であって、当該減少の割合が10%未満の変更が該当します（処理業省令9条）。

(2) 第2項

　本項は、前項による許可の場合も前条第3項で定める許可基準と同様の許可基準によるべきことを規定しています。

(3) 第3項

　本項は、許可までは不要であるが届出をさせるべき変更について規定しています（処理業省令10条、11条参照）。

(4) 第4項

　本項は、汚染土壌処理業の休止、廃止、休止後の再開の届出義務を規定しています。「環境省令で定めるところ」とは、処理業省令第12条を指します。

（改善命令）

> 第二十四条　都道府県知事は、汚染土壌処理業者により第二十二条第六項の環境省令で定める汚染土壌の処理に関する基準に適合しない汚染土壌の処理が行われたと認めるときは、当該汚染土壌処理業者に対し、相当の期限を定めて、当該汚染土壌の処理の方法の変更その他必要な措置を講ずべきことを命ずることができる。

　本条は、汚染土壌処理業者が汚染土壌の処理基準に反した処理を行った場合の改善命令について規定しています。

（許可の取消し等）

> 第二十五条　都道府県知事は、汚染土壌処理業者が次の各号のいずれかに該当するときは、その許可を取り消し、又は一年以内の期間を定めてその事業の全部若しくは一部の停止を命ずることができる。
> 　一　第二十二条第三項第二号イ又はハのいずれかに該当するに至ったとき。
> 　二　汚染土壌処理施設又はその者の能力が第二十二条第三項第一号の環境省令で定める基準に適合しなくなったとき。
> 　三　この章の規定又は当該規定に基づく命令に違反したとき。
> 　四　不正の手段により第二十二条第一項の許可（同条第四項の許可の更新を含む。）又は第二十三条第一項の変更の許可を受けたとき。

　本条は、汚染土壌処理業の許可の取消し、業務の全部若しくは一部の停止の各命令を出せる場合を規定しています。

第1号は、汚染土壌処理業者の人的欠格事由です。

第2号は、汚染土壌処理施設又は汚染土壌処理業者の処理能力に関する基準不適合です。

第3号は、命令違反です。

第4号は、汚染土壌処理業許可又は変更の許可の取得が不正の手段による場合です。

なお、命令の違反は、1年以下の懲役又は100万円以下の罰金に処せられます（法65条1号）。

（名義貸しの禁止）

> 第二十六条　汚染土壌処理業者は、自己の名義をもって、他人に汚染土壌の処理を業として行わせてはならない。

本条は名義貸し禁止の規定です。違反は、1年以下の懲役又は100万円以下の罰金に処せられます（法65条6号）。

（許可の取消し等の場合の措置義務）

> 第二十七条　汚染土壌の処理の事業を廃止し、又は第二十五条の規定により許可を取り消された汚染土壌処理業者は、環境省令で定めるところにより、当該廃止した事業の用に供した汚染土壌処理施設又は当該取り消された許可に係る汚染土壌処理施設の特定有害物質による汚染の拡散の防止その他必要な措置を講じなければならない。
> 2　都道府県知事は、前項に規定する汚染土壌処理施設の特定有害物質による汚染により、人の健康に係る被害が生じ、又は生ずるおそれがあると認めるときは、当該汚染土壌処理施設を汚染土壌の処理の事業の用に供した者に対し、相当の期限を定めて、当該汚染の除去、当該汚染の拡散の防止その他必要な措置を講ずべきことを命ずる

> ことができる。

(1) 第1項

本項は、汚染土壌処理業の事業を廃止したり、許可が取り消されたりした場合に、その後の汚染の拡散防止等の措置を講ずるべきことを規定していますが、詳細は処理業省令第13条で規定されています。

(2) 第2項

本項は、廃止された汚染土壌処理施設や許可が取り消された許可に係る汚染土壌処理施設において、特定有害物質による汚染により人の健康に係る被害又はそのおそれがある場合の事業を行った者に対する都道府県知事の措置命令の権限を規定しています。

(環境省令への委任)

> 第二十八条　この節に定めるもののほか、汚染土壌の処理の事業に関し必要な事項は、環境省令で定める。

本条で言及する「環境省令」としては既に処理業省令があります。

第五章　指定調査機関

(指定の申請)

> 第二十九条　第三条第一項の指定は、環境省令で定めるところにより、土壌汚染状況調査及び第十六条第一項の調査（以下この章において「土壌汚染状況調査等」という。）を行おうとする者の申請により行う。

ここでは、指定調査機関の指定を受けるための手続きが規定されていま

す。この条項を受けて、「土壌汚染対策法に基づく指定調査機関及び指定支援法人に関する省令（以下、「指定省令」という）が平成14年11月15日に公布されました。なお、指定省令を補完する目的で環境省から「土壌汚染対策法に規定する指定調査機関に係る指定等の手引き」が公表されており、その平成22年4月版が公表されています。

指定調査機関については、法律施行後の状況を見て、指定調査機関の間で経験や技術の差が大きく、土壌汚染調査に関する知識や技術を有しない者が一部にあるとの指摘を受け、平成21年改正により、後述するとおり指定調査機関の指定について5年間とし更新の定めを設け（法32条）、技術管理者の設置を義務づけ（法33条）、技術管理者による監督を義務づける（法34条）改正が行われました。

なお、「土壌汚染状況調査等」とは、法第2条第2項で定義された「土壌汚染状況調査」の他、要措置区域等から土壌を搬出するにあたって規制を受けない土壌を選別するための法第16条第1項の調査を含みます。

（欠格条項）

> 第三十条　次の各号のいずれかに該当する者は、第三条第一項の指定を受けることができない。
> 　一　この法律又はこの法律に基づく処分に違反し、刑に処せられ、その執行を終わり、又は執行を受けることがなくなった日から二年を経過しない者
> 　二　第四十二条の規定により指定を取り消され、その取消しの日から二年を経過しない者
> 　三　法人であって、その業務を行う役員のうちに前二号のいずれかに該当する者があるもの

ここでは指定調査機関の指定を受ける資格のない者を規定しています。

（指定の基準）

> 第三十一条　環境大臣は、第三条第一項の指定の申請が次の各号に適合していると認めるときでなければ、その指定をしてはならない。
> 　一　土壌汚染状況調査等の業務を適確かつ円滑に遂行するに足りる経理的基礎及び技術的能力を有するものとして、環境省令で定める基準に適合するものであること。
> 　二　法人にあっては、その役員又は法人の種類に応じて環境省令で定める構成員の構成が土壌汚染状況調査等の公正な実施に支障を及ぼすおそれがないものであること。
> 　三　前号に定めるもののほか、土壌汚染状況調査等が不公正になるおそれがないものとして、環境省令で定める基準に適合するものであること。

　ここでは、指定調査機関として指定を受けるための条件が規定されています。

　第1号の「環境省令で定める基準」として、指定省令第2条が規定されています。まず、経理的基礎については、同条第1項で、債務超過でないことや必要な人員を確保する能力があることが規定されています。技術的能力については、同条第2項で規定されています。

　第2号の「構成員」については、指定省令第2条第3項が規定しています。

　第3号の「環境省令で定める基準」として、指定省令第2条第4項がその基準を規定しています。

(指定の更新)

> 第三十二条　第三条第一項の指定は、五年ごとにその更新を受けなければ、その期間の経過によって、その効力を失う。
> 2　前三条の規定は、前項の指定の更新について準用する。

(1) 第1項

　本条は平成21年改正によって新設された規定です。指定の更新の際の手続きについては、指定省令第3条で規定されています。

(2) 第2項

　更新時にも指定するに足りる資格を有すべきことを規定しています。

(技術管理者の設置)

> 第三十三条　指定調査機関は、土壌汚染状況調査等を行う土地における当該土壌汚染状況調査等の技術上の管理をつかさどる者で環境省令で定める基準に適合するもの（次条において「技術管理者」という。）を選任しなければならない。

　本条は、指定調査機関の技術上の質を確保するために資格のある技術管理者を選任すべきことを規定したもので、技術管理者は環境大臣の行う資格試験に合格したものでなければなりません。技術管理者として認定してもらうための諸要件等については指定省令第4条ないし第17条に詳細に規定されています。

(技術管理者の職務)

> 第三十四条　指定調査機関は、土壌汚染状況調査等を行うときは、技術管理者に当該土壌汚染状況調査等に従事する他の者の監督をさせなければならない。ただし、技術管理者以外

> の者が当該土壌汚染状況調査等に従事しない場合は、この限りでない。

　本条は、土壌汚染状況調査等を行う場合の技術管理者の監督義務を定めています。

（変更の届出）

> 第三十五条　指定調査機関は、土壌汚染状況調査等を行う事業所の名称又は所在地その他環境省令で定める事項を変更しようとするときは、環境省令で定めるところにより、変更しようとする日の十四日前までに、その旨を環境大臣に届け出なければならない。

　指定調査機関の事業所の名称又は所在地の変更等（指定省令18条参照）に関する届出義務が規定されています。

（土壌汚染状況調査等の義務）

> 第三十六条　指定調査機関は、土壌汚染状況調査等を行うことを求められたときは、正当な理由がある場合を除き、遅滞なく、土壌汚染状況調査等を行わなければならない。
> 　2　指定調査機関は、公正に、かつ、第三条第一項及び第十六条第一項の環境省令で定める方法により土壌汚染状況調査等を行わなければならない。
> 　3　環境大臣は、前二項に規定する場合において、指定調査機関がその土壌汚染状況調査等を行わず、又はその方法が適当でないときは、指定調査機関に対し、その土壌汚染状況調査等を行い、又はその方法を改善すべきことを命ずることができる。

(1) 第1項

　指定調査機関は、「正当な理由」がなければ、土壌汚染状況調査等の依頼を断ることができないことを規定しています。「正当な理由」としては、当該依頼者が所定の調査費用を支払うことが困難であることが合理的に予測できる場合、当該依頼者の指図する調査期限までに調査できる態勢が指定調査機関において調えられない場合、依頼者が恣意的な調査方法を指示したり、虚偽の調査報告の作成を依頼するなど、依頼者との信頼関係を保持することが合理的に不可能と判断される場合などが含まれると考えます。

(2) 第2項

　指定調査機関の公正な調査義務を規定しています。

(3) 第3項

　指定調査機関が前2項に反する場合に、指定調査機関に対して改善命令を出せることが規定されています。この命令に違反があれば、後述する第42条第3号により、指定が取り消されることがあります。

（業務規程）

> 第三十七条　指定調査機関は、土壌汚染状況調査等の業務に関する規程（次項において「業務規程」という。）を定め、土壌汚染状況調査等の業務の開始前に、環境大臣に届け出なければならない。これを変更しようとするときも、同様とする。
> 　2　業務規程で定めるべき事項は、環境省令で定める。

(1) 第1項

　指定調査機関が業務開始以前に業務規程を環境大臣に届け出るべきことが規定されています。変更も事前に届け出る必要があります。

(2) 第2項

業務規程で定めるべき事項は、環境省令で定めるべきことが規定されており、これを受けて、指定省令第19条が規定されています。

(帳簿の備付け等)

> 第三十八条　指定調査機関は、環境省令で定めるところにより、土壌汚染状況調査等の業務に関する事項で環境省令で定めるものを記載した帳簿を備え付け、これを保存しなければならない。

帳簿の記載事項については指定省令第20条第2項で規定されています。土壌汚染状況調査等の結果を都道府県知事に報告した日から5年間保存が必要です（指定省令20条1項）。

(適合命令)

> 第三十九条　環境大臣は、指定調査機関が第三十一条各号のいずれかに適合しなくなったと認めるときは、その指定調査機関に対し、これらの規定に適合するため必要な措置を講ずべきことを命ずることができる。

これは、指定調査機関が備えるべき条件が欠けてしまった場合に、ただちに指定調査機関がその条件を満たす対応をしなければ、その条件を満たすために指定調査機関がとるべき措置を環境大臣が命じることができることを規定しているもので、この命令に指定調査機関が従わなければ、後述する第42条第3号により、その指定が取り消されることがあります。

(業務の廃止の届出)

> 第四十条　指定調査機関は、土壌汚染状況調査等の業務を廃止したときは、環境省令で定めるところにより、遅滞なく、その旨を環境大臣に届け出なければならない。

　指定調査機関の業務を廃止した場合の届出義務について規定しています(指定省令21条参照)。

(指定の失効)

> 第四十一条　指定調査機関が土壌汚染状況調査等の業務を廃止したときは、第三条第一項の指定は、その効力を失う。

　指定調査機関が業務を廃止した場合の指定の効力について規定しています。

(指定の取消し)

> 第四十二条　環境大臣は、指定調査機関が次の各号のいずれかに該当するときは、第三条第一項の指定を取り消すことができる。
> 　一　第三十条第一号又は第三号に該当するに至ったとき。
> 　二　第三十三条、第三十五条、第三十七条第一項又は第三十八条の規定に違反したとき。
> 　三　第三十六条第三項又は第三十九条の規定による命令に違反したとき。
> 　四　不正の手段により第三条第一項の指定を受けたとき。

　指定調査機関の指定の取消事由を規定しています。

（公　示）

> 第四十三条　環境大臣は、次に掲げる場合には、その旨を公示しなければならない。
> 　一　第三条第一項の指定をしたとき。
> 　二　第三十二条第一項の規定により第三条第一項の指定が効力を失ったとき、又は前条の規定により同項の指定を取り消したとき。
> 　三　第三十五条（同条の環境省令で定める事項の変更に係るものを除く。）又は第四十条の規定による届出を受けたとき。

指定調査機関に係る事由のうち公示すべきものが列挙されています。

第六章　指定支援法人

（指　定）

> 第四十四条　環境大臣は、一般社団法人又は一般財団法人であって、次条に規定する業務（以下「支援業務」という。）を適正かつ確実に行うことができると認められるものを、その申請により、全国を通じて一個に限り、支援業務を行う者として指定することができる。
> 　2　前項の指定を受けた者（以下「指定支援法人」という。）は、その名称、住所又は事務所の所在地を変更しようとするときは、あらかじめ、その旨を環境大臣に届け出なければならない。

(1) 第1項

　土壌汚染調査を行うにしても汚染の除去等の措置を講ずるにしても多額の費用が発生することが考えられます。その場合に、費用が捻出できないため

に、調査や汚染の除去等の措置が進まないのであれば、この法律の目的を達成することができません。そこで、公的な財政的支援が検討される必要があります。また、この法律で目的とするところを達成できるように、技術的な助言など、公的な支援を行うことが望ましい場合がさまざまに考えられます。このようにさまざまな公的な支援体制を確立するために、本条項に基づき指定支援法人を公益法人（民法第34条の法人）として全国に一つだけ設立し、この指定支援法人（第2項で「指定支援法人」と呼ばれます）を通じて支援を行うことにしたものです。

　この指定支援法人には平成22年8月末日現在財団法人日本環境協会が指定されています。

(2) 第2項
　指定支援法人において発生した変更事由の届出について規定しています。

（業　務）

第四十五条　指定支援法人は、次に掲げる業務を行うものとする。 　　一　要措置区域内の土地において汚染の除去等の措置を講ずる者に対して助成を行う地方公共団体に対し、政令で定めるところにより、助成金を交付すること。 　　二　次に掲げる事項について、照会及び相談に応じ、並びに必要な助言を行うこと。 　　　　イ　土壌汚染状況調査 　　　　ロ　要措置区域等内の土地における汚染の除去等の措置 　　　　ハ　形質変更時要届出区域内における土地の形質の変更 　　三　前号イからハまでに掲げる事項の適正かつ円滑な実施を推進するため、土壌の特定有害物質による汚染が人の健康に及ぼす影響に関し、知識を普及し、及び国民の理解を増進すること。

四　前三号に掲げる業務に附帯する業務を行うこと。

　ここでは、指定支援法人の支援業務について規定しています。

　第１号では助成金の交付が規定されています。このとおり、汚染の除去等の措置を講ずる者に直接助成を行うのは地方公共団体であり、指定支援法人は、その地方公共団体に助成金を交付して間接的に援助することが定められています。ここで、「政令で定めるところにより」とありますが、この点については、施行令第６条に規定があります。同条では、助成を受けるに値する者は、法第７条第１項で汚染の除去等の措置を指示された者であるが、当該土壌汚染を生じさせる行為をした者は除くとされ、原因者への助成は対象外であることが明確に示されています。また、助成を受けるべき者の基準についても、環境大臣が負担能力に関する基準を定め、これに適合する者のみが助成を受けられることが示されています。この負担能力に関する基準の作成にあたっては、環境大臣と財務大臣が協議するものとされています（施行令６条２項）。

　なお、この法律の施行後平成22年8月31日までに次条の基金から本項の助成金の交付が行われた例は２件あります。一つは、平成19年12月７日に交付決定のあったさいたま市の件です。この件では土壌汚染の除去等の措置に要する約１億円のうち約４分の３に相当する7500万円につき、さいたま市が2500万円、基金が5000万円をそれぞれ助成すると発表されています（平成19年12月７日付財団法人日本環境協会「土壌汚染対策基金による助成金交付決定のお知らせ」参照）。もう一つは、平成22年6月25日に交付決定のあった大阪府の件です。この件では土壌汚染の除去等の措置に要する約9400万円のうち約４分の３に相当する約7000万円につき、大阪府が約2300万円、基金が約4700万円をそれぞれ助成すると発表されています（平成22年6月25日付財団法人日本環境協会「土壌汚染対策基金による助成金交付決定のお知らせ」参照）。

　このようにこれまでほとんど助成の実績がなかったのは助成対象者が措置命令を受け、かつ原因者ではないという事例が少なかったからと思われます。平成21年改正により、土壌汚染状況調査の契機が広がり、かつ、土壌

汚染の除去等の措置の指示を受ける者が助成の対象（原因者であってはならないことは従来どおり）となりますので、今後助成の事例が増える可能性は十分にあります。

　第2号では、土壌汚染状況調査、要措置区域等（すなわち、要措置区域と形質変更時要届出区域）内の汚染の除去等の措置及び形質変更時要届出区域内における土地の形質の変更に関する助言等が業務の範囲であることが規定されています。

　第3号では、土壌汚染に関する知識を普及させることも業務の範囲であることが規定されています。

　第4号で、以上の業務に附帯する業務も指定支援法人の業務であることが明記されています。

（基　金）

> 第四十六条　指定支援法人は、支援業務に関する基金（次条において単に「基金」という。）を設け、同条の規定により交付を受けた補助金と支援業務に要する資金に充てることを条件として政府以外の者から出えんされた金額の合計額に相当する金額をもってこれに充てるものとする。

　前条の支援業務に関する資金に充てるために、指定支援法人が基金を設けること、その基金には次条の政府の補助とともに政府以外の者の出えんによる金員を充てることを予定していることが規定されています。

　なお、平成22年8月31日現在、指定支援法人である財団法人日本環境協会は、平成21年改正で導入された搬出汚染土壌管理票を購入する者に1部あたり300円、土壌環境修復事業を実施する場合、土壌環境修復サイトごとに請負額の0.07％、指定調査機関が調査を実施する場合は、請負額の0.2％の出えんをお願いするとしています。これは「お願い」であり、支払いは義務ではありません。

（基金への補助金）

> 第四十七条　政府は、予算の範囲内において、指定支援法人に対し、基金に充てる資金を補助することができる。

政府が予算の範囲内で基金に資金を補助できることが規定されています。

（事業計画等）

> 第四十八条　指定支援法人は、毎事業年度、環境省令で定めるところにより、支援業務に関し事業計画書及び収支予算書を作成し、環境大臣の認可を受けなければならない。これを変更しようとするときも、同様とする。
> 　２　指定支援法人は、環境省令で定めるところにより、毎事業年度終了後、支援業務に関し事業報告書及び収支決算書を作成し、環境大臣に提出しなければならない。

（1）第１項

指定支援法人が支援業務に関する事業計画書及び収支予算書を毎事業年度作成し、環境大臣の認可を受けるべきことが規定されています。変更についても同様です。

（2）第２項

指定支援法人の環境大臣に対する報告義務が規定されています。

（区分経理）

> 第四十九条　指定支援法人は、支援業務に係る経理については、その他の経理と区分し、特別の勘定を設けて整理しなければならない。

ここでは、指定支援法人が支援業務に関する経理（すなわち、法第45条に規定する業務に関する経理）とその他の経理とを区分して整理すべきことが規定されています。

（秘密保持義務）

> 第五十条　指定支援法人の役員若しくは職員又はこれらの職にあった者は、第四十五条第一号若しくは第二号に掲げる業務又は同条第四号に掲げる業務（同条第一号又は第二号に掲げる業務に附帯するものに限る。）に関して知り得た秘密を漏らしてはならない。

ここでは、指定支援法人の秘密保持義務が規定されています。指定支援法人は、土壌汚染状況調査等に関して広く関係者から照会を受け、相談に応じ、必要な助言を行うべき立場にあります。このような立場にある以上、汚染の存在等相談者等が他に漏らしてほしくない事実を知ることがあります。そのような場合に、指定支援法人がその知り得た秘密を漏らしてはいけないことが規定されています。この規定に反すれば、後述する第67条による罰則の適用もあります。相談を受ける立場の者がそのような秘密を他に漏らすことがあっては、相談を受けることもなくなるからです。

（監督命令）

> 第五十一条　環境大臣は、この章の規定を施行するために必要な限度において、指定支援法人に対し、支援業務に関し監督上必要な命令をすることができる。

指定支援法人の支援業務に対して環境大臣が監督上必要な命令を出せることが規定されています。

(指定の取消し)

> 第五十二条　環境大臣は、指定支援法人が次の各号のいずれかに該当するときは、第四十四条第一項の指定を取り消すことができる。
> 　一　支援業務を適正かつ確実に実施することができないと認められるとき。
> 　二　この章の規定又は当該規定に基づく命令若しくは処分に違反したとき。
> 　三　不正の手段により第四十四条第一項の指定を受けたとき。

　環境大臣が指定支援法人の指定を取り消すことができる場合を列挙しています。

(公　示)

> 第五十三条　環境大臣は、次に掲げる場合には、その旨を公示しなければならない。
> 　一　第四十四条第一項の指定をしたとき。
> 　二　第四十四条第二項の規定による届出を受けたとき。
> 　三　前条の規定により第四十四条第一項の指定を取り消したとき。

　指定支援法人に係る事由のうち公示すべきものが列挙されています。

第七章　雑　則

(報告及び検査)

> 第五十四条　環境大臣又は都道府県知事は、この法律の施行に必要な

限度において、土壌汚染状況調査に係る土地若しくは要措置区域等内の土地の所有者等又は要措置区域等内の土地において汚染の除去等の措置若しくは土地の形質の変更を行い、若しくは行った者に対し、当該土地の状況、当該汚染の除去等の措置若しくは土地の形質の変更の実施状況その他必要な事項について報告を求め、又はその職員に、当該土地に立ち入り、当該土地の状況若しくは当該汚染の除去等の措置若しくは土地の形質の変更の実施状況を検査させることができる。

2 前項の環境大臣による報告の徴収又はその職員による立入検査は、土壌の特定有害物質による汚染により人の健康に係る被害が生ずることを防止するため緊急の必要があると認められる場合に行うものとする。

3 都道府県知事は、この法律の施行に必要な限度において、汚染土壌を当該要措置区域等外へ搬出した者又は汚染土壌の運搬を行った者に対し、汚染土壌の運搬若しくは処理の状況に関し必要な報告を求め、又はその職員に、これらの者の事務所、当該汚染土壌の積卸しを行う場所その他の場所若しくは汚染土壌の運搬の用に供する自動車その他の車両若しくは船舶(以下この項において「自動車等」という。)に立ち入り、当該汚染土壌の状況、自動車等若しくは帳簿、書類その他の物件を検査させることができる。

4 都道府県知事は、この法律の施行に必要な限度において、汚染土壌処理業者又は汚染土壌処理業者であった者に対し、その事業に関し必要な報告を求め、又はその職員に、汚染土壌処理業者若しくは汚染土壌処理業者であった者の事務所、汚染土壌処理施設その他の事業場に立ち入り、設備、帳簿、書類その他の物件を検査させることができる。

>   5　環境大臣は、この法律の施行に必要な限度において、指
>   定調査機関又は指定支援法人に対し、その業務若しくは
>   経理の状況に関し必要な報告を求め、又はその職員に、
>   その者の事務所に立ち入り、業務の状況若しくは帳簿、
>   書類その他の物件を検査させることができる。
>   6　第一項又は前三項の規定により立入検査をする職員は、
>   その身分を示す証明書を携帯し、関係者に提示しなけれ
>   ばならない。
>   7　第一項又は第三項から第五項までの立入検査の権限は、
>   犯罪捜査のために認められたものと解釈してはならない。

(1) 第1項

　これは、土壌汚染状況調査や汚染の除去等の措置や土地の形質の変更の真実を把握するために、環境大臣又は都道府県知事が、土地の所有者等、汚染の除去等の措置を行った者及び土地の形質の変更を行った者に対して、必要な報告を求めることができ、また、職員に当該土地に立ち入って状況の調査を行わせることができることを規定しています。

(2) 第2項

　前項の報告の徴収や職員による立ち入り検査は、人の健康に係る被害を防止するために緊急の必要があると認められる場合に行うべきことが規定されています。この条項の存在のため、第1項の適用はかなり限定的になるものと考えます。

(3) 第3項

　汚染土壌の搬出又は運搬が適正に行われたか否かを検査するための規定です。

(4) 第4項

　汚染土壌の処理が適正に行われたか否かを検査するための規定です。

(5) 第5項

環境大臣が指定調査機関や指定支援法人がこの法律に従って適切に運営されていることを確認するために、これらに対して必要な報告を求めたり、職員に立入り検査を行わせることができることが規定されています。従って、例えば、汚染の状況把握のために、これらの権限を行使することはできません。

(6) 第6項

第1項又は第3項ないし第5項の立入り検査にあたっては、身分証明書の携帯及び関係者への提示が義務づけられています。

(7) 第7項

第1項又は第3項ないし第5項の立入り検査は、あくまでも各項の目的のために行われるべきことを規定しています。

（協　議）

> 第五十五条　都道府県知事は、法令の規定により公共の用に供する施設の管理を行う者がその権原に基づき管理する土地として政令で定めるものについて、第三条第三項、第四条第二項、第五条第一項、第七条第四項又は第十二条第四項の規定による命令をしようとするときは、あらかじめ、当該施設の管理を行う者に協議しなければならない。

この法律で都道府県知事はさまざまに命令を出すことができますが、その命令が公共の用に供する施設の管理を行う権原に基づき管理されている土地について出される場合には、事前に当該施設管理者と協議せよという規定です。なお、このように事前協議が必要な土地は、施行令第7条で規定されたものに限られます。

なお、「協議」ということばは、法令上しばしば用いられますが、このことばは、協議をする者がお互いに自己の主張するところについて相手方の納

得を得るまで十分に説明し、相互の意思を通じ合い、意見を交換した上で一定の行為を行うことを前提として用いられることが多いと言われています。しかし、相手方が納得しない場合はどうなのかが明確ではありません。合理的な説明を時間をかけて行っても相手方が不合理に納得しない場合は、協議は終えたものとして処理するしかないと考えます。この条項も、このような理解に基づいて解釈すべきものと考えます。

（資料の提出の要求等）

> 第五十六条　環境大臣は、この法律の目的を達成するため必要があると認めるときは、関係地方公共団体の長に対し、必要な資料の提出及び説明を求めることができる。
> 　　２　都道府県知事は、この法律の目的を達成するため必要があると認めるときは、関係行政機関の長又は関係地方公共団体の長に対し、必要な資料の送付その他の協力を求め、又は土壌の特定有害物質による汚染の状況の把握及びその汚染による人の健康に係る被害の防止に関し意見を述べることができる。

(1) 第1項

環境大臣が関係地方公共団体の長に対して必要資料の提出や説明を求めることができることが規定されています。

(2) 第2項

都道府県知事が関係行政機関の長や関係地方公共団体の長に協力を求め、汚染の状況の把握や被害の防止に関して意見を述べることができることが規定されています。

（環境大臣の指示）

> 第五十七条　環境大臣は、土壌の特定有害物質による汚染により人の

> 健康に係る被害が生ずることを防止するため緊急の必要があると認めるときは、都道府県知事又は第六十四条の政令で定める市（特別区を含む。）の長に対し、次に掲げる事務に関し必要な指示をすることができる。
> 一　第三条第一項ただし書の確認に関する事務
> 二　第三条第三項、第四条第二項、第五条第一項、第七条第四項、第十二条第四項、第十六条第四項、第十九条、第二十四条、第二十五条及び第二十七条第二項の命令に関する事務
> 三　第三条第五項の確認の取消しに関する事務
> 四　第五条第二項の調査に関する事務
> 五　第六条第一項の指定に関する事務
> 六　第六条第二項の公示に関する事務
> 七　第六条第四項の指定の解除に関する事務
> 八　第七条第一項の指示に関する事務
> 九　第七条第五項の指示措置に関する事務
> 十　前条第二項の協力を求め、又は意見を述べることに関する事務

　ここでは、環境大臣が都道府県知事（一定の市を含む）等に対して必要な指示ができることが規定されています。この法律では、土壌汚染対策の責務と権限とを都道府県知事に認めることを原則としていますが、都道府県知事が怠慢でその職責を十分に果たさない場合には、環境大臣がそれを放置すべきではなく、しかるべき対処を行うべきであるという考えからこの規定が定められています。ただ、都道府県知事に責務と権限を認めることを原則としている以上、緊急の必要があると認める場合にのみ、環境大臣が指示ができるという規定になっています。指示ができる事項は、第1号から第10号に列挙されています。

(国の援助)

> 第五十八条　国は、土壌の特定有害物質による汚染により人の健康に係る被害が生ずることを防止するため、土壌汚染状況調査又は要措置区域内の土地における汚染の除去等の措置の実施につき必要な資金のあっせん、技術的な助言その他の援助に努めるものとする。
> 2　前項の措置を講ずるに当たっては、中小企業者に対する特別の配慮がなされなければならない。

(1) 第1項

土壌汚染状況調査及び汚染の除去等の措置につき、国が資金的にも技術的にも全般的な援助に努めるべきことが規定されています。

(2) 第2項

汚染の調査や汚染の除去には、時に多額の費用が必要とされます。一方で、これらの義務を負う者の中には、その資金的な負担が極めて困難な場合が考えられます。その代表者が中小企業者ですから、ここに中小企業者に対する特別の配慮義務が規定されています。

ここでは、援助の対象者に汚染の原因者も含まれると解するべきです。もともと、この条項は、立法の過程で、中小のクリーニング店の営業者等が過去に流した廃液等により土壌汚染が生じた場合にこの法律で負う負担が大きいことが念頭に置かれて挿入されたものです。その立法の経緯からもそのように考えますが、そのような立法の経緯を離れて考えても、義務を負う者が汚染の原因者であっても、単にその者に義務の履行の命令を出すだけでなく、国がその義務の履行に援助を行うことには合理的な理由があると考えます。と言うのは、この法律では、過去においてはその有害性が十分に認識されていなかった物質についても現在の知見により有害な物質であるとされれば、その物質による土壌汚染の対策を土地の所有者等や原因者に求めています。従って、時には、この法律の施行によりほとんど突然にその対策を求められる土地の所有者等や原因者もいるものと思います。そのような場合は、

仮にそれらの者が原因者であっても、その負担をすべてそれらの者に負わせることは、不公正であると考えます。なぜならば、それらの者の過去の社会経済的活動により、国民全体が利益を受けてきたことは確かだからであり、本来、もっと早期に、もっと明確に、土壌汚染の危険性に配慮した法制度を国民全体がつくりあげるべきであって、これが遅れたことにより、原因者もその防止に十分な対処ができなかったと言えるからです。原因者に対する援助については、その事情に応じてきめ細かに対応すべきですが、原因者であるからと言って、援助を行うべきではないと考えるべきではありません。

　なお、この点で施行令第6条において、指定支援法人が地方公共団体に助成金を交付するにあたって、地方公共団体が原因者に助成する資金に充てるものであってはならないと規定していることとの整合的な解釈の必要性がありますが、法第58条第1項及び第2項による国の援助は、単に指定支援法人を通じた援助にとどまらない広い援助を包含するものであり、これに対し、施行令第6条の制約は、指定支援法人の助成金の交付に関する制約であると理解すればよいと考えます。

（研究の推進等）

> 第五十九条　国は、汚染の除去等の措置に関する技術の研究その他土壌の特定有害物質による汚染により人の健康に係る被害が生ずることを防止するための研究を推進し、その成果の普及に努めるものとする。

　ここでは国の土壌汚染に関する研究の推進と成果の普及に努めるべき義務が規定されています。

（国民の理解の増進）

> 第六十条　国及び地方公共団体は、教育活動、広報活動その他の活動を通じて土壌の特定有害物質による汚染が人の健康に及ぼす影響に関する国民の理解を深めるよう努めるものとする。

> 2　国及び地方公共団体は、前項の責務を果たすために必要な人材を育成するよう努めるものとする。

(1) 第1項
　ここでは、国及び地方公共団体が国民の土壌汚染に関する理解を深めるよう努めるべきことが規定されています。

(2) 第2項
　ここでは、国及び地方公共団体が前項の責務を果たすために人材育成に努めるべきことが規定されています。

(都道府県知事による土壌汚染に関する情報の収集、整理、保存及び提供等)

> 第六十一条　都道府県知事は、当該都道府県の区域内の土地について、土壌の特定有害物質による汚染の状況に関する情報を収集し、整理し、保存し、及び適切に提供するよう努めるものとする。
> 　2　都道府県知事は、公園等の公共施設若しくは学校、卸売市場等の公益的施設又はこれらに準ずる施設を設置しようとする者に対し、当該施設を設置しようとする土地が第四条第二項の環境省令で定める基準に該当するか否かを把握させるよう努めるものとする。

(1) 第1項
　本条は平成21年改正により新設された規定です。努力義務ですが、知事が当該都道府県内の土地について、土壌汚染の情報を収集し、整理し、保存し、適切に提供する義務が定められたことには大きな意味があります。制定当時から、この法律が適用される場合は極めて限定されており、また、土壌汚染調査の9割近くが自主調査であるため、いくら汚染された土壌が発見されてもこの法律の規制対象にはならないという異常な状況が生み出されてい

たことは既に説明したとおりです。土壌汚染がさまざまに発覚した場合も、その情報を地方公共団体が積極的に収集するという先進諸外国では当然の姿勢が多くの地方公共団体には見られませんでした。しかし、本項で収集・整理・保存・提供ということに努めるべきであるということがあらためて明らかに定められた以上、地方公共団体の情報収集等における消極姿勢は許されないということになります。

(2) 第2項
　本項は、平成21年改正法の衆議院における審議過程で追加された条項です。その背景には東京築地の中央卸売市場の豊洲移転で注目をあびた土壌汚染問題がありました。本項で「公園等の公共施設若しくは学校、卸売市場等の公益的施設又はこれらに準ずる施設」とありますので、公共公益施設の設置により、子供の出入りする場所や生鮮食料品など人の口に入る物を取り扱う場所となる土地など、社会通念上衛生確保が求められる土地が広く対象となるものと思われます。その場合、都道府県知事は、そのような公共公益施設を設置しようとする者に対して、対象土地の形質変更規模に関わりなく、法第4条第2項の環境省令で定める基準に該当するかどうかを調査させるように努める義務があることになります。同基準は、既に説明しましたように、過去に土壌汚染をもたらすような土地の利用がなかったかという観点から、施行規則第26条で定められています。従って、その施設の設置の準備又は実行に知事の権限が何らかのかたちで及ぶような場合には、対象土地についての上記基準に該当するかどうかを調査しない以上は、その施設設置の事業が進められないということになるものと思われます。また、上記基準に該当した場合は、当然に土壌汚染調査を行って、濃度基準違反の汚染が判明すれば、自主的な指定の申請を行って、要措置区域又は形質変更時要届出区域のいずれかに指定してもらい、この法律の適用対象とするということが期待されているものと思われます。なお、公共公益施設の設置にあたって、土地の大規模な形質変更を伴う場合は、法第4条の手続きが直接求められるため、本項の対象ではないことになります。

(経過措置)

> 第六十二条　この法律の規定に基づき命令を制定し、又は改廃する場合においては、その命令で、その制定又は改廃に伴い合理的に必要と判断される範囲内において、所要の経過措置（罰則に関する経過措置を含む。）を定めることができる。

　これは、この法律の規定に基づいて制定される命令、すなわち政令や省令の改廃において、その政令や省令の改廃に関して合理的な範囲内で経過措置を定めることができることを規定したものです。

(権限の委任)

> 第六十三条　この法律に規定する環境大臣の権限は、環境省令で定めるところにより、地方環境事務所長に委任することができる。

　この条文は、平成21年改正の前に旧法の第36条の2として平成17年4月27日の「環境省設置法の一部を改正する法律」により追加されたものです。同法が制定された際、環境省から「今日、廃棄物不法投棄対策、地球温暖化対策、外来生物対策など、国として軸足を地域に置いた環境施策の展開が求められている。これに対応し、地域の実情に応じた機動的できめ細かな施策を実施するため、現行の自然保護事務所と地方環境対策調査官事務所を統合し、環境省に地方支分部局として地方環境事務所を設置する。」と説明されており（環境省平成17年2月7日付報道発表資料参照）、また、地方環境事務所の業務概要については、「従来の自然保護事務所及び地方環境対策調査官事務所の業務を引き継ぐほか、個別法に基づき委任される環境大臣の権限を実施します。」と説明されています（環境省平成17年9月27日付報道発表資料参照）。なお、本条に言う「環境省令」には、施行規則第78条と指定省令第27条があります。

(政令で定める市の長による事務の処理)

> 第六十四条　この法律の規定により都道府県知事の権限に属する事務の一部は、政令で定めるところにより、政令で定める市（特別区を含む。）の長が行うこととすることができる。

　この法律では土壌汚染の対策の責務と権限を原則として都道府県知事に与えていますが、一定の大規模な市においては、この法律で都道府県知事に与えられている権限を市長が行使できることを規定したものです。具体的には、この権限は、施行令第8条で規定されている市長に与えられています。

第八章　罰　則

> 第六十五条　次の各号のいずれかに該当する者は、一年以下の懲役又は百万円以下の罰金に処する。
> 　一　第三条第三項、第四条第二項、第五条第一項、第七条第四項、第十二条第四項、第十六条第四項、第十九条、第二十四条、第二十五条又は第二十七条第二項の規定による命令に違反した者
> 　二　第九条の規定に違反した者
> 　三　第二十二条第一項の規定に違反して、汚染土壌の処理を業として行った者
> 　四　第二十三条第一項の規定に違反して、汚染土壌の処理の事業を行った者
> 　五　不正の手段により第二十二条第一項の許可（同条第四項の許可の更新を含む。）又は第二十三条第一項の変更の許可を受けた者
> 　六　第二十六条の規定に違反して、他人に汚染土壌の処理を業として行わせた者

第3章 土壌汚染対策法逐条解説

　罰則についての規定で、この法律で一番重い罰則の適用のある条文が規定されています。

第六十六条　次の各号のいずれかに該当する者は、三月以下の懲役又は三十万円以下の罰金に処する。
　一　第三条第四項、第四条第一項、第十二条第一項、第十六条第一項若しくは第二項又は第二十三条第三項若しくは第四項の規定による届出をせず、又は虚偽の届出をした者
　二　第十七条の規定に違反して、汚染土壌を運搬した者
　三　第十八条第一項（同条第二項において準用する場合を含む。）又は第二十二条第七項の規定に違反して、汚染土壌の処理を他人に委託した者
　四　第二十条第一項（同条第二項において準用する場合を含む。）の規定に違反して、管理票を交付せず、又は同条第一項に規定する事項を記載せず、若しくは虚偽の記載をして管理票を交付した者
　五　第二十条第三項前段又は第四項の規定に違反して、管理票の写しを送付せず、又はこれらの規定に規定する事項を記載せず、若しくは虚偽の記載をして管理票の写しを送付した者
　六　第二十条第三項後段の規定に違反して、管理票を回付しなかった者
　七　第二十条第五項、第七項又は第八項の規定に違反して、管理票又はその写しを保存しなかった者
　八　第二十一条第一項又は第二項の規定に違反して、虚偽の記載をして管理票を交付した者
　九　第二十一条第三項の規定に違反して、送付をした者

　罰則についての規定です。

> 第六十七条　次の各号のいずれかに該当する者は、三十万円以下の罰金に処する。
> 　　一　第二十二条第八項の規定に違反して、記録せず、若しくは虚偽の記録をし、又は記録を備え置かなかった者
> 　　二　第五十条の規定に違反した者
> 　　三　第五十四条第一項若しくは第三項から第五項までの規定による報告をせず、若しくは虚偽の報告をし、又はこれらの規定による検査を拒み、妨げ、若しくは忌避した者

罰則についての規定です。

> 第六十八条　法人の代表者又は法人若しくは人の代理人、使用人その他の従業者が、その法人又は人の業務に関し、前三条（前条第二号を除く。）の違反行為をしたときは、行為者を罰するほか、その法人又は人に対して各本条の罰金刑を科する。

いわゆる法人の両罰規定です。

> 第六十九条　第十二条第二項若しくは第三項、第十六条第三項、第二十条第六項又は第四十条の規定による届出をせず、又は虚偽の届出をした者は、二十万円以下の過料に処する。

一定の場合に過料が科されることが規定されています。過料ですから、刑罰ではなく、法律秩序を維持するために違反者に制裁として科せられるものです。

附　則（著者注：旧法制定時の附則）

（施行期日）

> 第一条　この法律は、公布の日から起算して九月を超えない範囲内において政令で定める日から施行する。ただし、次条の規定は、公布の日から起算して六月を超えない範囲内において政令で定める日から施行する。

　この法律の施行期日について定めたもので、平成15年2月15日が施行日として定められました。

（準備行為）

> 第二条　第三条第一項の指定及びこれに関し必要な手続その他の行為は、この法律の施行前においても、第十条から第十二条まで及び第十五条の規定の例により行うことができる。
> 2　第二十条第一項の指定及びこれに関し必要な手続その他の行為は、この法律の施行前においても、同項及び同条第二項並びに第二十四条第一項の規定の例により行うことができる。

(1) 第1項
　指定調査機関の指定は、この法律の施行日より前に行えることを規定しています。

(2) 第2項
　指定支援法人の指定は、この法律の施行日より前に行えることを規定しています。

（経過措置）

> 第三条　第三条の規定は、この法律の施行前に使用が廃止された有害物質使用特定施設に係る工場又は事業場の敷地であった土地については、適用しない。

　この附則第3条により、法第3条の規定が施行日（平成15年2月15日）より前に使用が廃止された施設に係る敷地には適用されないことになりました。

（政令への委任）

> 第四条　前二条に定めるもののほか、この法律の施行に関して必要な経過措置は、政令で定める。

　経過措置については適宜必要なものを政令で定めることができることを規定しています。

（検　討）

> 第五条　政府は、この法律の施行後十年を経過した場合において、指定支援法人の支援業務の在り方について廃止を含めて見直しを行うとともに、この法律の施行の状況について検討を加え、その結果に基づいて必要な措置を講ずるものとする。

　法律の施行後の施行状況について検討が加えられ、平成21年に改正法が制定され、平成22年4月1日から改正法が施行されることになりました。

附　則（著者注：新法制定時の附則）

（施行期日）

> 第一条　この法律は、平成二十二年四月一日までの間において政令で定める日から施行する。ただし、次条及び附則第十四条の規定は、公布の日から起算して六月を超えない範囲内において政令で定める日から施行する。

　新法の施行日は平成22年4月1日と定められました。

（準備行為）

> 第二条　この法律による改正後の土壌汚染対策法（以下「新法」という。）第二十二条第一項の許可を受けようとする者は、この法律の施行前においても、同条第二項の規定の例により、その申請を行うことができる。
> 　2　前項の規定による申請に係る申請書又はこれに添付すべき書類に虚偽の記載をして提出した者は、一年以下の懲役又は百万円以下の罰金に処する。
> 　3　法人の代表者又は法人若しくは人の代理人、使用人その他の従業者が、その法人又は人の業務に関し、前項の違反行為をしたときは、行為者を罰するほか、その法人又は人に対して同項の罰金刑を科する。

　汚染土壌処理業の許可の申請は新法施行前から行えることを規定しています。

（一定規模以上の面積の土地の形質の変更の届出に関する経過措置）

> 第三条　新法第四条第一項の規定は、この法律の施行の日（以下「施行日」という。）から起算して三十日を経過する日以後に土地の形質の変更（同項に規定する土地の形質の変更をいう。附則第八条において同じ。）に着手する者について適用する。

　大規模な土地の形質の変更時における規制の適用開始日について規定しています。

（指定区域の指定に関する経過措置）

> 第四条　この法律の施行の際現にこの法律による改正前の土壌汚染対策法（以下「旧法」という。）第五条第一項の規定により指定されている土地の区域は、新法第十一条第一項の規定により指定された同条第二項に規定する形質変更時要届出区域とみなす。

　旧法の指定区域は新法の形質変更時要届出区域とみなされます。旧法の指定区域は本来、新法の要措置区域と形質変更時要届出区域の双方を含むはずですが、前者については新法のもとで直ちに第11条第4項による要措置区域への指定換えをすれば足りるので、かかる規定を置いたものと思われます。

（指定区域台帳に関する経過措置）

> 第五条　この法律の施行の際現に存する旧法第六条第一項の規定による指定区域の台帳は、新法第十五条第一項の規定による形質変更時要届出区域の台帳とみなす。

　旧法の指定区域台帳の取扱いについて規定しています。

(措置命令に関する経過措置)

> 第六条　この法律の施行前にした旧法第七条第一項又は第二項の規定に基づく命令については、なお従前の例による。

旧法下の措置命令の取扱いについて規定しています。

(汚染の除去等の措置に要した費用の請求に関する経過措置)

> 第七条　この法律の施行前に旧法第七条第一項の規定による命令を受けた者に係る旧法第八条の規定の適用については、なお従前の例による。

旧法下で措置命令を受けた者の原因者への求償権の取扱いについて規定しています。

(形質変更時要届出区域内における土地の形質の変更の届出に関する経過措置)

> 第八条　施行日以後の日に附則第四条の規定により新法第十一条第二項に規定する形質変更時要届出区域とみなされた土地の区域において当該土地の形質の変更に着手する者であって、施行日前に当該土地の形質の変更について旧法第九条第一項の規定による届出をした者は、新法第十二条第一項の規定による届出をしたものとみなす。

旧法下の指定区域における形質変更の届出の取扱いについて規定しています。

(汚染土壌の搬出時の届出に関する経過措置)

> 第九条　新法第十六条第一項の規定は、施行日から起算して十四日を経過する日以後に汚染土壌を当該要措置区域等（同項に規定する要措置区域等をいう。）外へ搬出しようとする者（その委託を受けて当該汚染土壌の運搬のみを行おうとする者を除く。）について適用する。

搬出規制の新法における適用日を定めています。

(指定調査機関の指定に関する経過措置)

> 第十条　この法律の施行の際現に旧法第三条第一項の規定による指定を受けている者は、施行日に、新法第三条第一項の指定を受けたものとみなす。

旧法下で指定された指定調査機関は新法下でも当然に指定調査機関とみなされますが、新法では指定の効力期間が5年の期間とされたので、その指定日を明らかにするため規定されています。なお、新法で定められた技術管理者の設置は旧来からの指定調査機関に対しても新法のもとで当然に求められます。

(変更の届出に関する経過措置)

> 第十一条　新法第三十五条の規定は、施行日から起算して十四日を経過する日以後に同条に規定する事項を変更しようとする指定調査機関について適用し、同日前に当該事項を変更しようとする指定調査機関については、なお従前の例による。

指定調査機関の届出事項の変更についての経過規定です。

（適合命令に関する経過措置）

> 第十二条　この法律の施行前に旧法第十六条の規定によりした命令は、新法第三十九条の規定によりした命令とみなす。

　旧法下の指定調査機関に対し発せられた適合命令についての経過規定です。

（罰則の適用に関する経過措置）

> 第十三条　この法律の施行前にした行為及び附則第六条の規定によりなお従前の例によることとされる場合における施行日以後にした行為に対する罰則の適用については、なお従前の例による。

　罰則の適用についての経過規定です。また、旧法下の措置命令違反に対する罰則は旧法下の罰則の適用があることを規定しています。

（その他の経過措置の政令への委任）

> 第十四条　この附則に定めるもののほか、この法律の施行に伴い必要な経過措置は、政令で定める。

　経過措置については適宜必要なものを政令で定めることができることを規定しています。

（検　討）

> 第十五条　政府は、この法律の施行後五年を経過した場合において、新法の施行の状況について検討を加え、その結果に基づいて必要な措置を講ずるものとする。

　見直し規定です。

第 4 章

土壌汚染Q&A

1 土壌汚染対策法と条例

Q 土壌汚染対策法と条例はどのような関係にありますか。

A 土壌汚染対策法に規制されていることは、すべて各都道府県で遵守されなければなりませんが、土壌汚染対策法では規制されていないことも各地方公共団体の条例で規制することができるのかが問題になります。

　法律で規制された以外の規制は、自由な経済活動を制約するから条例では行いえないと解する考えもありえますが、一般にはそのように解されてはいません。従って、例えば、大気汚染防止法では、都道府県が条例で法律より厳しい規制（通常「上乗せ規制」と呼ばれています）を行うことを認めており（大気汚染防止法4条）、また、大気汚染防止法では規制していない物質の規制（通常「横出し規制」と呼ばれています）も認めています（同法32条）が、このような規定の解釈にあたって、かかる規定は、上乗せ規制や横出し規制ができることを確認した規定にすぎず、かかる規定があってはじめて規制ができるようになったものではないと解されています[64]。

　土壌汚染対策法では、地方公共団体の土壌汚染の規制に干渉するような文言はありませんので、地方公共団体は、憲法の枠内でなければならないことは当然ですが、独自の追加的規制を行うことができると解されます。従って、従来の条例も重ねて適用があると解すべきことになります。もっとも、少なからぬ条例は、国の法律では十分に対処できない課題に対処す

---

[64] この論点の詳細については、阿部泰隆・淡路剛久『環境法 第3版補訂版』（有斐閣　2006）41頁以下、大塚直『環境法 第3版』（有斐閣　2010）35頁以下参照。

るために制定されていますので、国の法律が改正されることにより、既存の条例で不要となった規定は適宜改正されるものと思われます。

2 汚染原因者以外の者の責任の可能性

Q 土壌汚染に原因を与えていない者も汚染の除去等の措置の責任を負うことがありますか。

A 土壌が汚染されているとして要措置区域に指定された土地の所有者等は、仮に汚染の原因者ではなくとも汚染の除去等の措置の指示を受け（法7条1項）、指示に従わない場合は命令を受ける（法7条4項）ことがあります。ただし、他に原因者がいることが明らかであり、その者に汚染の除去等の措置を講じさせることが相当な場合は、原因者ではない土地の所有者等はその指示や命令を受けることはありません（法7条1項ただし書）。これは、また、他に原因者がいても原因者を特定できない場合や原因者が特定できても原因者が破産しているなど資力がなく、この者に措置の指示や命令を出すのが相当でなければ、土地の所有者等が措置の指示や命令を受けることがありうることを示しています。

　過去に土地の所有者等であった者は、土壌汚染の原因者でない限り、この指示や命令を受けることはありません。

3 土地の所有者等の意義

Q 土地の所有者等とは誰ですか。

A 土地の所有者等という概念は、この法律で極めて重要なことばですが、法律上は、土地の所有者、管理者又は占有者とだけ定義されており、それ以上詳しいことはわかりません。施行令や施行規則でもこの点は明らかになっていません。従って、何が合理的な解釈であるかを検討するしかありません。ただ、平成22年施行通知では、「『土地の所有者等』とは、土地の所有者、管理者及び占有者のうち、土地の掘削等を行うために必要な権

原を有し調査の実施主体として最も適切な一者に特定されるものであり、通常は、土地の所有者が該当する。なお、土地が共有物である場合は、共有者のすべてが該当する。『所有者等』に所有者以外の管理者又は占有者が該当するのは、土地の管理及び使用収益に関する契約関係、管理の実態等からみて、土地の掘削等を行うために必要な権原を有する者が、所有者ではなく管理者又は占有者である場合である。その例としては、所有者が破産している場合の破産管財人、土地の所有権を譲渡担保により債権者に形式上譲渡した債務者、工場の敷地の所有権を既に譲渡したがまだその引渡しをしておらず操業を続けている工場の設置者等が考えられる。」との解釈が示されています（平成22年施行通知第3の1.(2)①参照）。つまり、土地の掘削等を行うために必要な権限を有する者という解釈です。法律の条文からだけではこのように解する手がかりはありません。ただ、施行通知は実務上尊重されると考えるべきものですから、かかる解釈に従ってこの法律の運用が行われると思われます。

　ただし、借地人が工場を操業しており、その操業に伴って土壌汚染の可能性があるような場合の調査命令等の相手方が土地所有者というのはいかにも不合理なので、土地の財産的価値に損傷を与えない調査や汚染の除去等の措置であれば、土地所有者に限らず、適宜その他の土地の「管理者又は占有者」が土地の所有者等に該当すると判断される場合がありうると考えておくべきように思われます。

4　土壌汚染調査義務の発生

Q　どのような場合に土壌汚染の調査を義務づけられるのですか。

A　第一に、水質汚濁防止法で特定施設とされている施設で、かつ、この法律で特定有害物質とされた物質を製造、使用又は処理をしていた施設の使用を廃止した時に土壌汚染調査が義務づけられます（法3条1項）。汚染の可能性が十分にありますし、汚染の調査も容易だからです。その施設を設置した土地の所有者等は、当然にその使用の廃止時に調査義務を負います（法3条1項）。その施設を設置していない土地の所有者等も都道府県

知事からその施設の使用の廃止の通知を受ければ、調査義務を負います（法3条1項、2項）。

　第二に、平成21年改正により、3000平方メートル以上の土地の形質の変更時にも調査の義務が発生しうることになりました。すなわち、かかる大規模な土地開発時には開発者は、工事着手の30日前までに着手予定日その他の事項を都道府県知事に届け出なければなりません（法4条1項）。この届出を受けて、都道府県知事は土壌汚染のおそれがある土地に該当すると判断すれば、土地の所有者等に調査をさせることができるとされています（法4条2項）。このような大規模開発に伴う調査義務については、東京都をはじめとして若干の地方公共団体において既に導入されていたものです。

　第三に、都道府県知事は、土壌の特定有害物質により人の健康に係る被害が生ずるおそれがあると認めた場合は、汚染調査を土地の所有者等に命じることができます（法5条1項）。ただし、その調査を命じる要件は、施行令及び施行規則によるとかなり限定的です。すなわち、要措置区域又は形質変更時要届出区域の指定の基準となる濃度基準を超える土壌汚染があるおそれがなければならず、地下水汚染リスクの観点からは、土壌汚染に起因する地下水汚染が現に生じ、又は生ずるおそれがあると認められ、かつ、周辺の地下水の利用状況等からみて、地下水汚染が生じたとすれば飲用等を通じて健康被害のおそれがなければならず（ただし公共用水域の水質汚濁を招くほどの場合は地下水の飲用という要件は不要）、また、土壌の直接摂取のリスクの観点からは、当該土地が立ち入ることができる区域であることが必要です。従って、地下水が汚染されている可能性があっても、およそ飲用に利用されないと思われる場合は、この命令は出されませんし（ただし公共用水域の水質汚濁を招くほどの場合は地下水の飲用という要件は不要）、土壌の直接摂取だけが問題になるような土地であれば、立入ができないようにしてしまえば、調査命令が出せません。

5　汚染発覚と汚染の除去等の措置の指示・命令

Q　汚染が見つかっても必ずしも汚染の除去等の措置を指示されたり命じら

れることはないのですか。

A　この法律では、汚染があるとして要措置区域等（すなわち要措置区域又は形質変更時要届出区域）に指定する場合の土壌汚染の濃度基準を超える汚染があっても、ただちには汚染の除去等の措置を指示したり命じたりすることにはなっていません。地下水汚染リスクの観点からすれば、周辺の地下水の利用状況等からみて、地下水汚染が生じたとすれば飲用等を通じて健康被害のおそれがあると認められることという要件があってはじめて（ただし公共用水域の水質汚濁を招くほどの場合は地下水の飲用という要件は不要）、措置の指示や命令を出せるとしていますし、土壌の直接摂取のリスクの観点からすれば、当該土地が立ち入ることができる区域であることという要件があってはじめて、措置の指示や命令を出せるとしています。

　なお、注意しなければならないのは、汚染の除去等の措置の指示や命令は、任意の土壌汚染調査により汚染が発覚した場合には出されないことになっている点です。もっとも任意の調査で汚染が発覚した場合も土地の所有者等が要措置区域等（すなわち要措置区域又は形質変更時要届出区域）への指定を申請して認められた場合（法14条3項）は、指示や命令が出ることがあります。しかし、基本的に、任意の土壌汚染調査の場合は、対策を指示されたり命じられることがないという点がこの法律の特徴です。

6　汚染発覚と報告義務

Q　かねてから保有している遊休地で任意に汚染の調査を行ったところ、要措置区域等（すなわち要措置区域又は形質変更時要届出区域）の濃度基準を超える汚染が発覚しました。黙っていてよいのでしょうか。

A　平成11年に環境庁が定めた「土壌・地下水汚染に係る調査・対策指針運用基準」という行政指導のガイドラインでは、事業者が任意に土壌・地下水汚染を調査し、その汚染が判明した場合には、必要な追加的調査及び対策を実施するとともに、汚染の拡散を防止する観点から、速やかに都道

府県にその旨を連絡することが望ましい旨定められていました。実際、環境問題を重視する多くの企業にあっては、このガイドラインに従って任意の調査で判明した汚染についても、都道府県に報告のうえ、都道府県と協議し対策を検討してきていました。このガイドラインの趣旨は、土壌汚染対策法の施行後も尊重されるべきことに変りはありません。

しかし、この法律では、任意の土壌汚染の調査が行われ、その結果汚染が判明しても、その結果を行政庁に報告しなければならないという報告義務を定めた規定はありません。従って、別に条例でそのような報告義務が定められていなければ、報告する法律上の義務はないと言えます。ただ、汚染が判明していながらこれを放置して、その結果将来近隣住民が健康被害を受けたような場合は、未必の故意又は過失による傷害とでも言うべき事態を招くでしょうから、汚染の除去等の適切な対応を行っておかなければ、将来、より大きな問題に巻き込まれるおそれがあります。

それならば、心配でも汚染の調査を行わないのが賢明なのでしょうか。しかし、このような対応は、汚染があった場合も何の対策もしないという対応ですので、将来多大なリスクを抱え込むことになります。万一、将来近隣住民が健康被害を受けたような場合、不法行為責任を問われると思われ、しかも、汚染の程度をわからずに放置するわけですから、時には深刻な被害をもたらし、会社に致命的なダメージを与えることにもなりかねません。

なお、平成21年改正により、任意の土壌調査で判明した土壌汚染についても、土地の所有者等から要措置区域等（すなわち要措置区域又は形質変更時要届出区域）の指定を申請し法の規制に服せしめることが可能となっています（法14条）が、かかる申請が土壌汚染対策法上の義務ではないという点は改正前と何ら変わりがありません。

7　任意汚染調査と要措置区域又は形質変更時要届出区域の指定

Q　任意で調査を行って汚染が判明しても、これを要措置区域又は形質変更時要届出区域に指定してもらえるのでしょうか。

A 平成21年改正により、任意の土壌汚染調査で判明した土壌汚染も土壌汚染対策法所定の土壌汚染調査（法3条1項の環境省令、すなわち施行規則3条以下で定める方法）により行われたと認められる場合は、土地の所有者等の申請により、要措置区域等（すなわち要措置区域又は形質変更時要届出区域）に指定してもらうことが可能になりました（法14条）。

8　汚染の除去等の義務と土地の譲渡

Q　土壌汚染の除去の義務を免れるために土地を譲渡することができますか。

A　土地の所有者等という理由で汚染の除去等の義務を負うのは、その旨の指示又は命令を受ける場合だけですので、その指示又は命令をもらう前に土地を譲渡して土地の所有者等という資格を失えば、もはやその指示又は命令を受ける余地はありません。しかし、もし、譲渡した者が原因者である場合は、譲渡後も都道府県知事から除去等の措置の指示又は命令を受けることがあります（法7条1項ただし書）。譲渡した者が原因者でなければ、その措置の指示又は命令を受けることはなさそうに思われますが、仮にその譲渡が市場の独立当事者間の取引とは言えず、例えば、その除去を行う資力のない子会社に譲渡して事実上除去の費用負担から免れようとしたような場合は、なお譲渡した者が当該土地の管理者であるとして、土地の所有者等であると認定され、汚染の除去等の措置を指示されたり命じられる可能性はあると考えます。

9　複数義務者の責任

Q　土地の所有者等の調査義務や汚染の除去等の措置を講じる義務は連帯責任ですか。

A　土地の所有者等は複数になることがあります。そのような場合、都道府県知事は、すべての者に対して命令を出すこともできますし、その誰かを

選んで命令を出すこともできます。複数の者が命令を受けた場合は連帯責任となると考えます。なぜなら、調査義務や汚染の除去等の措置は、性質上不可分の債務ですから、民法第430条の考え方が妥当すると思われますので、連帯して義務を履行すべきと考えられるからです。

　もっとも、原因者に汚染の除去等の措置を命じるにあたり、原因者が複数の場合は、その帰責程度に応じて指示又は命令を出すべきことが施行規則第34条第2項で定められています。従って、原因者間では連帯責任は負わされていません。この規定に従えば、帰責程度がわずかの者には、汚染の除去等の措置として、一定の行為を命じるのではなく、一部の費用負担を命じることもできると考えます。

10　都道府県の原因者調査義務の有無

Q　都道府県知事は、汚染の除去等の措置を土地の所有者等に対し指示又は命令するにあたって、事前に原因者を調査する義務はありますか。

A　現在の土地の所有者等が原因者である可能性があり、ほかに明らかに別の原因者がいるとは言えない場合は、調査の必要はありません。しかし、現在の土地の所有者等が原因者ではないことが明らかな場合は（法7条1項ただし書）、合理的な範囲内で原因者を調査する義務があると考えます。ただし、特定する義務まではありませんので、合理的な調査を行っても、原因者を特定するだけの資料がないような場合は、それ以上、調査をすべき義務はありません。

11　命令不服従の場合の制裁

Q　土地の所有者等が調査命令や汚染除去の措置命令に従わない場合はどうなりますか。

A　第一に、刑罰について検討します。調査命令に違反した場合ですが、今、調査命令を受けた者が法人で、その法人が調査命令を無視した場合を

考えます。この場合、法人の不作為に責任があるのは、その不作為を決めた者たちでしょうから、取締役会でその不作為を決めたとすれば、これらの者が命令に違反したということで、法第65条により、これらの者は、1年以下の懲役又は100万円以下の罰金に処せられます。また、法第68条に両罰規定がありますので、法人は、同様の罰金が科されます。また、汚染の除去等の措置命令を無視した場合もまったく同様です。なお、措置命令の前に措置の指示がなされますが、この指示に従わない場合は、措置命令が出るのであって、指示にに従わないから罰則の適用が直ちにあるというわけではありません。

　第二に、それならば、罰金を払えばそれで終わりか、調査や汚染の除去を強制されないのかという問題があります。これについては、都道府県知事による行政代執行が可能なのかという問題があります。行政代執行は、裁判所の関与なしに行政限りで執行を進めることができるというものですので、法律の根拠を必要とし、その根拠は行政的執行行為そのものに必要であるとするのが通説です。土壌汚染対策法では、本問のようなケースを想定した行政的執行行為を定めた規定はありませんので（都道府県知事が自ら行える場合は、法5条2項、7条5項に限られるように思われます）、本問のようなケースでは行政代執行は認められないのではないかと考えます。

12　汚染の除去等の指示又は命令の私法上の意味

Q　都道府県知事からの汚染の除去等の指示又は命令に従ってさえいれば、土地の所有者等は、免責されますか。

A　都道府県知事からの汚染の除去等の指示又は命令に従ったものの、汚染対策として不十分で、そのため近隣住民に健康被害が発生したような場合に、指示又は命令に従ったのだから、それで汚染対策は十分であり、仮にその対策が後日不十分であることが判明したとしても、責任はないという主張が認められるか否かという問題があります。土壌汚染対策法並びにこれを受けた施行令及び施行規則で定めている汚染の除去等の指示又は命令

は、完全な浄化であるとは限りません。従って、時にはその指示又は命令に従った措置が不十分であったということも考えられます。そのような場合に、指示や命令に従ったということが免責事由になるのかという問題です。

　この問題を考える場合は、そもそも汚染の除去等の措置を講じた土地の所有者等が一体いかなる理由でどのような責任を誰に負う可能性があるのかを検討する必要があります。土地の所有者等が汚染の原因者ではない場合に、土地の所有者等が責任を問われうる法律上の根拠として考えられるものは、民法上不法行為責任の一種と考えられている土地工作物責任です（民法717条）。濃度基準を超える汚染があり、そのような危険な物質を自らが支配している土地の中に抱えていながら、その汚染による健康被害の防止対策として行った工事が完全ではなく、その土地工作物の設置又は保存の瑕疵があると評価が可能な場合（封じ込め等の工事が後日評価すると不完全と言えるような場合）、そのため他人に被害を与えたとすれば、土地工作物責任が認められると思います。このような民事的な責任を免責にするだけの法律上の効果は、この法律の指示や命令にはありません。

　なお、土地の所有者等が原因者でもある場合は、一般の不法行為責任を問われる余地があり、かかる民事的な責任を免責にするだけの法律上の効果もこの法律の指示や命令にはありません。

13　地中への廃棄物の投棄に対する規制

Q　昔は、廃棄物も土の中にどんどん埋めていて何の規制もなかったように聞くのですが、本当でしょうか。

A　昭和45年に廃棄物処理法が制定される前の旧清掃法の時代、一般家庭から排出される汚物の処理は、市町村の清掃事業として実施され、埋立処分に関する基準も設けられていました[65]。しかし、市町村が汚物を収集・処分するのは、「特別清掃地域」と呼ばれる都市区域を中心とする人口集中

65　旧清掃法6条、旧清掃法施行令2条1号ハ・ニ。

地区に限られていました[66]。「特別清掃地域」の人口は、昭和45年度で約8500万人、全人口の約85%に達していたものの、面積は全国土面積の約11%にすぎず、広大な「特別清掃地域」外の一般廃棄物の処理は、依然として自家処理又は汚物取扱業者等に任せられていました[67]。

工場や事業場から排出される特殊な産業廃棄物や多量の産業廃棄物については、指定する場所に運搬し、環境衛生上支障のないように処分することを市町村長が命令することができることになっていましたが[68]、市町村長において「指定する場所」を確保することができなかったため、この規定はあまり活用されず、日量約100万トンに達すると推定される産業廃棄物のほとんど大部分の処理は、排出者に事実上任されていたようです[69]。

昭和45年に制定された廃棄物処理法では、廃棄物が一般廃棄物と産業廃棄物に区分され、廃棄物処理法施行令において、産業廃棄物も含めた埋立処分の基準がはじめて定められました[70]。しかし、当時は最終処分場に関する規制が定められていなかったため、埋立てを行う際には、埋立処分の基準さえ守られていればよく、許可や届出は必要ありませんでした[71]（最終処分場の規制の経緯については、本章Q15の「廃棄物処分場の規制の歴史」参照）。

---

66 旧清掃法4条、6条、旧清掃法施行令1条。

67 昭和46年版公害白書「公害の防止に関して講じた施策」第13章第1節参照。

68 旧清掃法7条及び8条。

69 昭和46年版公害白書（前掲注67）参照。なお、昭和45年3月11日の衆議院科学技術振興対策特別委員会において、厚生省環境衛生局公害部環境整備課長石丸隆治氏から「これはただいま先生御指摘のように、市町村長が場所を指定して処分を命ずることができるという命令権があるわけでございますが、現状は先生御指摘のように、なかなか市町村長が場所を確保することができない。したがって、命令を下すことができないというようなことでいろいろな問題が現在起きているわけでございます。」との説明がなされています。

70 制定当時の廃棄物処理法6条3項、12条2項、制定当時の廃棄物処理法施行令3条4号、6条1項1号、同条2項1号

71 長岡文明他『廃棄物処理法、いつ出来た？この制度』（財団法人日本環境衛生センター 2008）83頁参照。

14 地下への汚水の浸透に対する規制

Q 昔は、工場の廃液を垂れ流して地中にしみこませても何のおとがめもなかったように聞くのですが、本当でしょうか。

A 水質汚濁防止法が昭和45年に制定される前の旧水質保全法(公共用水域の水質の保全に関する法律)及び旧工場排水規制法(工場排水等の規制に関する法律)の時代は、いずれも指定水域に排出される水の汚濁が規制の対象となっており、有害物質を含む汚水等を地下に浸透させることに関しては、特に規制はありませんでした。[72]

昭和45年に制定された水質汚濁防止法では、「排出水を排出する者は、有害物質を含む汚水等(これを処理したものを含む。)が地下にしみ込むこととならないよう適切な措置をしなければならない。」との規定が設けられましたが、当時この規定に違反した場合の罰則は定められていませんでした。[73]

昭和47年には、公害事案における事業者の責任を強化し、被害者の一層円滑な救済ができるような措置、すなわち事業者の無過失損害賠償責任制度を創設すべきであるとの強い要請から、工場又は事業場における事業活動に伴う有害物質の汚水又は廃液に含まれた状態での排出(地下へのしみ込みを含む)により、人の生命又は身体を害した場合の無過失賠償責任の規定が定められました。[74]

昭和57年度、昭和58年度に環境庁が行った調査により、トリクロロエチレン等による地下水の広範な汚染が認められたため、環境庁は、当面の

---

[72] 昭和45年12月9日の衆議院商工委員会において経済企画庁審議官西川喬氏から、水質汚濁防止法案の審議に際して、「これは現行法に入っておりませんでしたが、新しい規定でございますが、第十四条の第三項におきまして、一応健康有害物質につきましては、『地下にしみ込むこととならないよう努めなければならない』。一応、現段階におきましては、先ほど申し上げました理由で訓示規定になっておりますが、このようなあれを足がかりといたしまして、将来におきましては規制ができるような方向へ前向きで前進してまいりたい、このように考えておるわけでございます。」との説明がなされています。

[73] 制定当時の水質汚濁防止法14条3項。

[74] 昭和47年改正(法律第84号)後の水質汚濁防止法19条、昭和47年版環境白書「昭和47年度において講じようとする公害の防止に関する施策」第2章第3節参照。

措置として暫定指導指針を定め、昭和59年8月に通知しました。同通知には、「トリクロロエチレン等及びトリクロロエチレン等を含む水については、地下へしみこむこととならないよう適切な措置を講じなければならないものとし、トリクロロエチレン等の濃度が常に別表一の管理目標に適合する水を除いて、地下浸透は行つてはならないものとする。」という地下浸透を禁止する旨の指針が盛り込まれました。[75]

平成元年には、有害物質による地下水汚染の未然防止及び有害物質の流出事故による環境汚染の拡大の防止を図るため、有害物質を含む特定地下浸透水（有害物質を製造、使用又は処理する特定施設を設置する特定事業場から地下に浸透する水で当該特定施設に係る汚水等を含むもの）の地下への浸透を禁止する規定が設けられ、都道府県知事による改善命令等に違反した場合には罰則も適用されることになりました。[76]

しかし、地下水は、流速が極めて緩慢であるなどの理由から自然の浄化が期待しにくく、有機塩素系化合物等の有害物質によりいったん汚染された地下水については、汚染の改善の傾向が見られなかったことから、平成8年には、有害物質により汚染された地下水による人の健康に係る被害を防止するため、特定事業場において有害物質に該当する物質を含む水の地下への浸透があったことにより、現に人の健康に係る被害が生じ、又は生ずるおそれがあると認めるときは、都道府県知事は、地下水の水質の浄化のための措置をとることを命ずることができる旨の規定が置かれるとともに、規則において浄化基準が定められ、措置命令に違反した場合は罰則が適用されることになりました。[77]

75　昭和60年版環境白書「総説」第3章第3節1（2）エ、「トリクロロエチレン等の排出に係る暫定指導指針の設定について」昭和59年8月22日付け環水管第127号・環水規第148号環境庁水質保全局長通知参照。

76　平成元年改正（法律第34号）後の12条の3、13条の2、30条、「水質汚濁防止法の一部を改正する法律の施行について」平成元年9月14日付け環水管第188号環境事務次官通知参照。

77　平成8年改正（法律第58号）後の水質汚濁防止法14条の3、30条、平成8年改正（総理府令第38号）後の水質汚濁防止法施行規則9条の3第2項、別表、「水質汚濁防止法の一部を改正する法律の施行について」平成8年10月1日付け環水管第275号環境事務次官通知参照。

15 廃棄物処分場の規制の歴史

Q 廃棄物処分場の規制の歴史の大まかなところを知りたいのですが、説明してもらえますか。

A 廃棄物処理法が制定される前の旧清掃法及び昭和45年の制定当時の廃棄物処理法には、埋立処分の基準は定められていたものの、最終処分場に関する規制は定められていませんでした[78]。そのため、埋立てを行う際には、埋立処分の基準さえ守られていればよく、許可や届出は必要ありませんでした[79]。

昭和52年の改正により、最終処分場が届出の対象となる廃棄物処理施設に追加され、最終処分場の技術上の基準も定められました[81]。産業廃棄物の最終処分場については、有害な産業廃棄物を埋立てるための「遮断型最

---

[78] 廃棄物は、資源化又は再利用される場合を除き、最終的には埋立処分又は海洋投入処分されます。最終処分は埋立てが原則とされており、大部分が埋立てにより処分されていますが、この最終処分を行う施設を「最終処分場」といいます。また、最終処分の前段階で、収集したごみの焼却、下水汚泥の脱水、不燃ごみの破砕、選別などにより、できるだけごみの体積と重量を減らし、最終処分場に埋立て後も環境に悪影響を与えないように処理することを「中間処理」といいます。「中間処理」には、鉄やアルミ、ガラスなど再資源として利用できるものを選別回収し、有効利用する役割もあります（平成22年版環境・循環型社会・生物多様性白書巻末「語句説明」参照）。

[79] なお、一定の中間処理施設の設置については、昭和45年の廃棄物処理法の制定当初から届出が必要とされていました（制定当時の廃棄物処理法8条1項、15条1項、制定当時の廃棄物処理法施行令5条、7条）。

[80] 長岡文明他前掲書83頁参照。

[81] 昭和52年改正（政令第25号）後の廃棄物処理法施行令5条2項、7条14号、一般廃棄物の最終処分場及び産業廃棄物の最終処分場に係る技術上の基準を定める命令（昭和52年総理府・厚生省令第1号）。

[82] 平成22年版環境・循環型社会・生物多様性白書巻末「語句説明」参照。各処分場の構造の概要は以下のとおり（平成19年版環境・循環型社会白書 第1部総説2第2節1（4）参照）。

遮断型：有害物を自然から隔離するために、鉄筋コンクリートで周囲を囲って廃棄物と環境を完全に遮断し、さらに埋立処分中は雨水流入防止を目的として、覆い（屋根等）や雨水排除施設（開渠）が設けられています。

安定型：保有水やメタンガス等が発生せず、周辺環境を汚染しないため、処分場の内部と外部を遮断する遮水工や、浸透水（埋立地内に浸透した地表水）の集排水施設とその処理施設を必要としません。

管理型：保有水による地下水汚染を防止するために、遮水シートなどの遮水工によって埋立地内部

終処分場」、ガラスくず等の安定型産業廃棄物のみを埋立てることができる「安定型最終処分場」、これらの産業廃棄物以外の産業廃棄物を埋立てる「管理型最終処分場」の3種類が定められました[82]。しかし、安定型最終処分場については3000平方メートル以上、管理型最終処分場及び一般廃棄物の最終処分場については1000平方メートル以上である場合に限って届出の対象とされました[83]。

平成3年には、行政庁が廃棄物処理施設を十分審査できるようにするため、届出制から許可制に移行しましたが[84]、最終処分場の面積の裾切り規定は変わらなかったため、2999.9平方メートルの安定型最終処分場や、998平方メートルの管理型最終処分場など、許可逃れのミニ処分場が多く設置されたようです[85]。

規模の大きな廃棄物最終処分場については、環境影響評価法が制定される前の昭和59年の閣議決定の時代から環境アセスメントの手続きが行われていましたが[86]、平成9年からは、最終処分場の設置（変更）の許可申請に際して、環境影響調査、告示・縦覧、利害関係者の意見聴取等の制度が導入され、許可要件として新たに「周辺地域の生活環境の保全について適正な配慮がなされたものであること」が求められるようになりました[87]。また、最終処分場の面積の裾切り規定が撤廃され、すべての面積の最終処分場が許可の対象となりました[88]。

平成10年には、最終処分場の技術上の基準が改正され、構造基準及び維持管理基準が強化・明確化されるとともに、新たに最終処分場の廃止基

と外部を遮断し、さらに処分場内で発生した保有水を集排水管で集水し、処理施設で処理後、放流する必要があります。一般廃棄物の埋立処分場も、この管理型最終処分場に相当する処分場が設置されることが一般です。

83 昭和52年改正（政令第25号）後の廃棄物処理法施行令5条2項、7条14号（ロ：安定型、ハ：管理型）。

84 平成3年改正（法律第95号）後の廃棄物処理法8条、15条。

85 長岡文明他前掲書88頁参照。

86 環境省環境影響評価情報支援ネットワークＨＰ「環境影響評価法の概要」1-1、1-2参照。

87 平成9年改正（法律第85号）後の廃棄物処理法8条、8条の2、15条、15条の2、平成9年改正（政令第353号）後の廃棄物処理法施行令5条の2、7条の2。

88 平成9年改正（政令第269号）後の廃棄物処理法施行令5条2項、7条14号ロ・ハ。

準が定められました。[89]

　さらに、平成 12 年には、一般廃棄物及び管理型産業廃棄物の最終処分場に関するダイオキシン類についての維持管理基準として、「ダイオキシン類対策特別措置法に基づく廃棄物の最終処分場の維持管理の基準を定める命令」（平成 12 年総理府・厚生省令第 2 号）が定められました。

16　土壌汚染対策法の規制数値と関連法規の規制数値との関係

Q　土壌汚染対策法のいわゆる濃度基準と環境基本法に基づいて定められている土壌汚染の環境基準とはどのような関係にありますか。また、土壌汚染対策法上の濃度基準と水質汚濁防止法上の各種規制基準とはどのような関係にありますか。さらに、これらと最終処分場で環境確保のために施設に要求される各種技術基準とは関係がありますか。

A　土壌汚染対策法の要措置区域等の指定に関する土壌溶出量基準[90]は、環境基本法に基づいて定められている土壌の汚染に係る環境基準のうち溶出量に係るものと同じ数値になっています[91]。また、土壌汚染対策法の地下水基準[92]についても、同様の基準が用いられています[93]。なお、土壌汚染対策法の地下水基準と地下水の水質汚濁に係る環境基準もほぼ同様の基準ですが、後者がやや広いものとなっています[94]。

　水質汚濁防止法の水質基準には、地下水の水質の浄化に係る措置命令に

89　平成 10 年改正（総理府・厚生省令第 2 号）後の一般廃棄物の最終処分場及び産業廃棄物の最終処分場に係る技術上の基準を定める命令。

90　施行規則別表第二

91　平成 3 年 8 月 23 日環境庁告示第 46 号「土壌の汚染に係る環境基準について」別表参照。

92　平成 22 年施行通知第 4 の 1.（2）参照。

93　施行規則別表第一

94　すなわち、①地下水の水質汚濁に係る環境基準の対象物質のうち「塩化ビニルモノマー」「硝酸性窒素及び亜硝酸性窒素」「1,4-ジオキサン」については、土壌汚染対策法の地下水基準では対象に含まれていません。②「1,2-ジクロロエチレン」は、地下水の水質汚濁に係る環境基準ではシス体、トランス体両方が対象となっていますが、土壌汚染対策法の地下水基準ではシス体のみ対象となっています。③土壌汚染対策法の地下水基準の対象物質のうち「有機りん化合物」に

関する基準[95]と汚染物質を公共用水域に排出する「特定施設」を設置する工場・事業場の排水基準があり、この排水基準には、有害物質による排出水の汚染状態に関するもの（健康項目に係る排水基準[96]）とその他の排出水の汚染状態に関するもの（生活環境項目に係る排水基準[97]）があります。水質汚濁防止法の地下水の水質の浄化に係る措置命令に関する基準は、土壌汚染対策法の地下水基準や土壌溶出量基準とほぼ同じ基準になっていますが[98]、水質汚濁防止法の健康項目に係る排水基準は、土壌汚染対策法の地下水基準や土壌溶出量基準よりも概ね10倍緩い基準になっています[99]。

廃棄物処理法の最終処分場に関する基準は、放流水に関する基準[100]と周縁地下水に関する基準[101]があります。最終処分場の周縁地下水に関する基準は、土壌汚染対策法の地下水基準や土壌溶出量基準と対象物質が少し異なるものの、ほぼ同じ基準になっていますが[102]、最終処分場の放流水に関する

ついては、地下水の水質汚濁に係る環境基準では対象に含まれていません。④ 1,1-「ジクロロエチレン」について、土壌汚染対策法の地下水基準では1リットルにつき0.02ミリグラム以下とされていますが、地下水の水質汚濁に係る環境基準では1リットルにつき0.1ミリグラム以下と定められています。

95　水質汚濁防止法施行規則別表

96　排水基準を定める省令別表第一

97　排水基準を定める省令別表第二

98　なお、水質汚濁防止法における有害物質のうち、アンモニア、アンモニウム化合物、亜硝酸化合物及び硝酸化合物については、土壌汚染対策法では基準の対象物質に含まれていません。

99　なお、水質汚濁防止法の健康項目に係る排水基準は、原則として水質汚濁に係る環境基準のうち健康項目に関する環境基準（人の健康の保護に関する環境基準（昭和46年12月28日環境庁告示第59号「水質汚濁に係る環境基準について」別表1））の10倍のレベルで設定されています。これは、排出水の水質が、公共用水域へ排出されると、そこを流れる河川水等によって、排水口から一定の距離を経た公共用水域においては、通常少なくとも約10倍程度には希釈されるであろうと想定された結果であるとされています（平成18年2月14日中央環境審議会水環境部会水生生物保全排水規制等専門委員会（第4回）参考資料9「水質汚濁防止法に基づく排水基準について」参照）。

100　一般廃棄物の最終処分場及び産業廃棄物の最終処分場に係る技術上の基準を定める省令別表第一

101　一般廃棄物の最終処分場及び産業廃棄物の最終処分場に係る技術上の基準を定める省令別表第二

102　例えば、土壌汚染対策法において基準の対象とされているふっ素及びその化合物、ほう素及びその化合物、有機りん化合物が、最終処分場の周縁地下水に関する基準の対象物質には含まれていません。

基準は、土壌汚染対策法の地下水基準や土壌溶出量基準よりも基準の対象物質が多く、また、水質汚濁防止法の健康項目に係る排水基準と同様に、数値が概ね 10 倍緩くなっています[103]。[104]

土壌汚染対策法の指示措置の内容を定める際の基準となっている第二溶出量基準[105]は、土壌溶出量基準の3倍から30倍までの溶出量をもって定められていますが[106]、この第二溶出量基準は、廃棄物処理法の遮断型最終処分場で処分しなければならない産業廃棄物及び特別管理産業廃棄物に関する判定基準[107]とほぼ同じ基準になっています[108]。

17 汚染原因者に対する責任追及

Q 当社は汚染した土地を所有していますが、汚染の原因者に対してどのような請求がいつまで可能ですか。

A 土壌汚染対策法では都道府県知事から土壌汚染対策法に基づいて汚染の除去等の措置の指示を受け、これに従って実際に支出した費用について、原因者に求償するための特別の規定が設けられています（法8条1項）。なお、この場合の請求は、当該指示措置等を講じ、かつ、原因者を知った時から3年以内に行う必要があり、また、当該指示措置等を講じた時から20年を経過すれば、請求できません（法8条2項）。

---

103 最終処分場の放流水に関する基準には、アンモニア、アンモニウム化合物、亜硝酸化合物及び硝酸化合物のほか、水質汚濁防止法の生活環境項目に係る排水基準の対象物質も含まれています。

104 なお、最終処分場の放流水に関する基準と水質汚濁防止法の排水基準との関係については、平成 13 年 6 月 1 日の中央環境審議会廃棄物・リサイクル部会第 1 回廃棄物処理基準等専門委員会において、横浜補佐より、「最終処分場の放流水につきましては、これまでも水濁法の排水基準と連動しておりまして、水濁法で排水基準項目が追加されると自動的に最終処分場の排水基準の項目が追加されるということできたわけです。」との説明がなされています。

105 施行規則別表第四

106 平成 22 年施行通知第 4 の 1.（6）④ア.（イ）ⅱ）参照。

107 金属等を含む産業廃棄物に係る判定基準を定める省令別表第一、別表第五、別表第六

108 なお、この判定基準の対象物質には、土壌汚染対策法における基準の対象物質のうち、ふっ素及びその化合物、ほう素及びその化合物が含まれていませんが、土壌汚染対策法の基準の対象とされていないダイオキシン類が含まれています。

土壌汚染対策法が原因者に対する土壌汚染対策費用請求に関して特に用意している条項は、法第8条のみですから、同条に該当しないケースはすべて民法の一般理論から考えなければなりません。例えば、平成21年改正により導入された法第4条の大規模な土地の形質の変更にともなう調査の結果、汚染が判明し、汚染対策を行わなければ所期の開発ができない場合も、その対策費用について、これを原因者に求償する手助けとなる規定はこの法律にはないことに注意が必要です。もちろん、調査の結果、濃度基準を超えるだけでなく、放置すれば健康被害をもたらすおそれがあるとして、要措置区域に指定され、指示措置を講ずる場合は、法第7条の問題になりますので、法第8条の求償規定が適用されますが、調査の結果、濃度基準を超えるだけで、放置しただけでは健康被害のおそれがない場合は、法第7条や第8条の問題にはならず、形質変更時要届出区域における規制に服するだけです。しかし、かかる区域で現状の形質変更を行う場合も、形質の変更の内容しだいでは健康被害をもたらすおそれが生じるかも知れませんし、それはなくとも汚染土壌を土地の外に搬出し処分するにあたって、規制に服さざるを得ないので、費用がかかります。これは、開発をするにあたっては、不可避の費用となります。その意味で土地の所有者等にとっては損害が生じると言えます。しかし、かかる損害については、この法律では何らの救済手段も置いていませんので、この損害発生に対してこれを回復する手段があるのかは、上記のとおり、民法の一般理論から考えざるを得ないことになります。

それでは、法第4条の大規模な土地の形質の変更に伴い、この法律の規制に服するために必要となる費用を原因者に対して請求する民法上の根拠は果たしてあるのでしょうか。可能性のある理論は、不法行為であろうと考えます。しかし、この論点は、かなり慎重に考える必要があります。

実は、Q13、14で説明したように、日本では水質汚濁防止法や廃棄物処理法により、土壌への汚染行為が行政法規上禁じられたのは、昭和45年頃からであり、それ以前は、少なくとも土壌の汚染行為自体は行政法規に反した行為ではありませんでした[109]。従って、規制後は、規制に反する態

---

[109] 詳細については、拙稿「日本における土壌汚染と法規制—過去および現在」都市問題101巻8号（2010年）44頁参照。

様の土壌汚染行為は当然に違法行為となるでしょうが、それ以前の自ら所有する土地の土壌汚染行為は直ちには違法な行為とは評価できません。これは、例えば、自分の車をたたきこわすことが馬鹿な行為かも知れませんが違法な行為ではないということを考えると理解がしやすいと思います。ただ、土壌汚染行為が原因で現在原因者以外の者が被害を被っているという事実があれば、その土壌汚染行為は違法な行為として評価できるのではないかと言う議論もあろうかと思います。しかし、ここで考慮しなければならないことは、その被害というものが健康被害であれば、そのように言うことができると思いますが、健康被害リスクを抑えるためにあらたに土壌汚染対策法に導入された規制に服するために発生する費用であれば、そのようには言えないのではないかということです。つまり、そのような費用の発生は事後的規制によるものであり、原因行為時点で当然に予測すべきものではないだろうということです。当然予測すべきものであれば、その予測可能性があったということで、不法行為責任の成立がありえますが、そうでなければ不法行為責任の成立はないだろうと考えます。

　以上のとおりですから、昭和45年頃以降に水質汚濁防止法や廃棄物処理法に違反して土壌汚染が発生し、原因者以外に被害が生じた場合は、その原因行為は、違法な行為ですから、それと現在の土壌汚染対策法の規制による費用の発生について予測可能性があれば、不法行為責任を問われうるということになろうと考えます。ただ、この場合は、不法行為責任の20年という除斥期間の問題があり、この除斥期間を過ぎているとして責任が否定される場合もあろうと考えます。しかし、汚染をもたらす行為が終わった時点から20年経過すれば、まったく責任を問われないかというと、また、これも議論がありうると思います。一旦、自分が違法に土壌汚染をもたらした以上は、かかる汚染された土地を処分するにあたっては、汚染を除去するか、それとも汚染の存在若しくはその可能性を誤解のないかたちで処分先に知らしめる作為義務があり、その作為義務に反する不作為を違法行為と評価することもできそうだからです。なお、この問題については、本書第5章5(2) も参照して下さい。

　汚染の原因者が売主の場合は、後述のとおり売買契約上の売主の責任を追及できます。

18 汚染土地の売買と瑕疵担保責任

Q 土地を購入した後、土壌汚染を調査したところ、要措置区域等（すなわち、要措置区域又は形質変更時要届出区域）の濃度基準を超える汚染が発見されました。売買契約を解除し、調査費用を損害として、損害賠償を売主に求めたいのですが、可能でしょうか。ただ、汚染浄化を行ってもらえれば、解除するまでもないかもしれません。汚染の浄化は求められるのでしょうか。

A この法律では濃度基準を超えた土壌汚染があるからと言って直ちに要措置区域等（すなわち、要措置区域又は形質変更時要届出区域）に指定されることはないのですが、購入した土地に、要措置区域等に指定されるのと同等の濃度の土壌汚染があるということは、少なくとも将来的には開発に規制がかかったり、土壌の搬出が制約されたりするリスクをかかえこんだ土地との評価ができます。従って、多くの場合は、かかる土壌汚染は、「隠れた瑕疵」（民法570条）に該当すると考えられます（ただし、本書第5章裁判例2は、七つの調査地点のうち一つだけで濃度基準を超えたベンゼンがあるにすぎない事例で、瑕疵と認定していません）。売買契約を解除できるか否かは、かかる汚染のため売買契約の目的を達成されないか否かの判断にかかりますので（民法566条参照）、汚染の程度、汚染の除去等の措置に要する費用や時間を総合的に考慮して判断されることになると考えます。なお、調査費用については、そのうち汚染の有無を調査する費用は損害とは考えにくいですが、汚染の存在が判明した後その対策を検討するために要した費用は損害に当たると考えられますので、後者の費用については、損害賠償の請求ができると考えます（本書第5章裁判例3参照）。また、汚染浄化を求めることは、瑕疵の修補を求めることになりますので、これは、当然にはできません。

　買主が契約解除を選択せずに、汚染浄化を行ってその費用を損害として請求することも可能ですが、問題はどこまでの汚染浄化費用を請求できるのかという点です。土壌汚染対策法では、汚染の除去等の措置に関する指示や命令として、必ずしも汚染の浄化を求めていません。従って、土壌汚

染対策法のもとで指示や命令が求める対策に必要な合理的な範囲の措置に要する費用が損害であるとの考えもありえます。しかし、徹底した汚染浄化をしなければ、転売するにも大きな減額を求められる可能性があり、土壌汚染対策法で求められる程度の中途半端な措置に要する程度の費用の支払いを受けても損害の完全な回復にはなりません。従って、濃度基準以下の汚染となるように浄化するために合理的に必要な作業に要する費用は、すべて損害として売主に賠償責任があると考えます。なお、土地の売買が昔のことで最近になって土壌汚染が判明したという場合は、売買当時において瑕疵であったのかが問題となります。この点については次の設問で説明します。

19　瑕疵担保責任の瑕疵とは

Q　かなり以前に購入した土地の汚染を調査したところ、要措置区域等（すなわち、要措置区域又は形質変更時要届出区域）の濃度基準を超過する汚染が存在することが判明しました。売主に瑕疵担保責任を追及できるでしょうか。

A　瑕疵担保責任の「瑕疵」（民法570条）とは、売買の目的物が備えているべき品質や性状に欠けるところがあることを意味します。ただ、売買の目的物にどのような品質や性状が備わるべきかということは、当事者がその目的物に何を予定しているかによって異なります（回転寿司のネタにすきやばし次郎のネタと同じものを期待する馬鹿はいない）。そこでまず、契約当事者が何を予定したのかを探求する必要があります。その予定していたものに欠けるところがあるか否かがまず瑕疵判断の基本となります。ただ当事者が何を予定しているのかは必ずしも契約で明らかにはされていませんので、その場合は当事者が暗黙の前提としているものは何だったのかを探求する必要があり、その取引における各種事情をよく検討する必要があります。そのうえで、特別の事情がなさそうであれば、通常何が予定されてしかるべきかを探求することになります。

　前問で説明しましたように濃度基準を満たす土壌汚染があれば今や多く

の場合、かかる土壌汚染をもって土地の瑕疵と言えると考えます。しかし、それはまさに、かかる土壌汚染がないことを現在の土地取引当事者が予定しているからです。かなり過去の土地の売買においては、その時期や契約当事者や契約の目的等に照らし慎重な判断を必要とします。私の経験から申しあげますと、平成10年頃より前は日本の企業で土壌汚染に神経質な企業は極めて限られていました。ただ、平成3年には環境庁が土壌汚染の環境基準を公表していましたので（「土壌の汚染に係る環境基準について」（平成3年8月23日環境庁告示第46号）参照）、バブル経済崩壊後に日本の不動産の買収にのりだした外資系ファンド等は米国等での経験からかかる環境基準を満たさない土壌汚染に買収当初から神経質で、購入にあたり土壌汚染の心配のある土地はこれを避けていました。そのような外資系ファンド等の行動にも影響され、また、環境庁が平成11年には「土壌・地下水汚染に係る調査・対策指針及び同運用基準」を明らかにし調査対策の方向性が定まり、これを受けて土壌汚染に関する法制度の整備の必要性も活発に議論されるようになったため、平成10年頃からは日本の企業の中にも土地の購入にあたり、土壌汚染の調査を行う企業が増えはじめたように思います。このような過去の日本における取引慣行を無視しては瑕疵の判断を議論できないと考えます。以上の経過を経て、平成12年に東京都は土壌汚染に関する規制をもりこんだ環境確保条例を制定し、平成14年に国は土壌汚染対策法を制定したものです。従って、大きく分けると、土壌汚染について国の環境基準が公表された平成3年より前、その後少しずつ国民の土壌汚染に対する意識が高まってゆき土壌汚染対策法が制定されるまで、土壌汚染対策法制定後という三つの時期に分けられますので、前述のとおり、基準を超過した土壌汚染については、各時期ごとに慎重に、売買の当事者が当該土地に何を期待していたのかという判断基準で瑕疵の有無を判断すべきであろうと考えます。

　このような考え方に対して、濃度基準に反していたら健康被害のリスクがあるのだから、また、誰も健康被害を受けたくはないのだから、どんな昔の売買でも時期は問わず土地の瑕疵だと主張する人もいるかと思います。しかし、土壌汚染対策法の考えは、濃度基準を超過した土壌汚染であっても直ちに健康被害がもたらされるものではないというものであり、そ

れが人への曝露リスクがある場合のみその曝露経路を遮断すべきというものですから、その曝露リスクが存在していたのかということを論ずることなく、濃度基準以上の土壌汚染があるというだけで健康被害をもたらすものとして瑕疵があったと考えるのは議論が粗雑であると考えます。さらに曝露リスクを考える場合も地下水を汚染することによるリスクはかかる地下水を飲用する人にとっての健康リスクであり、土地の所有者等の健康リスクと重ならない可能性がむしろ大きいことにも注意が必要です。

なお、過去の土壌汚染土地の取引における瑕疵の有無の判断について、最近、最高裁判決が出されました[110]。これについては、詳細は後述の裁判例の分析（本書第5章裁判例1）を参照してください。取引当時の社会観念で判断されるべきことと、契約当事者が目的物に備わるべき性状や機能として何を予定していたかにより判断されるべきことが明確に示されています。

20 瑕疵担保責任期間

Q 汚染した土地の買主は売主にいつまで瑕疵担保責任を追及できるのでしょうか。

A これは、売買契約の瑕疵担保責任の問題ですので、民法の適用がある売買と商法の適用がある売買とで別に考える必要があります。商法の適用がある場合とは、商人間の売買ですので、会社間の売買には商法の適用があります。それ以外は、民法の適用があります（ただし、消滅時効については後述参照）。まず、民法の適用がある場合ですが、買主が事実を知った時から、すなわち、汚染の存在を知った時から1年以内に瑕疵担保責任を追及する必要があります（民法570条、566条3項）。ところが、商法の適用がある場合は、隠れた瑕疵であっても、引渡しから6か月以内に瑕疵を発見して瑕疵があればその旨を売主に通知しなければ瑕疵担保責任を追及できません（商法526条2項）。もっとも、多くの不動産売買契約書で

---

110 最高裁平成22年6月1日判決（判例タイムズ1326号106頁）。

は、宅地建物取引業法で宅地建物取引業者が売主の場合の瑕疵担保責任免除特約に関する規制、すなわち引渡し後2年未満に責任を限定する特約を無効とする規制が存在することから（同法40条）、瑕疵担保責任期間を2年としていることに注意が必要であり、これは、民法の適用のある売買にも商法が適用になる売買にも妥当します。従って、このように不動産売買契約で瑕疵担保責任期間を2年と限定していれば、その間は瑕疵担保責任を追及できますが、それ以後は、売主に悪意がない限り、売主に瑕疵担保責任を追及することはできません（民法572条）。

　なお、実務上は土地の売買契約書において特約として瑕疵担保責任期間を上記のとおり定めるのが通常ですが、これを定めなかった場合が問題になります。原則に戻って考えると、会社間の取引であれば、上記のとおり商法第526条が適用されてしまい、引渡しから6か月以内に瑕疵を発見して売主に通知しなければならなくなります。しかし、この6か月という期間は、土地取引、とくに土壌汚染の瑕疵が問題となる場合にはいかにも短いと思われます。他方、商法の適用がない事例では、瑕疵を発見して1年以内に請求しなければならないという制約がありますが、その制約だけでは瑕疵の発見がいくら売買から経過しても逆にいつまでも責任を追及することでき、不都合であると思われます。このうち、後者の問題については、平成13年に最高裁により判断が出されました（平成13年11月27日判決）。すなわち、引渡しから10年を経過すると時効により瑕疵担保責任（民法570条）も消滅をするという判断が示されて、それまで分かれていた議論に決着がつきました。一方、前者の問題については、不動産取引にも商法第526条の適用があるという判断を複数の下級審が出しており、この下級審の判断の傾向が変わらない限り（条文の文言解釈からは、かかる判断をくつがえしがたいため）、そのように考えておくべきかと思われますが、土壌汚染の瑕疵発見期間として6か月では短いと思われる事例が実際のところ多いと思われます。従って、下級審の中でも、そのように解することで不都合があると考えられる事例では、後述の裁判例の分析（本書第5章裁判例17参照）にあるとおり、売主に信義則上の何らかの義務を課することでその不都合を解消しようとする工夫がされていることに注意が必要です。

なお、大まかに言うと以上のとおりなのですが、さらに細かな問題が多少あります。かなりややこしい問題なので、順を追って説明します。

まず、上記の平成13年最高裁判決の引渡しから10年という期間は民法の時効期間です。従って、商法の時効期間が適用される場合は引渡しから5年となりそうです。商事時効は、当事者の一方が商人の場合も適用されますので、売主、買主がともに株式会社である場合だけでなく、売主は株式会社であるが買主は個人のような場合、売主は個人であるが買主は株式会社であるような場合もすべて適用となります。従って、これらの場合は、平成13年の最高裁判決の「10年」は「5年」となると解しておくべきかと思います。もっとも、売主が株式会社で買主が個人である場合も引渡しから5年とすることには、疑問もあり、債権者にとって商行為である場合のみ商事時効の5年が妥当するという解釈をとるべきであるかもしれず、そうなると、買主が商人でない場合は、最高裁判決の「10年」が妥当すると解すべきことになると思われます。

次に、瑕疵担保責任を負う期間について、例えば、売買当事者間の契約において「売主は引渡しから2年間に限り瑕疵担保責任を負う。」という特約条項があった場合、この2年間とはどういう意味をもつ2年間なのかという点も難しい問題を含んでいます。この2年間は、ちょうど民法第570条で準用している民法第566条第3項の「1年間」と同様に、その期間内に瑕疵担保責任である解除や損害賠償を請求する期間にすぎないのか（以下、この考えを「除斥期間説」という）、それとも時効期間の短縮の特約なのか（以下、この考えを「消滅時効説」という）という問題があります。また、単に、このように定めた場合、商人間の取引に適用のある商法第526条の検査通知義務はどうなるのかという問題があります。もともと2年間という期間が宅地建物取引業法の規制を背景に生まれたものであると考えられるところを考慮すると、商法第526条を適用されたのでは特約の意味をなくしてしまうので、当事者の意図としては、少なくとも商法第526条の適用排除は合意されていると解すべきものと思います（本書第5

---

111 最高裁判所判例解説民事篇平成13年度（下）752頁参照。

112 かかる考え方については、服部栄三「一方的商行為と商法の適用」民商法雑誌78巻臨時増刊号（2）（1978年）162頁参照。

章の裁判例3も同旨。なお本書第5章の裁判例5の評釈も合わせて参照して下さい)。除斥期間説に立てば、引渡しから2年以内に調査して瑕疵を発見し、その間に解除又は損害賠償の請求を裁判外で行えば足り、その後消滅時効が完成するまで(引渡しから5年又は10年)に訴訟を提起すればよいということになります。一方、消滅時効説に立てば、引渡しから2年の間に訴訟を提起するか、少なくとも催告を行ってその後6か月以内に訴訟を提起するかしなければ、権利が消滅するということになります。除斥期間説の場合、引渡しから2年の間に権利確保の請求を裁判外で行っていれば、そのあとのんびりと訴訟を提起できるということになり、果たして2年間という特約を結んだ趣旨に沿うのか疑問もありますが、一方で、消滅時効の特約ということが明らかではない場合に、安易に消滅時効の特約と解すべきではないとも考えられ、議論が分かれるところだと思います。この点についての判断は、特約を盛り込んだ当事者の意思を探究して解釈するしかないだろうと考えます。

21　土地売買における買主の留意点

Q　土地を買いたいのですが、汚染の調査をしてから買うべきでしょうか。

A　土壌汚染対策法施行後は、大きな土地取引ではほとんどの場合、土壌汚染の調査を行った上で売買がなされているのが実情です。もっとも、単に履歴調査を行うだけで、土壌汚染のおそれがないとして売買がなされる場合もあります。履歴調査を行って土壌汚染のおそれがあると思われる場合は、土壌汚染対策法で定まった調査方法に従って、サンプル調査まで行うことが通常であろうと思います。

　なぜ、このように土地取引の際に調査がされることになるのかと言うと、いくつかの理由が考えられます。可能性としては小さいですがインパクトの大きな問題としては、当該土地が濃度基準以上に汚染され、かつ、そのままでは健康被害のおそれがあれば、都道府県知事から土地の所有者等が汚染の除去等の措置の指示を受けたり命令を受けたりするリスクがあるからです。土地の所有者等は、自らが原因者でなければ、原因者に対し

て指示を出してくれとか命令を出してくれと言えるのですが、原因者が誰だかわからないとか、わかってはいるが原因者に対策を行う資力もないということになると、結局、指示や命令を受ける立場に置かれてしまいます。その場合、対策費は時に巨額となりますので、事前にかかるリスクを負わなくてすむように調査をしたいということは当然の対応だろうと考えます。

　また、平成21年改正で3000平方メートル以上の土地の形質の変更にあたっては、調査の要否を都道府県知事に確認せざるをえなくなりました（法4条、施行規則22条）。従って、この規模以上の開発を前提とした土地取引では土壌汚染の調査を無視した売買は、大きなリスクを負うことになりますので、事実上ありえないであろうと考えます。

　もっとも、健康被害のおそれがこの法律ではかなり限定的に解されるので、そのおそれさえなければ、いくら濃度基準を超えた汚染があっても、この法律上は汚染の除去等の措置を講ずることが義務づけられないことから、土壌汚染の調査をしないという考え方もあるだろうと思います。確かに、既に建物が存在しており、新たに開発するわけでもなく、また、近隣に井戸水を飲用に利用している住民もなく地下水を通じた健康被害のおそれはなく、地表はコンクリートやアスファルト等で覆われ直接摂取による健康被害のおそれもなければ、何もおそれることはないという判断もあるかもしれません。しかし、これは、現在の法規制によるとリスクはないというだけで、今後の法改正の可能性を考慮すると、リスクのある判断です。また、このような判断は決して多くの人々の判断でもないため、土地を転売する場合のことを考えると、土壌汚染の有無をまったく知らずに土地を購入することは、大きなリスクをかかえこむことになろうと思います。なぜなら、転売の際には、多くの場合、購入者から土壌汚染の有無を問われ、不明な場合は調査を求められることになると思われるからです。

　もっとも、小さな土地の取引では、そもそも売主も買主も調査や対策の費用を負担する資力がないために、以上に述べたことがそのまま妥当しない場合も多いと思います。ただ、いくら小さな土地であっても、その土地が過去に土壌汚染の原因となる履歴を有していれば、土壌汚染の調査のないまま購入することは、とくに転売時には大きな負担を負わされるリスク

を引き受けることになるのだということに注意が必要であると考えます。

22 土地売買時の汚染浄化の程度

Q 汚染されていた土地を買うには、どこまで浄化させる必要があるでしょうか。

A 売買対象土地に要措置区域等（すなわち、要措置区域又は形質変更時要届出区域）の濃度基準を超過する汚染が判明した場合には、何らかの対策を講じなければ売り物にはなりません。この場合、いかなる対策を講ずるかは、買主のリクエストしだいです。

　もちろん、汚染の除去等の措置の指示や命令で予想される最低限の処置は必要でしょうが、少なからぬ買主は、濃度基準を下回る汚染の程度に回復するまでに必要な汚染の除去を求めたいと思うでしょう。その理由は、買主としては、汚染を気にせずにあらゆる可能な土地利用を考えたいからであり、また、転売するにあたっても中途半端な措置しか講じていない土地は売り物にならないと考えるからです。さらに、将来、もし、その汚染が原因で近隣の住民に健康被害が発生した場合に、その汚染の除去等の措置を徹底させないで土地を所有していたことが原因であったと判断されることもありえるため、そのような場合に法的責任を追及されることを防止する必要があるからです。なお、対策において土地工作物を設置したような場合は無過失責任である土地工作物責任を問われる可能性もあります（民法717条）。さらには、将来において、現在考えられている汚染の除去等の措置では不十分であると判断が変わる可能性もあり、その場合には、より徹底的な浄化が必要になるかもしれないからです。

　このように買主サイドの気持ちを考えると徹底した土壌汚染の除去を売主に求めたいのは当然なのですが、そのコストはかなり大きなものとなります。従来も汚染土壌の処分には多額の費用がかかっていたのですが、平成21年改正で、要措置区域等（すなわち、要措置区域又は形質変更時要届出区域）からの汚染土壌の搬出と処分に規制の網がかかったこともあり、それ以外の土地からの汚染された土壌の搬出や処分にもあたかも規制

がされているかのごとき対応がなされることと思いますので、コストはより一層大きくなるものと思われます。そうなると、汚染の除去等の措置を、事前に売主が行うとしても、購入後買主が行うとしても、売主に残る売買代金はかなり少額となる（場合によってはマイナスとなる）ことが十分に予想されます。そのような場合は、結局、売買が成立せずに、土地が放置されてしまうというブラウンフィールド問題にも発展します。

　このような買主の汚染除去への神経質な対応は、社会全体から見ると、汚染土壌の不適正処理をもたらしかねず（適正処理のコストをきらって不適正処理がされることにより、汚染土壌が拡散するおそれがあるため）、一体、何のために土壌汚染対策法をつくったのかわからないというおかしな結果も招きかねないことになります。そのため、平成21年改正にあたっては、徹底した除去である掘削除去をできるだけさせないようにしたいという識者の意見が非常に多かったと言えます。その結果、汚染の除去等の措置命令の前に、措置の指示というステップを置いて、法律上求められる措置を明示し、それは決して掘削除去ばかりでないこと、掘削除去はむしろ例外であることを明確にして、この意識を徹底させようとしました。もっとも、平成21年改正後も土壌汚染対策として汚染の除去等の措置の指示や命令が出されることは極めて例外であることには変わりがないため、かかる意識の改革が平成21年改正でもたらされることはなかなか期待ができないだろうと思われます。

23　濃度基準に達しない汚染

Q　売買対象土地が汚染はされているものの、要措置区域等（すなわち、要措置区域又は形質変更時要届出区域）の濃度基準では汚染されていない場合に、汚染を除去せずに土地を買うことにリスクはないでしょうか。

A　まず、注意しなければならないのは、その汚染調査の精度です。相当程度に汚染が存在すれば、調査ポイントをずらすなどして調査をやり直せば、濃度基準以上の汚染が判明することもあるかもしれません。従って、その調査方法が土壌汚染対策法上の土壌汚染調査の方法又はそれ以上の精

度を有する方法に準拠しており、信頼できる調査会社がその調査を行ったものであるということを確認するだけでなく、汚染の原因を検討のうえ別の調査ポイントを調査する必要性がないか検討が必要です。

　次に、理論的可能性としては、将来新たな知見が加わり、濃度基準が厳しくなるおそれもあります。もっとも、現在の濃度基準は、土壌汚染に関する環境基準でもあり、これが安易に見直され、近い将来厳しくなるとはなかなか考えがたいため、将来の基準の変更リスクまでは考える必要がないと思われます。

　なお油類や硝酸性窒素類は現時点では特定有害物質には指定されていませんが、将来的には指定される可能性がありますので、これらの汚染にも注意が必要です。

24　土地売買における売主の留意点

Q　売買対象土地の汚染を調査せずに売却することにはどのようなリスクがありますか。また、汚染の調査後に売却するにはどのようなことに気をつけるべきでしょうか。

A　まず、売主自身が汚染の原因を作っている可能性がある場合は、後日、原因者として汚染の除去等の措置に要した費用の償還を請求される可能性があります（法8条1項）。売主自身が原因を作っているのであれば、このような費用負担は当然でもありますが、問題なのは、買主が汚染行為を行う可能性がある場合（又は汚染行為を行うおそれがある者に転売する可能性がある場合）です。後日、買主が汚染行為を行ったにもかかわらず、売主が自らの潔白を証明できずに、原因者として認定されるリスクもないとは言えません。従って、買主が汚染行為を行うおそれがある場合（又は汚染行為を行うおそれがある者に転売する可能性がある場合）は、引渡しの時点で汚染がないことを確認する意味でも汚染の調査が望ましい場合があると思われます。

　それでは、土壌汚染の調査を行った場合に売却にあたってはどのようなことに注意すべきでしょうか。

まず、土壌汚染の調査は、多くの場合、土壌汚染対策法で定められた調査方法のものであることが求められると思います。土壌汚染調査の方法が粗くて汚染が発覚しなかっただけというのであれば、問題が将来起こるからです。なお、土壌汚染調査を土壌汚染対策法で定められた調査により行って土壌汚染が判明しなかったとしても、それは、その土地が100%清浄ということを意味するものではないということに注意をすべきです。つまり、土壌汚染対策法で調査すべきとされているポイントでは汚染が判明しなかったというだけで、それ以上のものではないからです。もっとも、土壌汚染対策法で定められた調査であれば、相当程度の確率で汚染を明らかにしてくれると思われますが、その確率もそれほど高くはないようです。実務家の間からは80％くらいの確率ではないかと言われることもあり、そのような限界があることを理解していなければなりません。

　この土壌汚染調査の限界については、むしろ、一旦、調査を行って土壌汚染が判明し、対策を講じて売却する場合に注意が必要です。実際、対策を講じたため売主としては清浄な土地となったと思って売却した場合に、買主が、念のため、又は金融機関の要請により、再度調査した場合に、汚染が発覚したという事例が少なからず発生しているからです。もちろん、可能性として、調査や対策に不備がある場合もあるでしょうが、土壌汚染対策法で定める調査を完璧に行って、その結果必要と判断される対策を完璧に行ったとしても、上記の限界から、そもそも判明していなかった汚染が地中に眠っていたという場合もあるように思われます。従って、売却にあたっては、土壌汚染対策法に準拠して一定の調査を行い一定の対策を行ったという客観的な事実のみを告げるべきで、安易に「この土地は真っ白だ。」といった買主を誤解させる発言は慎むべきです。

25　表明保証責任

Q　外資系会社に土地を売却しようとしていますが、売却土地に土壌汚染がないことを表明保証しろと強く要求されました。当社としては、過去に土壌汚染の原因となる行為は何ら行っていないのですが、この土地の古い過去のことなどわかりませんので、そのような要求をされても困りますと申

しあげているのですが、わかってもらえません。一体、表明保証責任とは何なのでしょうか。

A　表明保証条項は、外資の日本不動産購入にあたり、不動産の売買契約に頻繁に用いられるようになったことから、不動産取引で実務上かなり使われるようになってきました。アメリカの契約書のスタイルを踏襲しているため、従来の日本の契約書式にあるものではなく、裁判例及び文献ともまだ多くはありません[113]。しかも、その用いられ方はさまざまなので、一般化は誤りの原因にもなりますが、ここでは不動産取引で通常使われている表明保証条項についてまず説明を行ったあとに、注意すべき問題について検討します。

　まず、「表明保証」ということばですが、これは、Representations and Warranties の日本語訳で、一定の事項がこれこれのとおりであるということを表明し、間違いがあれば責任をとるという意味で用いられています。従って、ここでいう「保証」とは民法でいう「保証」ではなく、日常用語で「あいつは間違いない。おれが保証するよ。」といった場合の「保証」と同じで、請け合うという意味です。

　それでは一定の事項とはどういうものを含むのでしょうか。不動産売買契約では、その事項は大きく言って二つの種類に分けられます。一つは、不動産の属性そのものについてであり、今一つは、その他の事項で、主として当事者の事項（倒産状態ではないとか契約締結について会社の取締役会の承認がおりているとか）が列挙されます。不動産の属性については、売主だけが表明保証を求められますが、その他の事項については、売主と買主の双方に求められます（ただし、買主については省略することもあり、双方に求める場合も項目は必ずしも一致しません）。

113　表明保証責任が問題になった裁判例に、東京地裁平成18年1月17日判決（判例タイムズ1230号206頁、東京地裁平成18年10月23日判決（金融法務事情1808号58頁）、東京地裁平成19年7月26日判決（判例タイムズ1268号192頁）がありますが、いずれも不動産取引に係るものではありません。なお、金田繁「表明保証条項をめぐる実務上の諸問題」金融法務事情1771号（2006年）43頁、同1772号（2006年）36頁、青山大樹「英米型契約の日本法的解釈に関する覚書」NBL894号（2008年）7頁、同895号（2008年）73頁、池田眞朗「連帯保証契約上の表明・保証義務、通知義務違反を理由として保証債務者の免責を認めた事例」（金融法務事情1844号（2008年）41頁）等の文献があります。

いつの時点において間違いがないと言っているのかという問題がありますが、これについては、契約締結時と取引実行時（残代金決済時で、かつ所有権移転時でもあることが普通）の二時点が問題になります。通常は、同じ内容について、契約締結時でも取引実行時でも間違いないと表明保証することを求められます。契約締結時の「表明保証」というのは、契約締結時に間違いないことを列挙すればいいのですが、取引実行時の「表明保証」は、契約締結時では将来の取引実行時の見込みを書くしかありません。見込み外れで取引実行時に事実と相違してしまったら、契約に従って責任をとらされます。取引実行時に事実と相違していることが判明すれば、相手方は取引を実行しないことができるという契約内容になっているものがほとんどです。つまり、表明保証条項が満たされることは相手方の債務履行の前提となっているわけです。表明保証条項が満たされていないと相手方には通常解除権が与えられますし、表明保証違反により相手方が損害を被れば相手方は損害賠償も請求できます。これらのことは、ときに詳しく契約の中に規定されます（表明保証条項が満たされていなくとも相手方の選択で取引を実行することができるのが普通ですし、ささいな表明保証違反では解除できないように解除事項を限定することもよくあります）。

表明保証の「一定の事項」が不動産の属性に関わる場合は、表明保証違反と瑕疵担保責任との関係が問題になります。瑕疵担保責任は法定責任ですので、契約に記載がなくとも責任を負うのですが、特約で内容を変更できるので、「不動産の属性」に係る表明保証責任は、瑕疵担保責任の特約として考えるべきであるように思います。もっとも、特約と言っても、一般の瑕疵担保責任とともに重畳的に責任を負うのか、それとも一般の瑕疵担保責任は排除されるのかという問題があります。これは、当事者の意思解釈の問題なので、この点はできるだけ契約書の中で明確にすべきものと考えます。買主からすると、表明保証違反では尽くせない論点もあると思うことが普通なので、一般の瑕疵担保責任は残しておきたいため、とくに重要な点だけ表明保証責任としたと言いたいでしょうし、売主からすると、瑕疵担保とあるだけでは不明確なので当事者が気にする論点を表明保証条項としたのだから、一般の瑕疵担保責任は排除されると言いたいとこ

ろかと思います。

　表明保証責任については、一体いつまで責任追及ができるのかという問題があります。表明保証違反があれば、解除権や損害賠償請求権が発生するとしている契約事例が多いのですが、この権利がいつまで行使できるのかという点については必ずしも明確になっていない契約が少なくありません。通常、会社間の売買では商事時効が念頭にあるので、ばくぜんと5年間が意識されているかと思いますが、表明保証違反の損害が引渡時からかなり時間がたって生じる場合もあると思われ、その場合いつから時効が進行するのかという疑問もありますので、請求権の行使期間を明確にすべきものと考えます。

　そこで、ご質問の点ですが、ご心配であれば、「知る限り」とか「知りうる限り」という限定文言を付けて「表明保証」をされたらいかがでしょうか。もちろん、これについて、相手方は、そのような限定文言を付けられたのでは表明保証違反があったのかなかったのかあいまいになるので削除を強く求めてくるでしょうが、表明保証を行う者が断言できない事項については、そのような限定文言を付すことは合理的なことです（ただし、断言できない事情を相手方が百も承知で断言させた場合は相手方が騙されたということにはならないので、虚偽の事実の表明を行ったとして不法行為責任を負うことはありません。ただし、事実に相違したことを断言したことによる契約上の責任は生じます）。もっとも、取引実行時に関する一定の事項の断言は、その時までに表明保証を行った者が責任をもって実現することを示すことになるので、実行不可能であることがわかっていながら断言したというような特別の事情がある場合を除いて、虚偽の事実の表明を行ったという不法行為責任を追及されることはありません（実現できなかったことの契約上の責任は問われますが）。

26　宅地建物取引業者の責任

Q　土壌汚染された土地を媒介した宅地建物取引業者は、汚染の事実を知らずに買った買主から損害賠償責任を追及されることがありますか。

A　土壌汚染対策法の制定及び平成21年改正に伴い、宅地建物取引業法施行令第3条第1項に「三十二　土壌汚染対策法第九条並びに第十二条第一項及び第三項」を加える改正がなされました。この結果、宅地建物取引業法の重要事項説明書において要措置区域等（すなわち要措置区域又は形質変更時要届出区域）内の土地の形質の変更に関する規制は記載が必要となりました。しかし、宅地建物取引業者はこの点だけを注意していれば足りるわけではありません。なぜならば、宅地建物取引業法第34条の2第2項で、「宅地建物取引業者は、前項第2号の価額又は評価額について意見を述べるときは、その根拠を明らかにしなければならない。」とあり、また、同法第47条第1号では、宅地の形質に関する事項であって、「宅地建物取引業者の相手方等の判断に重要な影響を及ぼすこととなるもの」につき、「故意に事実を告げず、又は不実のことを告げる行為」が禁じられています。従って、過去に工場の敷地であったことなど、通常の人が聞いたとすれば、土壌汚染を疑う可能性のある情報を有しておきながら、これを買主に知らせない行為などは、同法第47条第1号違反であると解されますし、また、過去に工場敷地であるという情報がありながら、土地の評価にあたって土壌汚染のリスクをまったく考慮しないで評価額をそのまま買主に伝える場合は、土壌汚染のリスクを度外視していることを告げない限り、同法第34条の2第2項違反として債務不履行責任を依頼者に負う可能性があります。

27　土地を担保にとる場合の融資者の留意点

Q　土地を担保にとる場合に土壌汚染の観点から注意すべきことがありますか。

A　土地の抵当権者は、土地の所有者ではありませんし、占有者でもありません。しかし、土地の質権者は、土地の占有者ですから、土地の所有者等に入りますので、注意が必要です。また、土地の譲渡担保を得る場合も、担保のためとは言え、土地の所有権を取得するため、土地の所有者等に入りますので、注意が必要です。なお、債務者が倒産状態になって、金融機

関が債務者を事実上管理し、金融機関から債務者の役員として人が派遣されてきて、債務者の事業が金融機関の管理に事実上入ってしまった場合は、土地の管理者とみなされるリスクがあります。ただし、土地の所有者等に言う「管理者」とは、前述Q3において説明しましたように、「土地の掘削等を行うために必要な権原を有する者」が土地の所有者以外の者にあると見られる場合に限定してこの法律を適用することを環境省が明らかにしていますので、かかる状況か否かで判断を行うべきものと考えます。

担保に取得した土地を自己競落した場合は、転売までの短期間は、土地がいくら指定区域の指定基準を超過していても、モニタリング調査や立入禁止を指示するにとどめ、それ以上の汚染の除去等の措置の指示は出さないものとされています（施行規則42条）。

なお、当然ながら担保にとった後に土壌汚染が判明すれば担保付債権の評価に影響があります。特に、後述のとおり、破綻懸念先や破綻先への債権は評価減を行う必要が出てくるなどの問題が発生しえます。また、債務者が土壌汚染の対策費用の負担に耐えられなかったり、イメージの悪化により資金繰りに窮するといった信用リスクもあることに注意が必要です。

28　不動産鑑定評価における土壌汚染の取扱い

Q　不動産鑑定評価では土壌汚染の問題をどのように扱うのでしょうか。

A　土壌汚染対策法が制定されるまで土地の鑑定評価にあたって土壌汚染が問題となることはほとんどありませんでした。もっとも、マーケットでは平成10年頃からしだいに土壌汚染調査が行われ始めたので、意識の高い取引当事者間ではしだいに土壌汚染が土地価格に影響を与え始めていたわけですが、不動産鑑定評価基準が土壌汚染を意識して変更されたのは、平成14年7月3日（施行は平成15年1月1日）が最初です。これは、土壌汚染対策法の制定された平成14年5月29日のすぐあとです。

ただ、この時点での不動産鑑定評価基準では、物件調査の拡充の観点で、価格形成に係る事項として、土壌汚染を含む地中の状況も明記されたにとどまっています。もっとも、土壌汚染の土地評価も意識して、不動産

鑑定士だけでは価格形成に重大な影響を与える要因が明らかではない場合に他の専門家が行った調査結果等を活用すること等が規定されています。また、この改正に伴って国土交通省の「不動産鑑定評価基準運用上の留意事項」も改正され、土壌汚染についての留意事項が明記されています。しかし、その留意事項は、土壌汚染の土地をどのように評価すべきかについての基本的な考え方をクリアーにしているわけではなく、土壌汚染対策法の規制との関係で一定の対応を指示するにすぎないものでした。もともと、土壌汚染対策法の規制に服して土壌汚染の調査が義務づけられる場合は極めて限定的で、圧倒的に多くは任意の調査でしたので、任意の調査で判明した土壌汚染をどう評価すべきなのか、また、土壌汚染の疑いはあるが、土壌汚染の有無が不明な土地についてどのように評価すべきかについては、不動産鑑定評価基準も留意事項も明確な回答を用意してはいませんでした。

そこで、社団法人日本不動産鑑定協会では、不動産鑑定士が自らの判断で土壌汚染がないと判断して不動産鑑定評価ができる場合とはどういう場合かを明らかにすること等を目的として、平成 14 年 12 月に「土壌汚染に関わる不動産鑑定評価上の運用指針Ⅰ」を公表しました。ここでは、不動産鑑定士は、①公的資料調査（法令上の規制対象の土地かどうか）、②不動産登記簿による調査（土地及び建物の所有者又は建物の表題部等から、工場利用の過去があるかなど）、③住宅地図及びそれに類する地図等の調査の三種類の調査については必ず行い、必要であれば追加的にヒアリング調査、現地調査及び航空写真調査等を行うべきものとし、このような調査を行っても土壌汚染の存在を疑わせる端緒となるべきものを確認できない場合は、土壌汚染がないものとして不動産鑑定を行えるとしたものでした。

その後、不動産鑑定士が運用指針Ⅰに従って調査を行ったうえでの対応をさらに示したのが同協会の平成 16 年 10 月の「土壌汚染に関わる不動産鑑定評価上の運用指針Ⅱ」です。そこでは、土壌汚染の存在を疑わせる端緒となるべきものが確認できた場合には専門の調査機関の調査を経て鑑定を行うべき旨を依頼者に説明すべきこと、かかる専門の調査機関による調査ができない場合は原則として鑑定評価を行うべきでなく、安易に不動産

鑑定士の判断のみで価格への影響が著しく少ないなどと判断すべきでないことが明記されています。端緒があるにもかかわらず専門の調査機関の調査を経ることなくあえて鑑定評価を行う場合は、そのような調査が行われていないことや不動産鑑定士が行った独自調査の範囲と内容も明記すべきことが書かれています。

　その後、不動産の証券化が活発となり、不動産鑑定評価基準自体が平成19年4月2日に改正され、各論第3章に「証券化対象不動産の価格に関する鑑定評価」が入りました。これは、土壌汚染だけを対象とするものではなく、「建築物、設備等及び環境」に関する専門家の調査報告書（いわゆる「エンジニアリング・レポート」）の提出を証券化対象不動産（定義も基準に記載されている）の鑑定では依頼者に求めるべきこと、その提出がない場合又は記載された内容が鑑定評価に活用する資料として不十分であると認められる場合は不動産鑑定士が調査を行うなどして適切に対応すべきことが規定されています。土壌汚染もここで言う「エンジニアリング・レポート」の対象と考えられています。従って、土壌汚染についてのエンジニアリング・レポートが依頼者から渡されない場合、不動産鑑定士の独自調査で土壌汚染を疑わせる端緒が発見されれば、証券化対象不動産については、不動産鑑定はできないことになります。つまり、独自の判断で価格への影響が著しく少ないとして土壌汚染を無視することはできません。この点が、証券化対象不動産とその他の不動産における鑑定評価基準の違いとなります。

　その後、平成21年8月28日に不動産鑑定評価基準はさらに一部改正されていますが、土壌汚染が直接に関わる改正ではありません。

　土壌汚染が疑われるものの調査が行われていないとか、土壌汚染の調査が行われてはいるがその調査が不十分であるとかの場合に、専門家の調査を行ったうえで不動産鑑定を行うことが望ましいのですが（証券化対象不動産では土壌汚染が疑われる場合には専門家の調査が必須となりますが）、その費用や時間がないといった場合に、土壌汚染が除去されたものとの想定を行っての不動産鑑定が許されるのかという問題があります。不動産鑑定評価基準では、想定上の条件を付加して鑑定を行ってよい場合は、「依頼により付加する想定上の条件が実現性、合法性、関係当事者及び第三者

の利益を害するおそれがないか等の観点から妥当なものでなければならない。」とされており、実現性もないのに土壌汚染の除去を想定した不動産鑑定を行うことはできないことになっています。この場合は、不動産鑑定評価基準に則った鑑定ではなく、不動産鑑定評価基準を一部満たさない価格等の調査しかできません。従って、この両者を峻別することが必要となります。この点について、平成21年8月28日に「不動産鑑定士が不動産に関する価格等調査を行う場合の業務の目的と範囲等の確定及び成果報告書の記載事項に関するガイドライン」が出されています。

　また、Q31において詳述するように、減損会計の導入等により、減価がもたらされている土地については、その評価減に着目して財務諸表において適切な表示が求められます。従って、財務諸表の作成に当って不動産鑑定士が土地の評価を求められる場合が増えることになります。この場合の不動産鑑定士の適切な対応を確保するために、平成21年12月24日に「財務諸表のための価格調査の実施に関する基本的考え方」が発表されています。これは、減損会計基準、棚卸会計基準、賃貸等不動産会計基準、企業結合会計基準、事業分離会計基準、連結会計基準等を適用して行われる財務諸表の作成に利用される目的で不動産鑑定士が価格調査を行う場合に適用するものとされています。ここでも、不動産の重要性が乏しいものに該当しない場合（すなわち、「みなし時価算定」ではなく「原則的時価算定」が求められる場合）は、原則的に不動産鑑定評価基準により評価すべきものとされていますが、不動産鑑定評価基準によらないことに合理的理由がある場合は、よらなくてもよいとされています。例えば、想定上の条件に関しては、土壌汚染の可能性についての調査、査定又は考慮が依頼者により実施されると認められれば、土壌汚染の可能性を考慮外とする想定上の条件を付加できるとしています。つまり、土壌汚染によってどれだけ減価すべきかについては依頼者が調査し適切に考慮すると認められれば、その減価を考慮しないで不動産の価格を判断してよいということを示しています。

　不動産鑑定に関わる諸規則やガイドラインについては、おおむね以上のとおりですが、これらを見ても具体的にどのような土壌汚染があればどれだけの減価とすべきかについて指針が示されているわけではありません。

土壌汚染対策法上、土壌汚染対策が義務づけられる場合はかなり限定的ですが、マーケットでの評価はかかる義務の有無とは無関係に、当該土地の土壌汚染が土壌汚染対策法の濃度基準を超えれば減価されるという状況にあること、また、多くの場合、掘削除去費用を計算し減価していることから、不動産鑑定がマーケットでの評価を示すことにあると考えると、濃度基準を超えた土壌汚染の掘削除去を前提とした減価が原則となるものであろうと考えます。もっとも、土壌汚染対策として掘削除去が常に必要なわけではなく、さまざまな合理的対策が他にあることは、平成21年改正作業において広く指摘されていたことで、掘削除去を求めるマーケットは、過剰な反応を示しているとも言えます。従って、今後、マーケットの求める土壌汚染対策に変化があれば、当該対策に応じた費用を前提に減価すべきものと考えます。

　なお、土壌汚染対策が講じられたあとも、かつてそこに土壌汚染が存在したということが心理的嫌悪感（「スティグマ」と呼ばれます）を生じさせ、減価要因になりうることは、前記「不動産鑑定評価基準運用上の留意事項」にも記載があります。これは、対策自体が掘削除去や浄化という徹底した手段でなければ、なお汚染が存在することから当然ですが、掘削除去や浄化という徹底した手段を講じてもありうることに注意が必要です。もともと当該土地の土壌の全量検査を行って土壌汚染の有無を把握しているわけでもない以上、100%の調査ではないのであって、当該土地に土壌汚染が発覚したというのは調査ポイントで発覚したというにすぎないからです。当該土地で汚染が発覚した調査ポイントがあれば、調査していないポイントにも汚染がある可能性は実質的にあるわけですから、いくら対策を講じたからと言っても、完全な対策とは言えないだろうと不安を覚えるのはむしろ合理的だからです。

　土壌汚染の疑いのある土地の不動産鑑定には、なお解決困難な問題が少なからずあります。特に大きな問題は、建物が存在するために土壌汚染調査に大きな制約がある場合です。厳密に言うと、調査できない以上、鑑定評価もできないはずです。しかし、依頼者の同意を得たうえで、専門家の意見を徴して、既存資料から汚染の分布について合理的な想定を行うことができれば、かかる分布を前提として対策費を出すことも可能かと思われ

ます。そのうえで、売却時に対策を講じられない性質の土壌汚染状態であれば、建物取壊し時期など対策することになると思われる時期を想定して現在価値に評価のうえ、減価するなどの対応を行うべきものと考えます。

29 土壌汚染と固定資産税評価額

Q　当社所有土地に深刻な土壌汚染が判明しました。土壌汚染がなければ評価は約10億円ですが、土壌汚染があるために売却しようにも掘削除去費用として8億円ほどかかりそうです。そこで、売却するとなると、2億円程度にしかならないと思います。しかし、今年も例年どおり固定資産税の課税通知が届きました。このような土壌汚染の土地であると説明することで、固定資産税評価額を下げてもらって、固定資産税を減額してもらおうと思いますが、可能でしょうか。

A　土壌汚染が存在する土地がマーケットで低く評価されていることは公知の事実であり、そうであれば適正な時価を反映すべき固定資産税評価額も同様に低く評価されるべきではないかという疑問はもっともです。

　しかし、これまで、土壌汚染による固定資産税評価額の減価につながる法改正も通知等もなく[114]、現実にはほとんどかかる減価は行われていないと思われます。

　ただ、土壌汚染そのものではありませんが、土地にアスベストスラッジが大量に埋設されていた事例で、処分に多額の費用がかかるので固定資産税評価額が減額されるべきであるとして争われた裁判例（佐賀地裁平成19年7月27日判決（判例地方自治308号65頁）、本書第5章裁判例29参照）があり、これが参考になります。

　同事件では、アスベストは不溶性の物質であって、土地の構成要素である土壌を汚染するものではなく、そのために土壌汚染対策法の対象ともな

---

[114] わずかに平成16年6月21日付けの総務省自治税務局固定資産税課資産評価室土地係長から地方公共団体あてに通知された「土壌汚染対策法に対応した標準宅地の選定等について（参考）」というものがある程度で、これは、土壌汚染対策法上の指定区域の土地は、固定資産税評価額を決定するにあたって選定される標準宅地としては一般的に適当ではないということを示しただけのものにすぎません。

っていないこと、また、当該アスベストは、前所有者により人為的に廃棄されたものであるが、これを除去することにより当該土地を原状に復することができるものであって、当該土地自体に内在する原因によって当該土地の区画、形質に著しい変化があったものということはできないこと、アスベストスラッジの廃棄されている土地の事例は希有であって、類似する他の土地に比準することが容易ではないこと等を理由に、減価すべき「特別な事情」はないとして、固定資産税の賦課処分の違法性はないと判断しました。

　この事件は、地中埋設物の存在による減価を認めていませんが、その理由として、この事件で問題となったアスベストスラッジが土地の構成要素である土壌を汚染していないとしているところに注目する必要があると思います。この事件では、土壌と分離できる廃棄物が減価要因であるため、土地自体の減価を認めなかったものと解釈でき、土壌それ自体が汚染されている土壌汚染が存在する場合は別であって、むしろ、その論理に従うと、土地を減価すべきことになるのではないかと思われます。

　市町村長は、固定資産の評価にあたって、固定資産評価員を置き、総務大臣が定めた固定資産評価基準（地方税法388条）により、固定資産の価格を決定します（地方税法403条）。固定資産の価格とは、「適正な時価」を意味します（地方税法341条5号）。この「適正な時価」とは、「正常な条件の下において成立する取引価格（独立当事者間の自由な取引において成立すべき価格）」と解されています。[115]そうであれば、明らかにマーケットにおいて減価して取引されている土壌汚染土地は減価して評価されざるをえないと考えます。もちろん、大量処理を要求される課税手続きにおいて、市町村長がかかる減価を行って評価することまでは期待できません。土壌汚染がどのようなものであり、その対策としてどこまで行う必要があり、そのためにどれだけの費用がかかるかを確定させるには、多額の費用と少なからぬ時間を必要とするからです。しかし、それを明確にした資料を土地所有者が市町村長に提示した場合、これを無視することは、上記法令に反するものと考えます。文献[116]の中には、大量処理を理由に、または、

115　例えば、固定資産税務研究会編『平成22年度版要説固定資産税』（ぎょうせい　2010）71頁等参照。

土壌汚染土地を減価すると土壌汚染をもたらした者を不当に優遇するということを理由に、土壌汚染土地の固定資産税を減価すべきではないという見解を示すものがありますが、根拠はないと考えます。

30　土壌汚染と相続税評価額

Q　父が死亡したため、父が長年操業してきた工場をとりこわし、跡地をマンション用地としてデベロッパーに売却したいと考えています。しかし、デベロッパーが「恐らくこの土地には土壌汚染があると思われる。場合によっては、更地価格の半分以上も調査対策費としてかかるだろう。」と言うのです。私たちとしては手放すしかない土地なので、売却しますが、相続税の計算において、土壌汚染の調査費や対策費は考慮していただけるのでしょうか。

A　この論点については、国税庁が平成16年7月5日付で「土壌汚染地の評価等の考え方について（情報）」（資産評価企画官情報第3号、資産評価税課情報第13号)[117] を公表しています。これによりますと、「土壌汚染地の評価額」とは、「汚染がないものとした場合の評価額」から、「浄化・改善費用に相当する金額」を控除し、また、「使用収益制限による減価に相当

---

[116] 例えば、平成18年3月に報告された財団法人資産評価システム研究センター「土地に関する調査研究」31頁では、「固定資産税評価においても、相続税評価の場合と同様にいずれ汚染除去の措置後の土地となることが確実と見込まれることから、その復帰価値により評価するのが相当と考えられる。したがって、固定資産税評価においては、汚染の除去等の措置費用を減額要因とすることは必ずしも適当ではない。」とありますが、説明になっていないと考えます。「いずれ汚染除去の措置後の土地となることが確実と見込まれる」とは一体どういう根拠で記載されているのか不明です。また、石田和之「市町村の基幹税目である固定資産税の財政学第28講固定資産税における土地評価と土壌汚染」税64巻7号（2009年）86頁以下にも、同様の記載があり、そこには「固定資産税は、資産（土地）の継続的な保有を前提として課する税であることから、売買の瞬間における汚染除去費用の影響による売買価格の変化は無視すべきなのであり、汚染が除去された場合の資産価値として評価額の算定を行うべきなのである。」（同96頁）とあります。なぜ、いずれ汚染が除去されると言えるのか疑問です。

[117] 梶野研二編『平成22年版土地評価の実務』（財団法人大蔵財務協会　2010）581頁所収。なお、平成20年9月25日付国税不服審判所裁決では、埋蔵文化財包蔵地の路線価方式の評価については、土壌汚染地の評価方法に準じた事情の考慮を行うのが相当であるとして、この国税庁の「情報」を引用しています。

する金額を」を控除し、さらに、「心理的要因による減価に相当する金額」を控除して得られた金額であるとする、いわゆる原価方式が土壌汚染地の基本的な評価方法とすることが可能な方法であるとしています。

　また、「相続税等の財産評価において、土壌汚染地として評価する土地は、『課税時期において、評価対象地の土壌汚染の状況が判明している土地』であり、土壌汚染の可能性があるなどの潜在的な段階では土壌汚染地として評価することはできない。」としています。

　この国税庁の発した「情報」は、土壌汚染対策法の法制度を正しく理解していると思われます。例えば、「封じ込め等の措置費用とその措置後の使用収益制限等に伴う土地の減価の合計額が除去措置費用を上回るような場合には、その選択する措置は、除去措置となるものと考えられる。」として、どの措置が経済合理的かはケースバイケースで考える必要があることが明確に示されています。

　なお、課税時期において既に浄化・改善措置を実施することが確実な場合は、土地の評価額からそれらを控除するのではなく、相続税法第14条に規定する「確実な債務」として、課税価格から控除すべきとしています。

　以上のとおりですから、あなたが相続した土地について、土壌汚染を考慮した相続税としたい場合は、土壌汚染の調査を行い、合理的な対策費を業者に見積もらせる必要があります。既に、対策の現実のスケジュールが決まっている場合、対策費は「確実な債務」として債務計上をし、そうではない場合は、対策費の80％（相続税評価額が地価公示価格の80％相当水準だから）相当額を汚染がない土地評価額から減価すべきことになります（汚染の除去に至らない対策の場合は使用収益制限による減価を考慮でき、また、状況に応じて心理的要因による減価も可能です）。なお、調査費用については対策の方法や範囲を確定するためのものであれば、上記対策費に含めてよいと考えます。

31　汚染土地と会計

Q　土壌汚染のある不動産は会計上どのような評価を行わなければならない

のですか。

A　企業の主たる営業活動のために使用することを目的として長期的に保有される資産などを、固定資産といい、原則として土地も固定資産に含まれます。ただし、販売用不動産は、棚卸資産として流動資産に含まれるため、不動産会社等が販売目的で所有する土地は流動資産として扱われます。

　固定資産については、平成17年4月1日以降開始する事業年度から、「固定資産の減損に係る会計基準」が適用されています。同基準によれば、①減損の兆候のある資産について、②減損損失を認識するかどうか判定し、③減損損失を測定することになります。

　減損の兆候とは、資産に減損が生じている可能性を示す事象をいいます（同基準二1.参照）。土壌汚染が発生した場合、資産の回収可能価額を著しく低下させる変化が生じた（同基準二1.②参照）、又は、資産の市場価格が著しく下落した[118]（同基準二1.④参照）として、減損の兆候があると判断されるものと考えられます。

　減損の兆候がある資産について、資産から得られる割引前将来キャッシュ・フローの総額[119]が帳簿価額を下回る場合には、減損損失を認識すべきと判定されます（同基準二2.(1)参照）。汚染の除去等の措置を講ずる費用は、割引前将来キャッシュ・フローのマイナス要因となりますので、その金額が多額に上る場合、割引前将来キャッシュ・フローの総額が土地の帳[120]

118　少なくとも市場価格が帳簿価額から50％程度以上下落した場合が該当します（「固定資産の減損に係る会計基準の適用指針」15項参照）。

119　割引前将来キャッシュ・フローを見積る期間は、資産の経済的残存使用年数と20年のいずれか短い方とされています（同基準二2.(2)参照）。

120　将来キャッシュ・フローの見積りに際しては、資産の現在の使用状況及び合理的な使用計画等を考慮し、企業に固有の事情を反映した合理的で説明可能な仮定及び予測に基づいて見積ることとされています（同基準二4.(1)、(2)参照）。従って、法的義務がある場合はもちろん、任意に行う場合でも、企業の中長期計画等により（「固定資産の減損に係る会計基準の適用指針」36項、37項及び38項参照）、汚染の除去等の措置が計画されている場合には、キャッシュ・フローのマイナス要因として考慮する必要があります。なお、中長期計画等において土地の売却時期等に関しいくつかのケースが想定される場合には、それぞれのケースのキャッシュ・フローを発生確率で加重平均して期待値として計算することも認められています（同基準二4.(3)参照）。

簿価額を下回ることになれば、減損損失を認識すべきと判定されます。また、土地の処分を予定している場合にも、土壌汚染の存在により売却価格が下落することで、割引前将来キャッシュ・フローの総額が土地の帳簿価額を下回ることになれば、減損損失を認識すべきと判定されます。

　減損損失を認識すべきと判定された資産については、帳簿価額を回収可能価額まで減額し、当該減少額を減損損失とします（同基準二3.参照）。この回収可能価額とは、売却による回収額である正味売却価額（資産の時価から処分費用見込額を控除して算定される金額）と、使用による回収額である使用価値（資産の継続的使用と使用後の処分によって生ずると見込まれる将来キャッシュ・フローの現在価値）のいずれか高い方の金額をいいます（同基準注解（注1）1、「固定資産の減損に係る会計基準の適用指針」28項、31項参照）。

　土壌汚染のある土地については、売却価額が下落することで、正味売却価額及び使用後の処分によって見込まれる将来キャッシュ・フローの現在価値が減少し、又は、汚染の除去等の措置を講ずる費用が発生することで、将来キャッシュ・フローの現在価値が減少します。従って、土壌汚染のある土地については、売却価額の下落額又は汚染の除去費用の現在価値が、減損損失の額に反映されることになります。

　このように、現行の「固定資産の減損に係る会計基準」においては、減損の兆候のある資産について、割引前将来キャッシュ・フローをベースに減損損失を認識すべきかを判定し、減損損失の測定自体は、将来キャッシュ・フローの現在価値等の回収可能価額をベースに行うという2段階の処理を行っています。しかし、平成27年又は平成28年度から強制適用が検討されている国際会計基準（IAS第36号「資産の減損」）では、減損の兆候がある資産については、すべて減損損失の測定[121]を行うという1段階の

---

[121] 資産の回収可能価額が帳簿価額より低い場合に、当該資産の帳簿価額を回収可能価額まで減額しなければならず、当該減額を減損損失とするとされています（IAS第36号「資産の減損」59項参照）。この回収可能価額は、資産の売却費用控除後の公正価値と使用価値のいずれか高い金額とされ、売却費用控除後の公正価値とは、取引の知識がある自発的な当事者の間の独立第三者間取引による資産の売却から得られる金額から、処分費用を控除した額をいうものとされています（同6項参照）。従って、減損損失の測定については、「固定資産の減損に係る会計基準」との差異はありません。

処理となっています。従って、国際会計基準が適用された場合には、減損を認識すべき場合がより広がります。また、資産の回収可能価額が回復した場合、「固定資産の減損に係る会計基準」においては、減損損失の戻入れは認められていませんが、国際会計基準においては、戻入れが強制されています。

この他、平成22年4月1日以後開始する事業年度から、有形固定資産の除去に関する法律上の義務等については、「資産除去債務に関する会計基準」により、資産除去債務を計上し、当該負債の計上額と同額を関連する有形固定資産の帳簿価額に加え、減価償却を通じて各期に費用配分することが必要となります。

資産除去債務とは、有形固定資産の取得、建設、開発又は通常の使用[122]によって生じ、当該有形固定資産の除去に関して法令又は契約で要求される法律上の義務などをいいます。この中には、有形固定資産の除去そのものは義務でなくとも、有形固定資産を除去する際に当該有形固定資産に使用されている有害物質等を法律等の要求による特別の方法で除去するという義務も含まれます（同基準3項（1）参照）。資産除去債務は、それが発生したときに、有形固定資産の除去に要する割引前の将来キャッシュ・フローを見積り、割引後の金額（割引価値）で算定します（同基準6項参照）。

土地の原状回復費用等については、一般に、当該土地に建てられている建物や構築物等の有形固定資産に関連する資産除去債務であると考えられています。そのため、資産除去債務と同額が建物や構築物等の帳簿価額に加算され、当該有形固定資産の減価償却を通じて各期に費用配分されることとなります（同基準45項、7項参照）。従って、直接的には土地の評価額には影響しません。

この点、土壌汚染対策法上の有害物質使用特定施設に係る工場又は事業場の敷地であった土地の調査義務（法3条1項）については、当該特定施設の使用を廃止した時点で生じる義務であることから、資産除去債務に該

---

122 通常の使用とは、有形固定資産を意図した目的のために正常に稼働させることをいい、有形固定資産を除去する義務が、不適切な操業等の異常な原因によって発生した場合には、資産除去債務として使用期間にわたって費用配分すべきものではなく、引当金の計上や「固定資産の減損に係る会計基準」の適用対象とすべきものと考えられています（同基準26項参照）。

当すると考えられます。ただし、引き続き工場等として土地を使用し続ける場合などに都道府県知事の確認を受けることで、調査義務が猶予されるため（法3条1項ただし書、施行規則16条2項）、資産除去債務の合理的な見積りができない場合があると考えられます。この場合には、資産除去債務額を合理的に見積ることができるようになった時点で負債として計上することになります（同基準5項参照）。

なお、有形固定資産の使用を終了する前後において、当該資産の除去の方針の公表や、有姿除却の実施により、除去費用の発生の可能性が高くなった場合には、有形固定資産の取得、建設、開発又は通常の使用により生じるものには該当しないと考えられています。ただし、このような場合には、「固定資産の減損に係る会計基準」の対象となるほか、引当金計上[123]の対象となる余地もあるものと考えられています（同基準27項参照）。

従って、土壌汚染のおそれがある土地の形質の変更が行われる場合の調査（法4条）に関する費用については、資産除去債務の対象とはなりません。

以上は、国際会計基準（IAS第16号「有形固定資産」、IAS第37号「引当金、偶発負債及び偶発資産」）においてもほぼ同様の処理となります。しかし、「資産除去債務に関する会計基準」では、土地に係る資産除去債務について、建物や構築物等の有形固定資産に関連する資産除去債務とされ、負債計上額と同額を建物や構築物等の帳簿価額に加算し、当該建物や構築物等の減価償却を通じて費用計上することとされています。これに対し、国際会計基準では、土地に係る資産除去債務については、負債計上額と同額を土地の帳簿価額に加算し、有限の耐用年数により償却を行うものとされています。

これらに対し、販売用不動産については、平成20年4月1日以後開始する事業年度から、「棚卸資産の評価に関する会計基準」が適用されています。

同基準では、通常の販売目的で保有する棚卸資産は、取得原価をもって

---

[123] 引当金計上の要件は、①その発生が当期以前の事象に起因すること、②将来の特定の費用又は損失であること、③発生の可能性が高いこと、④その金額を合理的に見積ることができることの四つです（「企業会計原則注解」18参照）。

貸借対照表価額とし、期末における正味売却価額が取得原価よりも下落している場合には、当該正味売却価額をもって貸借対照表価額とし、取得原価と当該正味売却価額との差額は当期の費用として処理するとされています（同基準7項参照）。

販売用不動産の正味売却価額については、販売見込額から販売経費等見込額を控除した額とされています（「販売用不動産等の評価に関する監査上の取扱い」2.(2)参照）。従って、土壌汚染のある土地について、販売見込額が下落し、正味売却価額が取得原価を下回っている場合には、その差額を当期の費用として計上する必要があります。

なお、前期に計上した簿価切下額の戻入れに関しては、当期に戻入れを行う方法（洗替え法）と行わない方法（切放し法）のいずれかの方法を棚卸資産の種類ごとに選択適用できることとされています（「棚卸資産の評価に関する会計基準」14項参照）。

これら棚卸資産の評価については、国際会計基準（IAS第2号「棚卸資産」）でも同様の処理となっています。

32 土壌汚染土地担保債権の評価

Q 金融機関の融資先に対する抵当権付き債権の抵当不動産に深刻な土壌汚染（濃度基準を超過する汚染）が存在することが判明した場合、金融機関は、その債権につき財務諸表上どのように処理しなければならないのですか。

A 債権の貸借対照表価額は、取得価額から貸倒見積高に基づいて算定された貸倒引当金を控除した金額とされています（「金融商品に関する会計基準」14項参照）。

貸倒見積高は、債務者の財政状態及び経営成績等に応じて、債権を「一般債権」、「貸倒懸念債権」、「破産更生債権等」に区分し（同基準27項参照）、その区分に応じて算定します（同基準28項参照）。

「一般債権」とは、経営状態に重大な問題が生じていない債務者に対する債権をいい（同基準27項(1)参照）、債権全体又は同種・同類の債権

ごとに、債権の状況に応じて求めた過去の貸倒実績率等合理的な基準により貸倒見積高を算定します（同基準28項（1）参照）。

　従って、抵当不動産に深刻な土壌汚染が発生したとしても、融資先の経営状態に重大な問題が生じていなければ、当該債権は「一般債権」に区分され、過去の貸倒実績率等合理的な基準により算定した貸倒見積高を貸倒引当金として計上すればよいことになり、土壌汚染の影響は受けません。

　「貸倒懸念債権」とは、経営破綻の状態には至っていないが、債務の弁済に重大な問題が生じているか又は生じる可能性の高い債務者に対する債権をいい（同基準27項（2）参照）、債権の状況に応じて、「財務内容評価法」又は「キャッシュ・フロー見積法」により貸倒見積高を算定します（同基準28項（2）、「金融商品会計に関する実務指針」113項参照）。

　「財務内容評価法」とは、債権額から担保の処分見込額及び保証による回収見込額を減額し、その残額について債務者の財政状態及び経営成績を考慮して貸倒見積高を算定する方法をいいます（同基準28項（2）①、「金融商品会計に関する実務指針」113項（1）参照）。

　貸倒懸念債権について、担保の処分により債権回収を行うことが見込まれるなど、財務内容評価法を用いることが適当な場合、深刻な土壌汚染の存在は、担保の処分見込額を下落させることになりますので、貸倒見積高が増加し、貸倒引当金をその分多く計上する必要があります。

　「キャッシュ・フロー見積法」とは、債権の元本の回収及び利息の受取りに係るキャッシュ・フローを合理的に見積ることができる債権につき、債権の元本及び利息について元本の回収及び利息の受取りが見込まれるときから当期末までの期間にわたり当初の約定利子率（条件緩和による引下げ後の利率ではなく、当初の契約上の利子率をいいます）で割り引いた金額の総額と債権の帳簿価額との差額を貸倒見積高とする方法をいいます（同基準28項（2）②、「金融商品会計に関する実務指針」113項（2）参照）。従って、貸倒引当金の計上額は、新たな合意に基づくキャッシュ・フロー（元金返済＋利息支払額）を当初の利子率で割り引いた現在価値と期末帳簿価額との差額になります。

　貸倒懸念債権について、利子率の引下げや弁済期のリスケジュールを行うことで債権回収を行うなど、キャッシュ・フロー見積法を用いることが

適当な場合、土壌汚染の存在は、貸倒見積高の算定上影響を与えません。

「破産更生債権等」とは、経営破綻又は実質的に経営破綻に陥っている債務者に対する債権をいい（同基準27項（3）参照）、債権額から担保の処分見込額及び保証による回収見込額を減額し、その残額を貸倒見積高とします（同基準28項（3）参照）。

この場合、深刻な土壌汚染の存在は、担保の処分見込額を下落させることになりますので、貸倒見積高が増加し、貸倒引当金をその分多く計上する必要があります。なお、貸倒引当金の計上に代えて、債権金額から直接減額することもできます（同基準注10参照）。

33 土壌汚染とディスクロージャー

Q 当社の所有不動産に深刻な土壌汚染（濃度基準を超過する汚染）が判明しました。この問題を財務諸表上明らかにする法律上の義務はありますか。また、当社は東京証券取引所に上場しております。株主に対するディスクロージャーの関係で注意しておかなければならないことはありますか。

A 重要な減損損失[124]を認識した場合には、減損損失を認識した資産、減損損失の認識に至った経緯、減損損失の金額、回収可能価額の算定方法等の事項について、財務諸表上、注記することが求められています（「固定資産の減損に係る会計基準」四3.参照）。

従って、深刻な土壌汚染が判明した土地について減損損失を認識し、それが重要である場合には、財務諸表上、注記による開示が必要となります。

また、資産除去債務の会計処理については、重要性が乏しい[125]場合を除

---

[124] 「重要な」ものかどうかの判断基準は定められていません。一般的には、利害関係人の企業の財政及び経営の状況に関する判断を誤らせないかという観点から、金額的又は質的に重要な場合に開示を行うべきであると言われています。

[125] 「重要性が乏しい」かどうかの判断基準も、減損と同様、数値基準等は定められていませんので、個別に判断することとなります。

き、資産除去債務の内容についての簡潔な説明及び支出発生までの見込期間などを注記することが必要となります。また、資産除去債務は発生しているが、その債務を合理的に見積ることができないため、貸借対照表に資産除去債務を計上していない場合には、当該資産除去債務の概要、合理的に見積ることができない旨及びその理由などを注記することが必要となります（「資産除去債務に関する会計基準」16項参照）。

従って、深刻な土壌汚染が判明した土地に関連して資産除去債務を計上した場合、又は、金額を合理的に見積ることができないことを理由に資産除去債務を計上していない場合には、財務諸表上、注記による開示が必要となります。

財務諸表には、重要な会計方針を注記しなければならないとされ、引当金の計上基準も会計方針の一例とされています（「企業会計原則注解」1-2へ参照）。

従って、汚染の除去等の措置を講ずる費用について引当金を計上した場合、その計上基準を注記する必要があります。

これに対し、発生の可能性の低い偶発事象に係る費用又は損失については、引当金を計上することはできず、保証債務等の偶発債務は、貸借対照表に注記しなければならないとされています（「企業会計原則」第三の1C参照）。また、金額を合理的に見積ることができない場合にも、引当金は計上できませんが、偶発債務に準じて注記の対象になると考えられています（企業会計基準委員会「引当金に関する論点の整理」20項参照）。

従って、深刻な土壌汚染が判明した土地について、汚染の除去等の措置を講ずる費用の発生可能性が低い場合、又は、その金額を合理的に見積ることができない場合でも、偶発債務又はそれに準ずるものとして、貸借対照表に注記を行うことが必要となる場合があります。

また、東京証券取引所の上場会社は、業務遂行の過程で生じた損害が発生した場合、影響が軽微であると認められるものを除き、直ちにその経緯、概要、今後の見通し等を開示しなければならないとされています（東京証券取引所「有価証券上場規程」402条2号a、同「有価証券上場規程施行規則」402条の2第1項参照）。

従って、深刻な土壌汚染が判明し、減損損失を認識した場合又は引当金

の計上を行うこととなった場合、その影響が軽微である場合を除き、直ちに適時開示を行うことが必要となります。

34　汚染土地処理のための会社分割

Q　当社Aの土地は汚染されています。このような負の資産を処理するために、会社分割を考えています。土地所有のための会社を新設会社Bとして、土地は新設会社Bに取得させたいと思います。会社Aは、汚染の除去等の措置の指示や命令を受けないと考えてよいでしょうか。

A　会社分割により会社Bが土地を所有するに至る以上、以後会社Aは土地の所有者等としては、汚染の除去等の措置の指示や命令を受けることはありません。しかし、会社Aが原因者である場合、会社Aは原因者として汚染の除去等の措置の指示や命令を受けることから免れることはできません（法7条1項ただし書、4項）。また、会社Aが原因者でない場合も、かかる会社分割では、会社分割後も分割会社も設立会社（新設分割の場合、吸収分割の場合は承継会社）も債務の履行の見込みがあることが必要なところ（会社法782条1項、794条1項、803条1項、同法施行規則183条6号、192条7号、205条7号）、マイナスの資産を会社Bに押しつけるのでは、この要件を満たさないのではないかと思われます。「債務の履行の見込み」がないにもかかわらず、「債務の履行の見込み」があると事前開示事項に記載することは、事実の点で記載の欠缺があるとして、会社分割の無効事由となる（江頭憲治郎『株式会社法第3版』（有斐閣2009）829頁参照）だけでなく、過料等の制裁もありうることに注意が必要です（同法976条1項7号）。

35　土壌汚染が疑われる会社の会社分割

Q　会社Aを買収したいと思いますが、会社Aはかつて薬品工場として操業していた土地を所有しており、この土地がどれだけ汚染されているかわかりません。会社Aを買収した後、仮に当該土地及び近隣の土地の土壌

汚染が発覚して、会社Aの当該土地の土壌汚染を原因とした近隣の土地の土壌汚染の浄化を求められることになると困りますので、会社Aを分割させて新しく設立した会社Bに当方がほしい事業をすべて承継させ、当方はその会社Bの株式を取得したいと考えています。このような方法で上記のリスクは回避できるでしょうか。

A　近隣の土地の土壌汚染が会社Aの土壌汚染を原因として発生していれば、既に会社Aは、近隣の土地の所有者に対して不法行為に基づく損害賠償債務を負っていることもありえます。そうであれば、会社分割時の債務承継の問題として検討しなければなりません。そのように既に発生している損害賠償債務は、仮にまだ近隣の土地の所有者から請求を受けていないとしても、債務としては会社分割時に存在しているわけですから、分割会社と設立会社（新設分割の場合。吸収分割の場合は承継会社）の連帯債務となります（会社法759条2項及び3項、764条2項及び3項）。ただし、責任の限度があり、分割時の各会社の財産の価額を限度とします。分割会社又は設立会社（新設分割の場合。吸収分割の場合は承継会社）が免責となるには、「知れたる債権者」に個別催告が必要であり（同法764条2項、759条3項）、このような個別催告がなされていない限り、連帯債務は免れません。従って、汚染の状況も調査せずに、漫然と会社分割により、新設会社の株式を取得すればよいと考えることは、大きなリスクを抱えることにもなりかねません。

　なお、会社分割にあたっては、会社分割後も、分割会社及び設立会社は、ともに債務の履行の見込みがあることが要件とされているのは、前問のとおりですので、この観点からもご質問のケースの会社分割には問題がありえます。なぜなら、分割後、会社Aに債務の履行の見込みがあるのか疑問だからです。

36　土壌汚染が疑われる会社の事業譲渡

Q　前問の質問に引き続き、質問します。それでは、会社Aの事業のうち、当社が興味のある一部の薬品製造事業のみの事業譲渡を受けることで、汚

染された土地保有や土壌汚染がもたらす第三者に対する偶発債務の発生の危険を避けようと思います。当該事業譲渡に係る資産を特定し、譲渡を受ける契約関係を特定し、それら以外の会社Ａの一切の財産、債権債務を承継しないことを明確にした事業譲渡契約を締結することで、上記目的は達成できますか。

A　現在までの判例通説に従えば、ご質問の事業譲渡の方式で、貴社の目的を達成できると考えます。事業譲渡の場合に、譲受人に債務承継が認められるのは、譲渡人の商号を続用する場合（会社法22条）や、債務引受の広告をした場合（同法23条）に限られているからです。ただ、アメリカでは事業譲渡方式による企業買収の場合も、さまざまな理論により、「他の会社の資産を購入した会社は、譲渡会社の責任を承継しないとする基本原則の例外を発展させてきた。」と言われており[126]、日本においても、譲渡対象を特定させた事業譲渡であるから一切問題はないと単純に考えてよいかについては、慎重であることが必要だと考えます。とりわけ、会社Ａに過去に深刻な土壌汚染があるのではないかとの疑いがあり、かつ、事業譲渡後に会社Ａが速やかに解散し、清算を予定しているような場合等は、後日、土壌汚染の被害者の損害回復が困難となることが予想されます。そのような場合は、裁判所において、日本でもアメリカと同様の理論、又は日本独自の理論で、事業譲渡の譲受人にも何らかの責任が及ぶおそれもないとは言えませんので、慎重である必要があると考えます。

37　ISO14015とは

Q　ISO14015とは何ですか。

---

[126] 吉川栄一『企業環境法第2版』（上智大学出版　2005）163頁以下参照。なお、吉川教授の整理によると、アメリカでは、「買収会社が明示的、黙示的に責任の承継を認めているとき」、「譲渡契約当事者の詐欺または取引の背後に詐欺的な目的を含んでいるとき」、「事実上の合併とみられるとき」、「買収会社が被買収会社の継続であるとき」、「買収後も同じ生産活動を継続しているとき」、「買収後も被買収会社の事業が実質的に継続しているとき」に、事業の譲受人にも責任の承継が見られることがあるとのことです。

A ISO14000シリーズとは、国際標準化機構（International Organization for Standardization）により、環境マネジントに関連する国際規格として定められている一連の国際規格です。このうち、環境マネジメント・システムの構築に関する要求事項について定めているISO14001が中心の規格です。ISO14001の要求事項に適合すると、審査登録機関によって認証が与えられます。企業は、この認証が得られれば、環境管理のレベルが一定程度に達しているとして、環境保全に対する取組みを外部に示すことができます。従って、1996年の発効以来、日本でも相当数の企業が認証を獲得してきました。

ところで、ISO14015とは、このISO14000シリーズの一つですが、2001年に発効しました[127]。これは、敷地及び組織の環境アセスメント（Environmental Assessment of Sites and Organizations、略称EASO）と呼ばれるものです。企業など各種組織は、その敷地やその活動に関連する環境問題を適切に評価することが、その操業中、その取得時又はその分割時に、しばしば必要となります。従って、その評価を実施するための指針を国際規格として提供しようとするものです。この規格は、その評価に関係する当事者（依頼者、評価者及び被評価者）の役割と責任や、評価プロセスの諸段階（計画作成、情報収集、妥当性確認、評価及び報告書作成）のあるべき内容を規定しています。しかし、これは、具体的な調査方法や敷地の汚染の浄化対策などを定めたものではなく、評価を実施するにあたっての指針にすぎません。また、ISO14001のように、第三者からの認証取得を対象とした規格でもありません。しかし、この規格に則って企業の敷地や活動に関する環境問題を評価するとなると、評価の基準、考慮の対象となる情報や文書、調査にあたってインタビューの対象となる者などがこの規格に例示されていますので、これらを無視することはできず、

---

127 ISO14015については、例えば、渡邉格「サイトアセスメントに関する国際規格ISO/DIS14015について」産業と環境30巻4号（2001年）37頁、同「「ISO14015環境マネジメント—用地及び組織の環境アセスメント」について」環境管理37巻12号（2001年）1139頁、内藤高志「ISO14015〜サイトアセスメント—規格化の背景と内容」プラントエンジニア33巻4号（2001年）32頁、向井常雄「ISO14015規格と産業界へのインパクト」資源環境対策36巻13号（2000年）47頁以下等参照。また、ISO14015の規格に則った敷地評価の実例については、遠藤洋一「ISO14015とサイトアセスメントの実施例」産業と環境31巻9号（2002年）55頁以下参照。

評価の基準も評価の資料もきめのこまかなものとならざるを得なくなり、相当きめのこまかな評価が可能になります。従って、例えば、このISO14015に準拠した評価を企業が行っているか否かを金融機関が融資審査の要件とするとなると、各企業がこの規格を遵守するようになり、少なからぬ影響をもってくることが考えられます。

　土壌汚染対策法とISO14015との関係ですが、土壌汚染対策法はISO14015の評価基準の基礎をなす重要な法令となります。

　このISO14015は、2001年に発行されて以来、本書改訂版執筆時（2010年8月）まで変更はなく、日本での利用は進んではいないように見受けられます。ただ、このISO14015に則り、敷地について土壌汚染、地下水汚染に関するアセスメント等を行う資格登録制度（環境サイトアセッサー）が2004年4月に社団法人産業環境管理協会により開設されました。この資格登録認定者は2010年8月現在で計289名とのことです。

38　土壌汚染と保険

Q　土壌汚染に関する保険にはどのようなものがありますか。

A　現在、日本で販売されている土壌汚染に関する保険商品は、おおよそ以下のとおりに分類することができます。①対策費用保険、②対策コストキャップ保険、③第三者賠償責任保険、④調査会社賠償責任保険、⑤施工会社賠償責任保険です。

　①対策費用保険とは、一定の調査のうえ対策が不要と判断された土地に後日汚染が判明した場合に、対策に要する費用を保険でまかなうものです。②対策コストキャップ保険とは、一定の対策費用として予定されていた費用を超えて要する費用を保険でまかなうものです。③第三者賠償責任保険とは、土壌汚染により第三者に対して損害賠償責任を負う場合の費用を保険でまかなうものです。④調査会社賠償責任保険とは、調査会社が調査の不備について責任を問われた場合の費用を保険でまかなうものです。⑤施工会社賠償責任保険とは、土壌汚染対策工事の施工の不備について責任を問われた場合の費用を保険でまかなうものです。各保険会社の具体的

な保険商品の内容については、個別の損害保険会社の保険約款によって変わりますが、おおよそ以下のとおりであると思われます。

①対策費用保険とは、一定の調査を行って汚染の可能性が低い又はないと判断する場合に、かかる判断に誤りがあったことが将来判明するリスクにそなえるものです。調査は、単に履歴調査にすぎない場合もあるでしょうし、また、サンプル調査まで行う場合もあるでしょう。また、サンプル調査で汚染が判明したので対策を講じる場合もあるでしょう。従って、リスクは、その調査又は対策の内容で大きく変わるものと思われます。この対策費用保険は、多くの損害保険会社が商品化しています。

②対策コストキャップ保険とは、一定の対策費用を見積もってそれ以上の対策費用を要しないと判断する場合に、かかる判断に誤りがあったことが将来判明するリスクにそなえるものです。対策を行う過程で、新たに対策を必要とする汚染状態が判明するということは十分ありえますので、対策費用の正確な見積もりは難しい場合もあると思われます。この保険を商品化している保険会社は極めて限られています。

③第三者賠償責任保険とは、土壌汚染によって隣接地所有者等第三者に損害賠償責任が発生する場合にその損害を賠償するためのものです。多くの損害保険会社が商品化しています。

④調査会社賠償責任保険は、これを土壌汚染に特化して商品化している大手の損害保険会社はなさそうですが、一般の専門家賠償責任保険を利用することができる場合もあるようです。

⑤施工会社賠償責任保険も、これを土壌汚染に特化して商品化している損害保険会社は極めて限られています。

　以上のとおり、日本においても、土壌汚染関連の損害保険は一応の品揃えはあるのですが、実際の利用実績はかなり低いようです。環境汚染に起因する法的な賠償責任についてカバーする保険は、アメリカにおいても試行錯誤のうえさまざまに工夫されたものの、リスク評価を精密に行うことの困難から、保険会社が過去苦い経験をしてきたということが言われています。まして、日本のように英米に比べて保険によるリスクヘッジを行うことが数段少ない社会においては、商品化が活発ではないことも自然なことです。保険商品開発のために活用できる情報が限定的であるなどの事情

がこの傾向に拍車をかけているように思われます。[128]

　土壌汚染対策法の制定以降、大きな土地取引にあっては、土壌汚染の調査を行い、汚染が判明すれば掘削除去をはじめとして相当に徹底的な対策が講じられているのが実情ですが、実は、この調査や対策には限界があります。なぜなら、土壌汚染対策法で要求される土壌汚染調査自体が実は完璧なものではないからです。完璧を期すのであれば、土地の土壌の全量検査を行わなければなりませんが、そのような非合理的なことを土壌汚染対策法では求めていません。あくまでも10メートルとか30メートルとかのメッシュを切って、その交点で調査ポイントを決め、一定の深度の土壌の調査をするだけです。それで相当高い確度で汚染状況が把握できるからです。しかし、この方法は、一定の確率で汚染を把握できるだけのことなので、どうしても土壌汚染の把握に漏れがあります。この漏れのせいで、汚染がないものとして購入した土地が実は汚染を含んでいたということで争いになった紛争も少なくないように思われます。このような事態を避けるには、メッシュをさらに細かくして調査の精度を上げてゆくという方向よりは、むしろ一定程度の確率で汚染が残されてしまう場合のリスクを保険でカバーするという方向がよほど合理的であろうと考えます。このような避けられない事故ともいうべき事態のリスクヘッジには保険の活用しか他に現実的な対応がないと思われます。そうである以上、今後土壌汚染に関する損害保険商品の開発がさらに進むことにより、有望な保険商品も必ず生まれるにちがいないと考えます。

39　汚染除去を行う者への支援措置

Q　汚染の除去等の措置を講ずべきことを指示されても、その指示に従って措置を講じるだけの資力がない者に対して支援措置はないのですか。

A　土壌汚染対策法では、このような者を支援する制度を確立するために、支援業務を行う指定支援法人という法人を全国で一つだけ指定し（平成

---

[128]　光成美樹「日本における土壌汚染リスクと保険」（「特集土壌汚染と法政策」）環境法研究第34号（2009年）31頁以下、とりわけ45頁以下等参照。

22年8月31日現在、財団法人日本環境協会が指定されています)、その法人に支援に関する基金を設けさせることにしており、その基金を用いて、地方公共団体を通じて、このような者が行う汚染の除去等の措置に助成を行うことを定めています(法44条、45条1号、46条)。なお、施行令第6条第1項では、基金による「助成金の交付は、法第七条第一項の規定により汚染の除去等の措置を講ずべきことを指示された者(当該土壌汚染を生じさせる行為をした者を除く。)であって、環境大臣が定める負担能力に関する基準に適合するものに対して…(中略)…助成を行う地方公共団体」に対し行うものとするとされています。つまり、指定支援法人からの助成は、原因者を対象としてはいません。もっとも、法第58条第1項に基づき、指定支援法人を利用しないかたちであれば、原因者への支援もありうると思われますが、具体的な制度化はなされていません。

　関東経済産業局の平成21年度の調査報告書によりますと、指定支援法人による助成金交付の制度は、汚染原因者が不明・不在である等、交付条件が厳しいために利用実績が必ずしも多く得られていないことが課題になっている点が指摘されております(平成21年度中小企業等産業公害防止対策調査『関東経済産業局管内における土壌汚染対策に関する調査』第4章)。実際に、(財)日本環境協会HPを見ますと、平成22年8月31日現在で、交付実績はわずかに2件です。

　また、上記関東経済産業局の調査報告書では、中小規模の企業・事業者において、こうした助成金の制度を利用した土壌汚染対策を推進していくためには、要件の緩和等も検討していく必要があるものと考えられるとの指摘もなされていますが、平成21年改正においてこの要件の緩和はなされていません。

40　海面埋立てと土壌汚染対策法との関係

Q　当社は、海面を埋め立てた土地を数年前に購入して工場を操業していますが、最近、近隣の同様の埋立地から土壌汚染が発見されたと聞き不安になりました。当社の土地も仮に同様に汚染されているとしたら、土壌汚染対策法上何らかの義務を負うことになるのでしょうか。

A　海面埋立土地であるからと言って、土壌汚染対策法上特別の取扱いが行われるわけではありません。ただし、所定の基準に従って、港湾法に従って廃棄物埋立護岸において造成された土地であって、港湾管理者が管理するものについては、土壌汚染対策法施行規則第41条により、汚染の除去等の措置が講じられた土地とみなされることになっており、これについては特別の取扱いがされていると言えます。しかし、このような場合は限定的な場合ですので、以下は、このような場合に該当しない一般的な場合について説明します（廃棄物埋立護岸については本書逐条解説の7条6項の解説参照）。

　海面埋立地では、場所によりますが、もともと埋立てた土壌に自然由来の特定有害物質が含まれ、その結果、汚染が存在することもあるようです。従って、工場等の土地利用に伴って汚染が発生したわけではないものの、土壌汚染対策法上の濃度基準を超えた土壌汚染が判明することにより、問題が発生することがあるように思われます。以下に気にすべき問題を挙げます。

　第一の問題は、場合によっては、土壌汚染対策法によって汚染の除去等の措置を指示されるおそれがあるということです。ただし、かかる指示がされるのは、土壌汚染対策法に基づき土壌汚染状況調査が行われて汚染が判明し、かつ、健康の被害のおそれがあるとされる一定の要件を満たしているため（これはかなり厳しい要件なので、満たされる場合は相当に限定的です。詳細は、本書の法6条の逐条解説を参照してください）、要措置区域に指定された場合のみです（法7条1項、6条1項）。従って、任意の調査で判明した土壌汚染の場合は、要措置区域等の指定を自主的に申請しない限り（法14条）、措置を指示される可能性はもともとありません。

　第二の問題は、あなたの会社の土地が広くて、これから開発を予定しており、形質変更の土地面積が3000平方メートル以上の場合は、平成21年改正で導入された法第4条により、その計画を事前に知事に届け出なければならず、その場合に、土壌汚染の調査を命じられるおそれがあるということです。調査を命じられて汚染が判明すれば、要措置区域か形質変更時要届出区域かのいずれかに指定されることになります（法6条1項、11条1項）。要措置区域に指定されれば、上述のとおり、措置の指示を受け

て、対策を講じる義務が発生します。形質変更時要届出区域に指定された場合は、形質変更時に計画を届け出ればよいのですが（法12条1項）、その計画は土壌汚染の拡散を防ぐに足りるものでなければなりません（法12条4項、施行規則53条）。これがコストの相当にかかる対策を必要とするならば、あなたの会社は開発を進めるべきかどうかをその時点で判断するということになるでしょう。開発を進める場合は、コストをかけても求められる土壌汚染拡散防止の対応を行う必要があります。

　第三の問題は、あなたの会社の土地の予定する形質変更面積が3000平方メートル未満の場合であっても、土壌汚染があれば、これを場外に搬出して処分するにはコストがかかるということです。形質変更面積が3000平方メートル未満の場合は、調査も義務づけられず、従って対策も義務づけられるわけではありませんが、汚染土壌の処分については、法律上義務づけられた調査から判明したか否かにかかわらず、事実上これを許可業者以外が引き受けるということは今後少なくなると思われることから、一定の追加コストの負担なくしてはなしえない状況になるということに注意が必要です。

　第四の問題は、あなたの会社の土地の売却にあたっては、買主が土壌汚染の調査や対策を求めることが十分に考えられ、土地の評価減につながること、また、あなたの会社が既に近隣の埋立てに起因することが疑われる土壌汚染の事実を知っている以上、そのことを買主に伝えておかなければ、信義則上の売買契約に付随する義務違反として何らかの責任を問われかねないため、開示が望ましいと考えますが、これも土地の評価減につながることに留意すべきです。

　第五の問題は、売主又は埋立者に損害賠償を求めることも必ずしも容易ではないということです。売主に対しては、瑕疵担保責任を追及できる可能性がありますが、売買時に当該汚染が判明していたら売買契約が行われなかったであろうとか、売買条件が変わっていたであろうといった状況であったかを、売買契約の成立時期や当事者の意識を探究して検討する必要があります。この点については、最高裁平成22年6月1日判決（判例タイムズ1326号106頁以下、本書第5章裁判例1参照）を参考にしてください。また、埋立者に対して不法行為による損害賠償責任を追及する場合

も、埋立行為時点で当時の法令に違反があるか、仮にあるとしても土地評価の減価が賠償すべき損害と言えるのか、仮にそれも言えるとしても、消滅時効や除斥期間の問題をどう考えるかなど難問が多く存在するからです。

41 不法投棄を受けた土地所有者の責任

Q　知らないうちに私の土地の山林に産業廃棄物が投棄されており、土壌が汚染されてしまいました。私にも土壌汚染除去等の措置の指示や命令が出されることはありますか。

A　土壌汚染除去等の措置の指示や命令は、要措置区域に指定されてはじめて行われるので、いきなり措置の指示や命令が出されることはありませんが、何らかの契機であなたの土地が土壌汚染状況調査（法2条2項）の対象になり、濃度基準を超える汚染の存在が都道府県知事に判明した場合は、要措置区域又は形質変更時要届出区域のいずれかに指定されることになります。あなたの土地が、このうち要措置区域に指定されれば、土地所有者として、汚染の除去等の措置の指示や命令を受ける可能性はあります。ただ、その汚染が土壌溶出量基準に適合しない土壌汚染である場合は、飲用に供される地下水に汚染を引き起こすおそれがなければ（もっとも、河川などの公共用水域に水質汚濁を生じさせている場合は地下水が飲用に供されなくとも問題となりえます）、また、その汚染が土壌含有量基準に適合しない土壌汚染である場合は、あなたの土地に一般の人が立ち入れる状況になければ、要措置区域に指定されることはないので、強制的に汚染の除去等の措置の指示や命令を受けることはありません。逆に、あなたの土地の汚染が飲用に供されている地下水に汚染を引き起こす可能性があったり、河川などの公共用水域に水質汚濁を生じさせている可能性があ

129　原因行為と不法行為責任の成否の問題については、本章Q17にて論じたので、ご参照ください。なお、工場団地においてカーバイド滓が埋立てられテトラクロロエチレン等に汚染されていることが判明した土地につき、造成を行った群馬県の不法行為責任が争われた前橋地裁平成20年2月27日判決（本書第5章裁判例24）も参考になります。

ったり、あなたの土地に一般の人が立ち入ることができる状況にあれば、要措置区域に指定され、汚染の除去等の措置を命じられるおそれがあります。ただ、もし、汚染を引き起こした原因者が他にいることが明らかであり、その原因者が資力があるなどその原因者に汚染の除去等の措置を行わせることが適当な場合は、あなたではなく、その汚染原因者に除去等の措置の指示や命令を都道府県知事は出さなけれなりません（法7条1項ただし書）。従って、あなたとしては、現状を漫然と放置するのではなく、誰が産業廃棄物を投棄したのかを、運搬業者及び排出業者をつきとめることで明確にすべきです。

　産業廃棄物の処分や運搬を他人に委託する場合は、排出業者も産業廃棄物の最終処分まで適正に行われるように必要な措置を講ずる努力義務があり（廃棄物処理法12条5項）、また、マニフェストと呼ばれる産業廃棄物管理票を受託者に交付して（同法12条の3第1項）、その交付後一定期間内に運搬業者や処理業者から、運搬が完了したことや処理が完了したことを報告するマニフェストの写しの送付を受けない場合は、その結果問題が発生しないように適切な措置を講ずるとともに、都道府県知事に措置内容等の報告書を提出しなければなりません（同条7項、同法施行規則8条の29）。従って、あなたの土地に投棄された産業廃棄物の運搬者だけでなく、その排出事業者もその投棄に責任があると解される余地は十分にありますから、投棄された産業廃棄物の調査等から早急に排出事業者及び運搬業者をつきとめるべきです。

42　汚染土壌の引取り

Q　ある山持ちが当社の汚染土壌を引き取ってくれると言うのですが、引き取ってもらうことは、法律に違反しますか。

A　汚染された土壌が廃棄物処理法に定める廃棄物に該当すれば、同法に従った処理を行わなければなりません。それならば、汚染された土壌は、同法の廃棄物に該当するのでしょうか。同法では、廃棄物を「ごみ、粗大ごみ、燃え殻、汚泥、ふん尿、廃油、廃酸、廃アルカリ、動物の死体その他

の汚物又は不要物であつて、固形状又は液状のもの（放射性物質及びこれによって汚染された物を除く。）」（同法2条1項）と定義しています。また、産業廃棄物を、「事業活動に伴つて生じた廃棄物のうち、燃え殻、汚泥、廃油、廃酸、廃アルカリ、廃プラスチック類その他政令で定める廃棄物」と定義しています（同法2条4項1号、なお、ここでは同項2号については省略します）。これらにいう「汚泥」に汚染された土壌が含まれるかというと、これは含まれないと解されます。なぜなら、同法では「汚泥」の定義はないものの、「汚泥」とは、一般に「工場廃水等の処理後に残るでい状のもの、及び各種製造業の製造工程において生ずるでい状のもの…（後略）…」（「廃棄物の処理及び清掃に関する法律の運用に伴う留意事項について」昭和46年10月25日付け環整第45号厚生省環境衛生局環境整備課長通知）と理解されており、このように理解されている「汚泥」には、汚染された土壌は入らないと言えるからです。従って、事業活動に伴って土壌に汚染が生じても、これを産業廃棄物と解することはできないと言えます。しかし、同法の「廃棄物」の定義は、以上のとおり「汚物又は不要物」という広い概念を含むものですから、汚染された土壌で不要な物として処分される土壌は、「廃棄物」の概念には含まれ、「廃棄物」のうち「産業廃棄物」を除くものは、「一般廃棄物」と呼ばれています（同法2条2項）ので、かかる汚染土壌は、この「一般廃棄物」と言えるのではないかが問題になります。

　ところで、一般廃棄物でも事業者が事業活動に伴って排出する廃棄物については、自ら適正処理を行う義務があります（同法3条1項）。従って、市町村が事業系一般廃棄物を収集する場合も全面的に有料化する例が多く、事業系一般廃棄物を収集しない市町村もあります。いずれにしても、一般廃棄物の収集、運搬及び処分を業とする者は、同法により許可を取得しなければなりませんので（同法7条1項、6項）、この許可のない者（ただし、事業者が自らその一般廃棄物を運搬・処分する場合を除く。廃棄物処理法7条1項ただし書及び同条6項ただし書）が一般廃棄物を収集、運搬及び処分を行うことは違法です。また、事業者が一般廃棄物の運搬又は処分を他人に委託する場合、その運搬又は処分については、許可を得た運搬又は処分業者に委託しなければなりませんし（同法6条の2第6

項)、その場合、政令で定める委託の基準に従わなければなりません（同法6条の2第7項)。これらの違反には思い罰則があります。

　ご質問の汚染土壌が仮にこの一般廃棄物になると、上記の規制に服することになるのですが、土壌汚染対策法制定当時から、環境省は、汚染された土壌は、廃棄物処理法上の廃棄物には当らないという解釈を示していました[130]。それは、該当するとなると、上記の各種規制が適用されざるをえないけれど、それは現実にできないという現実論によるものであったと考えます。もっとも、そのように解釈する法的根拠については不明なところがあったと考えます。しかし、平成21年改正により、要措置区域等からの汚染土壌の運搬及び処分について、廃棄物処理法類似の各種規制が導入されたことから、今や、汚染された土壌は、土壌汚染対策法が適用されるということが明確になったと言えますから、改正法のもとでは、汚染された土壌の運搬や処分にあたって、廃棄物処理法の上記諸規定が適用されると考えることはできないと考えます。もっとも、土壌汚染対策法で汚染された土壌の運搬又は処分に廃棄物処理法類似の各種規制が導入されたのは、あくまでも要措置区域等（すなわち、要措置区域又は形質変更時要届出区域）であり、それ以外の土地の汚染された土壌は、土壌汚染対策法の対象外です。従って、土壌汚染対策法で規制されていない汚染土壌については、廃棄物処理法を適用するという考え方もありえますが、これだけを廃棄物処理法の対象とするというのは不合理ですので、これを含めて、もはや汚染された土壌の運搬又は処分は、土壌汚染対策法に委ねられたと考えるのが妥当な解釈であろうと考えます。従って、ご質問の汚染土壌が、要措置区域等にあれば、土壌汚染対策法の規定に従って、運搬、処分の規制を受けますが、それ以外の土地にあれば、土壌汚染対策法も廃棄物処理法も規制が及ばないため、その運搬又は処分について、法令で義務づけられた運搬又は処分の規制はないというしかありません。要措置区域等外の土

---

[130] 環境省HP「土壌汚染対策法Q&Aコーナー」(旧法下のもの)のQ11-4では、「汚染土壌は廃棄物の処理及び清掃に関する法律の廃棄物に該当しますか。」との設問があり、これに対しては、「該当しません。したがって、汚染土壌については、廃棄物の処理及び清掃に関する法律による廃棄物の処理等に関する規制は適用されません。ただし、水分を多く含んだ状態で産業廃棄物の『汚泥』と判断される場合には同法の対象となりますので、判断しかねる場合には、都道府県の廃棄物担当部局に照会するのがよいでしょう。」とありました。

地の基準不適合土壌等の取扱いについては、ただ、平成22年施行通知第10の1.に「要措置区域等外の土地の土壌であっても、その汚染状態が土壌溶出量基準又は土壌含有量基準に適合しないことが明らかであるか、又はそのおそれがある土壌については、運搬又は処理に当たり、法第4章の規定に準じ適切に取り扱うよう、関係者を指導することとされたい。」とあるだけです。

しかしながら、廃棄される可能性のあるあらゆる種類の物のうち、汚染された土壌だけ廃棄物処理法の適用がないというのは、そのことを明文で規定する条文もないことから、慎重でなければなりません。その議論が妥当する範囲を慎重に考える必要があると考えます。つまり、汚染された土壌の運搬又は処分という行為に対する規制は、土壌汚染対策法によって行うということが平成21年改正で明確にされている以上、その趣旨を無視する議論はできず、その限度で、汚染された土壌に廃棄物処理法は適用がないと解すべきですが、土壌汚染対策法の趣旨に反しない限度ではなお廃棄物処理法の適用がある場合もあると考えます。例えば、「汚染された土壌を何の処理もせずに山の中の窪地に大量に投棄するということは何のおとがめもないのか。」といった問題については、廃棄物処理法第16条の「何人も、みだりに廃棄物を捨ててはならない。」という規定がなお適用され、同条違反であると考えるべきであると考えます。つまり、要措置区域等以外の土地の汚染された土壌であっても、その汚染土壌を「みだりに」捨てることは禁止されており、上記通知に従った処理であれば、「みだりに」と解されることはないが、そうでなければ一応「みだりに」と解されるリスクはあり、最終的に「みだりに」捨てていると判断すべきかどうかは、その汚染拡散の状況等から見て、社会通念で決めるしかないということになろうかと考えます。

さらに言えば、汚染された土壌が不適正に処理され、その結果、その土壌を受け入れた土地が要措置区域に指定されたような場合、かかる不適正処理を知っていた又は知り得てこれを許したあなたの会社自身が原因者としての責任を土壌汚染対策法第7条第1項ただし書に基づいて負わされるリスクも否定できません。

以上のとおりですから、汚染された土壌である限りは、仮に要措置区域

等以外の土地の汚染された土壌であっても、土壌汚染対策法の規定に準じた運搬や処分がなされることを確認のうえ、その運搬や処分を依頼されることが賢明です。

43　自然由来の土壌汚染

Q　自然由来の土壌汚染については土壌汚染対策法の適用はないと聞いたのですが、本当でしょうか。もし本当ならば、自然由来の土壌汚染であれば気にすることは何もないと考えてよいのでしょうか。

A　土壌汚染対策法施行時の土壌汚染対策法の環境省解説と言うべき平成15年2月4日付け通知（環水土第20号、環境省環境管理局水環境部長から都道府県知事・政令市長宛の「土壌汚染対策法の施行について」と題する通知）では、「法における『土壌汚染』とは、環境基本法（平成5年法律第91号）第2条第3項に規定する、人の活動に伴って生ずる土壌の汚染に限定されるものであり、自然的原因により有害物質が含まれる土壌については、本法の対象とはならない。」と明言していました。もっとも、土壌汚染対策法、同法施行令及び同法施行規則の中にはどこにも自然由来の土壌汚染が法の対象外との規定はありませんでした。いずれにしても、対象外と環境省が明言した以上、自然由来か否かが大きな問題となります。そこで、同通知には別紙1として「土壌中の特定有害物質が自然的原因によるものかどうかの判定方法」というものがあり、判定基準が記載されていました。

　ところが、平成21年改正後の土壌汚染対策法の環境省解説と言うべき平成22年施行通知では、「なお、旧法においては、『土壌汚染』は、環境基本法（平成5年法律第91号）第2条第3項に規定する、人の活動に伴って生ずる土壌の汚染に限定されるものであり、自然的原因により有害物質が含まれる汚染された土壌をその対象としていなかったところである。しかしながら、法第4章において、汚染土壌（法第16条第1項の汚染土壌をいう。以下同じ。）の搬出及び運搬並びに処理に関する規制が創設されたこと及びかかる規制を及ぼす上で、健康被害の防止の観点からは自然

的原因により有害物質が含まれる汚染された土壌をそれ以外の汚染された土壌と区別する理由がないことから、同章の規制を適用するため、自然的原因により有害物質が含まれて汚染された土壌を法の対象とすることとする。」として、自然由来の土壌汚染も土壌汚染対策法の外に置かれるものではないことが明確になりました。

　それならばもはや、自然由来か否かは議論をする意味もないかというと、そうでもありません。ある土壌汚染が自然由来か否かは、なお意味がある局面があると考えます。第一に、ある土壌汚染が自然由来であることが明らかになれば、原因者を理由とする法的責任を議論する余地がなくなります。つまり、不法行為責任、売主としての信義則などが原因者責任の文脈で論じられている場合に、自然由来であることが判明すれば、責任を否定する理由になります。第二に、瑕疵担保責任の「瑕疵」を議論するにあたり、自然由来であるということは、瑕疵を否定する方向での有力な理由になります。少なくとも最近まで自然由来の土壌汚染を気にする土地の買主はほとんどいなかったと言えると思うからです。

　以上のとおり、今や、自然由来の土壌汚染であるか否かは、土壌汚染対策法上の義務の発生の有無に影響を及ぼすものではなくなったため、自然由来の土壌汚染であるから気にすることは何もないと言ったことにはなりません。しかし、自然由来であることが判明すれば、民事責任の有無の判断を大きく左右する場合があると言えます。

　なお、自然由来かどうかを判断するには、周辺の土地も同様の汚染状況であるか、敷地内の汚染状況が特定の場所に集中していないかなど、かなり調査が必要であり、簡単ではありません。しかも、自然地盤の汚染状況を調査する必要があり、覆土などで自然地盤の上に人工的に別の土壌が堆積しているような場合は、調査サンプルの採取に注意を払う必要があります。

44　道路用地の買収と土壌汚染

Q　当県が起業者となって行っている道路事業のため私人の土地を買収する場合に土壌汚染についてはどのようなことを注意すべきでしょうか。

A　ここでは道路用地の任意の買収について検討しますが、任意の買収に応じない土地の所有者に対しては、最終的に強制的な収用手段が用意されている場合を検討します。強制的な取得にあたっては、土地収用法に基づき正当な補償（憲法29条3項）を行わなければなりません。また、強制的な取得ではなくとも背後に収用手続きがひかえているような公共用地の取得にあたっては、純粋に任意の売買ではないため、「公共用地の取得に伴う損失補償基準要綱（昭和37年6月29日閣議決定）」及びこれを実施するために細部にわたる基準を定めた「公共用地の取得に伴う損失補償基準（昭和37年10月12日用地対策連絡会決定）」（以下、「用対連基準」という）により、「正当な補償」がなされるべきものとされています。それでは何が「正当な補償」なのかが問題になりますが、判例では、「その収用によつて当該土地の所有者等が被る特別な犠牲の回復をはかることを目的とするものであるから、完全な補償、すなわち、収用の前後を通じて被収用者の財産価値を等しくならしめるような補償をなすべきであり、金銭をもつて補償する場合には、被収用者が近傍において被収用地と同等の代替地等を取得することをうるに足りる金額の補償を要する」とされています[131]。

　まず、土地収用法でどのように「正当な補償」について規定されているかですが、土地収用法第71条では「収用する土地又はその土地に関する所有権以外の権利に対する補償金の額は、近傍類地の取引価格等を考慮して算定した事業の認定の告示の時における相当な価格に、権利取得裁決の時までの物価の変動に応ずる修正率を乗じて得た額とする。」とあります。なお、損失補償の細目は、細目政令と呼ばれている「土地収用法第八十八条の二の細目等を定める政令」で規定されることとされています（土地収用法88条の2）。細目政令では、「収用する土地についての法第七十一条の相当な価格は、近傍類地の取引事例が収集できるときは、当該取引事例における取引価格に取引が行われた事情、時期等に応じて適正な補正を加えた価格を基準とし、当該近傍類地及び収用する土地に関する次に掲げる事項を総合的に比較考量し、必要に応じて次項各号に掲げる事項をも参考

131　最高裁昭和48年10月18日判決（民集27巻9号1210頁）。

にして、算定するものとする。」（細目政令1条1項）とあります。そこに「次に掲げる事項」とは、①位置、②形状、③環境、④収益性、⑤前各号に掲げるもののほか、一般の取引における価格形成上の諸要素が規定されています。

　次に、用対連基準でどのように「正当な補償」について規定しているかですが、そこでは、「取得する土地（土地の附加物を含む。以下同じ。）に対しては、正常な取引価格をもって補償するものとする。」とあります。この正常な取引価格とは、「いわゆる『客観的な交換価値』を基礎としたもので、これを通貨で表したものである。したがって、合理的な自由市場があったならばそこで形成されるであろう市場価値（客観的な交換価値）を貨幣額をもって表示した適正な価格であり、この価格は、不動産鑑定評価基準にいう『正常価格』、地価公示法第2条の『正常な価格』及び土地収用法第71条にいう『相当な価格』に相当するものである。」と解されています（用地補償実務研究会編「公共用地の取得に伴う用対連基準の解説」（1992年（加除式）第一法規）702頁）。

　このように見てくると、土地収用法でも用対連基準でも、正当な補償については、市場取引価格を基礎に考えていることがわかります。しかし、土壌汚染土地の市場取引価格は、清浄な土地価格から掘削除去等の汚染浄化に要する費用を控除して現実に決定されていることから、従来の考え方に従うと大きな問題が発生してしまうことがわかります。例えば、ある土地が、清浄な土地であれば3億円の評価を受けるのに、汚染浄化に2億円も費用がかかるため、市場の取引価格は1億円以下であるという場合、従来の考え方に従うと、せいぜい1億円の評価しかできず、正当な補償金額もそれにとどまってしまうからです。このように考えることにどのような問題があるかですが、それは、被補償者が補償金額では代替地を取得できないという点にあります。従って、そこで事業を営んでいたり、そこに生活の本拠を有していたりしている場合は、事業や生活が破壊されてしまうということであり、これが果して土地収用法や用対連基準の基本的な考え方に沿うものか甚だ疑問でもあるからです。[132]

---

[132] 補償においての市場価格主義のもたらす問題点については、例えば、「その最大の問題点は、

この問題について、国土交通省は、平成15年4月30日に「公共用地の取得における土壌汚染への対応に係る取扱指針」を発表しています[133]。そこでは土地補償額の算定について、不動産鑑定基準の改正に言及して、「汚染の除去費用等を減価要因として織り込む等により、評価を行うことが必要である。」としながら、「土壌汚染による具体的な減価額は、土地の補償額は当該土地の財産価値に基づき判断すべきことを踏まえると、当該土地の属する用途的地域における通常の利用方法を可能とするために最低限必要となる、想定上の土壌汚染対策費用とすることとする。」としています。この意味は、必ずしも明確ではありませんが、通常の利用にさしつかえる汚染が存在すれば、さしつかえないようにするための最低限度の費用をもって減価とせよと読めます。このように読むと、多くのケースでは減価がないということになろうかと思います。上述の例では、1億円ではなく、ほぼ3億円の補償額となります。これが従来の土地収用法や用対連基準による補償額といかにかけはなれているかは明らかです。

この指針は、「平成15年3月31日に『宅地・公共用地に関する土壌汚染対策研究会（座長：寺尾美子東京大学大学院教授）』により取りまとめられた『公共用地取得における土壌汚染への対応に関する基本的考え方（中間報告）』（平成15年4月21日発表）を踏まえたものとなっております。」と国土交通省は説明しています。ただ、この中間報告後に設置された「公共用地に関する土壌汚染対策研究会（座長：寺尾美子東京大学大学院教授）」により取りまとめられた「公共用地取得における土壌汚染への対応に関する基本的考え方（最終報告）」（平成16年3月30日発表）は、

この主義は土地等の市場価値を補償するにとどまり、当該土地所有者等が現実に当該土地等において生活を営んでいることによる価値（使用価値）を考慮の外においており、このため、取得等の対象となる土地等の市場が成熟している場合には何らの不都合も生じないが、その市場がなかったり、未成熟である場合には、補償金によっては従前の土地等に見合った代替地等を現実に入手することができず、このため、従前と同水準の生活を復元することができない場合がある、ということである。」（小澤道一『逐条解説土地収用法第二次改訂版（下）』（ぎょうせい　2003）11頁）と言われています。土壌汚染土地も同様の土壌汚染を有する土地を代替地として探すことは事実上不可能なので、この問題が大きくクローズアップされることになります。

133　この指針は「『公共用地の取得における土壌汚染への対応に係る取扱指針』の改正について」平成22年4月1日付け国土用第83号国土交通省土地・水資源局総務課長通知により土壌汚染対策法平成21年改正に合わせた形式的な改正が行われていますが、実質は変更されていません。

「この場合の減価額については、一つの考え方として、通常の土地利用に関して土壌汚染対策法第7条の措置命令により求められる措置（例えば、汚染土壌の直接摂取によるリスクに係る措置としては盛土（覆土）が原則とされている。）に要する費用相当分を減価することが考えられる。」として、その考え方をとる理由を「現状の取引実態は個別の事情に応じた適正な補正を考慮に入れれば必ずしもいわゆる浄化措置が前提となっているとまではいえず、盛土（覆土）などの健康被害防止の観点からの必要最低限の措置で最有効使用が可能となる場合もあるとの考え方」によるとしています。しかし、この理由付けは、混沌としています。取引価格が汚染の除去のコストを前提としている例が通常であると思われる現実を無視していますし、最低限の措置で最有効使用が可能であるということは、取引価格の問題とは別の問題だからです。

上記指針は、土地収用法や用対連基準の従来の考え方からは逸脱していますが、もともと、従来の考え方が、補償にあたって、交換価値を重視して使用価値を軽視しているところの問題点が土壌汚染地の評価にあたっては如実に現れたものと考えます。土壌汚染のある土地の多くはそのまま使用し続けることには支障がないものの、売却しようとすると大きく減価が求められるからです。従って、使用価値に着目して処理したいという国土交通省の意向も理由があります。ただ、そのように端的に説明すると、従来の考え方からあまりにも逸脱しているように見えるので、説明が理解しがたいものになっているように思われます。それでは、本件の問題はどのように考えるべきでしょうか。

まず、土壌汚染のある土地の多くは、使用には支障がなくとも、売買すると、市場での取引価格は、汚染の除去に必要な額だけ減価されてしまいます。しかし、この減価をただちに補償額から差し引いてよいのでしょうか。そのまま差し引くことには疑問があります。なぜならば、その補償額では代替地を取得できないことは明らかで、そのような状況を強いられる理由は当該土地所有者にはないからです。市場価格で補償すれば足りるのは、それを受け取ることで代替地を取得できる場合であって、それが取得できない場合は、使用価値に着目した補償がされるべきものです。前記最高裁判決は、「金銭をもつて補償する場合には、被収用者が近傍において

被収用地と同等の代替地等を取得することをうるに足りる金額の補償を要するというべく」としていることからも、代替地取得としてその補償が適切かを無視した判断は理由がないと考えます。

　それならば、どのように評価すべきかが問題となります。この点については、企業会計において、減損損失を認識すべき土地について、回収可能価額まで損失を認識すべきとされていることが参考になります。回収可能価額とは、売却による回収額である正味売却価額（資産の時価から処分費用見込額を控除して算定される金額）と、使用による回収額である使用価値（資産の継続的使用と使用後の処分によって生ずると見込まれる将来キャッシュ・フローの現在価値）のいずれか高い方の金額を言うとされています（本章Q31の「汚染土地と会計」参照）。従って、本件では、その資産を当該土地所有者がいつまで使用し続けると考えることが合理的かを考えたうえで、後者の処理を考えるべきであろうと思います。すなわち、将来の処分時の減価の現在価値は非常に小さくなりうるため、合理性のある評価が可能になろうかと思います。上記設例で言えば、30年後（30年後に処分すると仮定することに合理性がある場合）の2億円は現在価値で言えば、いくらかを評価して、それを3億円から減価するといった考え方ができないかを検討すべきではないかと思います。

45　土地区画整理と土壌汚染

Q　組合土地区画整理事業で当社が換地を受けた土地とその隣地で当社が購入した保留地から土壌汚染が見つかりました。当社としては誰にどのような請求が可能でしょうか。

A　土地区画整理事業は、土地の交換分合であり、強制的な処分により、従前地を失って換地を取得します。保留地は、施行者が売却する土地であり、施行地区内の権利者であってもそうでなくとも購入できます。

　ご質問によると、あなたの会社（甲）の従前地（A地）の換地（B地）も、甲が組合から購入した保留地（C地）も、汚染されているということですが、仮にB地とC地を両方含む土地（D地）がかつてあるメーカー

(乙) の従前地であって工場用地であったとします。また、乙は、D地に対して清浄な土地 (E地) を換地されていたとします。

まず、換地の問題から考えます。甲は、清浄な土地であったA地に対して汚染された土地であるB地を換地として取得させられたのですが、これは照応の原則（土地区画整理法89条）に違反する違法な処分ですので、換地処分について、不服申立て又は取消訴訟の提起を行うことができます。しかし、これらはいずれも期間制限がありますので、甲が土壌汚染を発見したのが換地処分を受けて当該期間（不服申立ては処分を知った日から60日以内、取消訴訟は処分又は裁決があったことを知った日から6か月以内）を経過している場合は、もはやこれらの手段をとりようもありません。しかし、これらは違法な処分ですので、この処分によって被った損害について、組合に対して損害賠償を請求することができます。しかし、換地処分の多くは、事業の終わり頃に行われ、組合は、換地処分後速やかに解散することが多いので、組合に対して何らかの責任追及を行おうとしても、組合が解散して清算も結了している場合は、事実上責任追及は無理です。そうなると、違法な換地処分を行った理事らに対して直接に損害賠償を請求できるかという問題がありますが、これは、理事らが重過失でなければ無理であろうと思われ（重過失であれば、一般社団法人又は一般財団法人に関する法律117条1項類推で可能性があります）、これは主張立証が難しいかもしれません。

残る手段は、乙に対する損害賠償であろうと思います。ただ、甲と乙とでは契約関係にはありませんので、乙の不当利得又は不法行為を理由とするほかないように思われます。不当利得については、困難であるように思われます。甲の損失と乙の利得との因果関係が直接的ではないと思われるからです。より可能性があると思われるのは、乙の不法行為です。これは、二つの点を問題にできます。第一は、現在、汚水を地下に浸透させる行為は、違法な行為として水質汚濁防止法等により禁じられていますが、かつてはこの点の規制が存在していなかったり、汚水の規制も緩い時期がありました。従って、仮に乙がD地を汚水で汚染させたとしてもその汚染行為を直ちに違法視していいかは議論となり得ますが、違法である場合が少なくないと考えます。汚染行為を違法な行為と言える場合、その違法

な行為の結果、甲の損害が発生したことをどのように評価すべきかが問題です。事実的因果関係はありますが、そこに組合の換地処分が介在しますので、果して相当因果関係があるのかという議論があります。ただ、原因行為を不法行為とできなくとも、換地処分以前に乙は組合に対して汚染の可能性のある土地利用をしていたということを告知すべき信義則上の作為義務があったのではという立論も可能ではないかと思われます。その作為義務があるとなると、その告知義務違反で損害賠償責任を負う可能性があります。ただ、かかる作為義務を土壌汚染に対する人々の意識が高まった契機となった平成14年の土壌汚染対策法制定以前にさかのぼらせることは、特別な事情がない限り困難があるように思われます。

次に、保留地の問題について検討します。保留地は土地区画整理事業における換地処分によって施行者が原始取得する土地です。上記設例で、D地の中に保留地C地も含まれます。原始取得ですから、乙から施行者、施行者から甲と転々譲渡されたとは考えません。保留地C地は確かにかつてはD地の一部であったとしても、乙から施行者への譲渡があったとは見ません。ただ、その点は、ここでは問題ではありません。なぜなら、甲としては、保留地については、施行者から購入したわけで、そこに土壌汚染があったのですから、土壌汚染のある土地の買主として、売主である施行者に対して瑕疵担保責任を追及できるからです。ただ、施行者が組合であって、汚染が発覚した時点では既に解散し清算も結了している場合は、組合に責任追及が事実上できないという問題がありますので、換地について前述した理事らの責任と乙の不法行為責任を同様に検討するしかないと思われます。

以上のように、土地区画整理事業における土壌汚染はさまざまな問題を提起しますので、施行者としては、施行にあたって、施行地区内に土壌汚染がありそうか否か、土壌汚染がありそうな土地にはどのような調査をいつから行うか、仮に土壌汚染が判明した場合、土地の評価をいかに行うか

---

134 過去の原因行為に対していかなる場合に不法行為責任を追及できるかについては、原因行為の違法性を議論する必要があると思われます。その場合に、過去の法規制は無視できません。過去の規制については、拙稿「日本における土壌汚染と法規制―過去および現在」都市問題101巻8号（2010年）44頁参照。

など、さまざまに事前に十分検討が必要です。とりわけ困難な問題は、土壌汚染の判明した土地をどのように評価するのかという問題です。強制的な処分であるという点に着目すると土地収用の場合の議論が参考になりますが、一方で、清浄な土地と汚染された土地は、それぞれに照応した換地を受けなければ公平とは言えず、そこにアンバランスがあれば、清算金で処理すべきと考えられるでしょうから、土地収用の場合と異なって、より交換価値に着目した評価が求められるかも知れません。ただ、この評価の点については、最終的には、各施行者がこれらの事情（交換価値を強調すると代替地として機能しない換地しか与えられないが、交換価値を無視すると他の権利者の犠牲の上に土壌汚染土地所有者を厚遇するという不公平な取扱になるという事情）を十分考慮のうえ土地評価基準を定めたのであれば、その基準は尊重するという方向で解決されるべきであろうと考えます。[135]

46 土壌汚染調査会社と秘密保持

Q 当社は、指定調査機関に指定を受けた土壌汚染調査会社です。このたび、ある大手のメーカーから極秘でその所有している土地の土壌汚染調査の依頼を受けました。調査をして驚愕しました。とんでもない高濃度の汚染が存在しているのです。メーカーからは、「何とか対処するから、このことはぜひ内密にお願いしたい。」と言われました。しかし、メーカーは、何もする様子がありません。どうも「社長が隠し通せ」と言っているらしいのです。当社としては、もともと、極秘ということで依頼を受けていることもあり、このまま黙っているしかないようにも思いますが、黙っていたら指定調査機関の指定も取り消されるのではと気が気ではありません。どうしたらいいのか教えてください。

---

[135] 土地区画整理と土壌汚染については、土地区画整理実務研究会編『問答式土地区画整理の法律実務』（新日本法規出版 1999（加除式））において、「土壌汚染対策法改正の土地区画整理事業に対する影響」（574の9頁）、「換地の土壌が汚染されているときは」（952の9頁）、「保留地の土壌が汚染されているときは」（1090頁）においても解説されています。

A 貴社は、「極秘で」との依頼に応じたわけですので、メーカーとの間で秘密保持契約があると考えられます。従って、当該汚染の事実をみだりに他人にもらすことはできません。しかし、メーカーが適切な対処を行わない場合、近隣の土地の土壌や地下水を汚染させる危険が高く、これを放置すれば、第三者の生命、身体、財産に危害が及ぶおそれが相当程度あれば、そのような時に貴社がやむをえず、かかる汚染の事実を公衆の利益を守る立場の都道府県に通報することは、上記秘密保持契約に違反しないと考えます。なぜならば、当該秘密保持契約もそのようなことまでも禁止している趣旨とは言えないと思われますし、仮に明示的にいかなる場合であろうとも秘密を守れという規定が入っていたとすれば、その規定は、以上のような状況における通報を禁止している限度では公序良俗に違反しており無効であると解すべきだからです。もちろん、貴社としては、いきなり当局に通報するのではなく、メーカーに対して、事態を放置した場合の危険を説明し、メーカーに自主的に善処することを求める努力をまず行う必要があると考えます。また、当局への通報は義務ではありません。

47 近隣住民による土壌汚染調査請求の可否

Q 最近、マンションを買って引っ越してきました。近くに工場跡地があります。工場は取り壊されていますが、地面はむきだしのままで荒れるにまかされています。その跡地の周辺は、鉄条網がはりめぐらされ、中に入ることはできません。しかし、ここは、かつて薬品工場があったとも、また、化学研究所があったとも言われており、ものすごく汚染されているとの風評があります。マンション内の砂場で子供が遊んでいることもあり、汚染された物質が風で飛んでくるのではないかとか、大雨の際に汚染された土壌が運ばれてくるのではないかと大変心配しています。先日、管理組合の理事さんがその工場跡地の所有者に土壌汚染の調査を要求に行かれたのですが、「どんな法律上の根拠があってそんな要求をするのだ」と逆にねじこまれたそうです。何とか、汚染の実態だけでもまず調査できないのでしょうか。

A　土壌汚染対策法では、ご質問の不安を取り除くための適切な手段が存在しません。仮に、マンション内の土壌汚染や地下水汚染をマンションの住民が費用を負担して調査をされ、その結果、地下水汚染が判明しても、土壌中の重金属等の汚染が判明したとしても、また、その汚染が当該工場跡地の土壌汚染が原因であろうと考えられても、だからと言って、土壌汚染対策法を根拠に当該工場跡地の土壌汚染調査を求めることはできません。ただ、地下水が飲用に利用されている場合は、都道府県知事が当該工場跡地の所有者に土壌汚染の調査を命じることができますが（また、地下水汚染が河川等公共用水域の水質汚濁を招いている場合も調査を命じることができますが）、地下水が飲用にも利用されておらず、また、当該工場跡地が立入禁止の措置を講じている以上、都道府県知事としても、当該工場跡地の所有者に調査命令も出せないのです。

　このような制限は、土壌汚染対策法そのものの問題というよりも、これを受けて制定された施行令（施行令3条1項1号）や施行規則（施行規則30条）が都道府県知事の手足を縛ってしまっているところからくる問題です。これらの規定は、平成14年1月の中央環境審議会の「今後の土壌環境保全対策の在り方について」と題されている答申に基づき定められたものです。

　ところで、以上のとおり、現時点の土壌汚染対策法、施行令及び施行規則のもとでは、あなたの不安を取り除く適切な法的手段が用意されてはいませんから、現行法のもとでは、法的な手段に訴えるというよりも、住民運動を展開し、工場跡地の所有者に土壌汚染の調査を自主的に行わせるなどの方法を追求した方が無駄がないと思います。ただ、その前に都道府県または市区町村が独自に定める土壌汚染や地下水汚染に関する条例や指導要綱にあなたが希望される土壌汚染調査を命じる根拠がないかを検討されることを勧めます。

　なお、土壌汚染対策法の国会における審議過程でも、この法律には住民の意見が反映できるシステムが存在しないことの問題がとりあげられ、最終的に法律そのものには規定されませんでしたが、衆議院環境委員会や参議院環境委員会で、附帯決議の中に「政府は、…（中略）…土壌汚染に対する住民の不安を解消するため、住民から土壌汚染の調査について申し出

があった場合には、適切に対応することにつき都道府県等と連携を図ること」（衆議院環境委員会附帯決議2項）、「政府は、…（中略）…土壌汚染に対する住民の不安を解消するため、住民から土壌汚染の調査について申し出があった場合には、適切な対応が行われるよう、都道府県等との連携を十分に図ること」（参議院環境委員会附帯決議2項）という文言が盛り込まれました。附帯決議には、法的拘束力があるわけではありませんが、この法律を運用する国または地方公共団体が尊重すべきことを特に列挙しているものですから、これを根拠に強力な行政指導を関係地方公共団体に求められることも有意義だと思います。

　また、当該工場跡地の周辺の地下水等から当該工場跡地の土壌汚染が疑われるデータが集まり、かつ、その周辺で井戸水の飲用があるような場合は、知事が土壌汚染対策法第5条により調査命令を出すべき状況にあると思われますので、知事がこれを放置している場合は、裁量権の濫用であるとして、行政事件訴訟法上の義務付け訴訟（同法3条6項1号、37条の2）を提起することを検討されるのもよいと考えます。

第 5 章

裁判例の分析

平成14年に土壌汚染対策法が制定されて以来、土壌汚染に関する裁判例は既に相当数出されています。ここでは、土壌汚染が問題になった、平成22年8月31日までに公刊された裁判例を以下に紹介し、分析を試みたいと思います。なお、土壌汚染ではありませんが、地中障害物に関する裁判例も参考になりますので、合わせて紹介したいと思います。

　裁判例1から22までは、不動産の売買・賃貸に関する裁判例です。土壌汚染対策法の制定以降人々の意識が大きく変わりましたので、ここでは平成14年以降の裁判例を新しい順に紹介しています。裁判例23から26までは、不法行為責任が問題となった裁判例です。ここでも平成14年以降のものを新しい順に紹介しています。裁判例27から30は行政事件ですが、これは平成元年以降の裁判例を新しい順に紹介しています。さらに、最後に公害等調整委員会の裁定例を1件載せました。なお、それぞれに私の考えを「評釈」として示し、また、各事例の論点となるキーワードを示しました。裁判例とキーワードとの対照表は本章の末尾に掲載しました。

1 契約責任に関する裁判例

裁判例1（足立区土地開発公社事件）

【上告審】
最判平成22年6月1日
判例タイムズ1326号106頁
判例時報2083号77頁

【控訴審】
東京高判平成20年9月25日
金融・商事判例1305号36頁
ビジネス法務9巻3号74頁

【第1審】
東京地判平成19年7月25日
金融・商事判例1305号50頁

[事案の概要]
　原告は、日暮里・舎人線の開設に不可欠な用地の被買収者に対して提供する代替地の取得のため、平成3年3月、昭和59年頃まで工業用のふっ酸を製造するための工場用地であった本件土地を、被告から約23億3000万円で購入しました。
　売買に先立ち、平成3年2月に行われた調査では、本件土地に鉛、ヒ素、カドミウムが含有されている部分があることが判明しました。その後本件土地は事実上遊休地となっており簡易舗装を行ったうえで一般に開放されていましたが、平成17年に至り、本来の目的としての用地買収の代替地として被買収者に提供するにあたり本件土地の土壌汚染を調査したところ、鉛、ヒ素、カドミウムの他、フッ素が含有されている部分があることが判明したというものです。

平成13年施行の東京都条例では、土地の改変を行う者は、有害物質の調査をしなければならないとされ、汚染されていると認められるときは、汚染状況について調査、報告することが義務づけられています。さらに、有害物質の濃度が汚染土壌処理基準を超えていることが判明したときは、汚染拡散防止措置を講じなければならないことになっています。このような条例上の規制の対象として、当初フッ素は含まれていませんでしたが、平成15年に加えられました。

　フッ素をめぐる法規制については、平成13年3月には、環境基本法第16条に基づく環境基準にフッ素が加えられ、平成14年5月には特定有害物質としてフッ素が定められている土壌汚染対策法が公布、翌年施行されましたが、平成3年の本件売買契約締結当時に地中のフッ素の有害性は認識されていませんでした。

　第1審では、原告は、被告から買い受けた本件土地の土壌が有害物質により汚染されていたことにより、その後施行された東京都条例の規制に従い、土壌汚染を調査し拡散を防止する措置を執らなければならないという制限を受けたことをもって「瑕疵」と主張し、瑕疵担保責任に基づく損害賠償等を請求しましたが、控訴審では、売買契約締結当時本件土地の土壌がフッ素で汚染されていたことが、本件土地の隠れた瑕疵であるという主張を追加しました。

［判決要旨］
【第一審】
　法令等により利用の制限を受けることは売買の目的物として通常有すべき品質や性能を欠くものであり、「瑕疵」にあたりうるが、瑕疵担保責任が問題となる場合においては、売買契約締結時に「瑕疵」が必要であり、すなわち、現に法令等により目的物の利用が制限されているか確実に予定されていることが必要であり、本件では売買契約締結時に存在しない瑕疵を主張するものであり、主張自体失当と判示しました。

【控訴審】
　フッ素による土壌汚染は、第一審における事実主張の不可欠の前提であ

り、時機に後れた攻撃防御方法には当たらないとした上で、「居住その他の土地の通常の利用をすることを目的として締結された売買契約の目的物である土地の土壌に人の生命、身体、健康を損なう危険のある有害物質が上記の危険がないと認められる限度を超えて含まれていたが、当時の取引観念上はその有害性が認識されていなかった場合において、その後、当該物質が土地の土壌に上記の限度を超えて含まれることは有害であることが社会的に認識されるに至ったときには、上記売買契約の目的物である土地の土壌に当該有害物質が上記の限度を超えて含まれていたことは、民法570条にいう隠れた瑕疵に当たると解するのが相当である。」として、売買契約締結当時有害性について認識されなくてもフッ素による土壌汚染は瑕疵に当たると判断し、上記の場合においては、本件都条例に基づき、汚染の除去・拡散防止措置を実施するために負担した費用相当額の損害賠償を求めることができるとしました。

　さらに、有害性が認識されていなかったことから、売買の目的物の引渡しを受けた時から損害賠償請求権を行使することができない特段の事情があるとして瑕疵担保責任に基づく損害賠償請求権の時効の起算点を平成13年3月28日（環境基準が改正され別表にフッ素が加えられた時）として、損害賠償請求権の時効消滅を認めませんでした。

【上告審】

　上告審では瑕疵の判断についての上告理由のみが取り上げられ、「売買契約の当事者間において目的物がどのような品質・性能を有することが予定されていたかについては、売買契約締結当時の取引観念をしんしゃくして判断すべきところ、前記事実関係によれば、本件売買契約締結当時、取引観念上、ふっ素が土壌に含まれることに起因して人の健康に係る被害を生ずるおそれがあるとは認識されておらず、被上告人の担当者もそのような認識を有していなかったのであり、ふっ素が、それが土壌に含まれることに起因して人の健康に係る被害を生ずるおそれがあるなどの有害物質として、法令に基づく規制の対象となったのは、本件売買契約締結後であったというのである。そして、本件売買契約の当事者間において、本件土地が備えるべき属性として、その土壌に、ふっ素が含まれていないことや、本件売買契約締結当

時に有害性が認識されていたか否かにかかわらず、人の健康に係る被害を生ずるおそれのある一切の物質が含まれていないことが、特に予定されていたとみるべき事情もうかがわれない。そうすると、本件売買契約締結当時の取引観念上、それが土壌に含まれることに起因して人の健康に係る被害を生ずるおそれがあるとは認識されていなかったふっ素について、本件売買契約の当事者間において、それが人の健康を損なう限度を超えて本件土地の土壌に含まれていないことが予定されていたものとみることはできず、本件土地の土壌に溶出量基準値及び含有量基準値のいずれをも超えるふっ素が含まれていたとしても、そのことは、民法570条にいう瑕疵には当たらないというべきである。」と判示されました。売買契約締結当時の取引観念がどのようなものであったかと当事者が取引時に目的物にいかなる性状等を予定していたのかをそれぞれ探究して瑕疵があったのか否かの判断をすべきことが明確に示されたものと言えます。

[評釈]

本件は、私が第一審から上告審まですべて売主代理人の立場で関与したものです。上記の通り、第一審は売主勝訴、控訴審は買主勝訴、上告審は売主勝訴と裁判所の判断が分かれました。第一審と第二審のより詳しい紹介は拙稿「土壌汚染に関する東京高裁判決について」ビジネス法務9巻3号（2009年）74頁をご参照下さい。本件の詳しい評釈は第三者に任せたいと思いますが[136]、この事件を理解しやすいように以下に若干説明します。

第一審では、買主代理人は、本件土地の利用について、都条例の定める義務を履行しなければ公園用地に改変できないという制限を受けたため、本件土地には瑕疵があるとして、瑕疵は東京都の環境確保条例による規制そのものであると主張しました。この時に、買主代理人には、フッ素による土壌汚染そのものを瑕疵と構成すると、最高裁平成13年判決で示された引渡しから10年の消滅時効の問題があり、そこで負けるという判断があったのではないかと推測します。

しかし、第一審で上記条例による規制そのものを瑕疵と主張することは、

---

[136] 大塚直「土壌汚染に関する不法行為及び汚染地の瑕疵について」ジュリスト1407号（2010年）66頁等参照。

主張自体失当という判断が出たために、買主は、控訴審で新たな代理人を追加し、売買契約締結時点でのフッ素による土壌汚染そのものが瑕疵であるとの主張を追加しました。そのように主張するのですから、売買当時からフッ素の危険性は広く知られていたという議論を買主代理人は展開しました。ところが、控訴審の判決は、売買契約締結当時、フッ素により汚染された本件土地は、取引観念上瑕疵が存在するものとは評価されなかったと判断しながら、しかし、本件フッ素汚染は、「居住その他の土地の通常の利用をすることを目的として締結される売買契約の目的物である土地の土壌に人の生命、身体、健康を損なう危険のある有害物質が上記の危険がないと認められる限度を超えて含まれて」いるものと評価できるから瑕疵だと認定したものでした。取引当時の社会通念や取引当事者が土地に何を期待していたのかの探究がないまま、かかる認定がされたものです。簡単に言うと、「有害物質のある土地は誰も買いたくない。だから瑕疵ある土地である。その問題となる物質が有害であることが売買からずっとたった後にわかっても、それは関係ない。」というものと私は理解しました。これは、従来の瑕疵担保責任の議論からは受け入れられません。瑕疵とは取引の当事者が目的物に期待していたものが欠けていることであり、取引当時の社会通念で決めるべきであるとして上告したものです。最高裁は、この上告理由を全面的に受け入れました。

なお、仮に本件土地に瑕疵があったと解しても引渡しから10年以上たっているのだから、消滅時効はどうなるのだろうという問題があります。この点、控訴審は、取引当時瑕疵が存在するものと評価されていないから、引渡し時から損害賠償請求権を行使できない特段の事情があったとして、最高裁平成13年判決の法理は及ばないとしました。しかし、それでは、エンドレスに消滅時効の起算点のずらしを認めることになり、最高裁平成13年判決の法理にもとると考え、この点も大きな論点として上告しました。上告審では、瑕疵の論点だけ上告が受理され決着がつきましたので、この消滅時効の問題まで判断は示されていません。

なお、私たち売主代理人が控訴審判決に驚いたのは、上記の瑕疵と消滅時効の各論点に対する控訴審の判断そのものというよりも、買主代理人が主張していない、瑕疵と消滅時効排斥の起算点についての主張を控訴審が創作して整理したことでした。売買当時、瑕疵が存在するものと評価されていなか

ったということは売主が主張し、買主が真っ向からこれに反論していたものです。控訴審のような主張整理は、弁論主義から許されず、不意打ちだと感じた次第でした。この点も、上告受理申立理由書では詳細を書いています。控訴審が示した「瑕疵」概念は粗っぽいもので、その概念で用いられている「危険」とは、誰に対するどういう危険を議論しているのか不明ですが、買主が控訴審で主張していたものではありませんので、売主としては反論の機会がありませんでした。

[キーワード]
瑕疵、瑕疵と事後規制

裁判例 2

東京地判平成 22 年 3 月 26 日
ウェストロー・ジャパン（文献番号 2010WLJPCA03268023）

[事案の概要]
　平成 17 年 12 月 20 日、原告である株式会社イーグランド（商号変更前の旧商号は「株式会社恵久ホーム」といい、不動産の売買、賃貸、管理、仲介及びそのコンサルタント業務等を目的とする株式会社です）は、マンション建設用地として株式会社モリモト（以下「モリモト」といいます）に転売することを目的として、被告所有の宅地（以下「本件土地」といいます）を代金 6 億 1000 万円で購入しました。この時の売買契約（以下「本件売買契約」といいます）には、「被告は、本件土地の隠れた瑕疵については引渡しの日から 1 年間に限り、原告に対してその担保責任を負うものとする。本件土地内に万一、有害物質、土壌汚染（油分を含む。）が発見された場合は、被告の責任と負担によりすみやかに改良処理するものとする。」との内容の書かれた瑕疵担保責任条項がありました。その後、平成 17 年 12 月 21 日、本件土地は、原告からモリモトにマンション用地として売却されています。なお、本件土地はガソリンスタンドの敷地として利用されてきた土地であり、

本件売買契約締結当時、本件土地には、給油所用建物等が存在していました。

平成18年8月4日及び5日、転売先であるモリモトは業者に依頼し、本件土地内の7地点において土壌汚染調査を行いました。その結果、各調査地点の一部から鉛、ベンゼン、トルエン、キシレン、及びTPH（全石油系炭化水素）が検出されました。

平成19年3月14日、原告及びモリモトとの間で、本件土地の土壌汚染改良処理作業及び地中障害物撤去作業費用のうち3500万円を原告が負担することが合意され、また、同月19日には、モリモトから3210万円を支払うよう催告されるに至っています。

そこで、原告は、売買契約中の瑕疵担保責任条項に基づく損害賠償請求権に基づき、3210万円の損害を蒙った旨を主張して、3210万円及び遅延損害金の支払を求めました。

[判決要旨]

まず、本件瑕疵担保責任条項にいう「有害物質、土壌汚染（油分を含む。）が発見された場合」の「有害物質、土壌汚染」とは、民法第570条にいう「隠れた瑕疵」に該当する有害物質の存在ないし有害物質又は油分による土壌汚染の存在を指し、本件土地に有害物質及び土壌汚染が存するというためには、本件売買契約の目的物としての本件土地が通常備えるべき品質、性能の欠缺と評価できる程度のものでなければならないと解すべきであるとされました。

その上で、本件土地にその「隠れた瑕疵」に当たる有害物質ないしこれによる土壌汚染が存在したかどうかは、「ア　本件土地の土壌に本件売買契約締結当時から有害物質が人の生命、身体、健康を損なう危険がないと認められる限度を超えて含まれていたかどうか、イ　上記アの有害物質の存在は、本件売買契約締結当時は取引上相当な注意を払っても発見することができないものであったかどうか」という観点から、また、油分に関しては、「ア　本件土地の土壌に、本件売買契約締結当時から、油分が、地表に油臭や油膜を生じさせて居住者等に不快感、違和感を抱かせ、生活環境保全上支障を生じさせる程度ないし土砂を産業廃棄物として処理しなければならない程度の

濃度・量で含まれていたかどうか、イ　上記アの濃度・量の油分の存在は、本件売買契約締結当時は取引上相当な注意を払っても発見することができないものであったかどうか」という観点から検討するのが相当としました。

①鉛及びベンゼンについて

　本件では、鉛、ベンゼンが検出されているところ、土壌汚染対策法上の基準及び環境基準を上回るかどうか及びその程度は、人の生命、身体、健康を損なう危険がないかどうかを判断するうえで重要な考慮要素となるというべきとして、土壌溶出量基準、土壌含有量基準のどちらも基準以下であった鉛については人の生命、身体、健康を損なう危険がないと認められる程度を越えて含まれているとは認められないとしました。

　他方、ベンゼンについては、7つの調査地点のうちの一つである、NO.23地点の地下3メートルの土壌からのみ、土壌溶出量基準の11倍の値のベンゼンが検出されていました。この点については、NO.23地点の、地下3メートルの地点以外では、定量下限値以下ないしは土壌溶出量基準を大きく下回るベンゼンしか検出されておらず、人の生命、身体、健康を損なう危険を有する濃度のベンゼンを含む部分は本件土地（地積合計約2011平方メートル）のごく一部に限られていること、加えて、本件土地及びその周辺地の居住者等が井戸等によって本件土地の地下水を利用し又は今後利用する予定であるなどの事情はうかがわれないことなどをも考慮すると、本件調査結果をもって、本件土地に、ベンゼンが、本件土地及びその周辺地の居住者等の人の生命、身体、健康を損なう危険がないと認められる限度を超えて含まれているとまで認定することはできないとしました。

②トルエン及びキシレンについて

　同じく、NO.23地点の地下3メートルの土壌からは、公共用水域及び地下水における指針値を超えるトルエン及びキシレンが検出されていました。しかし、トルエン及びキシレンは、人の健康に影響を及ぼす量やその影響の具体的な内容が未だ明確ではなく、さらに上記指針値は、公共用水域及び地下水中の濃度に関する基準であって、土壌中の濃度に関する基準ではないことに照らし、人の生命、身体、健康を損なう危険がないと認められる限度を超えて含まれているとまで認定することはできないとしました。

③油分について

　油分については、平成18年6月頃、モリモトから本件土地におけるマンション建設を請け負った建設業者が工事中に生じた土砂を処分しようとしたところ、土砂に油臭があることを理由として受入れを拒否され、産業廃棄物として処理するよう指示された事実などからすると、NO.18地点付近の土壌には、産業廃棄物として処理しなければならない程度の濃度の油分を含む部分があったことを推認することができ、このことは本件土地の瑕疵に当たるというべきとしました。

　しかし、本件土地はガソリンスタンドの敷地として使用されており原告もそのことを知っていたこと、また、原告は本件売買契約締結前にサメジマから平成16年に行われた調査の報告書の交付を受け、本件土地の一部の地表から68mg／kgないし1900mg／kgの濃度のTPHが検出されていることを知っていたことが認められ、これらの事実に照らせば、原告は本件売買契約締結当時から、本件土地の土壌にその土砂を産業廃棄物として処理しなければならない程度の濃度・量の油分を含む部分が存することを知っていたか、そうでないとしても取引上必要な注意を払えば、本件土壌にその程度の油分を含む部分が存することを発見することができたとして、「隠れた」ものであるということはできないとしました。

④結論

　従って、各有害物質及び油分による土壌汚染が存在していたとして本件土地に隠れた瑕疵があったとは認められず、原告の請求は棄却されました。

[評釈]

　本件は、土壌汚染対策法で特定有害物質とされるベンゼンが濃度基準を超えて判明したにもかかわらず、これを瑕疵ではないとした点と、油汚染に関して買主の悪意又は過失を認定して売主の瑕疵担保責任を否定した点とで、注目すべき判断が示されています。

　まず、前者の点ですが、基準以上の汚染がありながら、これを瑕疵ではないとする判断は目を引くものです。今や、土壌汚染対策法の濃度基準以上の汚染が判明すれば、取引当事者の予定していた性状を備えないものとして土地が評価されているのが通常です（ただし、多少の汚染があっても、予定さ

れている土地の利用から、または、売主又は買主の資力から、問題とはしない取引もありえます。特に小宅地の取引ではむしろ当事者の意識がその程度であり、そうであるがゆえに、マーケットでの評価も減価しない場合もあると考えます)。この判決においては、七つの調査地点のうち一つだけで濃度基準を超えたベンゼンがあるにすぎないことと、「本件土地及びその周辺地の居住者等が井戸等によって本件土地の地下水を利用し又は今後利用する予定であるなどの事情はうかがわれないことなどをも考慮すると」、ベンゼンが「本件土地及びその周辺地の居住者等の人の生命、身体、健康を損なう危険がないと認められる限度を超えて含まれているとまで認定することはできない」としている点が注目点です。つまり、地下水飲用のおそれがあるのかということは、確かに土壌汚染対策法上の対策の義務の有無の判断に直結する基準ですが（本書第2章5(7)「リスク管理についての変わらない思想」参照）、これまでこの点を考慮して瑕疵の有無を判断していた裁判例は見当たらないからです。それは、濃度基準違反の土壌汚染があれば、これを除去しないと買主がこれを清浄な土地と同様には評価をしないというマーケットでの評価が厳然としてあるからです（ただし、前述のように、小宅地の場合等は必ずしもそのようには言えませんが）。その評価こそおかしくて、近隣で地下水飲用のおそれがないから「健康被害のおそれ」はないのであって、瑕疵ではないという判断は、現在の社会通念からは離れてしまっているように思います。将来、この判決のような判断がマーケットで通用するようになる可能性もありますが、その時点に至るまでは、現在のマーケットの評価を基準に瑕疵の判断をすべきであるので、その意味でこの判決には疑問があります。転売先のマンション業者であるモリモトが土壌汚染改良処理作業を行っているという事実が、本件土地の土壌汚染をそのままにしたのではマンションを顧客に販売できないという社会の評価を示していると思います。なお、濃度基準超過だけでは不十分であり、「健康被害のおそれ」がなければならないとする判断には、濃度基準超過の土壌の処理にはコストがかかるという点（従って汚染土壌を土地から搬出する場合は買主が現実の損害を被る）からも疑問が投げかけられるかと思われます。

　次に後者の油汚染に関する買主の悪意又は過失の判断にも注意が必要です。瑕疵担保責任を認めるには買主に善意無過失が必要で、過失があれば、

それは「隠れた瑕疵」ではないとして、瑕疵担保責任を否定するのが通説判例であろうと思いますが、土壌汚染に関しては買主の過失を責めて「隠れた瑕疵」ではないとする裁判例はあまり見られないように思われるからです。本件では少なくともある程度の油分があることは調査報告書の記載からわかったとも思われますが、もし、わかっていたのならば、売買契約書に「土壌汚染（油分を含む。）が発見された場合は」売主である被告の「責任と負担によりすみやかに改良処理する」と書かれていたことが不可思議です。当事者双方とも油汚染がないものとして売買契約を結んだ可能性もあり、そうであれば、本件で買主の悪意又は過失を認定して、「隠れた瑕疵」を認定しないこの裁判例は、買主にとってはやや酷な印象を受けます。

　なお、本件では瑕疵担保責任期間中に瑕疵担保責任を売主に対して追及しているのか疑問も生じますが、その点はまったく争点にはなっていないので、判決には表れていない事情があるものと思われます。

[キーワード]
瑕疵、瑕疵と環境基準、買主の過失、油汚染

裁判例3

東京地判平成21年4月14日
ウェストロー・ジャパン（文献番号2009WLJPCA04148002）

[事案の概要]
　不動産の所有、売買、賃貸借業を営む原告は、平成18年3月30日、不動産の売買・交換等を営む被告から、分譲マンションを建設する目的で、本件土地を購入し、平成18年5月31日に引渡しを受けました。本件売買契約には、本件土地に隠れた瑕疵（土壌汚染並びに産業廃棄物等の地中障害を含む）があり、買主である原告が瑕疵を発見したときは、本件土地の引渡し日から1年間に限り、売主である被告は、民法第570条に定める担保責任を負うと定められていました（以下「本件合意」といいます）。平成19年4月

20日頃、本件土地から基準値を超えるフッ素が検出され、さらに、本件土地の地中にがれき類等の地中障害があることも判明しました。そこで、原告は、平成19年4月24日、被告に対し、基準値を超えるフッ素が検出された旨の通知をし、汚染土壌処理工事費用等の見積書を送付したうえ、同月31日付け通知書を被告に送付して、本件売買契約に基づく瑕疵担保責任を追及しました。

[判決要旨]

判決では、本件合意により、「原告と被告は、本件土地に隠れた瑕疵があった場合、原告が被告に対し、本件土地の引渡し日から1年以内に請求すれば、被告がその瑕疵担保責任を負うことを合意していた」とし、また、本件合意は、商法第526条（商人間の売買においては、買主は遅滞なく売買の目的物を検査する義務を負っているとするものです）を適用しないことも合意したものであるとして、引渡し日から1年以内に、原告が被告に対し履行の請求をしていたと認められる本件では、原告は、瑕疵担保に基づき、本件土地の土壌汚染に関する損害賠償を請求することができるとしました。

原告は、地中障害と土壌汚染は、土中の障害であって共通するから、土壌汚染の請求をもって土中障害の請求とみることができると主張し、土壌汚染と地中障害につき合わせて損害賠償を求めましたが、地中障害と土壌汚染は、「別個の瑕疵であって、土壌汚染に関する損害賠償請求をもって、地中障害に関する損害賠償請求をしたということはできない」として、本件では、原告が地中障害についても請求したとは認められないとして、被告は地中障害に関する担保責任は負わないとしました。

もっとも、「商人が買主として土地を購入した場合、一般的に土壌汚染の有無を検査することが求められているということができ、それに要する費用は買主が負担すべき」として、土壌汚染の「有無」に関する調査費用は、買主である原告が負担すべきであるから、これを除いた、調査費用と土壌汚染処理工事費用を損害として認めました。

[評釈]

本判決では、基準値を超えた土壌汚染が存在しているということだけで瑕

疵があるとの認定を行っていますが、売買契約が平成18年3月30日に締結されており、土壌汚染対策法の制定された平成14年以降であることから、この判断には異論はないと思われます。同法の制定後は、環境基準値を超える土壌汚染がある土地は原則として汚染が除去されなければ買主が通常価格では取引をすることを欲しなくなったと言えるからです（但し、裁判例2に注意）。なお、判決文だけでは判然としませんが、「基準値」とは土壌汚染に関する環境基準値（土壌汚染対策法の濃度基準と同様）であろうと思われます。

この判決では、本件では瑕疵担保責任期間を1年とする特約があったことから商法第526条の適用を排除する合意があったと判示していますが、合理的な意思解釈だと考えます。

この判決で興味深いのは、土壌汚染の有無を調査する費用は買主負担であるとして、土壌汚染調査に要した費用の半額は買主負担にしたことと、その説明において「商人が買主として土地を購入した場合、」と限定しているところです。この判示を読むと、それでは買主が商人でない場合はどうなのかという疑問が生じます。本件では買主が商人ですから、この仮定の質問には答える必要はないわけですが、売買の目的物に問題があるのかないのかを調べる費用は、瑕疵の有無にかかわらず発生しますので、買主が商人ではない場合も買主が負担すべきものであると考えます。ただ、この判決でも示していますように、瑕疵の有無を調査するところまでの費用は買主負担であるが、瑕疵が確認され、対策として何を行うべきかの作業内容を確定するための費用は買主が負担すべき理由はなく、瑕疵による損害として位置づけられるべきものと考えます。

[キーワード]
瑕疵、商法第526条、責任期間特約、調査費用負担

裁判例4

東京地判平成21年3月19日

ウェストロージャパン（2009WLJPCA3198005）

[事案の概要]

　原告は、平成17年8月、被告から土地建物を購入する売買契約を締結し、この際、本件土地に土壌汚染・地中埋設物を含む隠れた瑕疵が発見されたときは、引渡し完了日から1年以内に請求を受けたものに限り、責任を負うとする特約も締結されました。平成17年10月、被告は、本件土地建物を引き渡し、原告はこれを転売しました。転売先（原告補助参加人）が本件建物の解体工事を行ったところ、本件土地から油分を含んだ泥水が湧出し（湧出した液体にはヘキサン抽出物質が140mg／リットルの濃度で含まれていました）、また、被告から説明を受けていたのとは異なるオイルタンクが地中から発見されました。

　そこで、原告が、油分に汚染されていたこと及び予定外の埋設物が存在していたことについて、売買契約上の瑕疵担保責任に基づく損害賠償を求めました。

[判決要旨]

　まず、裁判所は、本件土壌汚染は、解体時のオイルタンクが破損したことが原因なのではなく、引渡し時には本件土地は油分で汚染されていたと認めました。その上で、油類は土壌汚染対策法第2条第1項、同法施行令第1条に定める特定有害物質に該当しないから、本件特約にいう「瑕疵」には当たらないとの被告の主張に対し、本件土地には、ヘキサン抽出物質が140mg／リットルの高濃度で含まれていること（水質汚濁防止法3条1項及び3項による排出基準では、鉱油類は2～5mg／リットルとされています）、本件土地から掘削した土壌を普通の土として処理しようとしたところ処分業者から拒絶されたことが認められるから、「本件土地の土壌は、高濃度の油分を含有しており、通常の土壌の有すべき品質・性能を有しないものである」として、本件売買契約上の本件土地の瑕疵に当たると判示し、汚染された土壌の処理と建築ガラ等の処分に要した費用を損害として認めました。

[評釈]

　この判決では、被告が油分は土壌汚染対策法上の特定有害物質ではないから瑕疵に当たらないと主張したのに対し、油分に汚染されていたことで処分費用が通常の土の処分費用よりも多くなるのであるから、瑕疵に当たると判示しました。法律上の論点としては特段目新しいことがこの判決で述べられているわけではありません。油分による土壌汚染については裁判例2と裁判例22もご参照下さい。

[キーワード]
瑕疵、油汚染

裁判例5

東京地判平成21年3月6日
ウェストロージャパン（2009WLJPCA03068007）

[事案の概要]

　不動産の売買、管理等を行う有限会社である原告が、不動産の売買等を行う有限会社であり、宅地建物取引業者（以下「宅建業者」といいます）である被告から土地建物を購入したという事案です。平成18年12月、被告は、本件土地建物を原告に売却し、平成19年3月、原告は被告から、本件土地建物の引渡しを受けましたが、同年11月及び12月に土壌の調査が行われたところ、鉛による土壌汚染が確認されたため、平成20年4月、本件訴えを提起し、本件土地に土壌汚染のあることを被告に通知しました。

　これに対して被告は、原告は土地の引渡し後6か月以内に瑕疵を通知しなかったのであるから、商法第526条第1項、第2項により、瑕疵担保責任の追及はできないとして争いました。なお、本件土地上には、30年間新聞販売所として利用されてきた建物が建っていました。

[判決要旨]

商法第526条が不動産にも適用されることを前提に、宅地建物取引業法第40条（宅建業者が売主の場合の宅地・建物取引においては、一定の瑕疵担保責任期間に関する特約を除き、民法570条において準用する民法566条3項に規定するものより買主に不利となる契約をしてはならないと定めています）は、「瑕疵担保責任の特約の制限をした場合の規定であり、本件のように、特に瑕疵担保責任を制限する定めがない場合には適用がない」とし、仮に適用があっても、当該特約がない状態になるだけであって、商人間においては商法第526条が適用されることに変わりはないとしました。

その上で、本件では、原告は、土地の引渡し後6か月以内に瑕疵の通知をしなかったため、商法第526条第2項により瑕疵担保責任を問うことはできないと判示しました。さらに、第526条第3項は「悪意」とのみ定めており「重過失」があることを含めていないため重過失があるとの主張は理由がないということができるが、仮に悪意に重過失を含めるとしても、本件土地が土壌汚染を疑わせる用途に供された事情もなく、土壌汚染対策法による指定区域ではないことから、被告が宅建業者であったとしても、瑕疵を調査しなかったことに重過失は認められないと判示し、原告の請求を棄却しました。

[評釈]

この判決は会社間（すなわち商人間）の土地取引で引渡し後1年1か月を経過して買主が売主に対して土壌汚染に関する損害賠償を求めたところ、商法第526条を根拠に引渡し後6か月以内に瑕疵を検査して通知しなかったことを理由に請求を棄却したところに興味深い論点が含まれています。なお、売主は土壌汚染原因者ではなさそうです。

本件は、売主も買主も宅建業者であるように思われます。売主が宅建業者であることは判決文上明示されていますが、買主が宅建業者であるか否かについては明示されていません。しかし、判決文中に買主について、「原告は、不動産の売買、賃貸借、管理及び仲介等を業とする有限会社である。」とありますので、これが宅建業者でないわけはないと思います。以下に述べるように、買主である原告が宅建業者であるかどうかは、大きな問題です。やや、入り組んだ議論になりますので、整理して説明します。

まず、売主が宅建業者で、かつ、買主が宅建業者ではない場合は、瑕疵担保責任期間を2年未満とする特約は無効とする旨の宅地建物取引業法第40条の適用があります。一方、買主も宅建業者であれば、同条の適用はありません（宅地建物取引業法78条2項）。

買主も宅建業者であれば、もともと宅地建物取引業法第40条の適用はないのですから、同条を根拠にした商法第526条の適用排除の議論は有効に行うことはできません。その意味では、本件で宅地建物取引業法第40条を根拠にした原告の主張を認めなかった判決には理由があります。

ただ、買主が宅建業者ではない場合は同様に考えることはできません。買主がいくら商人でも、宅地建物取引業法第40条の趣旨により、特約（2年以上の特約）がない限り、瑕疵担保責任期間は2年であるという議論（本件での原告の主張は、「宅建業法40条を根拠として、宅建業者自らが売主となる場合には、民法566条3項に規定する期間に基づき、1年間は瑕疵担保責任を追及できる」というものであり、本件の原告の主張ではありません）は、十分に理由があると思われます。この判決では、買主が宅建業者か否かに言及することなく、商人間の売買契約上の瑕疵担保責任期間を仮に2年未満とする特約があっても無効になるだけで、引渡しから6か月以内に通知すべしとしています。しかし、そういうことになると、特約の瑕疵担保責任期間が2年未満であれば、すべて引渡しから6か月以内に瑕疵を発見して通知をしなければ買主は保護されません。例えば、仮に特約で瑕疵担保責任期間を引渡しから1年6か月としていたら、それも無効とされてしまいます。1年6か月以内に損害賠償請求を行っても認められません。これは奇妙なことで、買主保護規定であるはずの宅地建物取引業法第40条が買主に牙をむくというとんでもない結論になります。従って、買主が宅建業者か否かを区別しないまま、宅地建物取引業法第40条と商法第526条の解釈において、2年未満の特約があっても無効になるだけという判決の説明の仕方は疑問があるもので、宅地建物取引業法第40条の規定の趣旨からすれば、売主が宅建業者で買主が宅建業者でない場合、瑕疵担保責任期間は、特約（2年以上の特約）がなければ、引渡しから2年となるものと解すべきと考えます。

ただ、前述のとおり、本件は、買主が宅建業者であるため、宅地建物取引業法第40条を根拠にした商法第526条排除の議論は成り立たないと考えま

す。その意味で、この判決の判断には理由があるのですが、商法第526条を単純に適用すると、不動産の瑕疵を引渡し後6か月以内に通知しないと瑕疵担保責任を問えないとする結論になり、かかる結論にどれだけ合理性があるのか疑問があります。不動産の瑕疵の有無を判断するにあたって、一般的に6か月というのはかなり短いからです。しかし、宅建業者間であれば、現行法を前提にする限りは、宅地建物取引業法第40条を持ち出すこともできませんので、適宜信義則等の法理で事案に即して妥当な解決を探るしかないように思われます。

　以上のとおりですから、商人間の売買においては、次のように考えるのが現行法上合理的ではないかと考えます。なお、厳密に言いますと、商法第526条で6か月以内になすべきことを要求しているのは、検査と検査により瑕疵が発見された場合の通知であり、瑕疵担保責任追及そのものではありません。そこで、瑕疵担保責任期間を限定する特約を置き、その期間が6か月を超えている場合であっても、商法第526条の適用を排除しない限りはなお上記検査通知義務があり、6か月以内にその義務を怠ると、もはや瑕疵担保責任を追及できないと考えることも可能かもしれません。しかし、そのように考えるのは当事者の意図に反するものと思われます。瑕疵担保期間特約を定めている場合は、特段の事情がない限り、商法第526条の適用を排除する黙示の合意があると見るべきと考えます。先に紹介しました裁判例3も同様の見解をとっていると言えます。以下の整理はかかる考え方を前提にしています。なお、以下に言及しています信義則については、裁判例6、8、17、21を参照して下さい。

① 宅建業者間の取引には商法第526条がストレートに適用され、事情によっては、信義則違反という構成で引渡しから6か月を経過しても瑕疵担保責任を追及できる場合がある。なお、瑕疵担保責任免除規定や瑕疵担保責任期間制限特約も原則として約定どおり効果があるが、信義則で無効とされる場合もある。

② 商人間の売買であっても売主が宅建業者で買主が宅建業者でなければ、宅地建物取引業法第40条の趣旨から、商法第526条の適用は排除され、引渡しから2年が瑕疵担保責任期間であり、2年未満の瑕疵担保責任期間の特約は無効となる（ただし、2年以上の特約がある場合には、その

特約期間に従う）。
　③商人間の売買で、売主が宅建業者ではない場合は、①と同じとなる。これは、買主が宅建業者か否かに関わりない。
　もっとも、売主が土壌汚染原因者である場合は、別途検討が必要であるように思います。この点については、裁判例17で検討します。

[キーワード]
瑕疵担保責任期間、宅地建物取引業法40条、商法第526条

裁判例6（江南化工事件）

東京地判平成20年11月19日
判例タイムズ1296号217頁

[事案の概要]
　本件は、被告である江南化工株式会社（以下「江南化工」といいます）から原告であるセボン株式会社（以下「セボン」といいます）が購入した土地に高濃度のヒ素が検出されたことにつき、セボンが江南化工及び調査・浄化を請け負った業者等に損害賠償を求めた事案です。
　本件土地は、もともと江南化工が、化学物質の製造工場を営んでいた土地でした。工場の操業停止後、江南化工が、東京都条例に基づき、土壌汚染調査を実施したところ、環境基準値の10数倍から100倍を超えるヒ素が検出されました。江南化工は、土壌の洗浄や土地の入れ替えなどの土壌汚染処理を行い、浄化を完了させた後、平成16年8月、セボンに本件土地を売却し、同年8月31日に引き渡しました。この時に締結された本件売買契約には、本件土地の引渡し後6か月を経過したときには、買主は瑕疵担保責任に基づく請求はできない（以下「期間制限条項」といいます）との規定があり、さらに、同日付けで、売主は本件土地のうち地表から地下1メートルの範囲に限り瑕疵担保責任を負うとの覚書（以下「責任制限特約」といいます）も締結されました。

その後、セボンが、本件土地を扶桑レクセル株式会社に転売したところ、平成17年4月、環境基準値の180倍の値のヒ素が検出されました。そこで、セボンは、民法第570条、第566条にいう瑕疵担保責任、完全に浄化された土地を引き渡す義務等の信義則上の付随義務があるのにこれを怠ったなどの理由に基づき、江南化工に対する損害賠償を請求しました。

また、浄化や調査を請け負った業者らには、不適切な調査や除去措置を行ったとして、共同不法行為が成立するとして損害賠償を求めました。

なお、転売先の扶桑レクセルからもセボンに訴訟が提起されており、後述裁判例11（東京地判平成19年9月27日）がその判決です。

[判決要旨]

民法第572条は、「売主が知りながら告げない事実については、公平の見地から瑕疵担保責任の免責特約の効力を否定する趣旨のもの」であり、このような趣旨に照らせば、期間制限条項は、本件土地にヒ素が残留していたことにつき、被告が悪意のときに無効となるが、残留していたことを知らなかったときには、重過失があるとしても、その効力は否定されることはないと判示し、被告には重過失は認められないとしまして、引渡しから6か月を超えている本件では、被告は瑕疵担保責任を負わないとしました。

しかし、「本件売買契約の売主である被告江南化工は、本件土地に環境基準値を上回るヒ素が含まれている土地であることを事前に知っていたのであるから、信義則上、本件売買契約に付随する義務として、本件土地の土壌中のヒ素につき環境基準値を下回るように浄化して原告に引き渡す義務を負う」として、信義則上の付随義務として汚染浄化義務を認め、江南化工はかかる義務に違反したとしました。ただし、江南化工の責任は、責任制限特約の範囲である地表から地下1メートル以内の部分に限定されるとしました。

調査を請け負った業者や土壌汚染対策措置を講じた業者らの共同不法行為が成立するとの主張に対しては、江南化工に対しては、契約上の調査義務や汚染浄化義務を負うけれども、第三者であるセボンとの間においては、同様の義務を負うとは認められないとして、各業者につきセボンに対する不法行為は成立しないとしました。

[評釈]
　この判決は、売主が一定の土壌汚染浄化処理を行って買主に土地を引き渡したものの土壌に汚染物質が残留していた事案です。本件では瑕疵担保責任期間は土地の引渡し後 6 か月という特約が存在したため、この期間を過ぎての瑕疵担保責任追及は認められなかったのですが、上記の通り、売買契約に付随する義務としての浄化義務があるとして、損害賠償請求を認めています。しかし、信義則上の浄化義務という義務がいったい何を根拠にしているかは不明で、疑問のある判決であろうと考えます。黙示の浄化の合意があるという認定ならば、まだ、理解可能ですが、そのような認定もできない事実関係であるためかかる判断になったものと思われます。
　100％の浄化を義務として求めることは、非常に大きな負担を売主に負わせることとなります。もともと、土壌汚染対策法で求められる土壌汚染状況調査であっても、調査地点は限定されており、厳密なことを言えば、調査していない地点の汚染は確認できないものです。100％の浄化を求めるならば、土壌の全量検査をしない限りこれを履行できません。このようなことが信義則上求められる義務なのかは疑わしいと言うしかありません。全量検査というものがいかに過大な負担であるかを考えると、明示的に義務を負わない以上は、100％の浄化義務は認定されてはならないと考えます。しかし、土壌汚染対策法上の濃度基準を超えた土地を購入した者が当該土地に瑕疵があると考えることもまた当然のことですので、この問題は瑕疵担保責任で決着をつけるべきものと考えます。本件ではその瑕疵担保責任期間が過ぎていますので、特段の事情がない限り、売主には瑕疵担保責任も認められない事案です。なお、本件の売主は宅建業者ではありませんが、買主は宅建業者のようです。
　後述しますが、裁判例 17 は、信義則により説明義務があるとして瑕疵担保責任期間を過ぎたことによる不都合を回避しており、また、裁判例 21 は、信義則と売主の重過失を根拠に免責特約を否定しています。本件でも売主は土壌汚染の原因者であったように思われますので、もし、売主が買主に交付した土壌汚染調査結果や土壌汚染対策工事に関する資料がミスリーディングであるとかその交付の際の売主の説明がミスリーディングであるということであったならば、裁判例 17 と同様に説明が適切であったか否かで処理すべ

きであるように思います。もし、そのようなミスリーディングな説明がないのならば、本件では売主に責任を負わせようがないのではないかと思います。信義則上の浄化義務という判断がいかに不合理であるかは上記のとおりですから、黙示の契約が成立しているといった事情がない限り、浄化義務を売主に負わせる理由はないと考えます。

　後述の裁判例11によると、本件の原告であるセボンに対する扶桑レクセルの請求が認められており、本件で原告の被告に対する請求を認めなければ、原告であるセボンに酷であるとの判断が働いた可能性がありますが、以上のとおりその法的構成には疑問があります。後述の裁判例17の評釈で述べますが、売主が原因者である場合に信義則上どのような説明をすべきかという判断をまず行ったうえで、瑕疵担保責任期間の制限特約を売主が主張できるのかという観点での議論をする方がより適切であるように思われます。

　調査や浄化を請け負った業者の調査や浄化の作業に落ち度がある場合に、これらの者が買主に不法行為責任を負うかという問題は、欠陥マンションの設計者や施工者がマンションの購入者に不法行為責任を負うのかという論点と類似の論点です。それら欠陥マンションの判例（最高裁平成19年7月6日判決（判例タイムズ1252号120頁）。設計・施工者の建築の設計又は施工にあたって契約関係にない居住者等に対しても当該建物に建物としての基本的な安全性が欠けることがないように配慮する義務があるとした判決）を参考にしても、落ち度のある作業によって、当該土地が当該買主又はその関係者に健康被害をもたらすおそれがある状態となったかどうかという観点で検討すべきものと思われますので、本件で調査や浄化を請け負った業者の不法行為責任を否定した本判決の判断は正当であろうと考えます。

[キーワード]
責任期間特約、信義則上の浄化義務、調査業者の責任、対策業者の責任

裁判例7（清和産業事件）

東京地判平成20年10月15日

ウェストロージャパン（2008WLJPCA10158003）

[事案の概要]

　平成17年11月、株式会社アセットビジネスコンサルティング（以下「アセット」といいます）、中央三井信託銀行株式会社及び野崎不動産住宅株式会社が仲介人となり、本件土地にマンションを建設することを目的として、被告である清和産業株式会社を売主、株式会社タックライフ（以下「タックライフ」といいます）を買主とする売買契約が締結されました（その後、被告の承諾の下、買主としての地位がタックライフから原告に承継されました）。この建設工事の最中に、本件土地の地中に、タイル、レンガ、コンクリート等相当量の地中障害物があることが判明したため、原告が、売主である被告に対し、瑕疵担保責任に基づく損害賠償を請求し（第1事件）、また、被告は、仮に被告が原告に対して損害賠償債務を負う結果となれば、仲介人であったアセットは被告に対して上記損害賠償額と同額の債務不履行責任を負うと主張したため、この主張について、アセットは被告に対して損害賠償債務を負担しないことの確認を求めました（第2事件）。

[判決要旨]

　裁判所は、瑕疵に該当するかという点につき、①本件地中障害物は、無数のタイル片及びコンクリート片のほか、コンクリート製又はレンガ製の土間など、その他産業廃棄物としての処分を要するものであったこと、②本件地中障害物は、合計720立方メートルにのぼる大量のものであったこと、③本件地中障害物の中には、基礎杭打設工事の支障となるものも見られたことに加えて、④本件土地はマンション建設用地として売買されたこと、⑤原告が本件地中障害物の処分のために多額の費用を支出していること、⑥本件売買代金決定の際に、本件地中障害物の可能性を考慮されたとは認められないことから、本件地中障害物の存在が本件土地の瑕疵に当たると認定しました。
　また、「隠れた」瑕疵といえるか（タックライフの善意無過失）については、本件地中障害物が存在するか否かは、本件土地を実際に掘削してみなければたやすく判明しないことであるから、タックライフの立場からすれば、本件売買契約締結の前の段階においては、地中障害物が存在するか否かを実

際に確認する手だてがなかったというほかないから、タックライフが本件地中障害物の存在を知らなかったことについて何ら過失はないとして、撤去工事費用の損害賠償を認めました。

　第2事件については、アセットの被告に対する、埋設物の可能性のあることを告知する義務、地中調査をするようアドバイスする義務、瑕疵担保責任を負わないと約定することも可能である旨の説明をしなかった義務につき、いずれも、当該義務に該当する事実が認められないとして、アセットが被告に対して損害賠償債務を負担しなければならないとの主張は認めませんでした。

[評釈]
　この判決では特段法律上の注目すべき論点はありません。また、地中障害物がマンション建設の障害となったので瑕疵であるという点も目新しい判断ではありません。多少興味深いのは、「隠れた」瑕疵か否かという論点で買主の善意無過失が問題となり、結果的に売買契約締結前の段階では瑕疵の存在を知り得なかったとして、「隠れた」瑕疵であると判断しているところです。買主に厳しいことを言えば、売主にさまざまな資料を提出させて、又は自らさまざまな調査をして、地中障害物の有無を知り得たのではという見方もあるかもしれませんが、判決文からはそのようなことを検討したことがまったくうかがわれませんので、ここで議論となる「無過失」の認定はかなりゆるいものであるということがわかります。常識的な判断かと思います。

　なお、仲介業者の助言義務として、上記のとおりさまざまな義務があるのかが論じられたことも興味深い点であると考えます。注意すべきは、ここでの仲介業者の売主に対する助言義務とでもいうべき義務が論じられている点です。仲介業者の売買契約当事者に対する義務が問題になる多くの場合は、仲介業者の買主に対する重要事項説明義務ですが、ここでは、売主が売買契約上の責任を負うことのないように助言する義務という新たな義務の議論がされています。本判決で売主サイドの仲介業者のかかる義務を否定した点は少なくとも現時点では常識的な判断であろうかと思われます。かかる売主に対する助言義務は、特段の事情により売主が仲介業者に助言を求めていたことが明らかな場合を除いては、仲介業者に当然に期待される義務とまでは言

えないと考えるからです。

[キーワード]
買主の過失、仲介業者の助言義務

裁判例8（三方商工事件）

東京地判平成20年9月24日
ウェストロージャパン（2008WLJPCA09248007）

[事案の概要]
　平成17年2月、株式会社三方商工（被告）（以下「三方商工」といいます）が、本件土地をヒタチハウジング株式会社（被告）（以下「ヒタチハウジング」といいます）に売却しました（以下「被告間売買」といいます）。三方商工は、従前、本件土地上の工場でロックウールの製造加工等の業務を行っており、わずかではありますが、昭和63年頃までは石綿を含む製品の製造加工も行っていました。また、三方商工は、かかる被告間売買に伴い、工場廃止届出書及び東京都条例上の有害物質の取扱いはなかった旨の有害物質取扱状況届出書を提出しています。
　上記被告間売買においては、本売買がマンション建設が可能であることを前提としたものであること、三方商工は、自らの責任と負担において本件土地の土壌汚染調査及び改良工事を行い、その完了後に本件土地を引き渡すこと、改良工事が不可能な場合にはヒタチハウジングと協議の上、本売買契約を解約することができること（以下「解約条項」といいます）についても合意されました。その後、上記特約に基づき、三方商工が費用を負担する形で、土壌の調査が行われましたが、有害物質は発見されませんでした（その旨記載された「地質調査報告書」も作成されています）。
　平成17年4月以降、ヒタチハウジングは、本件土地一面に廃材等があるため、その除去等の改良工事が必要であるとして、三方商工と土地改良工事の費用負担の交渉をしました。両者は、本件改良工事の発注者をヒタチハウ

ジングとするとともに、土壌改良工事費につき、三方商工が 500 万円を支払うものとし、その支払いがされた後は、ヒタチハウジングは、三方商工に対して何らの請求もすることができないものとする旨を合意しました（以下「本件覚書」といいます）。

平成 18 年 7 月 27 日、原告である株式会社ゼファーはヒタチハウジングからマンション建設用地として、本件土地を 4 億 6000 万円で購入しました。この時の約定には、ヒタチハウジングは、原告が行うマンション建設工事を阻害する地中障害物及び土壌汚染等の存在が判明した場合には、これを取り除くための費用を支払うが、その限度は 1000 万円とするという約定も加えられています。

平成 19 年 2 月、原告から依頼を受けた業者が、本件土地の 3 地点を地表から深さ約 2 メートルまで掘ったところ、ガラ、レンガ、ビニール、廃プラスチック、ゴム、鉄くず等の廃棄物の土中廃棄、及び地表から深さ約 1.3 メートルないし 1.5 メートルのところには油状の液体が混入した地下水がしみ出していることが発見されたため、さらに調査を行ったところ、鉛、カドミウム、石綿も検出されました。このため、原告は飛散防止仮舗装工事を発注し、525 万円を支払いました。また、原告はヒタチハウジングに対し、同年、鉛及びカドミウム、石綿が検出され、地中に多量の廃棄物が埋設されていることから、隠れた瑕疵により契約の目的を達成できないとして、本件売買を解除し、売買代金の返還、並びに不当利得返還請求権に基づく土壌改良費用 525 万円の支払い等を求めました。

さらに、原告はヒタチハウジングの無資力を前提として、ヒタチハウジングに代位し、三方商工のヒタチハウジングに対する信義則上の告知義務違反並びに約定上の義務違反（土壌汚染調査義務違反及び改良工事義務違反）という債務不履行に基づく解除及び約定違約金の支払い、また予備的に上記解約条項による解約権を行使したとして、原状回復請求権に基づき、被告間の売買代金相当額の支払い等を求めました。

[判決要旨]
①ヒタチハウジングに対する請求
　本件では、原告は、不動産の売買及び仲介等を行う不動産業者であって、

分譲マンションを建設することを目的として本件土地を購入したものであり、三方商工の工場廃止届出書、地質調査報告書添付の現場写真から地中に埋まっているガラやゴミ等の存在を看取することができたはずであり、比較的簡単な試掘によって地中の大量の廃棄物の存在を容易に発見することができたはずと考えられるものの、土壌汚染対策法上の区域指定もなく、調査義務が課されていたわけでもないから、被告間売買における所定の有害物質は発見されなかったという地質調査報告書を信頼しても無理はなかったと言うべきであると判示されました。その上で、「隠れた」瑕疵に該当するか（買主の善意無過失）については、地中の廃棄物の存在それ自体は、社会通念上買主に期待される通常の注意を用いても発見することのできない目的物の瑕疵とまでは直ちにいえないものの、特定有害物質による汚染及び石綿の存在並びにこれに起因する廃棄物や土壌汚染の処理に要する費用の高額化は、これにより本件土地の実質的価値と売買代金との等価性を著しく損なうものであり、「隠れた瑕疵」にあたり、この瑕疵の存在により、マンション建設という原告の目的は達成できないとして解除を認めました。

②三方商工に対する請求

　被告間売買当時、三方商工が、石綿を含む製品の製造加工を行っていたことを認識していたことは認めたものの、飛散可能性の高い石綿が存在することまで認識していたことを認めるに足りる証拠はなく、被告間売買においても告知義務等を明示した条項はないこと、また、ヒタチハウジングは被告間売買の際、石綿を含む製品を昭和63年まで製造していたが、土壌汚染の心配はない旨説明を受けており、瑕疵担保の責任期間内に土壌中の石綿の存否につき必要な調査を行うなどして、その結果を踏まえて対応することが可能であったにもかかわらず、こうした措置を講ずることはなかったこと、また、三方商工は、被告間売買の特約に基づき、ヒタチハウジングの選定した業者による地質調査の費用を負担していることに照らせば、石綿及びその存在可能性についての告知義務違反という形での債務不履行は認められないとしました。

　また、ヒタチハウジングが選定した業者により、被告間売買の特約に基づく土壌汚染調査費用を三方商工が負担していることから、調査が結果的に不十分であったとしても、三方商工としては土壌汚染調査義務を尽くしている

とし、さらに、本件覚書により、発注者はヒタチハウジングとされ、費用負担の上限も500万円と定められたのであるから、もはや三方商工は、土壌改良工事義務を負っていないとも判示しました。

また、解約条項は文言上、三方商工の解約権を定めたものであることが明らかであるから、原告において解約権を代位行使できないとし、結論として、原告の三方商工に対する請求はいずれも認められないとしました。

[評釈]

上記のとおり、本件土地は、三方商工からヒタチハウジング、ヒタチハウジングから原告へと順次売却されています。原告がマンション建設のために本件土地を調査したところ、土壌汚染や産業廃棄物の存在が判明したというものです。本件では、最初の売買契約で三方商工が自らの責任と負担で土壌汚染調査を行い改良工事も行うという特約があったようで、土壌の調査も行われ、一定の対策工事も行われています。しかし、転売契約の買主が調査したところ地中からさまざまな土壌汚染や産業廃棄物が見つかったというものですから、最初の売買契約の売主の調査や対策工事が適切だったのだろうかとの疑問が出てきます。

本件では転売契約の売主の瑕疵担保責任を認めて転売契約の解除まで認めています。ただし、ヒタチハウジングが無資力であるという前提で原告が三方商工をも被告にしているわけですから、転売契約が解除されただけでは原告にとっては救済にならないものと思われ、原告—の三方商工に対する請求の根拠となるヒタチハウジングの三方商工に対する請求権の存否が焦点だったかと思われます。

この判決は、三方商工にはヒタチハウジングに対して信義則上の告知義務や約定上の義務違反が認められないとしているのですが、さまざまな土壌汚染や産業廃棄物が発見されている事実からすると、三方商工のヒタチハウジングに対して見せた「地質調査報告書」（土壌汚染や産業廃棄物の有無を調査したはずなので、「地質調査」というタイトルは疑問なのですが、判決文に従います）に問題がなかったのか疑われます。しかし、調査業者をヒタチハウジングが指定し、また、土地改良工事の発注者もヒタチハウジングとされ、さらに、三方商工が500万円を支払った後ヒタチハウジングは三方商工

に対して何らの請求をしないという本件覚書があったという事情があります。これらの事情からすると、三方商工とヒタチハウジングの売買時に調査や対策工事に不備があってもこの両者間では土壌汚染や地中廃棄物については本件覚書ですべて決着がついていると考えられますので、本件覚書締結過程で三方商工に詐欺的行為でもなければ、三方商工に対してヒタチハウジングが責任を追及することは困難であるように思われます。その意味ではこの判決の判断もやむをえなかったのであろうと思われます。

　本件の教訓は、かつて土壌汚染の調査が行われ、対策工事が行われた土地であっても、その調査や対策の内容をよく確認しないと、なお土壌汚染が相当程度残存している場合もあるため、思わぬ問題物件を購入してしまうリスクがあるということです。

[キーワード]
不十分な調査・対策、信義則上の告知・説明義務

裁判例9（王子製紙事件）

東京地判平成20年7月8日
判例時報2025号54頁

[事案の概要]
　平成12年7月、被告王子製紙株式会社は元工場敷地として使用されていた本件土地及び本件建物を、隣接地を所有する原告セイコーエプソン株式会社に売却しました。この売買にあたっては、原告は、土壌汚染の有無を確認するため、被告に本件土地で使用した薬品について問い合わせを行い、土壌汚染調査を行いましたが、環境基準を超える濃度の汚染は発見されませんでした。
　平成16年、原告は、本件土地上に開発研究棟を建設することとし、地下水の調査を行ったところ、地下水環境基準を超えるヒ素が検出されたことから、他の有害物質についても調査したところ、本件土壌からPCB含有汚泥、

燃え殻、プラスチック、ガラス片等を発見し、また、インキ廃材、焼却灰、油分、ゴミなどの埋設物及びダイオキシン類、PCB、六価クロム、フッ素、ホウ素等を含む汚染土壌も発見しました。そこで、原告は、業者に依頼し、本件土地の浄化を行い、5億6512万円余（うち、上記対策工事費用の合計は4億4380万円であり、その余は調査費用です）の費用を支払い、また埋設物の処理費用として458万円余を支出しました。

そこで、原告は、土壌汚染処理費用や弁護士費用、信用失墜等費用などについて、瑕疵担保責任又は予め埋設物及び汚染土壌の存在について説明をしていなかったとする説明義務違反の債務不履行責任に基づき賠償を求めました。

［判決要旨］

本件では、大量の廃棄物、埋設物をそのままにして建物を建築することができないことは明らかであるから、本件埋設物は、建物建築の基礎工事の支障となるものというべきであり、除去しなければならない埋設物が存在する場合には、同埋設物の存在は瑕疵に当たると判示しました。その上で、「地中の埋設物が建物建築の基礎工事に支障を生じさせるか否かを判断するにあたっては、既に建築済みの建物のみを考慮するのではなく、将来建築される可能性のある建物をも考慮するのが相当であるところ、本件土地の所有者である原告は、将来、本件土地のいずれの地点においても建物を建築することが可能なのであるから」、本件埋設物が本件土地中のいずれの地点に存在するものであっても、建物建築の基礎工事に支障を生じさせるものと言うべきであると判断し、埋設物につき、瑕疵（客観的瑕疵）に当たるとしました。

また、汚染土壌については、いずれの物質も人体に有害なものであり、これらの物質により汚染された土壌が環境基準値を超過した場合には、汚染拡散防止措置等をとる必要があるから、瑕疵に該当することは明らかであるとして、原告が地中埋設物の撤去及び汚染土壌の対策工事として支出した5億8970万円余（弁護士費用2000万円を含む）につき、瑕疵担保責任を認めました。

説明義務違反の債務不履行責任に基づく損害賠償請求権は、原告主張の説明義務違反の有無を検討するまでもなく、瑕疵担保責任の賠償範囲以上のも

のは認められないとしました。

[評釈]

　本件では地中障害物と土壌汚染とが問題になっていますが、ここでは土壌汚染の問題を中心に検討したいと思います。

　環境基準超過をもって瑕疵と判断することについては異論がないと思われますが（但し、裁判例2に注意）、なぜ環境基準を超過すれば瑕疵なのかということについての理由付けがこの判決の言うようなことなのかは疑問です。すなわち、この判決では、「これらの物質により汚染された土壌が、ダイオキシン類対策特別措置法に基づいて定められた環境基準値や土壌汚染対策法施行規則において定められた環境基準値を超過したものである場合には、当該汚染の拡散の防止その他の措置（最終処分場又は埋立場所等への投入、浄化、セメント等の原材料としての利用）をとる必要があるから、環境基準を超過した汚染土壌が本件土地の瑕疵に該当することは明らかである。」と判示しているのですが、「当該汚染の拡散の防止その他の措置」をとる必要があるという点が何を意味するのか不明であり、その「必要」とは何なのかが問題です。土壌汚染対策法平成21年改正までは、東京都等ごくわずかの地方公共団体を除くと大規模開発を行う際に土壌汚染調査が義務づけられることはなく、本件土地の長野県でもそのような規制はありませんでした。従って、任意に土壌汚染調査を行って環境基準を超過する土壌汚染が判明しても、法令上「当該汚染の拡散防止その他の措置」をとらなければ土地利用ができないということはありませんでした。もちろん、土壌汚染の除去等の対策をとることが汚染の拡散防止等の観点から望ましいことは間違いなかったのですが、それは義務ではなかった以上、ここでの「必要」とは一体どのような意味なのかがあいまいです。

　環境基準を超える土壌汚染があれば、なぜ瑕疵なのかが検討されなければなりません。それは、まず、マーケットが環境基準を超える土壌汚染のある土地を欲していないため、土壌汚染が判明すれば、掘削除去等の措置を売主がしてくれないと購入しないという状況に至っていたかどうかという点が検討される必要があります（このような状況に至っていれば、瑕疵があったということができると考えられます）。そのようなマーケットの状況が本件売

買契約締結時の平成12年当時あったのかは、かなり興味深い論点です。土壌汚染対策法が成立したのは平成14年であり、それ以降はマーケットがそのようになったと言ってさしつかえないと思いますが、一般にはそれ以前は議論がありえます。仮にマーケットの状況がそのように言えないとすると、本件で瑕疵が認められたのはおかしいということになるのでしょうか。この点についてはさらに当該当事者間の意識を探究する必要があると考えます。本件では売主も買主も大企業であって、平成12年当時少なくともこの両者間では、土壌汚染のある土地は汚染が除去されない限り買主が欲していなかったことは了解されていたと言えるでしょうし、それは売主も理解していたと言えると思われます。そうであれば、本件土地は、この買主が予定しており売主も買主の予定を理解していた、そのような性状に欠ける目的物であって、瑕疵があったということが十分にできると思います。しかし、それは、まさに、このように当事者間で前提とされた性状にない土地であるから瑕疵であったと判断していいのであって、「当該汚染の拡散防止その他の措置」を取らざるを得なかったから瑕疵があったというわけではありません。

以上の意味で、この判決は瑕疵の認定の理由に問題があると考えますが（瑕疵の認定にあたっては、オイル類による土壌汚染があるからと言って土地所有者がオイル類による汚染された土壌を処分しなければならない法的義務があるわけではないと主張した売主の主張を斥けた裁判例22が参照されるべきです）、瑕疵があったという結論部分の判断は妥当であったのだろうと思われます。

本件は、商人間（いずれも宅建業者ではない）の売買ですが、売買契約の締結が平成12年7月21日であり、売買契約の中で、瑕疵担保責任期間を引渡しから5年と定め、本件土地は平成12年7月26日に買主に引き渡され、平成16年10月には本件土壌汚染に関する問題が買主から売主に対して提起されていることから、その請求権の行使期間徒過の問題はありません。

なお、本件で弁護士費用が2000万円の限度で瑕疵担保責任により賠償すべき損害として認定されているところも興味深い点です。確かに土壌汚染に関する法的な分析は必ずしも容易ではありませんが、仮に環境基準を超過する土壌汚染が判明した土地は特段の事情がない限り瑕疵があるという判断をすることができるのであれば、この判断がほかの契約責任に関するおびただ

しい種類の訴訟と比較して特に弁護士に困難極まる作業を要求するとは思えません。確かに、近時、マンションの瑕疵に関する責任追及訴訟などで、弁護士費用も賠償すべき損害とした事案（例えば、福岡高裁平成 18 年 3 月 9 日判決（判例タイムズ 1223 号 206 頁））もありますが、そのような消費者契約に関する訴訟でもない、本件のように大企業間の契約責任をめぐる訴訟で、弁護士費用が賠償すべき損害とされたことは、これまでの判例からすると議論を呼ぶ判断であるように思います。

最後に、判決要旨で示したように、本件では地中埋設物全体につき瑕疵と認めその撤去費用を損害と認めているようですが、後述の裁判例 19 はこれとは異なる考え方を示しています。

[キーワード]
瑕疵、損害賠償の範囲

裁判例 10（スルザーメテコジャパン事件）

東京地判平成 19 年 10 月 25 日
判例時報 2007 号 64 頁

[事案の概要]
　原告日精電機株式会社が被告スルザーメテコジャパン株式会社に対し、溶射技術センターとして使用する目的で、本件建物を貸したところ、本件建物の敷地である土地に土壌汚染が生じたというものです。
　本件建物は、全面コンクリートが敷かれた上に建設されたもので、被告のセンターでの各作業は、土間コンクリート上でなされていました。
　被告は、平成 10 年 2 月に、センターを移転し、原告に本件建物を明け渡しました。しかし、被告は明渡し後の平成 17 年 3 月になって、板橋区に対し工場廃止届を提出しました（そこには、当該工場では、鉛、ホウ素、フッ素及びトリクロロエチレンを使用しており、汚染の可能性があるとの記載がありました）。原告は、板橋区から本件土地の土壌調査を求められて調査を

行い、この調査のために 273 万円の費用を支出し、さらに本件土地の土壌汚染対策工事及び土壌搬出処理工事を行い、1890 万円を出捐しました。

そこで、被告が、鉛やトリクロロエチレンを流出させたにもかかわらず、工場廃止届を提出せずに、土地を汚染したまま明け渡したため、原告が土壌汚染調査費及び土壌汚染処理工事費用相当の損害を被ったとして、被告に対して不法行為又は債務不履行に基づき損害賠償を求めたのが本件です。

［判決要旨］

まず、裁判所は、有害物質（トリクロロエチレン及び鉛）を使った者が被告以外にいないこと、コンクリートのひび割れの可能性も高いことなどから、被告が流出させた有害物質が、本件土地の土壌汚染を引き起こしたことを認定しました。

その上で、「賃借人は、建物の賃貸借においては、敷地である土地についても、これを原状に復した上で返還する義務を負っているのであり、被告は、本件土地について汚染物質を取り除き原状に復した上で原告に返還しなければならず、土壌汚染を除去しないまま本件建物及び本件土地を返還した被告は、債務不履行に基づく損害賠償責任を負う。」と判示し、被告の責任を認めました。

さらに、被告が本件土地を汚染した場合、被告は汚染原因者の責任として、本件土地の土壌汚染調査費用についても賠償する責任を負うものと解されるとし、すなわち、本件では被告は本件土地の土壌汚染を除去して本件土地を返還する義務を負っていたところ、本件土壌調査は、被告が本件土地の土壌を汚染しておきながら、明渡し時に土壌汚染を除去しなかったことが原因で命じられたものであり、被告による土壌汚染と土壌調査との間には因果関係が認められるとして、債務不履行に基づく損害賠償責任を負うと判示しました。

［評釈］

この判決は、建物賃貸借期間中、建物賃借人が建物敷地を汚染していたのであれば、建物賃貸借終了時の原状回復義務の一つとして、その土壌汚染の除去義務も負うことを判示したものです。建物賃借人であろうと、土地を使

用できるのであって、土地を土壌汚染で毀損した以上、これの原状回復に要する費用を賃貸人が賃借人に対して請求できるという、この判決の基本的な考えには異論はないと考えます。

　ただ、土地賃貸借における賃借人の原状回復義務というものが土壌汚染の除去義務を含むのかというと厳密に考えると疑問があります。なぜならば、土壌汚染というものは、土地を構成する土壌を有害物質で汚染している状況で、当該汚染物質と土壌とを厳密に分離除去することはできないと思われるからです。この点が、土壌と分離できる廃棄物が地中に埋設されている事案とは異なります（後述の裁判例29と対比してください）。従って、土壌汚染の場合は、原状回復義務違反という構成ではなく、賃借人の善良な管理者としての注意義務違反という構成で、賃借人の土壌汚染を原因とする債務不履行責任を議論すべきと思われます。実際、土壌汚染が判明した場合も、どのような調査方法でどのような対策工事をすべきなのかは、土地所有者が判断すべきもので、土地所有者のかかる判断なくして、独断で賃借人が決めうるものではありません。例えば、対策工事として最も一般的な掘削除去も、汚染土壌を外に搬出して、清浄な土壌を入れるものであって、これは、土地そのものを変更するものであり、どの部分の土地をそのように調査するのか、その調査結果に基づいてどの部分の土地を搬出するのか、代わりに搬入する土壌はどこからどのような土壌を搬入するのか等、その内容は一義的に客観的には決まりません。しかも、土地の一部の土壌を搬出して別の土地の土壌を入替えるものなので、これが土地を「原状」に復することでないことは論理的に明らかです。機能的に「原状」に回復すればいいという反論があるかもしれませんが、それはもはや本来の意味の原状回復の議論ではないと思います。従って、賃貸人と賃借人との合意がない限り、対策工事は、土地所有者が土地へのダメージを回復するに必要と合理的に判断する内容で決めるべきもので、それに要する合理的費用は、土地所有者が賃借人に損害賠償として請求すべきものです。賃借人に原状回復義務の一つとして汚染除去義務があると言うためには、その内容が一義的に客観的に定まり、かつ、物理的に「原状」に回復するものと評価できることが前提として必要であるため、この判決のこの点の理由づけには疑問があります。

　本件のように、賃貸人が土地の返還を受けて土壌汚染対策工事を行ったよ

うな場合は、以上の論点は結論を左右しないため問題にならないのですが、土地の返還の前に土壌汚染が発覚した場合は問題となります。なぜなら、以上の論点についてどう考えるかによって、賃借人において土壌汚染を除去しない限り返還ができないのかどうか結論が左右されるからです。

[キーワード]
建物賃貸借と土壌汚染、賃借人の原状回復義務

裁判例 11（セボン事件）

東京地判平成 19 年 9 月 27 日
ウェストロージャパン（2007WLJPCA09278006）

[事案の概要]
　平成 16 年 9 月、原告扶桑レクセル株式会社は、本件土地にマンションを建築し、第三者に分譲することを目的として、被告セボン株式会社から 9 億 2000 万円で本件土地を買い受けました。この売買契約には、原告及び被告は、本件土地に関し、前所有者である江南化工株式会社（以下「江南化工」といいます）が、東京都条例に基づき土壌汚染拡散防止措置を実施し適法に処理されたことを互いに確認し、被告は、本件土地の土壌汚染に関する瑕疵担保責任を負わないとする合意がありました（以下「本件瑕疵担保責任免除の合意」といいます）。
　しかし、原告が本件土地の引渡しを受けた後、本件土地には、油分や環境基準値の 180 倍から 200 倍に相当するヒ素が含まれていることが明らかになりました。原告と被告は、話し合いの結果、汚染対策措置及びそれらに基づく工期遅延による損害・追加費用等の合理的範囲内の実費を被告が負担することにつき合意しました（以下「本件合意」といいます）。
　そこで、原告から被告に対し、本件合意に基づき、本件土壌汚染によって原告が被った損害の支払いを求めました。

[判決要旨]
　裁判所は、本件合意の効力について、具体的な損害や追加費用の項目、金額などは別途協議をして定める趣旨の合意であると解するのが相当であり、これにより被告は原告に対し、賠償義務を負うものであると、その法的効力を認めました。
　その上で、本件瑕疵担保責任免除の合意により責任を負わないとの被告の主張に対しては、本件売買にあたっては、江南化工が本件土地の浄化処理を行ったことで、本件土地の有害物質は基準値以内に留まる程度まで除去されたものとして本件売買契約の意思表示をしたところ、客観的には、本件売買契約締結当時、本件土壌汚染が存在したというのであるから、本件瑕疵担保責任免除の合意の意思表示には動機に錯誤があり、その動機は、本件瑕疵担保責任免除の合意の文言上表示されていると認められるから、本件瑕疵担保責任免除の合意は当事者双方の錯誤により無効であると判示しました。
　また、本件合意により、被告が原告に対して具体的に賠償すべき金額は、本件土壌汚染浄化費用、建築工事中断に伴う追加工事及び清算金、工期遅延期間中に発生したモデルルーム関係費用、工期遅延期間中の支払利息、建設工事費用再見積による増額（認められなかったものは、間接費及び固定資産税でした）合計約３億円であると認めました。

[評釈]
　これは、土地が甲から乙、乙から丙へとそれぞれ売買された事案で、丙が原告、乙が被告という事案です。甲が工場を廃止した時点で東京都の環境確保条例に基づき土壌汚染浄化を内容とする土壌汚染拡散防止措置を行っていたもので、乙と丙との間ではもはや本件土地には土壌汚染がないという前提で乙が瑕疵担保責任を負わない旨の特約を結んでいたところ、本件土地から土壌汚染が発見されたという事案です。土壌汚染が発見された後に乙と丙との間で乙が「合理的範囲」の実費を支払う旨の上記本件合意というものができていますが、書面の記載が「合理的範囲」で支払うという記載にとどまっていたため、乙は、本件合意があってもなお確定的な支払い義務はないとやや苦しい反論を行っています。なお、甲乙間の争いについては、裁判例６の江南化工事件を参照して下さい。

結局、裁判所は、瑕疵担保責任は負わないとの特約は上記のとおり錯誤無効と判断して、本件合意による責任を認めています。かかる判断は事案の内容から見て妥当であると思われますが（免責特約は有効であり、その後その特約を変更したとも解釈はできますが）、本件は、浄化を内容とする土壌汚染拡散防止措置を行ってもなお相当の土壌汚染が残存していたという事案です。土壌汚染対策を行った土地でも、一つには土壌汚染の調査の精度（調査ポイントを定めるメッシュをどの程度に細かくするかにより調査の精度が異なる）からくる土壌汚染の把握の不十分さを原因として、今一つは土壌汚染の調査や対策の作業自体のずさんさを原因として、対策を行ったとされる土地にもなお土壌汚染が残存することがあるということを念頭に置いて、売買契約等の契約条項を規定する必要があると言えます。

　なお、土壌汚染調査の精度を細かくしようとすると際限はなく、最終的には全量検査をしなければ完璧ではないということになってしまいます。しかし、それがいかに費用対効果の乏しい作業であるかは明らかなことですから、ある程度の調査漏れを覚悟して調査を進めるべきものと思われ、このありうる調査漏れから生じるリスクについては、保険の活用がもっとも望ましい対策であろうと考えます。

[キーワード]
不十分な調査・対策、錯誤

裁判例12（ミヤビエステックス事件）

東京地判平成19年8月28日
ウェストロージャパン（2007WLJPCA08288040）

[事案の概要]
　平成17年9月に原告株式会社ランドバンクが被告株式会社ミヤビエステックスから本件土地を代金1億1800万円で買い受けたところ、本件土地は鉛及びその化合物を含有しており、さらに地中に大量のコンクリートが埋設

されていた（以下「本件瑕疵」といいます）事案です。

本件売買契約には、「本物件の地中埋設物及び土壌瑕疵の瑕疵担保責任を売主は負わないものとする」との約定があり、被告は、本件売買契約に先立ち、土地利用履歴簡易調査を実施し、簡易土壌環境評価報告書（以下「本件報告書」といいます）を作成し、原告に交付していました。本件報告書には、①本件土地に起因する土壌汚染の可能性は小さいと考えられること、ただし、本件土地の北東約10メートルに立地しているa商店が現地調査においては非鉄金属を取り扱う企業であることが確認されており、揮発性有機化合物及び重金属等の取扱い・保管等が懸念されるため、本件土地が土壌汚染の影響を受けている可能性は否定できないこと、②本件土地は昭和46年から、小型建物、駐車場、ガレージとして利用されたり、空地になったりしてきたこと等が記載されていました。

[判決要旨]

まず、事実認定として、本件売買契約に向けた契約交渉において、原告の担当者は、被告の担当者に対し、原告はマンション事業用地として本件土地を購入する意向であることを説明した事実、及び、契約交渉の際、被告の担当者は、原告の担当者から土壌調査を実施したか尋ねられ、本件報告書を示して説明すると共に、契約締結までの間に、本件報告書を原告に交付した事実を認めました。

その上で、①仮に本件瑕疵があったとしても、被告が得ていた情報は、本件報告書の限度であって、被告が本件瑕疵の存在について悪意であったことを認めるに足りる証拠はない、②原告は、本件土壌汚染の可能性を示唆する本件報告書を被告から本件売買契約締結前に受領しており、その内容を了知していたのであるから、原告はその瑕疵の存在を知り得たと認められ、隠れたる瑕疵には当たらない、③本件障害物の存在の問題については、本件報告書の内容のみからそれを容易に知り得たとは認め難く、被告が本件報告書を得ていたことをもって被告に悪意と同視すべき重大な過失があるともいえず、被告は本件報告書を本件売買契約締結前に原告に交付していることから、信義則上、瑕疵担保責任免除特約の主張が許されないとすべき事情もないから、本件では瑕疵担保責任免除特約の存在により原告の請求は認められ

ないとしました。

[評釈]
　本件は、瑕疵担保責任免除特約が存在する事案です。特徴的なのは、売買にあたって、簡易土壌環境評価報告書という土地利用履歴の簡易調査結果を売主から買主に交付していた点です。これは、履歴調査ですから、土壌のサンプル調査はなされていません。また、上記のとおり、本件土地に起因する土壌汚染の可能性は小さいものの、近隣の土地利用からの土壌汚染の可能性は否定できないとされていたものですから、報告書自体も決して本件土地の汚染の不存在を強くうかがわせるものではなかったと思われます。従って、このような報告書だけで、地中障害物や土壌汚染の不存在を軽信して瑕疵担保責任免除特約に応じた買主には慎重さが欠けていたのではないかと思われます。

　本件では、事実関係の争いがありますが、裁判所の認定した事実では上記報告書は売買契約締結前に原告に渡されていて、それゆえ、本件土壌汚染は、「隠れたる瑕疵」でもないとまで判断されています。原告は、上記報告書は売買契約締結後に受領したものと主張して、かかる報告書を保有しながら瑕疵担保責任免除特約を主張することは信義則違反であると主張していますが、裁判所の認定事実と異なる事実を前提としていますので、信義則違反の主張も認められていません。

[キーワード]
免責特約、簡易土壌環境評価報告書

裁判例 13

東京地判平成 19 年 7 月 23 日
判例時報 1995 号 91 頁

[事案の概要]

　原告は、株式会社甲野組の代表取締役であり、甲野組は、被告の亡父から、本件土地を賃借して、資材置場として使用してきたところ、原告は平成12年8月、被告から、本件土地を約8719万円で購入しました。

　ところが、本件土地の地中には、建築資材、ガラ、ビニール紐等の大量の廃棄物が埋設されていました。原告は、平成16年5月頃、本件土地を掘削して、本件廃棄物が大量に存在することを知ったとして、平成16年中に、東京簡易裁判所に対して、被告を相手方として損害の賠償を求める調停を申し立てましたが、この調停は、平成17年1月、不成立により終了し、その後平成17年1月31日に本件訴訟が提起され、原告は被告に対し瑕疵担保責任に基づく損害賠償を請求しました。

[判決要旨]

　判決では、「本件土地の地中には本件廃棄物が存在することが認められる（そして、…（中略）…本件廃棄物は本件土地の地中に広範かつ大量に存在するものと認められる。）。そうすると、本件土地は、本件廃棄物の存在によりその使途が限定され、通常の土地取引の対象とすることも困難となることが明らかであり、土地としての通常有すべき一般的性質を備えないものというべきであるから、本件廃棄物の存在は本件土地の瑕疵に当たるものと認めるのが相当である。」として、本件廃棄物の存在が土地の瑕疵に当たることを認めました。

　被告は、①原告が本件廃棄物の存在について悪意であり、②原告が、平成13年8月31日までに本件廃棄物の存在を知ったことにより除斥期間（知った時から1年という民法566条3項の期間）が経過したと主張しましたが、それぞれ、①本件廃棄物がおおむね地表面から0.4メートル下に存在することからすれば、特段の事情のない限り、地表面から直ちに本件廃棄物の存在を知ることは困難であるから、買主の悪意は認められないと判示し、また、②原告が、本件土地に本件廃棄物が埋設されていることを実際に認識したのは、本件土地を第三者に売却しようと考え、その準備のために本件土地の土壌調査を行った平成16年5月18日頃であるから、その1年以内に調停を申し立てている以上、除斥期間に関する被告の主張は認められないとしまし

た。

[評釈]

　本件は、個人間の土地売買であり、地中に廃棄物が存在することに関する瑕疵担保責任が問題になった事案です。廃棄物があるからといって直ちに瑕疵と言えるわけではないと考えますが、本件では、判決文によりますと、埋設されていた廃棄物の平均深度は1.7メートルで、敷地面積（732平方メートル）いっぱいに存在しているというのですから、極めて大量です。その内容は、木くず6割、廃プラスチック・ビニール1割、ゴム・一般ゴミ・金属等1割、コンクリートガラ・アスファルトコンクリートガラ1割、残土1割というもののようですので、これらを残存させたままでは「その使途が限定され、通常の土地取引の対象とすることも困難」という裁判所の判断ももっともだと思われます。

[キーワード]
廃棄物と瑕疵

裁判例14

東京地判平成19年2月8日
ウェストロージャパン（2007WLJPCA02080005）

[事案の概要]

　平成17年2月、共同住宅の建築・分譲等を業とする株式会社である原告は、被告から、本件土地を代金約5億500万円で買い受けました。この時、原告と被告は、「本件土地に地中障害物（産業廃棄物・土壌汚染等を含む。）又は通行権等の隠れた瑕疵があり、本件土地を売買した目的が達成できない場合には、原告が被告に通告のうえ本件売買契約を解除でき、その他の場合には、原告が当該瑕疵除去に要した実費用等について、被告が損害賠償の責を負う旨」の合意をしました。

しかし、原告が本件土地の土壌汚染状況を調査したところ、本件土地が鉛によって汚染されていることがわかり、原告は、本件土地の汚染除去費用として約1196万円を支払いました。その後、原告は、同年7月、被告に対し、本件土地の土壌汚染除去に関する被告の負担額を300万円とする内容の確認合意書（以下「本件合意書」といいます）を送付しました。さらに、続けて、8月22日原告代理人弁護士を通じて、到達後2日以内に上記の申込みに応ずるよう請求する書面を内容証明郵便にて送付したところ、この書面は翌23日に被告に到達しました。この内容証明郵便に対して、被告側は、8月25日、同弁護士の事務所に電話をかけ、事務員に本件合意書に調印したい旨を伝えましたが、電話に出た事務員は、同弁護士が不在のため翌週以降に同弁護士が回答する旨を伝えました。ところが、同弁護士は、9月8日、被告から本件合意書の作成返還も、誠意ある説明もなかったとして、本件申込みを撤回する旨の通知を送付したうえ、実際に要した対策費用1195万9500円と弁護士費用200万円の合計1395万9500円を請求したというものです。

［判決要旨］
　上記事実を認定し、原告、被告間において、8月25日をもって被告の土壌汚染除去費用の負担額を300万円とする和解契約上の合意が成立したと認められるとして、300万円の限度で原告の請求を認めました。

［評釈］
　この事案は、土壌汚染がひきおこされ、その対策費用の分担について買主が提示した案に売主が期限内に応じなかったとして、買主がその案を撤回したものの、売主は期限内に買主代理人弁護士の事務所の者にその案に応じる旨の連絡をしたという事実認定のもと、その提示した案どおりの和解契約ができたと認定された部分に興味深いところがありますが、土壌汚染に固有の問題ではありません。
　本件は、なぜ買主が1195万9500円の対策費用がかかったのに300万円の支払いしか求めなかったのかというところが謎ですし、一旦、300万円で提示しておきながら、なぜすぐに撤回したのかも謎です。判決文だけではこれ

らの背後の事情はよくわかりません。

[キーワード]
和解契約の成否

裁判例 15（朝日電化事件）

東京地判平成 19 年 1 月 26 日
ウェストロージャパン（2007WLJPCA01260007）

[事案の概要]
　原告は、昭和 43 年 2 月、被告朝日電化株式会社に本件建物を亜鉛メッキ工場として使用する目的で貸し渡し、平成 12 年 1 月、期間を 2 年間、賃料を月額 60 万円として賃貸借契約が更新されました。

　平成 14 年 4 月、原告は、被告に対して、賃料支払遅滞を理由として、本件賃貸借契約を解除する意思表示をし、同月頃、被告は本件土地を明け渡しました。

　しかし、平成 15 年 4 月から 6 月にかけて、原告が依頼した業者が土壌調査を行ったところ、本件土壌から、鉛、シアン、六価クロム、フッ素及びその化合物が検出され、土壌汚染対策費用は約 5280 万円と見積もられました。

　原告は本件土地を第三者に売却しましたが、その際は土壌汚染対策費用見積金額を減額して、売買代金を決めています。すなわち、本来の売買代金額から、上記見積もり費用に相当する解体・土壌改良費用 5200 万円を減額する必要に迫られたという経緯があり、原告は、解体費用 900 万円を差し引いた 4300 万円を損害として主張しました。

[判決要旨]
　建物の賃貸借契約には、合理的な範囲での土地の使用も当然に含み、賃借した建物を工場などに使用する目的のため、賃借人が使用する薬剤等によって土壌が汚染された場合には、賃借人に対して衡平の観点から原状回復義務

を課すことも是認されると判示し、被告には、六価クロム及びシアンにつき、漏出責任があるから、これを除去して原告に本件建物を返還する義務があったというべきとし、被告には、被告が漏出した六価クロム及びシアンについて原状回復義務があることを認めました。

　原状回復義務の範囲としては、土壌汚染除去にあたっての見積もり及び原告が提出した汚染拡散防止措置完了届出書（以下「完了届出書」といいます）の記載内容を比較検討して、これを算定するのが相当であるとして、見積もりと完了届出書に記載されている実際の工期や実際の汚染土壌の運搬先等を比較し、実際の損害額を算出した後、この額には被告の漏出責任のない鉛やフッ素の除去の費用も含まれていることから、六価クロムとシアン分の土量を全体の対策を行った土量で割った数を、前述の費用に掛け合わせた数字を損害額と認定し、この額（約218万5000円）についての損害賠償を認めました。

　被告からは、仮に被告に落ち度があっても、いずれにせよ原告は、本件土壌汚染について除去すべき義務があったとの主張がありましたが、裁判所は、被告朝日電化に認められる責任範囲が六価クロムとシアンの2種類であったとしても、本件土壌に有害物質が認められる以上、本件土壌汚染の除去義務のうち、被告朝日電化は、相応の責任を負うべきであると解するのが衡平の観点から見て相当であるとして、被告の主張を認めませんでした。

[評釈]

　本件は、建物賃貸借に付随した土地利用において土壌汚染の原因をつくった賃借人の責任が認められた事案ですが、本件では土壌汚染の有害物質の種類が多く、当該賃借人が原因を与えた有害物質は、六価クロムとシアンだけという認定で、基準を超えて見つかった鉛やフッ素という有害物質は当該賃借人の責任ではないとして、対策費用相当額の一部のみ損害賠償が認められています。対策を講ずるとすれば処理が必要となる全体の土量のうち、六価クロムとシアンだけで汚染されたと評価できる土量の割合に、対策費用相当額を乗じて損害賠償額を算定しているようです。六価クロムとシアンにより汚染された土壌にも他の有害物質が含まれていたようで、これらを区別して六価クロムとシアンだけで汚染されたと評価できる土量を判定することは困

難があったのではないかと推測されますが、どのようにその判定がなされたのかという詳細は判決文だけでは不明です。ただ、六価クロムとシアンによる汚染があることは間違いのないことなので、しかるべき責任割合を裁判所で判断して賃借人に責任を負わせた点は妥当な判断であろうと考えます。

[キーワード]
複合汚染の責任配分、建物賃貸借と土壌汚染、賃借人の原状回復義務

裁判例16（高瀬物産事件）

東京地判平成18年11月28日
ウェストロージャパン（2006WLJPCA11280004）

[事案の概要]
　被告高瀬物産株式会社から土地の信託受益権の譲渡を受けた原告有限会社アールワン宇都宮が、被告に対し、瑕疵担保責任に基づく損害賠償を請求した事案です。
　株式会社ラウンドワンは、被告が所有していた本件土地にアミューズメント施設の建設を計画しました。そのスキームとしては、本件土地を被告から新生信託銀行株式会社（以下「新生信託」といいます）に信託し、ラウンドワンの出資により設立された原告が被告から信託受益権の譲渡を受けるというもので、平成16年7月、原告は被告との間で、信託受益権譲渡契約（以下「譲渡契約」といいます）を締結しました。この契約には、①被告は、本件譲渡契約日以降決済日前に、原告が原告の費用負担で土壌調査を実施することを承諾する、②信託受益権の移転と同時に、原告は、被告が有する信託契約上の委託者としての地位並びに受益者としての権利及び義務を継承すると書かれていました。
　その後、同年8月、被告と新生信託との間で、信託契約が締結されましたが、その開示事項には、目的物件の過去の使用履歴につき、「過去の住宅地図等によると、目的物件土地は以前、車両関係業者が使用していた…（中

略）…と思われるが、詳しい事業概要は不明であり、当初委託者は目的物件土地について土壌調査を行った実績はなく、汚染実績や地中障害物が存する可能性がある」旨示され、それに対して、新生信託は現状有姿で本件不動産の引渡しを受けること、将来行政当局及び近隣から土壌改善等を求められる可能性があることを受益者は予め了承し、この場合受益者が対応する（以下「受益者了承文言」といいます）とされていました。

ところが、本件土地には、法の基準値を超える鉛及び廃棄物処理法に定める基準を超える油染みが存在していたため、原告が、被告に対し、瑕疵担保責任による損害賠償を求めました。

[判決要旨]

本件土地の瑕疵については、表層土壌が法の指定物質である鉛の含有量の基準値を超えており、このまま使用した場合、直接摂取による健康被害の危険が認められ、油分の溶出量も海洋投棄の基準を超過し、この点でも本件土地の使用・収益・処分に制約があるとして通常有すべき品質を欠いており、本件土地には瑕疵があると認めました。

また、開示事項にも明示されていることから、原告は、本件土地に土壌汚染の可能性があること自体は認識していたけれども、土壌汚染の有無自体は調査しなければ判断できず、譲渡契約にもあるように（①）、原告が土壌調査を実施できるのは、本件譲渡契約締結後のことであって、瑕疵担保責任の過失の有無の判断時である売買契約時点において原告は土壌調査を実施することはできないのであるから、過失があるとは認められないと判示しました。

さらに、受益者了承文言は、原告と新生信託との間を規律するもので、被告との関係において瑕疵担保責任を免れる理由があるとはいえないとしました。

しかし、原告が早期に事業を開始すべく、原告の強い希望により、原告に土壌調査権限が与えられたことに鑑み、被告が代金決済後に土壌汚染につき紛争は生じないものと期待するのにも合理的理由があるとして、全額について請求するのは信義則に反すると判示し、結果的には、請求額の約半額の5000万円の限度で責任を認めました。

[評釈]

　本件は、土地を信託して信託受益権を売買した事例で、信託財産である土地に瑕疵があったものですから、その信託受益権も瑕疵があるものとして、信託受益権の売主に瑕疵担保責任が認められた事案です。信託受益権とは言っても、その経済的価値は信託財産の評価によりますので、信託財産である土地に土壌汚染があって信託受益権の価値がそれだけ減価して評価されるべき場合は、売買の対象であった信託受益権に瑕疵があったと判断することには特段異論はないと思われます。

　本件で問題なのは、土壌汚染の存在による対策費用のすべてが損害として認められたというわけではなく、その約半額しか認められなかったという点です。しかも、その理由が、契約締結後も決済までに買主の強い希望により調査を行えたのであるから、「代金決済後に土壌汚染のことで紛争が生じることはないと期待するのにも一定の合理的理由がある」として全額を請求するのは信義則に反すると判断している点です。売買契約締結から売買代金決済までに買主において土地を調べることができたという事情をもって、なぜ決済後の損害全部の瑕疵担保責任追及が信義則に反するのか、この判決の記載を読むだけでは納得のいく説明はありません。

[キーワード]
信託受益権売買と土壌汚染、買主の過失

裁判例 17（光洋機械産業事件）

東京地判平成 18 年 9 月 5 日
判例時報 1973 号 84 頁

[事案の概要]

　土木建築工事の企画・設計・施工等を業とする株式会社である原告東急建設株式会社は、平成 7 年 9 月、会社更生手続開始決定を受け、更正手続中であった被告光洋機械産業株式会社から工場敷地と建物を、更正計画案の認可

及び抵当権の消滅を停止条件として代金約40億円で買い受けました（後に、条件は満たされ、平成11年8月、代金支払・引渡しも完了しています）。

本件土地は、もともとは田として利用されてきたものを被告が埋め立て、被告京都工場敷地及び被告から本件土地を賃借した関西故金属の機械等の解体作業用地として使用されてきたものでした。

また、平成11年6月に原被告間で、事実関係を説明した文書（以下「報告書」といいます）のやりとりがされ、過去に近隣の工場からカドミウムを含んだ排水が流出したこと、また、尚書きには、関西故金属が長年使用していた関係で、機械の解体作業時等に流出した油分が、その量は不詳ながら土中にしみこんでいるはずであり、被告としては、このことを原告においても理解していると認識していることなどが記載されていました。

平成14年夏頃、原告は、本件土地を転売するため、同土地についての調査を行ったところ、鉛及びフッ素による土壌汚染が判明しました。そこで、①主位的には錯誤に基づく売買契約の無効を主張して売買代金の返還を、②予備的に瑕疵担保責任ないし債務不履行責任に基づき土壌調査及び土壌浄化費用の賠償を求めました。

[判決要旨]
①錯誤について

本件においては、転売目的が契約内容になっていたとは認められないこと、原告被告ともに土壌汚染には無頓着なまま推移した経緯があること、土壌汚染浄化費用は、売買代金の約21％にすぎず、土壌汚染を考慮しても同土地と代金額との均衡が著しく害されていると評価することはできないことなどを挙げ、土壌汚染の事実については、原告は錯誤に陥っていたとは認めたものの、表示されない動機の錯誤にとどまり、要素の錯誤とはいえないと判示しました。

②瑕疵について

行政上の各基準を超えているということは、当該土地の汚染土により人が直接被害を受け、また、同土地を雨水等が透過した際に地下水を汚染する蓋然性が認められるというべきであって、そのような蓋然性を前提とすれば、汚染の生じていない土地と同様の効用ないし交換価値を獲得しようとすれ

ば、土壌の浄化等の措置が必要となるのであり、買主はそのための費用支出を強いられることになるが、本件では、実際に原告が費用を支出しており、その経済的効用及び交換価値は低下していることが明らかであり、売買代金との等価性が損なわれているから、瑕疵の存在が肯定されるべきであるとしました。

しかし、商法第526条により特段の事情がない限り、引渡し後6か月の経過によって、原告は瑕疵担保責任に基づく主張をなしえないとし、本件でも原告の主張は許されないとしました。

③付随義務違反に基づく債務不履行責任

まず、信義則上の調査・除去義務を被告が負うかという点につき、被告が直ちに本件土地の土壌汚染を認識していたとは言えない以上、信義則上の調査・除去義務は認められないと判示しました。

他方、説明義務については、商法第526条により買主には調査・通知義務が肯定されるにしても、土壌汚染の有無の調査は、一般的に専門的な技術及び多額の費用を要するものであるから、買主が同調査を行うべきかについて適切に判断をするためには、売主において土壌汚染が生じていることの認識がなくとも、土壌汚染を発生せしめる蓋然性のある方法で土地の利用をしていた場合には、土壌の来歴や従前からの利用方法について買主に説明すべき信義則上の付随義務を負うべき場合もあると判示しました。その上で、本件では、被告は、本件土地が機械解体用地として使われていたこと、また、本件土地に油分が染みこんでいることにつき認識のあったこと（上記報告書尚書き参照）から、原告が買主として検査通知義務を履践する契機となる情報を提供するため、本件土地の引渡しまでの間に、原告に対し、昭和46年当時の同土地の埋立てからの同土地の利用形態について説明・報告すべき信義則上の付随義務を負っていたというべきであるとして、付随義務違反を認めました。

④損害

損害額については、原告は、被告の信義則上の説明義務の不履行により、土壌汚染調査を行うべきか適切に判断するための情報提供を受けることができなかったため、被告に対して瑕疵担保責任を追及する機会を失ったといえ、本件土地の浄化費用の見積額約1億7600万円及び浄化範囲確定のため

の調査費用1260万円を合わせた約1億8860万円については、原告が、本来であれば、瑕疵担保責任に基づく損害賠償として支払請求できた額であるとして、同額の損害を認めました。他方、浄化の前段階である汚染土壌の調査費用については、買主が目的物検査の費用を負担すべき立場にある（商法526条）として認めませんでした。

しかし、過失相殺として、原告は建築業者であったこと及び少なくとも被告からのカドミウム汚染についての報告書の送付により、同土地には量は不詳ながら機械の解体作業時に流出した油分がしみ込んでいるとの情報提供を受けていたことからすれば、自らの判断で土壌汚染調査を行うことが相当程度期待されていたとして、本件土地引渡し後直ちに土壌汚染調査を行わなかった点についての原告の落ち度も総合して考慮し、公平の見地から、被告は、前記原告に生じた損害の四割である7545万4800円を賠償する義務を負うに留まるべきであるとしました。

[評釈]

本件は、商人間の土地売買で土壌汚染が発見された事案です。売主は宅建業者ではありません。興味深いのは、引渡しを受けてから6か月以内に土壌汚染を調査しなかったため、土壌汚染があって瑕疵があるということの通知を行ったのはそれ以降であり、商法第526条の適用から瑕疵担保責任を追及することはできないと判示しながら、信義則上の説明義務というロジックを使って、買主を救済した点です。もっとも、買主にも過失があるとして過失相殺で損害の4割だけの救済を認めています。

信義則上の説明義務というロジックを導入すると、汚染の可能性のある土地であることを認識しながら当該土地を売却する場合には、その旨を買主に伝えないと、商法第526条で定める引渡しから6か月を経過しても責任を追及されるおそれが消えないということになりますし、また、仮に瑕疵担保責任免除特約や瑕疵担保期間限定特約を結んでいても、信義則というオールマイティの理由で特約を無視して瑕疵担保責任が認められる可能性があるように思われます。その意味で、この裁判例が今後の裁判にどのような影響を及ぼすかは注目する必要があります。

本件では売主のどこに信義則違反があるのかについて考えてみます。瑕疵

の可能性の認識をもちながら、これを買主に伝えていないという点が挙げられることは間違いありませんが、それだけではないように思われます。すなわち、本件では土壌汚染が売主又は売主から賃借した者の行為によりもたらされた可能性が相当程度あるように思われます。判決文を読むだけでは判然としませんが、この点が信義則上の説明義務の根拠になっているのではないかと推測されます。すなわち、売主に土壌汚染の原因がある場合は、売主に土壌汚染の可能性を説明する信義則上の義務があると裁判所は考えたのではないでしょうか。この点については、本判決について詳細な分析がなされている太田秀夫「汚染土地の売主の責任―東京地判平成18・9・5判時1973号84頁を契機として」NBL874号（2008年）22頁で、「本件は、したがって、土地の売買にあたっての単なる売主の説明義務を判示しているのではない。むしろ、売主自身（もしくは売主の賃借人）が土地の土壌汚染の原因者となり得る場合には（実際にその汚染の認識がなくとも）、少なくとも、その土地を売却するにあたって、買主にその汚染原因となる情報を提供すべきであるという判示をしたと考えるべきである。」（同39頁参照）と述べられているとおりであろうと考えます。

　それでは原因者であればなぜ信義則上の説明義務があるのでしょうか。何か根拠となる法律の条文はないのでしょうか。これについては、次のように考えます。民法第572条の後段は、売買の目的物に所有権を制限するような権利の設定を売主が行った場合には、瑕疵担保免責特約が無効であるとしています。これは、権利の瑕疵の場合を念頭に置いた条文ですが、瑕疵の原因者が瑕疵免責を主張することに対する信義則上の制約を規定していると言えます。この思想をさらに発展させると、物の瑕疵についても、一見しただけではわかりづらい瑕疵（隠れた瑕疵）を売主自らがつくり出している場合はそれを買主に告げずになされた瑕疵担保責任を免責する特約はそのとおりの効力を有すべきではないという考え方となり、さらには、売主がつくりだした瑕疵又は瑕疵の可能性については、売買契約にあたって売主に信義則上の説明義務があるという考えにも発展させることが可能です。

　ただ、信義則を考えるにあたって、民法第572条後段が一つの手がかりになることは間違いありませんが、そこから進んで、瑕疵又は瑕疵の可能性の説明義務まで売主に負わせることは論理の飛躍であるとも言えます。むし

ろ、商人間の売買にあっては、買主は引渡しを受けてから6か月以内に瑕疵を発見してその旨売主に通知せよ、そうでなければ瑕疵担保責任を主張することはできないという商法第526条の規定との関連で、売主が瑕疵をつくりだした原因者である場合は、瑕疵又はその可能性の存在を買主に説明していない限り、同条の定める検査義務違反の主張は、信義則上封じられるという判断でも十分であるように思われます。その場合は、商法第526条第3項の売主悪意の場合と同様に、民法の規定に従わせればよいと考えます。ただし、瑕疵担保責任では、本判決が用いた過失相殺の議論が使えないのではないかと思われ（判例通説は買主の善意無過失を要求すると理解されるため過失があれば請求権自体が否定されるため）、本件は、過失相殺が必要だとの判断から無理やり債務不履行構成を裁判所が採用したという評価も可能かもしれません。このように考えると、瑕疵担保責任に関する事案のうち、少なくとも土壌汚染や地中埋設物が問題となる事案の中では、買主に過失があるから「隠れた瑕疵ではない」という判断が裁判例ではほとんどされていない中（ただし、先述の裁判例2は例外的で、そこでは買主の悪意又は過失が認定されていますが、買主の落ち度が相当程度大きい場合と言えます）、瑕疵担保責任にも過失相殺またはそれに代わる損害賠償減殺の可能性を検討する必要があるように思われます。その場合は、「隠れた瑕疵」と言うためにそもそも買主に要求される「無過失」とは何なのか、また、本当に「無過失」が必要なのかということから、再検討が必要となるように思われます。

　なお、後述する裁判例21では、売主の重過失と信義則違反を理由に瑕疵担保免責特約の効力を否定しています。

［キーワード］
商法第526条、信義則上の告知・説明義務、過失相殺

裁判例18（三共鑛金事件）

東京地判平成17年9月30日
ウェストロージャパン（2005WLJPCA09308001）

[事案の概要]

原告HOYA株式会社は被告三共鑛金株式会社に本件土地の一部を工場用地として使用する目的で、無償で貸し渡し、被告はそこでメッキ工場を営んでいましたが、平成10年12月、原告・被告間で、本件土地の明渡しにつき合意がされることになりました。この際、原告と被告は、明渡し後速やかに原告の負担で土壌を分析することとし、被告は、上記土壌汚染分析に基づき、汚染された土壌の交換費用を負担することを合意しました（以下「本件費用負担合意」といいます）。

原告は被告の了解のもと、有限会社フルバック（以下「フルバック」といいます）に、土壌交換等を依頼する請負契約を締結し、フルバックは、業務を下請け発注したところ、下請け業者が、本件土地の一部の土壌を埼玉県上尾市内の土地（以下「上尾の土地」といいます）に運搬、搬入し、上尾の土地上に野積み状態で放置しました。

その後の調査で、上尾の土地に野積みされていた約916トンの土壌のほぼ全体から環境基準を超える六価クロムが検出されるに至りました。

そこで、原告は、上尾の土地の土壌処理費用約1971万円とフルバックに支払った和解金額400万円（請負金額の一部を払うことで、裁判上の和解が成立しており、その和解金額です）の合計を、本件費用負担合意に基づき請求しました。

[判決要旨]

裁判所は、「上尾の土地に運搬された本件土壌約192立方メートル（345.6トン）には六価クロムに汚染された土壌が含まれ、この土壌が降雨等により上尾の土壌全体に汚染を拡散したものと推認することができる」とした上で、被告が負担すべき処理費用については、「六価クロム汚染土壌が一般土壌と分離されないまま上尾の土地に運搬されて汚染拡散を招いた点につき被告に責任がない以上、その拡散した汚染土壌全部の処理費用を被告に負担させるべき法的根拠はない」としました。従って、被告は、上尾の土地に運搬された本件土壌192立方メートルのうち、被告工場用地に存在した際の状態における六価クロム汚染土壌の交換費用を負担すれば足りるというべきであるとして、上尾の土地に搬入された六価クロムを含む本件土壌のうち18%

が六価クロムにより汚染された土壌であるから、192立方メートルの18%分に相当する処理費用につき、原告の請求を認めました。

[評釈]

　この事例は、汚染土壌の処理費用が不適切な処理を行ったために増大したという事例で、不適切な処理による費用の増大部分は求償できないという判断を示したもので、特段、法理論上目新しいことが述べられているわけではありません。求償に関しては、原告が貸主で被告が借主である土地の使用貸借につき被告が使用期間中に汚染した土壌の処理費用について被告が負担する旨の合意が原告・被告間でできていたため、かかる合意を根拠とするものです。

[キーワード]
汚染土壌の不適切処理

裁判例19（潮産業事件）

札幌地判平成17年4月22日
判例タイムズ1203号189頁

[事案の概要]

　本件は、被告出光興産株式会社（以下「被告出光興産」といいます）から被告潮産業株式会社（以下「被告潮産業」といいます）、そして原告へと土地が売買された事案です。

　被告出光興産は、昭和50年頃、本件土地にガソリンスタンドを設置、昭和60年10月にガソリン給油事務所を増設しましたが、平成元年頃、このガソリンスタンドを閉鎖しました。

　平成5年12月頃、被告出光興産は、被告平和建設株式会社（以下「被告平和建設」といいます）に対し、本件土地に設置したガソリンスタンド施設の解体工事を発注し、被告平和建設は、ガソリンスタンド施設の撤去工事を

行いました。その後、被告出光興産は、平成7年8月頃、被告潮産業に対し、本件土地を売却し、被告潮産業は、平成8年6月11日、原告に対し、本件土地を約8500万円で売却しました。この契約の際、重要事項説明書には、本件売買契約においては売主である被告潮産業は、原告に対し瑕疵担保責任を負わない旨が記載されていました（以下「瑕疵担保責任免除特約」といいます）。原告は、平成14年2月、本件土地を転売しましたが、この転売契約に際し測量を行ったところ、本件土地の地中に、ガソリンスタンドを設置していた際に使用していたコンクリート構造物等が発見されました。

そこで、原告は、①被告潮産業に対しては、地中埋設物のない状態で売り渡す義務があったのに、これを怠ったとする債務不履行責任、また地中埋設物が売買目的物の隠れたる瑕疵に当たるとして瑕疵担保責任等に基づき、②被告出光興産については産業廃棄物である地中埋設物を埋設しながら、これをあえて撤去しなかった不法行為責任等に基づき、③被告平和建設に対しては、産業廃棄物である地中埋設物を撤去しなかったことにつき不法行為に基づく損害賠償を求めました。

[判決要旨]

①について、瑕疵担保責任免除特約の効力が問題となりました。裁判所は、重要事項説明書に、売主である被告潮産業は、原告に対し、瑕疵担保責任を負わない旨が記載されていた事実は認めましたが、「被告潮産業及び原告は、本件土地がガソリンスタンドとして使用されていたことを認識した上で、あえて地中埋設物の存在を前提に、本件売買契約の代金を減額するなどの話合いをしたことはない。むしろ、被告潮産業は、原告の問い合わせに対し、本件土地の地中埋設物が撤去済みであると回答している」こと、被告潮産業及び原告は、本件売買契約の締結の際、本件土地西側の境界線に、本件埋設物の一部が露出していることを認識していたため、瑕疵担保責任免除特約は、この点を指しているとみることもできるとして、被告潮産業の本件売買契約における瑕疵担保責任免除特約の主張を採用することはできないと結論づけました。

また、本件地中埋設物の一部は、高層建物の建設のために杭打ち工法を取る場合や地下室の設置にあたっては障害となるおそれがあるものであり、本

件の撤去工事にあたっては撤去が「望ましい」ものでした。裁判所は、「その土地上に建物を建築するにあたり支障となる質・量の異物が地中に存するために、その土地の外見から通常予測され得る地盤の整備・改良の程度を超える特別の異物除去工事等を必要とする場合には、宅地として通常有すべき性状を備えないものとして土地の『瑕疵』になるというべきである」として、本件土地の建築基準法上の制限及び実際の被告潮産業及び原告の転売先の用途を勘案し、本件土地は、一般住宅を建築する予定の土地とみるべきであり、そうであれば、当該一部の地中埋設物は、その土地上の利用の制限に障害となることはないというべきとして、「瑕疵」と認めませんでした。

②については、本件埋設物の除去を怠ったことが直ちに原告に対する不法行為を構成するとはいえないとして認めませんでした。

③については、不法行為に基づく請求は認めませんでしたが、相当の撤去費用についてはその賠償義務を被告平和建設が自ら認めていることから、被告平和建設に対しても、原告は賠償請求を行うことができるとされました（弁論の全趣旨による認定がなされています）。

その上で、原告の支出額（約574万円）は工期を短期間にするべく通常よりも割高になっていたとして、撤去費用の相当額は180万円と認め、被告潮産業及び被告平和建設に、原告に対する賠償義務を認めました。

[評釈]

本件は、売買から瑕疵発見まで10年弱もあるため、商人間の売買であることから商法第526条の通知の有無が問題になりそうですし、また、本件の瑕疵担保請求権が商事債権でもあることから、最高裁平成13年11月27日判決の趣旨からすると、引渡し後5年で消滅時効により消滅するとの議論にもなりそうですが（以上の点については本書第4章Q20を参照して下さい）、これらは本件では争点となっておらず、なぜ争点とされなかったのか疑問がおきるところです。

また、本件は、瑕疵担保免責特約の対象となる瑕疵を限定して解釈して、本件で問題となったコンクリート構造物等の地中埋設物には免責特約は及ばないとしているため、正面から瑕疵担保免責特約の有効性が問題になってはいません。しかし、判決文を読むと、免責特約を適用しない理由を述べると

ところで、被告潮産業が原告からの問い合わせに対して本件土地の地中埋設物が撤去済みと答え、少なくとも結果としては事実と異なる説明を行っていることが、挙げられていることから、むしろ、被告潮産業も原告も地中埋設物がないという前提で免責特約を締結したのではないかと疑われます。そうであれば、かかる特約の錯誤無効の議論や、不正確な説明を行われたことにより買主が誤解して免責特約が締結された場合に信義則上かかる免責特約を主張できるのかといった議論で免責特約の効力を争うのが本来ではなかったのかと思われますが、そのような議論も行われていません。なぜかかる議論に発展しなかったのかといった事情がよくわかりません。以上のとおり、本事件は、本来議論となるべき点が議論の対象にはならないかたちで審理が進み判決が出ている印象があり、免責特約の有効性の議論においてはあまり参考にならないように思います。

むしろ、本件で注目をひくのは、瑕疵の認定において、地中埋設物を区分けして議論しており、一部の埋設物については、「高層建物の建設のために杭打ち工法を取る場合や、地下室の設置をする場合には、障害となるおそれ」があるが、本件土地は一般住宅を建築する予定の土地とみるべきであり、そうである以上は、瑕疵には当たらないと判断している点です。買主の予定する土地利用の内容から、地中埋設物でも瑕疵に当たる部分もあれば、そうではない部分もあるとして、地中埋設物を区分けして議論しているところに参考となる点があると思われます。なお、先述の裁判例9は、これと対照的に土地全体の地中埋設物の撤去費用を瑕疵による損害賠償の対象としているように思われます。

[キーワード]
地中埋設物、瑕疵、地中埋設物と建築工法、損害賠償の範囲

裁判例20（SMBC総合管理事件）

東京地判平成16年5月26日
ウェストロージャパン（2004WLJPCA05260006）

[事案の概要]

　被告SMBC総合管理株式会社は三井住友銀行の関連会社であって、同銀行が担保権の実行として競売を申し立てた物件を競売手続きで買い受け、これを第三者に売却している業者であり、本件土地も被告が競売で買い受けたものでした。

　平成13年5月、原告クリーンラング株式会社は、被告から、本件土地を2億5490万円で購入しました。この時の売買契約書には、売主は本物件に対する瑕疵担保責任は負わないものとし、買主はこれを承認する旨の特約（以下「本件特約」といいます）が記載されていました。

　しかし、代金完済後の平成13年8月、原告が本件土地を転売したところ、転売先の調査により、本件土地には、ジクロロメタンやトリクロロエチレン、ベンゼンなどの揮発性有機化合物などの他、六価クロム等の重金属類が検出され、さらに、原告が土壌の汚染処分工事を実施した際には、ブロック塀等の地中埋設物の存在も判明しました。そこで、原告は除去費用として2億0685万円を支払ったとして、瑕疵担保責任に基づく損害賠償を請求しました。

[判決要旨]

　まず、本件土地は、被告が競売手続きで買い受けるまでのかなりの長期間、駐車場用地として利用されていたため、コンクリートが地面に敷設されていて、その地中が前記認定の状態であることは、原告はもとより、被告も知らなかったと認められるから、前記状態（注記：有害物質や地中埋設物の存在）を本件土地の瑕疵ということができるとすれば、当該瑕疵はいわゆる隠れた瑕疵であって、本件土地の売買契約には、民法第570条の適用があるとしました。

　しかし、本件特約について、意思の合致がなく無効である、特約が存在することを知らなかったから本件特約には意思表示上の瑕疵があるという原告の主張について、主張自体失当であるとし、「瑕疵担保責任を負わない旨の特約それ自体は、民法の容認するところであって、そのような特約が適用されることの不合理は、売主において、瑕疵を知りながら、買主に告げなかったような場合に、当該特約の効力が制限されることをもって足りるといわな

ければならない」として、本件特約は有効であり、結局、被告は瑕疵担保責任を負わないとして、原告の請求を認めませんでした。

[評釈]

　本件は、甲から乙、乙から丙へと転売された土地につき、丙の土地利用時に土壌汚染と地中障害物の存在が判明し、対策工事等に要する費用につき、乙から甲への瑕疵担保責任に基づく損害賠償請求を、甲と乙との売買契約上の瑕疵担保免責特約により認めなかった事案です。売買代金が2億5490万円であるところ、対策工事等の費用に2億0685万円を要する事案のようです。上記のとおり、甲の土地取得は競売であり、甲も土壌汚染や地中障害物に関する事情を知らなかったようです。一方、乙は、購入後すぐに丙に土地を転売しているところから見ると、土地取引には詳しい者であったのではないかと推測されます。乙は瑕疵担保免責特約を読んでいなかったとして、この特約の成否自体を争っていますが、苦しい反論です。もともと、甲はこの土地を所有していた者に対して貸付を行っていた銀行の関連会社であったという事情があったようなので、甲がこの土地の土壌汚染又は地中障害物の存在を知っていたとか、その存在の相当程度の可能性を認識していたという事情があってもおかしくはありません。しかし、そのことを認定できない以上は、この免責特約の効力を否定することは難しかった事案であろうと思われます。瑕疵担保責任免責特約の怖さが出た事案でもあります。

[キーワード]
競売物件と土壌汚染、免責特約

裁判例21（HOYA事件）

東京地判平成15年5月16日
判例時報1849号59頁

[事案の概要]

　原告株式会社住協は、不動産業を営む株式会社であり、木造2階建て住宅を建築し分譲販売する目的で、被告HOYA株式会社から平成13年5月8日、本件土地を2億2000万円で購入しました。もともと本件土地というのは、社宅の敷地として利用されてきたものを、駐車場に変更したものでした。また、この売買にあたっては、平成13年5月18日に既存宅地制度の廃止に伴い、最低敷地規模規制に服することになるという事情があり、原告が土地の取引を急ぐことを被告は認識していました。そのような中、契約の締結の前日に、売主である被告の申入れにより「買主の本物件の利用を阻害する地中障害の存在が判明した場合、これを取り除くための費用は買主の負担とする。」旨の特約が入れられることになりました。

　また、売買契約締結時には、原告担当者が、本件免責条項に関し地中埋設物の存在可能性について、地中埋設物がないかどうか確認の問いかけをしたのに対し、被告担当者らは、地中埋設物の存在可能性についてまったく調査していなかったにもかかわらず、本件土地には地中障害物は存在しないと思うという説明をし、本件免責条項については、念のため契約条項とする趣旨である旨の説明をしていました。

　その後、原告が地盤調査をしたところ、コンクリートがらとガス管等が地中に点在していることが判明しました。そこで、原告が、コンクリート等の地中埋設物が残存していたことにつき、瑕疵担保責任ないし信義則上の説明義務違反の債務不履行に基づき損害賠償請求したのがこの事案です。

　なお、本件土地には、被告が社宅の解体工事に際して、図面上で確認できる配管類等は撤去していますが、被告が把握していた図面上に表示された物以外の物は、撤去の対象にはならなかったという経緯がありました。

[判決要旨]

　「瑕疵」といえるかにつき、本件土地は、一般木造住宅用の宅地として分譲販売することを目的として購入されたものであり、被告もこれを認識していたところ、本件土地の地中埋設物のため、本来必要のない地盤調査、地中埋設物の除去等を行う必要があり、かかる調査・工事等を行うために相当額の費用の支出が必要となるものと認められるから、本件土地は、一般木造住

宅を建築する土地として通常有すべき性状を備えていないものと認めるのが相当として、本件埋設物の存在が瑕疵であることを認めました。

　その上で、隠れた瑕疵に当たるかという点については、本件売買後の地盤調査等によってはじめて明らかになったものであり、本件売買契約当時、原告において本件地中障害物が存在することを予想することなく買い受けたものであるから、容易に認識しうる状況にはなかったものといえるとして、「隠れた」瑕疵に当たるとしました。

　また、原告は不動産業者であり、「本件売買契約締結前に、本件土地上には従前建物が存在し、これが解体撤去されたことを調査することは極めて容易なことではあったということができるが、だからといって、地上建物の解体撤去に当たり、地中工作物が撤去されることなく放置されるとか、解体によって生じた産業廃棄物が地中に残置されるなどということは、社会通念上想定し難いことであるから、…（中略）…原告において通常の注意をもってしても発見できたものとは言い難いものである」として、原告の過失を否定しました。

　さらに、本件売買契約には、免責特約が付されていましたが、担保責任の排除は、当事者間の自由であるとしつつも、「民法572条は信義則に反するとみられる二つの場合を類型化して、担保責任を排除軽減する特約の効力を否認しているものと解される。そして、本件においては、被告は、少なくとも本件地中埋設物の存在を知らなかったことについて悪意と同視すべき重大な過失があったものと認めるのが相当であるとともに、前記認定のとおり、本件売買契約時における原告からの地中埋設物のないことについての問いかけに対し、被告は、地中埋設物の存在可能性について全く調査をしていなかったにもかかわらず、問題はない旨の事実と異なる全く根拠のない意見表明をしていたものであって、前記のような民法572条の趣旨からすれば、本件において、本件免責特約によって、被告の瑕疵担保責任を免除させることは、当事者間の公平に反し、信義則に反することは明らかであって、本件においては、民法572条を類推適用し」て、被告は、民法第570条に基づく責任を負うものと解するのが当事者間の公平に沿うと判示しました。

　さらに、本判決は、被告には、地中埋設物について原告から存否の可能性の問い合わせがあったときには、誠実にこれに関連する事実関係について説

明すべき債務を負っていたものと解するのが相当であるから、被告には説明義務違反に基づく債務不履行責任も認められると判示しました。

[評釈]

　本件は、土壌汚染ではなく地中障害物に関する瑕疵担保責任をめぐる事案ですが、裁判例20とは逆に瑕疵担保免責特約を否定した事例です。売主に悪意と同視すべき重大な過失があると認定されて、民法第572条を類推適用したというところが注目点です。原告である買主が不動産業者ですが、被告である売主の社宅として長年使用された土地の建物解体後の土地の売買ですので、解体後の地中障害物の存在について売主に悪意と同視すべき重大な過失があると判断したことは理解できるところですが、重大な過失まで民法第572条を拡大させたという意味で注目すべき裁判例だと言えます。ただし、本件で裁判所は、重大な過失があるから、ただちに民法第572条を類推適用できるという構成をとっているわけではなく、免責特約を主張することが信義則に反しないかという観点からさらに検討を加え、「地中埋設物の存在可能性について全く調査をしていなかったにもかかわらず、問題はない旨の事実と異なる全く根拠のない意見を表明していた」（以下「本件意見表明」といいます）という点をもって、このような被告が免責特約を主張することは信義則に反すると言えるから民法第572条を類推適用して免責特約の効力を否定できるとしています。つまり、重過失と信義則違反の両面から検討を加えていると言えます。

　また、本件は、上記のとおり、売主の説明義務違反も認定しているところにも注目すべきです。売買に際して買主からの質問に誠実に答えなかったために買主が売買の目的物の問題に十分に注意を払わなかった場合、本判決にならうと、説明義務違反による債務不履行を根拠に損害賠償が認められる可能性があるからです。現に、裁判例17も同様の判断を行っていますが、本判決はそれにさきがけて判断を示したた裁判例だとも言えます。もっとも、本件は、引渡し後6か月以内に瑕疵担保による損害賠償請求を行っていますので、商法第526条の通知期間制限にかかることがなく、瑕疵担保責任だけでも被告の責任を認めることに支障はなかったと言えますが、この期間を過ぎてしまったような場合は、説明義務違反による債務不履行責任を追及する

実益があります。

　なお、本件は土壌汚染ではありませんが、本件土地には過去において被告の社宅が建っており、その建物による地中障害物の問題ですから、土壌汚染の場合で言えば、被告は汚染原因者と同様の立場にあると言え、裁判例17と合わせてよく検討する必要があります。

　ところで、本件判決には西原慎治「瑕疵担保免責特約と民法572条の類推適用」神戸学院法学35巻2号（2005年）89頁の詳しい評釈がありますので、この西原論文にもふれておきたいと思います。西原論文では「本件において、地中埋設物の存在を瑕疵と認め、民法570条の適用はあるとする点、そうして本件特約を瑕疵担保免責特約とする点、説明義務違反に基づく損害賠償を認めた点については判旨に賛成する。しかしながら、本件の事実関係のもとで、民法572条の類推適用によって瑕疵担保免責特約の効力を否定して、売主に瑕疵担保責任を負わせるという点については、判旨に反対する。」とあります。その理由付けですが、「瑕疵担保免責特約にあっては、隠れた瑕疵を対象とするために、売主の善意のみがその有効要件となるのであり、過失の有無は特約の有効要件には影響を及ぼさない。」と説明されています。ただ、善意でも無重過失が必要なのではという問いかけが本件ではなされているのですから、そもそもこの理由では判旨に反対するには不十分であるように思われます。ただ、西原論文でも強調されているように、本件意見表明を行った被告が免責特約を主張するところに信義則違反が見いだされ、これが裁判所の判断を導いているように見えますので、重大な過失という要件をもちだして民法第572条の類推適用をすることが必要だったのかという問題は残ります。しかし、瑕疵担保責任が問題になる事例は、本件のように売主は簡単に瑕疵がわかっていたはずという事例だけではありません。十分調査しないとわからない事例も数多くあります。そのような場合に、本件意見表明のような無責任な意見があったというだけでは、免責特約の効力は否定できないという考え方もありえ、本判決はまさにそのような考え方にたったので、重過失と本件意見表明のような無責任な意見表明という二つの要件を満たす場合に民法第572条の類推適用があるとしたという解釈もでき、そのように考えると、本件判決も筋が通っていると言えるのではないでしょうか。もっとも、説明義務違反という構成ができるならば、何も瑕疵担保責任とい

う構成をしなくても足りるのではないかという反論もありえます。ただ、いかなる場合に売主に何についての説明義務を負わせるのかは議論がありうるところですので、民法第572条の類推適用というアプローチは、魅力のあるアプローチでもあるように思います。もっとも、私は、民法第572条の類推適用を認める場合も、重過失を悪意と同視してよいかについては慎重に考えた方がよいように思っています。むしろ「隠れた」瑕疵を作り出した原因者については、民法第572条の権利の瑕疵を作り出した者と同様の取扱いをする方向での類推適用が一定の場合（誤解を与える説明を行うなどが典型例）に適切なのではないかと考えていますが（裁判例17の評釈参照）、今後の裁判例の集積を待ちたいと思います。

なお、瑕疵担保責任免除特約が信義則違反で無効かどうかが地中障害物について争われた事案に東京地裁平成7年12月8日判決（判例タイムズ921号228頁）がありますが、そこでは信義則違反が認められず、免責特約を有効としています。

[キーワード]
地中埋設物、買主の過失、免責特約、売主の重大な過失、根拠ない説明、信義則上の告知・説明義務

裁判例22

東京地判平成14年9月27日
LEX／DB文献番号28080755

[事案の概要]
　平成12年9月、原告は、マンションを建設するために被告から土地を3億3250万円で購入し、また、これに際し、本件土地に廃棄物、地中障害物又は土壌汚染等の隠れた瑕疵がある場合には、本件土地の引渡し日以後6か月を経過したときは、原告は被告に対して担保責任の追及ができないものとする旨の合意がなされました。

その後、原告がマンション建設工事を開始すると、建物の基礎やオイルタンク等のコンクリート塊、さらに、強い悪臭のするオイル類によって汚染された土壌が埋没しているのが発見されました。この汚染された土壌は環境基本法に基づく基準値を超えてはいないものの、雨が降り水を含むと、強い悪臭を発するものでした。

　発見されたコンクリート塊と汚染土壌の処理のため、原告の予定していたマンション建設は、当初の日程より大幅に遅延し、このための費用も余計にかかりました。そこで、原告は、地中障害物の撤去費用、マンション建設工事停止費用、突貫工事費用及び一般管理費の支払いを余儀なくされたとして、瑕疵担保責任に基づき損害賠償を請求しました。

[判決要旨]

　裁判所は、瑕疵の判断は、瑕疵担保責任特約の根拠条文である商法第526条が基礎とする民法第570条の解釈に準ずるとした上で、瑕疵とは「その種類のものとして取引通念上通常有すべき性状を欠いていること」をいい、宅地の場合には、土以外の異物が混在することが即土地の瑕疵には当たらないものの、その土地の外見から通常予測され得る地盤の整備等を超える特別の異物除去工事等を必要とする場合は、宅地として通常有すべき性状を備えないものとして、土地の瑕疵に当たると判示しました。その上で、本件土地における土壌汚染は、地表から浅いところにあり、しかも、容易に悪臭を発生させることから、特別に費用をかけてでも処理する必要があるといわざるを得ず、本件土地の瑕疵に当たると認めました。

　原告の訴えに対し、被告は、本件土地の地中に存在したオイル類は、環境基本法に基づく環境基準値を全項目において下回っているから、原告にはオイルを処分しなければならない法的義務はなく、本件土地に瑕疵があるとはいえないと主張しました。これに対しては、売買目的物に関する瑕疵の有無は、買主の法的義務の存否ではなく、「対象物が取引通念上通常有すべき性状を欠くか否かによって決定されるべきものである」とし、「本件土地上にマンション建物を建築、販売するにあたって、その地中の比較的浅い部分に多量のオイル類が存在しているということは、買手に建物ひいては本件土地の安全性、快適性に対する疑念を生じさせ、購買意欲及び価格のマイナス要

因となることは明らかである」として、被告の主張は認められませんでした。

また、損害の範囲については、瑕疵担保責任における損害は「信頼利益」の範囲で認められるとして、障害物の撤去及び土壌廃棄費用について損害を認めました。

[評釈]

本件判決は、オイル類による土壌汚染を土地の瑕疵と認定した点と瑕疵担保責任による損害賠償請求は、信頼利益の損害に限定されるとの判断を示したところに興味深い点があります。

オイル類による土壌汚染について、売主である被告は、本件オイル汚染があるからと言って買主である原告がオイル類により汚染された土壌を処分しなければならない法的義務はないのだから、原告が汚染土壌を処理したのは単なる土地改良であると主張したのに対して、「売買目的物に関する瑕疵の有無の判断は、オイル類の処分をしなければならないかどうかという買主の法的義務の存否によって定められるのではなく、対象物が取引通念上通常有すべき性状を欠くか否かによって決定されるべきものである」と判断しています。かかる解釈は、通説判例どおりであるとは思いますが、あらためて土壌汚染の瑕疵とは何かを確認する意味で参考になると思います。

また、原告は本件土壌汚染対策のため日時を要し、そのためマンション建設を急がなければならなかったことによる突貫工事費用等を請求していましたが、これらは信頼利益の損害ではないとして賠償範囲に含められませんでした。瑕疵担保の損害賠償の範囲は信頼利益に限られるという考え方ももちろんありますが、信頼利益とは何か必ずしも明らかではなく、信頼利益により範囲を画すべきかどうかは十分議論すべきものであるように思います。本件は、民法第416条によっても同様の結論が導かれたのではないかと思われますので（「『信頼利益』の範囲に限る、といった具合に、カテゴリカルに賠償の範囲を限定するのではなく、416条を適用したうえで、…（中略）…売主には場合によって拡大損害についての『予見可能性』（416条2項）を否定することにより、賠償の範囲を限定するのが適当」な場合があることにつき、内田貴『民法Ⅱ第2版・債権各論』（2007年東京大学出版会）131頁

参照)、賠償すべき範囲は信頼利益であるというこの裁判例の「理由付け」にどこまで重きを置くかについては慎重であるべきかと考えます。

[キーワード]
瑕疵、油汚染、損害賠償の範囲、信頼利益

2 不法行為責任に関する裁判例

裁判例23（日の出町一般廃棄物処分場事件）

【控訴審】
東京高判平成21年6月16日
LEX／DB（文献番号25451325）

【第1審】
東京地裁八王子支部判平成18年9月13日
LEX／DB（文献番号25451324）

［事案の概要］
　本件は、被告東京たま広域資源循環組合が運営している第1処分場及び第2処分場（以下第1処分場及び第2処分場を合わせて「本件各処分場」といいます）の周辺等に居住する原告らが、大気及び土壌、水等を通じて汚染物質を摂取するおそれがあるなどと主張し、被告に対し、人格権に基づく妨害排除・予防請求として、本件各処分場につき既に搬入・埋立てをした廃棄物の撤去・除去及び周辺のダイオキシン類又は重金属で汚染された部分の除去を、第2処分場につき建設工事及び廃棄物の搬入・埋立ての差止めを求めた事案です。
　被告は、昭和59年4月、第1処分場を開場し、平成10年4月まで、同処分場において多摩地域26市町の一般廃棄物の最終処分を行っていましたが、第1処分場の容量のひっ迫により、第2処分場を開場、埋立中の状態でした。なお、本件各処分場は、いわゆる管理型最終処分場です。

［判決要旨］
【第1審】
　まず、原告らの本件各処分場のしゃ水工に接する土壌及びそれに連続する土壌から流出したダイオキシン類及び重金属類で汚染された部分を除去する

ことの請求については、除去すべき土壌の範囲が不明確であり、被告の作為義務の対象が明らかでないから、給付訴訟における請求の趣旨の特定を欠くとして、却下されました。

　また、操業差止等につき、原告は、身体権的人格権と平穏生活権的人格権を根拠として主張していましたが、裁判所は、後者の平穏生活権的人格権については、人体等への危険性が不明なものであっても、強い不安感や懸念があれば行為の禁止を求めることができるとするもので、人格権の内容としては認めることができないとしました。他方、裁判所は、人の生命の安全・身体の健康はその存在にとっても最も基本的な事柄であるから、人格権として保護されるべきものであり、生命・身体に対する侵害をもたらしているとき及び危険が切迫しているときは、当該個人はその差止めを求めることができるとした上で、本件差止等請求権が認められるための要件について、他人の行動が自分の生命・健康に何らかの影響を及ぼすだけでなく、その被害が受忍すべき限度を超えた場合にはじめて、人格権の侵害があると認められると判示し、①処分場の公共性、②人格権侵害（受忍限度）の判断基準、③廃棄物の有害性、④処分場からの有害物質の流出等を検討し、本件各処分場から有害物質が流出等しており、これにより受忍限度を超える被害が発生しているか又はそのような被害が発生する危険が切迫していると認められるときには人格権侵害又は侵害のおそれがあるとして、差止等請求が認められるとしました。

　本件では、①につき、本件各処分場について、高度の公共性があることを認め、②につき、人の生命・健康は最大限尊重されるべき重要な権利であるから、疾病等の健康被害が現に生じているのであれば、その被害は受忍限度を超えており人格権侵害があると言えるが、現に疾病等が生じていない段階であれば、本件各処分場の高度の公共性に照らし、受忍限度を超えた場合にはじめて人格権侵害があるというべきであって、疾病等の現実的危険を生じさせるダイオキシン類・重金属の流出が認められてはじめて、受忍限度を超えた被害が生じている、又は、被害が切迫しているといえると判示しました。

　そのうえで、生命・身体に対する現実的な危険の判断基準として、環境基準等を用い、環境基準（水質環境基準・地下水質環境基準）及びダイオキシン環境基準は、「望ましい基準」として設定されたものであり、単に基準を

超えたというのでなく、一定期間基準を超えているときには、現実的な危険がある流出が生じていると推認できるとし、他方、土壌含有量基準及び排水基準は、人の健康に係る被害が生ずるおそれがあるものとして定められた基準であり、基準を超えているときには、現実的危険があると認められるとして検討し、有害性、有害物質の流出、飛散の有無及び程度等も検討し、結論として、現実的危険のある汚染は認められないと判示し、原告の訴えを一部却下、一部棄却しました。

【控訴審】
　控訴審では、人の生命や身体の健康を保障されることは最も基本的な事柄として、第三者の行為により、自己の生命・身体に被害を被っている者は、差止めを請求でき、現に生じていなくても、被害を及ぼすような現実的な危険がある場合には、予め差止めを認めることができると判示しました。しかし、人が社会生活を営む以上、受忍限度を超えているか否かを考慮すべきであり、有害物質の有害性、流出等の程度、どのような被害が発生しているか又はそのような被害が発生する現実的危険、処分場の公共性等を検討し、受忍限度を超えているかを判断するとしました。その上で、民事訴訟の一般原則に従い、原告は、既になされた侵害行為の回復及び将来の一定の不作為を求める場合には、自己の人格権侵害が発生したこと、第三者の行為に起因して、将来、自己の人格権侵害（受忍限度を超えるもの）が発生する蓋然性が高いこと、かつ、現時点において差止めの必要があることにつき、主張・立証責任を負うとしました。
　かかる枠組みに基づき、第1審と同様、現実的危険の有無を環境基準等を中心に検討し、結論として、「現時点においては、本件各処分場が、その周辺環境に対し、環境基準等を超過するダイオキシン類・重金属の汚染がある状況をもたらしているとも、将来そのような状況をもたらす蓋然性が高いとも認められず、本件各処分場から、控訴人らの生命・健康に疾病の招来等の被害を及ぼすような現実的な危険があるダイオキシン類・重金属の流出があるとまでは認められない（控訴人らが主張するその他の有害物質についても同様である。）のであるから、本件各処分場について、控訴人らに対し、その生命・健康への現実的被害を生じさせる蓋然性があるものとして控訴人ら

の人格権に基づく差止等請求権を認めることはできない。なお、控訴人らは、生命、健康に対する侵害の現実化がある程度先であってもそれが将来確実に発生すると認められる場合においても人格権による差止等が認められるべきであるとも主張するが、以上検討してきたところによれば生命、健康に対する侵害の発生が将来確実であると認めることも困難である。」として、控訴を棄却しました。

[評釈]

　本件は、日の出町の廃棄物処分場をめぐる原告ら住民らと三多摩地区の25市1町村で構成する被告東京たま広域資源循環組合（以下「被告広域組合」といいます）との紛争に係る裁判例の一つです。なお、被告広域組合は、地方自治法第284条による一部事務組合（複数の地方自治体の共通する事務を共同処理するために設立する組織体で、特別地方公共団体としての法人格を有します。同法1条の3、2条参照）に該当します。なお、日の出町自体は、この被告広域組合の構成員ではありません。また、問題となっている廃棄物処分場は、二つありますが（一つは既に建設され廃棄物の処分がなされているもので、今一つはこれから建設されるものです。以下、前者を「第1処分場」、後者を「第2処分場」といい、合わせて「本件各処分場」といいます）、いずれも一般廃棄物処分場であり、要するに、日の出町の近隣の地方自治体の住民の排出するゴミが日の出町にもちこまれ処分されるために、本件各処分場が使われ、また、使われようとしている中での裁判です。

　これは、裁判例26のような無法者が被告ではなく、地方自治体の集合体とでもいうべきものが被告ですので、被告は、行政法規を遵守して廃棄物処分場を設置し、運営しているわけです。ただ、本件各処分場のようないわゆる管理型の廃棄物処分場では、しゃ水のためのゴムシートなど汚染拡大防止の設備が備わってはいるのですが、それらの設備の経年劣化等に基づく破損等により付近住民らが有害物質にさらされていたり、また、さらされる危険があったりするため、第1処分場に既に堆積されている一定の廃棄物の除去や、第2処分場の建設工事や廃棄物の搬入の差止め等を原告住民らが求めたのが本件です。原告らの主張によりますと、第1処分場においては遅くとも昭和60年以降、第2処分場においては遅くとも平成10年以降、しゃ水工の

破損により、それぞれ浸出水が周辺の土壌・地下水を汚染していると見られるとしています（地裁も第1処分場については、平成2年頃からしゃ水シートないし雨水枡が破損していると認定しています）。なお、本件訴訟は、提訴が平成7年で東京地裁の判決が出たのが平成18年と判決までにかなりの時間がかかっています。

原告らのどのような権利又は法律上守られるべき利益が害されているという主張なのかを見ますと、原告らは、以下の二つの利益を分けて議論しています。つまり、①身体権的人格権の侵害と②平穏生活権的人格権の侵害です。前者の人格権は、「本件各処分場から外に出た危険物質が、原告らの生活環境としての大気、土壌等を経由して、原告らに到達するおそれがあること、又は、その生活用水の水源地である落合浄水場の原水流域に到達して、その結果原告らに到達するおそれがあること」、「その結果、原告らの身体の健康・生命・その子孫らに対し、危険を及ぼすおそれがあること」をもって、その侵害であると原告らは主張しています。一方、後者の人格権は、人体等への危険性が不明なものであっても、「通常人がその長期間の摂取により自らの健康や子孫への影響に強い不安ないし懸念」を抱かせる物質であれば、それが原告らに到達するおそれがあり、その結果、通常人が上記影響に強い不安や懸念を抱くものであることをもって、その侵害であると原告らは主張しています。

地裁判決についてまず見てみますと、地裁は、一般論として、上記の身体権的人格権は認めましたが、上記の平穏生活権的人格権については、原告らの身体の健康・生命に対して、危険を及ぼすおそれがあるか否かについての判断の際に考慮されるべき事柄・事情であるとして、認めませんでした。そのうえで、その危険が現実のものであれば、人格権に基づく差止めも認められるが、その危険が現実のものか否かは、環境基準を超過する状況がもたらされているか否かの判断によらしめてよく、結局、本件ではそのような超過状況にはないとして原告らの請求を認めていません。

高裁判決では、人の生命の安全や身体の健康が保障されることは人格権として保護されるべきだけれど、人格権の侵害の回復や将来の侵害を理由として一定の不作為等を求めるのならば、その侵害が発生しているとか発生する蓋然性が高いことを主張立証すべきだが、その主張立証がないとして、控訴

人らの請求を認めませんでした。ここでもその侵害や侵害の発生の高度の蓋然性の判断にあたっては、環境基準の超過があるかどうかを重視して侵害の有無を把握し、その超過の蓋然性が高ければ、侵害の発生の可能性も高いと判断しています。

　原告らは、原告らの生活環境において環境基準を超過する状態になった段階では、既に汚染が深刻な状態に発展しているので、その時点で対処をしようとしてもとりかえしがつかない状況になるという判断で、本件訴訟を提起したものと思いますが、本件の高裁判決がかかる原告らの懸念をまったく軽視したのかというと必ずしもそうでもないように思います。つまり、高裁判決は、将来における環境基準の超過という事態が発生することの高度の蓋然性を主張、立証すれば、差止めの判断もできる可能性があるという一般的な判断を示したものとも解釈できるからです。もっとも、環境基準の超過の高度の蓋然性があるという状況で、ただちに差止め請求ができるのかは、この高裁判決だけでは必ずしも明らかではないと思います。

　また、地裁判決でも、高裁判決でも、「環境基準の超過」を重視しています。すなわち、地裁判決では、疾病の招来等の被害を及ぼすような現実的な危険がある場合にはじめて受忍限度を超える被害が生じているか、生じる危険が切迫しているとして、差止めを認めるとの判示をしており、その現実的な危険の有無の判断においては、環境基準の超過があるかどうかを重視しています。その結果、環境基準を超える汚染が一定期間続くようであれば、上記の現実的危険があるとして、差止めを認める可能性を示しています。この点では高裁も同様の判断を行っています。危険の切迫というと、通常の語感からすると、かなり深刻な被害が目の前に迫っているという印象ですが、環境基準を超過した汚染が一定期間続くという状態は、その汚染に一生さらされることにより病気を引き起こすというレベルの汚染であるため（裁判例25の評釈参照）、通常の語感からすると、危険の切迫という表現からはかなり遠いと思います。もっとも、そのレベルの危険ではあるものの、かかる危険が現存しているか、かかる危険の発生の蓋然性が高度であれば、受忍限度を超えた被害があるもの又はその被害が切迫しているという判断はありえると思われ、地裁も高裁もかかる判断に親和性のある判示となっています。

　健康被害に係る差止めに関する違法性の判断基準において環境基準を重視

するという判断は一般的ではないと思われますので、本件の地裁判決も高裁判決も、望ましい基準である環境基準を基礎に差止めを可能にし、環境の悪化をより早い段階で防ぐことを可能にするため、環境保全の観点からは従来の判例より一歩踏み込んだ判断を示していると考えます。なお、損害賠償請求において、受忍限度を超える違法性があるか否かの判断において環境基準を重視した判例としては、いわゆる国道43号線訴訟事件上告審判決があります（最高裁平成7年7月7日判決、判例タイムズ892号124頁参照）。もっとも、同事件では健康被害というよりも生活妨害というべき騒音問題が紛争の中で大きな比重を占めていたことから、望ましい基準としての環境基準を受忍限度の判定において重視したという側面があったのではないかと推測されます。その意味で、生活妨害ではなく、健康被害又は健康被害が引き起こされるおそれを争点とする判断において、差止めの基準として環境基準を重視するという姿勢を示した本件の地裁及び高裁の判決は注目すべきものと考えます。[137]

[キーワード]
一般廃棄物処分場、人格権、差止め請求、環境基準、受忍限度

裁判例 24（群馬県工業団地土壌汚染事件）

前橋地判平成 20 年 2 月 27 日
LEX／DB（文献番号 25400325）

---

[137] もっとも、大塚直教授は、国道43号線上告審判決が騒音の環境基準を損害賠償の受忍限度として用いたことがその後の沿道騒音環境基準の緩和改定につながったことを指摘して、司法において環境基準を受忍限度の判定において重視することが、望ましい基準であるはずの環境基準を緩くしてしまう副次的効果を生んでしまう問題点を指摘しています（大塚直『環境法第3版』（有斐閣 2010）325頁参照）。大塚教授が、したがって、違法性を判断するための受忍限度のレベルと望ましい基準であるはずの環境基準に差があることを自覚して司法の判断も行うべきであると主張されているのか否かは判然としませんが、この両者は本質的には異なるレベルであるはずという考え方からすれば、本件の地裁及び高裁の現実の危険の判断基準について疑問も出されるものであろうと考えます。なお、この論点については、浅野直人「国道43号線事件最高裁判決をめぐって」判例タイムズ892号（1996年）97頁以下、とくに102頁参照。

[事案の概要]

　本件は、群馬県が工業団地として造成し、区画分譲した土地に土壌汚染があったとして、当該土地を所有する者及び当該土地に建物を所有する者3人（うち、2つは企業です）が、国家賠償法第1条1項及び第2条1項に基づき、国家賠償を求めた事案です。

　昭和36年、群馬県知事は、本件各土地につきカーバイド滓を埋立て、その上部を土で覆うという内容の河川の形状変更の許可を行い、昭和36年12月から昭和38年5月の間に、本件各土地に、4100tのカーバイド滓が埋立てられました。その後造成が完了し、原告Aは、昭和54年6月30日及び昭和56年9月22日に工業団地内の本件土地の分譲を受けました。

　しかし、平成10年、原告らが本件各土地を調査したところ、本件各土地がテトラクロロエチレンにより汚染されていることが判明し、平成18年、原告らが業者に依頼して調査したところ、本件各土地から土壌汚染対策法の基準値を超えるテトラクロロエチレン、トリクロロエチレン等が検出されました。

　土壌汚染対策法においては、都道府県知事は、土壌の特定有害物質による汚染により人の健康に係る被害が生ずるおそれがあるものとして政令で定める基準に該当する土地があると認めるときは、当該土地の土壌の特定有害物質による汚染の状況について、当該土地の所有者等に対し、環境大臣が指定する者に調査させ、その結果を報告すべきことを命ずることができます（旧法4条1項。以下、汚染調査及びその結果の報告を「汚染調査等」といい、汚染調査等を命じることを「調査命令」といいます）。また、汚染調査の結果、当該土地の土壌の特定有害物質による汚染状態が環境省令で定める基準に適合しないと認める場合には、当該土地の区域をその土地が特定有害物質によって汚染されている区域として指定するものとされています（旧法5条1項。以下、この区域の指定を「区域指定」といいます）。また、都道府県知事は、土壌の特定有害物質による汚染により、人の健康に係る被害が生じ、又は生ずるおそれがあるものとして政令で定める基準に該当する指定区域内の土地があると認めるときは、その被害を防止するため必要な限度において、当該土地の所有者等に対し、相当の期限を定めて、当該汚染の除去、当該汚染の拡散の防止その他必要な措置を講ずべきことを命ずることができ

ると規定されています（旧法7条1項。以下「措置命令」といいます）。

原告らは、①河川の形状変更の許可及び原告らに対する分譲行為は不法行為に当たる、②群馬県知事は上記土壌汚染対策法により、区域指定を行い、措置命令を出すべきところ、これらの権限を行使しないことが違法である、③管理下にある廃河川敷に産業廃棄物のカーバイド滓を埋めさせたことにつき、公の営造物の管理に瑕疵があったと主張しました。

[判決要旨]

①につき、テトラクロロエチレン等の有機塩素系溶剤について有害性について認知されたのは米国で昭和56年、日本で昭和57年当時と認められる等として、河川の形状変更許可を行った昭和36年当時及び分譲された昭和54年及び昭和56年当時においては、本件土壌汚染につき、予見が困難、予見の可能性がなかったとして、原告の主張を認めませんでした。

②につき、権限不行使事例においては、「国又は地方公共団体の公務員による行政上の権限不行使は、その権限を定めた法令の趣旨、目的や権限の性質等に照らし、個別具体的な事情の下において、その不行使が許容される限度を逸脱し、著しく合理性を欠くと認められる場合」において「国家賠償法の適用上、違法と評価される」との基準を示した上で、区域指定及び措置命令のそれぞれについて判断しました。

区域指定（旧法5条1項）については、法の目的は、土壌の特定有害物質による汚染の状況の把握に関する措置及びその汚染による人の健康に係る被害の防止に関する措置を定めること等により、国民の健康を保護することにあるとして（法11条）、法の体裁上は、調査の結果、基準に満たない場合に区域指定を行うものであり、広汎な裁量を知事に与えたものではないが、本件においては、区域指定の前提となる汚染調査が行われていないのであるから、現時点においては、区域指定に係る権限を行使する前提を欠くというべきであるとしました。また、調査に係る権限の不行使については、汚染調査や調査命令に係る権限の行使の方法、汚染調査を行うべき範囲の確定等の点で、群馬県知事に一定の裁量があるものと解され、一般に、汚染調査や調査命令に係る権限の行使にあたっては、汚染調査や調査命令を行うべき前提要件の有無についての検討、汚染調査や調査命令に係る権限の行使方法の選択

や調査の対象範囲の確定等種々の困難な問題を伴うものであり、必ずしも短期間に汚染調査や調査命令に係る権限を行使できるものではなく、目下調査中の本件にあってはその調査が著しく遅滞していると認めるに足りる証拠はなく、加えて、現時点における本件汚染物質による具体的な健康被害の発生又はその発生のおそれがあると認めることはできないとして、群馬県知事が汚染調査や調査命令に係る権限を行使しなかったことが裁量を逸脱する不合理なものであるとはいえないと判示しました。

また、措置命令の権限不行使については、法の目的は上記のとおりであり、上記汚染により人の健康被害が生じ、又は生じるおそれのある場合には、群馬県知事は、一定の要件の下に、汚染除去措置を講ずるよう土地所有者や汚染行為を行った者等に命ずる権限を付与されているところ、法は、群馬県知事がこの措置命令の権限を行使するか否かについて、一定の裁量を与えており、このことは条文上からも明らかであるとしました。その上で、群馬県知事が措置命令を発する前提となる区域指定に係る権限不行使が違法とはいえないこと、本件汚染物質による具体的な健康被害の発生又は発生のおそれがあることを認めることはできないこと等を併せ考えると群馬県知事が措置命令（旧法7条）に係る権限を行使しないことが著しく合理性を欠くものであるということはできないとして、違法と評価することはできないとしました。

③については、河川の形状変更許可が出された昭和36年当時から昭和54年、昭和56年の当時に至るまで、本件汚染を予見することは困難であったというべきであるから、本件各土地の管理に瑕疵があったということはできないとしました。

[評釈]

本件は、上記のとおり、①河川敷にカーバイド滓の埋立てを認めたことと当該河川敷で土壌汚染を除去せずに造成し土地を分譲したことを不法行為とする損害賠償請求権、②土壌汚染対策法上の調査命令及び措置命令を出さない不作為を不法行為とする損害賠償請求権、③河川敷のカーバイド滓を除去せずに造成し売却したことにつき公の営造物の設置又は管理に関する瑕疵に基づく責任を根拠とする損害賠償請求権が問題となっています。結論として

は、汚染物質の危険性が埋立て時や造成時や分譲時に判明していなかったことを根拠に、①及び③の請求は棄却されています。また、被告である群馬県は、土壌汚染対策法上の指定区域（旧法）に指定するために必要な調査を著しく遅滞しているわけでもなく、指定区域に指定がない以上措置命令を出さないことも著しく合理性を欠くものでもないので、違法な不作為はないという判断を行って、②の請求も棄却しています。

　上記①と③の論点は、問題とされる行為時に土壌汚染物質の危険性が判明していなかったという点を判断根拠にしている点で興味深い判断をしていると言えます。なお、カーバイド滓を埋立てた工場主は、カーバイドによってテトラクロロエチレン等を製造していたようで、テトラクロロエチレンの製造過程で、トリクロロエチレンも生まれ、これらはほとんどガス化して取り出されるものの、カーバイド滓にわずかながら残留していたため、カーバイド滓とともに、土壌に残留することになったようです。

　判決では、例えば、①につき、「本件各土地に残留しているテトラクロロエチレン等の有機塩素系溶剤について法規制が開始されたのは、昭和61年であり、また、これに先立って、有機塩素系溶剤の危険性が社会問題化したのは、米国で昭和56年、日本でも昭和57年であり、有機塩素系溶剤の有害性について一般的に認知されたのも、その当時と認められること等の事情を考え合わせると、群馬県知事が河川の形状変更許可を行った昭和36年当時においては、本件汚染物質等による本件各土地の汚染について予見することは困難であったというべきである。」と判示しています。この判示部分は、厳密に考えると少しおかしいところがあります。なぜなら、テトラクロロエチレン等が土地に残る可能性は、当時から予見可能であったものと思われ、予見可能でなかったのは、その毒性の方だからです。「本件汚染物質等により本件各土地について原告が損害を被るということは予見することが困難であったというべきである。」という判示が正確であろうと考えます。この場合、何が原告の主張する損害なのかが問題になります。原告は、工場移転費用、工場新築費用、営業補償費用などを損害として主張していますので、本件汚染で移転が強いられたという事情がないと、かかる費用は損害にはならないと思われますが、何が損害なのかは本件判決を見ても深く検討されたようには思われません。

なお、②の請求に関する、土壌汚染対策法上の規制権限の不行使をもって不法行為とすることについては、平成21年改正までの土壌汚染対策法で指定区域になりうる土地は、法第3条又は第4条（旧法）による土壌汚染状況調査により汚染が判明した土地に限られ、本件はこれら条文の発動される要件を満たしていなかったという裁判所の事実認定が正しければ、請求としては成り立たないものと考えます。なお、法第3条について言えば、工場の操業停止を契機とした調査義務なので本件の場合は適用がなく、適用があるとすれば、法第4条（旧法）ですが、本件土壌汚染を原因として飲用に供せられる可能性のある地下水が汚染されておらず、また、そのおそれもなければ、法第4条（旧法）の適用もありません。もっとも、被告である群馬県としてはそのおそれが本当にないかどうかを調査しているようで、そのため、判決文中に指定区域に指定するために必要な調査を著しく遅滞しているわけでもないといった判示になったようです。なお、なぜ、規制権限を行使しなかったことが原告の損害になるのかという点の原告の論理は、規制権限が行使されて調査が義務づけられれば、その結果、汚染の発覚により指定区域に指定され、措置命令が原告に出され、それに従って原告が対策費用を支出すれば、原告が法第8条（旧法）を根拠に原因者に求償できるけれど、規制権限が行使されない限り、以上のような土壌汚染対策法に基づく求償権の発生がないからであるというもののようです。しかし、措置命令を出すには放置すれば健康被害が生じるおそれが必要であり、その点が不明な中で、以上の論理に基づいて、規制権限の不行使が損害発生の原因であると主張することには無理があると思われます。

[キーワード]
カーバイド埋立、工場団地、調査・措置命令の不作為、予見可能性

裁判例 25（福島県井戸水汚染事件）

福島地裁郡山支部判平成 14 年 4 月 18 日
判例時報 1804 号 94 頁

[事案の概要]

　被告が操業する工場からテトラクロロエチレンが地下に浸透し、その結果、原告らの使用する井戸を汚染したとして不法行為に基づく損害賠償請求がなされた事案です。

　原告甲の井戸は、被告工場内の旧洗浄室の所在した場所（判決上、旧洗浄室内が汚染源とされています）付近から、南西に 75 メートル離れたところにあり、原告乙の井戸は、南南西に 100 メートル、亡戊（相続人が原告となっています）の井戸は、旧洗浄室から南南西に 150 から 160 メートル離れたところにありました。

　金属製容器等の製造並びに販売等を業とする株式会社である被告は、金属製押し出しチューブ等を製造するための本件工場を操業しており、昭和 60 年 4 月頃、その製品を洗浄するため、洗浄液としてテトラクロロエチレンを用いるようになりました。

　テトラクロロエチレンは、発がん性があると考えられている物質です。規制法令をみると、水道法第 4 条では、水道により供給される水について一定の水質基準に適合することを要件としており、平成 5 年 12 月施行の旧厚生省令により、0.01mg／リットル以下の基準に適合しなければならないとされています。また、昭和 59 年 2 月 18 日当時には、旧厚生省通達により、水道水の暫定的な水質基準（以下「暫定基準」といいます）として 0.01mg／リットルという基準が設定されていました。

　本件において、平成 2 年から平成 3 年にかけて、市や県公害センター等の調査により検出されたテトラクロロエチレンの値は、①原告甲の井戸については、0.012mg から 0.45mg／リットル、②原告乙の井戸については、0.0088mg から 0.016mg／リットル、③亡戊の井戸については、0.0005mg か

ら0.0011mg／リットルでした。

[判決要旨]

　裁判所は、本件工場と原告らの井戸の位置関係、工場付近の地質と地下水の流動系の状況、テトラクロロエチレンの検出状況等を総合すると、旧洗浄室付近が汚染源であり、被告が故意にテトラクロロエチレンを流出させたのではなく、旧洗浄室内での日常の洗浄作業の過程で、テトラクロロエチレンをはね飛ばしたり、垂らしたりして地下浸透させたものと推認するのが合理的であり、テトラクロロエチレンが地下浸透し、それが地下水の流動系に沿って南西に移動拡散した結果、原告甲及び原告乙の各井戸を汚染し、さらに、調整池を介してあるいはローム層から沖積層の帯水単元へ漏水して亡戊の井戸へと到達したと認められるとしました。

　また、被告の予見可能性につき、昭和60年当時コンクリートには一定の透水性が認められるとの知見があったこと、テトラクロロエチレンの一般的性状として、水よりも比重が重く粘度が低いとの特徴が一般に知られていたこと、平成元年の旧通産省・旧厚生省告示には、テトラクロロエチレンを使うにあたって、コンクリート床のひび割れ等が心配される場合には流出を防止する措置をとることが指導されていること等から、被告には、テトラクロロエチレンがコンクリート床を透過して地下水を汚染するに至ることにつき予見可能性があり、かつ、洗浄槽の設置部分にステンレス製の受け皿を設置する等のテトラクロロエチレンの地下浸透を防止する措置を講ずることも容易であり、そのような措置を十分に講ずるべき注意義務があったというべきであるとして、被告はこの注意義務を尽くさずテトラクロロエチレンを地下浸透させ、原告らの井戸を汚染したのであるから、被告のかかる侵害行為について過失が認められるとしました。

　違法性についてはいわゆる受忍限度論を採用しました。すなわち、本件工場の操業に伴う公害が、「違法な権利侵害ないし利益侵害になるかどうかは、侵害行為の態様、侵害の程度、被侵害利益の性質と内容、本件工場の所在する地域環境、侵害行為の開始とその後の継続の経過及び状況、その間に採られた被害の防止に関する措置の有無及びその内容、効果等の諸般の事情を総合的に考察して、被害が一般社会生活上受忍すべき程度を超えるものかどう

かによって決するのが相当である。」とし、人の生命・健康に対する侵害に対しては、その違法性を判断するにあたって慎重な配慮を要することは言うまでもないが、それ故におよそ受忍限度論を論ずる余地がないとまでは言えないと判示しました。

　本件では、被告が故意にテトラクロロエチレンを流出させたものではないけれども、通常の作業の過程において、継続的にテトラクロロエチレンを滴下させ地下浸透させ、地下水を汚染し、原告甲及び原告乙の井戸を汚染させたことを認め、テトラクロロエチレンの有害性（発がん性が現時点において議論されていること）及び、水道水の暫定基準を上回るテトラクロロエチレンが原告甲及び原告乙の井戸から検出されていること、その結果、「人は、人格権として生存及び健康を維持するのに十分な飲用水及び生活用水を確保、使用する権利を有していると解されるところ、原告甲及び原告乙においては、テトラクロロエチレンに汚染された井戸水を飲用水及び生活用水として継続的・長期的に摂取することにより人体に対する影響が懸念されるとして保健所から常に煮沸飲用するよう指導をされ、かようにしなければ水を飲用できない生活を強いられ、上記利益が害されたこと」、本件当時、水道管が近くになく、井戸水により水を確保しなければならなかった地域環境等に鑑みると、被告がテトラクロロエチレン汚染防止のために諸施策を講じたことを考慮しても、テトラクロロエチレンに汚染された井戸水の飲用に一定期間にわたって継続的に曝されてきた原告甲及び原告乙との関係では、被告の行為はそれぞれ、社会生活上、受忍すべき限度を超えた違法なものであると結論づけました。

　他方、亡戊については、テトラクロロエチレンによる汚染の数値もそれ自体が極めて軽微である上、現時点において指摘されているテトラクロロエチレンの特殊毒性のリスクからして直ちに何らかの危険性があると評価できるかも微妙であること、現在では、帯水層の浄化が完了していることを考慮すると、亡戊との関係では、被告の行為は、未だ社会生活上受忍すべき限度を超えた違法なものということはできないとしました。

　損害としては代替井戸掘削費用、慰謝料、水質検査費用、弁護士費用の賠償を認めました。

第5章　裁判例の分析

［評釈］

　この事例は、工場からテトラクロロエチレン（土壌汚染対策法の特定有害物質の一つ）が地下に浸透し、地下水を汚染したため、その地下水により井戸水を汚染された付近住民が原告となって、工場を操業している被告に対し、損害賠償を求めた事案です。土壌汚染対策法がもっとも懸念する土壌汚染のもたらす被害形態ですが、同様の事例を扱った裁判例がなかなか公刊されていないことから、貴重な裁判例だと言えます。

　これは、健康被害が発生したことを前提にした損害賠償事件ではなく、地下水汚染により従来どおりの井戸水の利用ができず、煮沸しなければ地下水を飲用できなくなったところを被害ととらえています。

　また、原告は三人いたのですが、うち二人の請求を認め、もう一人の請求は認めていません。その判断の分かれ目は、それぞれの井戸の汚染度合いによります。地下水の環境基準（本判決で述べられている「水道水暫定基準」と同じ）を超えた地下水汚染が井戸水に見られる場合であれば、請求が認容され、見られない場合であれば、請求は認められませんでした。

　このように環境基準を超えた地下水汚染が引き起こされたことにより、従来から井戸水を飲用している原告らが受忍限度を超えた被害を被ったとして違法性を認めていることは注目に値します。環境基準は、望ましい基準であり、それを超えたからと言って直ちに健康被害が発生するわけではありません。すなわち、原告も主張していたように、この環境基準は、「WHO（世界保健機構）の飲料水水質ガイドライン（WHO、1984）及びUSEPA-HAの根拠データ（NCI、1977）をもとに、リスク外挿法線形多段モデルによるライフタイム七〇年に対する発がんリスク10^{-5}の評価から水質評価値0.010mg／リットルが算出された。かかる0.010mg／リットル以下とは、ヒトの体重を七〇kg、一日当たりの飲料水量を二リットル、飲料水の寄与率を一〇パーセントであるとして、ヒトが飲料水を一生飲み続けても、特殊毒性のリスクが10^{-5}、すなわち一〇万人に一人であることを示す基準値であり、ただし、不確定性として10^2の数値が見込まれており、これは、リスクが一〇〇〇人に一人であるかもしれないし、一〇〇〇万人に一人であるかもしれないという意味である。また、特殊毒性におけるリスクは、検出値と単純に比例するものではない」という判断によって定められたものです。本判決では、

かかる基準が損害賠償の違法性の有無の判定に採用されたことに注意が必要です。

もっとも、本判決が井戸水に環境基準を超えた汚染が見られたということだけで受忍限度を超えていると判断しているわけでもないことにも注意が必要です。すなわち、判決中に「人は、人格権として生存及び健康を維持するのに十分な飲用水及び生活用水を確保、使用する権利を有していると解されるところ、原告甲及び原告乙においては、テトラクロロエチレンに汚染された井戸水を飲用水及び生活用水として継続的・長期的に摂取することにより人体に対する影響が懸念されるとして保健所から常に煮沸飲用するよう指導をされ、かようにしなければ水を飲用できない生活を強いられ、上記利益が害された」と判示している点が注目されます。

井戸水を利用できるという利益は土地所有権に付随するものとの考え方が一般的ですが、本判決では土地所有権の侵害とは構成されていません。[138] 従って、井戸水が常にその水質を保っていなければならないといった判示とはなっていません。人格権を根拠に、飲用水や生活用水として使われる水に一定の品質を求めているところが注目されます。従って、この判断基準によれば、汚染されていない水を上水道から何の支障もなく利用できるのであれば、井戸水の地下水がいくら汚染されても、人格権侵害という判断は行われないことになろうと思われます。本判決では、「本件当時、水道管が近くになく井戸水により飲料水や生活用水を確保せざるを得なかった」と判示していますので、かかる事情のもと、長年井戸水を飲用として利用してきたという事実に鑑みて、人格権侵害があったと判断しているものと思われます。

損害賠償の範囲として、代替井戸掘削費用、慰謝料、弁護士費用及び水質検査費用が含まれることには異論はないと思われます。原告らが土地の評価額が下がったと主張していることに対しては立証がないとしてこれを認めていません。

本判決は、原告らの受忍限度を超えた被害をもたらした被告による侵害行為があるとしています。また、その侵害行為というものは、テトラクロロエチレンの地下への浸透行為であると判断しているものと思われます。

138　地下水利用権の性質については拙稿「大深度地下と土地所有権—地下水利用権の分析を手がかりに」（NBL583号（1995年）18頁以下）参照。

本件では被告工場におけるテトラクロロエチレンの利用が上記水道水の暫定基準が設定された昭和59年よりあとの昭和60年以降のようですので、発ガン性が問題となって定められたかかる基準を超えるような井戸水汚染が将来引き起こされることは土壌汚染行為時点で予見可能であったという判断は成り立つものと思われます。従って、この予見可能性の問題は争点にはならず、裁判所もこの問題を意識した判示をしていないものと思われます。しかし、仮に、本件でテトラクロロエチレンの地下浸透行為がかなり以前のことで、テトラクロロエチレンの発ガン性が議論される前のことであれば、その地下への浸透行為が飲用に適さない井戸水汚染を引き起こすことを予見できたのか否かということ自体が争点になったものと思われます。

[キーワード]
地下水汚染、井戸水利用の権利、損害賠償の範囲、予見可能性、受忍限度

裁判例26（岡山県吉備郡産業廃棄物堆積事件）

岡山地判平成14年1月15日
LEX／DB（文献番号28071810）
※裁判所ウェブサイトにも掲載あり。

[事案の概要]
　本件は、岡山県吉備郡a地区集落（以下「a地区」といいます）に居住する住民らが、被告Aが本件土地（標高約307メートルの山の頂上付近にあり、a地区とは、直線距離で約900メートル、高低差は約200メートルあります）に産業廃棄物を搬入及び堆積させて土壌汚染及び水質汚濁を引き起こし、また、野焼き及び焼却炉での不完全燃焼によりダイオキシンを発生させる等したことにつき、人格権に基づき、被告Aに対しては産業廃棄物の搬出、搬入差止め及び慰謝料等を、被告Bに対しては共同不法行為に基づきAと連帯して慰謝料等を支払うよう請求した事案です。なお、被告Bは被告Aに平成10年10月29日付けで本件土地を売却しているため、Bは、産

業廃棄物を堆積させていた土地の元所有者ということになります。

　被告Aは、解体業を営む者であり、平成8年3月には、産業廃棄物処理業の許可（中間処理を内容とし、木くずを対象）を受けました。さらに、同年6月には、産業廃棄物処理施設の設置許可（廃プラスチックの焼却施設）を受け、同年9月には、当初木くずに限られていた中間処理の対象に廃プラスチック類、ゴム屑を加える変更許可を受けています。

　被告Aは、遅くとも平成3年5月頃までには、本件土地に、多量の廃タイヤや廃材を搬入し、これを燃やすようになりました。その後、廃タイヤ等だけでなく、食品汚泥や廃プラスチックを継続的に搬入させるようになり、原告らは倉敷保健所等に苦情を申入れ、倉敷保健所は水質検査を実施しましたが、水質に異常は認められませんでした。

　しかし、倉敷保健所長は、被告Aに対し、平成5年11月、廃材が流出しないようにする措置を行うことや埋立て処分の中止などを内容とする第1次改善命令を出しました。その後も、被告Aが野焼きをしていることを把握したため、法定の設備を用いず野焼きをしないことを内容とする第2次改善命令を出しました。しかし、平成7年になっても、被告Aは継続的に野焼きを行い、春には消防署が山火事と見誤るほどの火柱が上がる野焼きを行うほどでした。そこで、倉敷振興局長は、直ちに野焼きを中止するように勧告する行政指導を行いましたが、被告Aは野焼きを止めませんでした。その後、平成8年から9年にかけて、岡山県知事により、野焼きの中止等（第3次）、シュレッダーダスト等産業廃棄物の適切な場所への移動等（第4次）、焼却炉の補修等（第5次）を内容とする第3次ないし第5次改善命令が出されましたが、被告Aはこれに従いませんでした。

　結局、被告Aは、平成10年になってからも、野焼きを止めず、産業廃棄物も積み上げたままにしていました。そこで、岡山県知事は、平成10年5月7日、第4次改善命令で撤去を求めていたシュレッダーダストを撤去するように命じる措置命令を発し、同年7月1日には立入検査をし、同年7月8日には代執行を行いました。この時のシュレッダーダストの総量は、1500トンから2000トンに上りました。

[判決要旨]

　原告らは、被告Aが本件土地内に産業廃棄物等を大量に堆積することによって、土壌汚染及び水質汚濁を引き起こし、原告らの快適な生活を営むことを内容とする人格権を侵害する不法行為が成立する旨主張していましたが、生活環境の侵害を内容とする不法行為の成否については、当該被害が一般社会生活上受忍すべき限度を超えているかを判断することが必要であり、本件では、「本件土地における汚染原因物質の排出が原告らに対し現に何らかの健康被害を与えているか、そうでないとしても、生活環境の顕著な悪化をもたらしているため原告らにおいて健康被害を受ける危険が差し迫っている状態にあることを要する。」としました。

　この基準に従い、水質検査の結果、これまでに井戸水からも農業用水からも環境基準を超える重金属等が検出された事実がなく、重金属等による水質汚濁を内容とする不法行為の主張は認められないとしました。さらに、なお書きで、原告らは、快適な生活を営むことを内容とする人格権の侵害による不法行為に基づく損害賠償請求を求めているけれども、そうであれば、個人の生活が営まれる空間等において生命及び健康を保持しえない程度に生活環境が重金属等によって濃厚に汚染され、あるいは汚染に至る危険が切迫していることを主張立証すべきところ、これらの事情を具体的に明らかにしようとしないのであるから、主張自体失当であるか、そうでないとしても具体的な立証がないとして、原告側の主張の問題点を指摘しました。

　また、ダイオキシン類による汚染についても、被告Aによる野焼きによって、ダイオキシン類を継続的に発生させていたものと推認することができるが、原告は、原告の日常生活の場及び生活環境上密接な関連のある生活空間が生命、健康を保持しえない程度にダイオキシン類によって濃厚に汚染され、汚染に至る危険が切迫していることを主張立証すべきところ、原告らはa地区におけるダイオキシン類の存在につき、何ら具体的に明らかにしようとしないとして、不法行為の主張は主張自体失当であるか、そうでないとしても、立証が何らなされていないため、採用できないと判示しました。

　その他、原告らは、産業廃棄物の堆積による土石流を生じさせる危険などを主張しましたが、具体的な被害をもたらす差し迫った危険が存在するということができないから、不法行為の成立する余地はないとして、採用できな

いとしました。

　その上で、被告Aは、産業廃棄物を搬入し続け、再三の勧告や命令をほとんど無視してきたことから、遵法精神に乏しいことは顕著であるといってよいため、原告らが不安感を持ち続けてきたことは無理からぬものがあるということができるけれども、原告らの主張によっては、原告らの居住空間において有害物質による濃厚な土壌汚染、水質汚濁及び大気汚染のため、原告らが健康被害を受ける危険が切迫していることは何ら明らかではく、原告らの人格権を侵害することを内容とする不法行為の主張は、それ自体失当であるか、そうでないとしても立証がないというべきであるとしました。また、被告Aは、行政取締法規違反を繰り返しているものであるが、そうであるからといって、それが一般私人である原告らの権利その他の正当な生活利益の侵害を意味するものでないことは自明であって、原告らとしては、あくまで自己の権利その他の法的利益が侵害され、又は、その危険が差し迫っている事実を主張立証すべきであるのに、この点を明確にしようとはしないものであるとも判示し、原告らの請求を認めませんでした。

　また被告Bについては、被告Aの不法行為責任を肯定しえない以上、被告Bの共同不法行為を問題にする余地はなく、主観的共謀の事実も認められず、客観的関連による不法行為にしても、被告Bの行為は、被告Aによる産業廃棄物の搬入堆積及び焼却行為の黙認放置という不作為であるから、特段の事情のない限り、共同不法行為の成立は認められず、本件では特段の事情もないとして、原告の請求には理由がないとしました。

[評釈]

　本判決を見ますと、認定された事実からだけでも、被告は、環境法規についてまったく遵法精神がない、世間的な言葉で言えば、とんでもない悪人ということになりますが、完全に勝訴してしまっています。この結果を見ますと、現実に行われている環境法違反行為に対して、私人のイニシアティブで、これをやめさせたり、環境法違反によってもたらされた状況を原状回復させたりするためには、現行の司法制度がいかに頼りにならないかがわかります。法律がそうであるから仕方がないというのがこの裁判所の言い分かも知れませんが、法律が果してそうなのかは議論があると思います。また、本

件は、提訴が平成5年であり、判決が平成14年であって、いくら何でも判断に時間がかかりすぎで、この遅延の理由は不明ですが、てきぱきと訴訟指揮をすれば、もっと早く判断は可能だったものと思われます。判決で示された被告の悪性、長期の審理期間、被告の全面勝訴という結果を見ますと、どこかがおかしくないかと思ってしまいます。この種の環境法規の不遵守は、行政が正すのが建前であり、私人は出しゃばるなという理屈もあるのかもしれませんが、本件でも岡山県は改善命令を繰り返し出すものの被告に無視され続け、やっと平成10年に代執行の手段をとったもので、被告が遅くとも平成3年には環境法規違反行為をさまざまに開始していることからすると、行政の対応はいかにも遅いと思われます。このように、行政頼みでは不十分という現実があるわけですから、環境法規の不遵守の是正に対して司法制度に私人の役割をより広く認めるべきであるという発想になることも理解ができると思います。アメリカでは、環境法規の不遵守に対しては誰もがその是正をできるという市民訴訟が認められており、立法論としては、かかる市民訴訟制度又はヨーロッパ諸国で制度が確立している団体訴訟制度などを参考に本件のような事態が発生しないような司法制度に作りかえることが望ましいのではないかと思います。[139]

ただ、この本では立法論を展開しているわけではなく、あくまでも現行法の解釈の指針を示すために、さまざまな裁判例も検討しているわけですから、本件の事案で本件判決が不可避だったのかという点について、以下に検討を加えたいと思います。

本件では、原告が請求したことは、以下の三つです。すべて人格権による妨害排除請求権と妨害予防請求権が請求の根拠となっています。

①本件土地内からの建築廃材及び廃プラスチックの搬出
②本件土地内への産業廃棄物の搬入の差止め
③精神的苦痛に対する慰謝料

裁判所の判断の枠組みは、本件の被告の廃棄物の野積み行為等が原告らに

139　団体訴訟制度を環境影響評価法に導入することの制度提言を東京弁護士会は2009年2月9日「環境影響評価法改正にかかる意見書」として環境大臣に提出しています。なお、団体訴訟制度については、越智敏裕「行政訴訟改革としての団体訴訟制度の導入」自由と正義53巻8号（2002年）36頁、大久保規子「団体訴訟」自由と正義57巻3号（2006年）31頁等参照。

対する不法行為となるには、「原告らの生活空間における当該有害物質による汚染の状況等からみて本件土地における汚染原因物質の排出が原告らに対し現に何らかの健康被害を与えているか、そうでないとしても、生活環境の顕著な悪化をもたらしているため原告らにおいて健康被害を受ける危険が差し迫っている状態にあることを要する」というものです。被告の行為は廃棄物処理法等のさまざまな環境法規に違反はしているかもしれないけれど、上記の状態にはないということで、ことごとく原告らの請求を棄却したものです。

しかし、本件のように相手方が無法者とでも言うべき場合に、受忍限度を超えた人格権侵害があるか否かの議論するにあたって、上記判示ほど要件を絞らなければならない理由は果たしてあるのでしょうか。環境訴訟では、相手方が公共サービスを提供する場合も多く含まれますが、そのような場合と本件とを同列に議論することの合理性や必要性を検討する必要があると思われます。

この判決では、「被告Ａの野焼き行為等は、回数、態様、継続期間のいずれの点からみても、原告らに多大な不安感を与える」といった認定や、「原告らが大雨時には堆積した産業廃棄物が頂上から北斜面を流れ下ってａ地区まで到達するのではないかという危惧の念を抱いたとしても、それが全くの杞憂であるというのは相当ではないが」といった判示をしていることから、原告らが被告の度重なる違法行為により一定の不安感を抱いていることには合理性があるという判断をしているものと思われ、そうであれば、違法行為によるかかる不安感の発生の元を断つことを司法に求める原告らの請求を認めることも十分に可能であったのではないかと考えます。

違法行為の差止めや違法行為の結果の是正に関しては、さまざまな事例があることを自覚して、本件のように悪質な行政法規違反が繰り返されていることが明白な場合は、その結果の放置に対して近隣の住民らが抱く不安感が決して異常なものではない限り（つまり、裁判官も当該住民と同様の状況に置かれたら不安感を抱くようなものならば）、その不安感の払拭こそ人格権の保護であるという判断に立って、本件事案を処理し得たものではないのかと考える次第です。

なお、本件では平成５年から漸次被告Ａに対して行政命令が出されたも

ののの被告Aにより無視され、平成10年に至って漸く代執行が行われています。代執行には多大の費用を要したものと思われ、もっと速やかな対応が求められた事案だと思われます。このように行政庁の対応が遅い場合に、対応を迫る手段として行政事件訴訟法の義務付け訴訟を活用することが考えられます。これは、平成16年の行政事件訴訟法の改正により導入された訴訟形態ですが（同法3条、37条の2）、訴えの要件として、「一定の処分がされないことにより重大な損害を生ずるおそれがあり、かつ、その損害を避けるため他に適当な方法がないときに限り、提起することができる」という要件（同法37条の2第1項）と、原告適格として「行政庁が一定の処分をすべき旨を命ずることを求めるにつき法律上の利益を有する」との要件（同条3項）が求められていますので、これらの要件を満たす必要があります。本件訴訟は改正行政訴訟法が制定される前の事件ですので、本件が仮に行政事件訴訟法の改正後であれば、おそらくはこの義務付け訴訟で争われたものと思われます。

[キーワード]
廃棄物の違法投棄、代執行、人格権、差止め請求

3 行政事件に関する裁判例

裁判例 27（千葉県残土条例事件）

東京高判平成 20 年 10 月 16 日
判例時報 2051 号 34 頁

[事案の概要]

　本件は、「千葉県土砂等の埋立て等による土壌の汚染及び災害の発生の防止に関する条例」及び「千葉県土砂等の埋立て等による土壌の汚染及び災害の発生の防止に関する条例施行規則」に基づき、平成 16 年 12 月に特定事業（3000 平方メートル以上の「土砂等」の埋立て等を行う事業）の許可の申請をしたところ、行政庁から特定事業水域に搬入する予定の「混合再生改良砂」（以下「再生砂」といいます）が、本件条例に規定する「土砂等」に該当しないとして、埋立て事業の許可を不許可処分とされたため、その取消しを求めた事案の控訴審です。

　本件で問題となった再生砂は、①根切り残土 50％、②レンガ、タイル、瓦、コンクリート破片等のがれき類を破砕したもの 30％、③焼却灰入りの焼砂 20％という組成のものでした。

[判決要旨]

　裁判所は、条例でいう「土砂等」は、自然物である土砂等及びそれに匹敵するものをいうと解すると判示し、本件再生砂は、その構成物である、がれき類を破砕したもの及び焼却灰がいずれも自然物とはいえず、また、がれき類を破砕したものに建設発生土（残土）と焼砂とを混ぜ合わせたにすぎず、仮にそれが、廃棄物処理法にいう「不要物」ではなく、従って、「廃棄物」には当たらないとしても、それをもって、自然物である土砂等又はそれに匹敵するものということはできないとしました。

　控訴審では、平成 17 年 7 月 25 日付け環境省通知において、「建設汚泥又は建設汚泥処理物に土砂を混入し、土砂と称して埋立処分をする事例が見受

けられるところであるが、当該物は自然物たる土砂とは異なるものであり、廃棄物と土砂の混合物として取り扱われたい。」との記載を指摘し、国レベルにおいても、土砂等が自然物を意味することが前提とされているとしました。

　また、控訴人は、控訴審において、資源の有効な利用の促進に関する法律等、廃棄物の再資源化に関する関連法規に照らして解釈されるべきと主張しましたが、本件条例が、千葉県が県外から多くの残土が搬入され、その搬入や埋立て等に際して使用される土砂等に有害物質が混入していて土壌汚染を引き起こす等深刻な問題となっていたことを踏まえて制定されたものであり、その目的は、土砂等の埋立てによる土壌の汚染及び災害の発生を未然に防止することにあること等に鑑みれば、「土砂等」とは、原則として人為的な処理や操作による成分の変更やこれによる化学的変化等に伴う有害物質の混入のおそれが少なく一定の安定した性状を有する自然物である土砂等に限定し、例外的にこれに匹敵するものについても「土砂等」に含めて解釈することは十分に合理性があると結論づけました。

[評釈]

　本件は、いわゆる残土条例に関する紛争です。千葉県は不適切な残土処理を防止するため土砂の埋立てに関する規制を行っていますが、その規制の柱は二つです。すなわち、一つは、一定の基準を超えた濃度の汚染土壌は埋立ててはならないとしている点です。もう一つは、3000平方メートル以上の土砂等の埋立てを許可制にしている点です。本件は、後者の規制に関する紛争です。すなわち、原告がその許可申請をしたところ、原告が搬入する予定のものは、同条例で定める「土砂等」ではないので、許可できないとされたため、その不許可処分の違法性を争ったのが本件です。

　この条例では規制の対象となる「土砂等」の定義としては、「土砂等（土砂及びこれに混入し、又は吸着した物）」というものを置いていますが、上記のとおり、原告が搬入する予定のものは、混合再生改良砂であって、これに当たらないというのが不許可処分を行った千葉県の主張です。

　高裁判決では、地裁判決と同様に、この条例で言う「土砂等」とは、「自然物である土砂等」及び「自然物である土砂等に匹敵するもの」であると解

するとしています。前者には、「主として、自然物である第一種建設発生土、第二種建設発生土及び第三種建設発生土並びに山砂」が該当するとしています。また、後者には、「主として、自然物である第四種建設発生土に安定処理等を施してその性状を改良した処理土」が該当するとしています。

　なぜ、このように土砂等を制限的に解するのかについて、高裁判決は、この条例では、埋立て区域について、「周辺環境に影響を及ぼさないための設備の設置や措置をとることを特段要求してはおらず」、土砂等の取扱いの規制態様が比較的緩やかであるということを一つの根拠としています。それは、自然物又はそれに近いものでなければ、環境保全の観点からもっと厳しい規制があってもよいと思われるところ、そのようなものがない以上は、規制が比較的穏やかでも問題のないような自然物又はそれに近いものを前提にしているのだろうと言いたいものと理解できます。高裁は、さらに、「土砂」ということばが国の機関等でどのような意味で用いられているのかを参考にしたように思われます。というのは、理由中で、中央環境審議会の委員会報告の「土砂については、一般に土地造成の材料として利用されている自然物であるため、これまで廃棄物処理法の対象となる廃棄物ではないものとして運用しているが、大量の土砂の放置により環境保全上の支障が生じている事案が生じている。」との記載や平成17年7月25日の環境省通知の「建設汚泥又は建設汚泥処理物に土砂を混入し、土砂と称して埋立処分する事例が見受けられるところであるが、当該物は自然物たる土砂とは異なるものであり、廃棄物と土砂の混合物として取り扱われたい。」という記載を引用しており、「土砂」ということばが自然物を念頭において用いられていたということを重視しているからです。実際、上記通知にもあるように、自然物である土砂に廃棄物が混じれば、これは両者の混合物であって、もはや、廃棄物処理法を無視した取扱いはできません。しかし、本件条例は、あくまでも廃棄物とは別の「土砂等」を対象としており、廃棄物レベルの取扱規制を行っていないことは明らかですから、「土砂等」をこの高裁判決のように、自然物である土砂等及び自然物である土砂等に匹敵するものを指すと理解しなければ、この条例での規制が緩やかであることについて、つじつまが合わないと考えます。

　この条例で規制対象としている「土砂等」を以上のように理解する以上、

この判決の結論は合理的なものと言えます。

　なお、土壌汚染との関係では、汚染土壌は廃棄物なのか否かが問題になります。とりわけ、不要物として捨てられる汚染土壌を廃棄物と解さない理由はどこにあるのかが問題になります。この点については、本書第4章のQ42を参照して下さい。

[キーワード]

残土条例、土砂等

裁判例28（三菱瓦斯化学事件）

【控訴審】
東京高判平成20年8月20日
判例タイムズ1309号137頁

【第1審】
東京地判平成18年2月9日
判例タイムズ1309号151頁

[事案の概要]
　平成12年2月頃、東京都下水道局が共栄化成工業株式会社（以下「共栄化成」といいます）の工場跡地（以下「本件工場跡地」といいます）に接する大田区道において行った工事の掘削土からPCB（ポリ塩化ビフェニル）が検出されたため、さらに、大田区によりボーリング調査がなされたところ、高濃度のPCB及び土壌環境基準の16倍に当たるダイオキシン類が検出されました。この調査を基に、東京都は、平成13年と平成15年に、当該区域内で発見されたダイオキシン類による土壌の汚染の除去に関する公害防止事業について費用負担計画を策定し、汚染土壌の除去等を行い、三菱瓦斯化学工業株式会社（原告）に対して、公害防止事業費事業者負担法（以下「負担法」といいます）に基づき事業費を負担させる処分を行いました。処分の

理由としては、上記ダイオキシン類は、かつて同所で化学品製造工場を操業し、熱媒体としてダイオキシン類の一種であるPCBを含有する製品（「カネクロール400」という製品でした。以下「KC400」といいます）を使用していた共栄化成が、昭和39年から昭和40年にかけて本件工場を閉鎖し本件工場跡地を更地化した際に、地中に排出したものであって、その当時、共栄化成の全株式を保有する最大の債権者で同社の従業員を再雇用するなどしていた日本瓦斯化学工業株式会社（以下「日本瓦斯化学」といいます）と三菱江戸川化学株式会社（以下「三菱江戸川化学」といいます）が対等合併して原告が設立されたことから、原告は負担法第3条の規定する「当該公害防止事業に係る公害の原因となる事業活動」を行った事業者に当たるというものでした。

　この平成13年及び15年になされた負担させる旨の決定の取消を原告が求めたのが本件です。争点は、①本件各費用負担計画に係るPCBは、共栄化成が更地化した際に地中に排出したものかどうか、②原告が負担法第3条に規定する「事業者」に該当するか否か、③本件処分に至る審議会の過程において、手続上の違法はあるかの3点でした。

[判決要旨]
【第1審】
①排出経緯について
　本件では、PCBが検出された土壌の存在範囲が広汎かつ相当の深度にわたり、本件工場跡地の更地化後に所有者が異なるに至った土地にも及んでいること、共栄化成はナフタレンを原料としてKC400を使用して無水フタル酸を製造していたところ、本件土地からナフタレンが検出され、またPCBの種類につき本件工場跡地の各地点から検出された試料の9割超がKC400であったことなどから、本件では、工場の建物設備の撤去及び跡地の更地化の際に、広範かつ大がかりな土地の掘削と埋め戻しが行われ、その際、レンガ片やコンクリート塊等と共にKC400がその埋め戻しの土に混入され、地中に埋められた蓋然性は高く、本件工場跡地から検出されたPCBは、本件工場跡地の更地化の際に地中に排出されたものと推定されると判示しました。その上で、共栄化成が工場の操業を停止した時点で使用していた

KC400 の全部が他の工場に搬送された可能性、共栄化成の通常の操業時に KC400 が投棄された可能性、第三者による PCB の投棄の可能性等を勘案しても、本件工場跡地から検出された PCB が、更地化の際に地中に排出されたものであるという推定を覆すことはできないとしました。
②事業者該当性について
　原告は、共栄化成が PCB を本件工場跡地の地中に排出したとしても、共栄化成と別人格であり、本件工場において自ら PCB を使用する事業を行っていたわけではない日本瓦斯化学を合併した原告は、負担法第3条の「事業者」に当たらないと主張しました。これに対しては、負担法は、公害が環境に及ぼす結果の重大性に鑑み、公害防止に要する費用を広く当該公害の原因を作出した者に負担させることを企図しているものと解され、このような法の趣旨に照らすと、負担法第3条所定の「当該公害防止事業に係る公害の原因となる事業活動」を行った事業者について、自ら PCB を使用する事業を継続して行う者に限定して解する理由はないとして、本件では、昭和39年から昭和40年にかけて、共栄化成は私的整理から清算に至る過程にあり、日本瓦斯化学は、本件工場の敷地及び建物の半分の所有権を取得し、共栄化成の従業員を雇用するなど、実質的に重要な財産等の一部を承継し、また共栄化成から雇用した従業員を派遣するなどして、工場設備の撤去の作業に対して指揮監督を及ぼすことが可能であったことなどから、日本瓦斯化学と三菱江戸川化学が対等合併して発足した原告は負担法における「事業者」に当たると判断しました。
③手続上の違法の有無について
　審議会の過程における手続上の違法の有無については、形式上も実質上も、負担法が審議会の意見を聴くことを要求した趣旨を没却するほどの重大な瑕疵があるということはできないとしました。

【控訴審】
　控訴審においても、原告は負担法第3条の「事業者」であると判示されました。その理由は、共栄化成の100％親会社であり、かつ、本件工場の敷地の所有権と工場等の建物の約半分の所有権を有し、共栄化成の唯一の債権者であったこと、日本瓦斯化学の常務会において、共栄化学の資産等の処分に

ついて了解がとられ、日本瓦斯化学がその細部に至るまですべて方針を決定していたこと、工場の解体等を直接指揮監督したのも日本瓦斯化学の従業員であったことなどから、当時共栄化学はすべての判断を日本瓦斯化学に委ねていたといえ、それは、100％株式を保有する親会社がその支配力を利用して子会社の方針決定に影響を及ぼすという域を超えていたといえると指摘しました。このようにもっぱら日本瓦斯化学が、本件対策地域へのKC400の投棄を決定し、実行させたのであるから、形式的には共栄化成が解体事業等をしたことになるとしても、日本瓦斯化学がKC400を投棄した主体と評価することができるとしました。

[評釈]

　本件は、上記のとおり、負担法に基づき、東京都がダイオキシン類に該当するPCBによる土壌汚染土地において汚染除去等の工事を行い、その費用負担を原告である三菱瓦斯化学工業株式会社（以下「三菱瓦斯化学」といいます）に負担させる処分を行ったことに対し、同処分の取消を求めた行政訴訟です。

　ダイオキシン類については、土壌汚染対策法制定以前の平成11年にダイオキシン類対策特別措置法により規制され、土壌汚染対策法の規制対象とはなっていません。ダイオキシン類の毒性の強さから、ダイオキシン類による土壌汚染に対しては国又は地方公共団体が公害防止事業として対策をとることになっており（負担法2条2項3号）、その費用は、負担法に基づいて原因者に負担させることが定められています（負担法2条の2）。

　本件のもっとも大きな論点は、費用負担の処分を受けた原告の三菱瓦斯化学が負担法により費用を負担すべき事業者なのかという点です。すなわち、上記のとおり、PCBを取り扱っていた工場は、共栄化成ですが、その100％の親会社である日本瓦斯化学がその後三菱江戸川化学と合併して原告である三菱瓦斯化学が設立されたものであり、かかる原告に費用を負担させるには、かかる合併がなかった場合を想定し、日本瓦斯化学が費用を負担すべき事業者として評価できなければなりませんが、上記のとおり、PCBを取り扱っていたのは、その子会社で法人格が異なるため、問題になったものです。

ただし、PCB汚染は、昭和39年から昭和40年にかけて共栄化成が工場を閉鎖した際に生じたものと認定されており、その時点では日本瓦斯化学が共栄化成の100%の株式をもつ親会社というだけではなく、共栄化成が私的整理から清算に至る過程で、日本瓦斯化学が唯一の債権者となって、実質的に共栄化成を完全にコントロールしていたという事実があります。そうである以上、日本瓦斯化学を共栄化成と同視することは合理的であると思われます。

原告である三菱瓦斯化学は、そのような実質判断で原告を負担者とするのはこの賦課金が税金の滞納処分の例により強制徴収されるなど税金類似のものであり、憲法第84条の租税法律主義に服すべきところ、負担法は、誰にいくら負担させるべきかについての要件の定め方が不確定で、租税法律主義に違反する憲法違反の法律であると反論しています。しかし、その主張は認められませんでした。高裁は、誰を負担者とするか、いくら負担させるべきか等について審議会等の慎重な手続きを経るべきことが負担法で規定されていることを重視して、負担法は、行政の恣意を抑制し、判断の合理性を担保する手続きが法的に整備されており、租税法律主義にも反しないと判断しています。

[キーワード]
ダイオキシン、公害防止事業費事業者負担法、親会社の責任

裁判例29（アスベストスラッジ事件）

佐賀地判平成19年7月27日
判例地方自治308号65頁
※事案の概要を含む全文については、裁判所ウェブサイト参照のこと。

[事案の概要]
本件は、本件土地には多量のアスベストスラッジが埋設され、その処分に多額の費用を要することから、本件土地の価格は大幅に下落しているにもか

かわらず、固定資産課税台帳に登録された本件土地の平成17年度及び18年度の各価格は、その点が考慮されていないなどと主張された事案です。

　原告は、平成4年1月31日、本件土地を買い受け、その旨の所有権移転登記がなされました。平成16年6月20日頃には、本件土地地中にアスベストスラッジが埋設されているらしいことが発覚し、その後の調査で平成16年10月頃までには、本件アスベストの埋設量は6743立方メートルであることが発覚、平成16年11月頃には除去費用は1億9470万円から2億3150万円であることが判明しました。

　地方税法においては、基準年度（昭和31年度及び昭和33年度並びに昭和33年度から起算して3年度又は3の倍数の年度を経過したごとの年度）が定められ、その翌年及び翌々年の課税標準は、原則として、基準年度の固定資産税の課税標準の基礎となった価格で固定資産台帳に登録されたものとなっています（地方税法341条5・6号、349条）。しかし、翌年及び翌々年度において、地目の変換等の「特別の事情」があるため、基準年度の固定資産税の課税標準の基礎となった価格によることが不適当である等の場合には、当該土地に類似する土地の基準年度の価格に比準する価格で、固定資産課税台帳に登録されたものを課税標準とすることになっています（地方税法349条2項、3項）。また、固定資産評価基準においては、宅地の評価にあたり、各用途地区（住宅地区、工業地区など）に区分し、それぞれの地域で標準的なものと認められるものを標準宅地としてその標準宅地に沿接する主要な街路について路線価を付設するなどして評価することになっていますが、市町村長は、宅地の状況に応じ、必要があるときは、「所要の補正」をして、画地計算法の付表等を適用するとされています。

　被告は、平成17年度（基準年度は平成15年度）の固定資産税につき、「特別の事情」に該当しないものとして、新たな評価を行うことなく、平成15年度の固定資産税の課税標準となった価格に地価下落に伴う修正を加えた上で算出しました。また、平成18年度（当該年度が基準年度）の評価及び価格の決定においても、アスベストスラッジについての考慮はされませんでした。

　そこで、原告は、鳥栖市固定資産評価審査委員会に平成17年度及び18年度の登録価格について審査の申出をしたところ、各申出につき棄却する旨の

決定がなされたため、上記委員会の棄却決定は違法であるとして、その取消しを求めました。原告の主張は、①地方税法第349条第2項第1号・第3項ただし書により課税標準を見直すべき「地目の変換その他特別の事情」を看過した違法がある、②固定資産評価基準に基づく価格の評価にあたって「所要の補正」を怠った違法がある、③地方税法第408条（市町村長は、固定資産評価員又は固定資産評価補助員に当該市町村所在の固定資産の状況を毎年少なくとも1回実地調査させなければならないと定めています）の実地調査を怠った違法があると主張しました。

［判決要旨］

①について、基準年度が3年毎とされているのは、同一固定資産の経年による価格変化を正確に把握することを多少犠牲にしても、課税事務の簡素合理化を実現する方が合理的であるという政策判断がなされたためと解し、「特別の事情」とは、土地については、基準年度以後に発生ないし顕在化した、地目の変換に比するような事情で、それによる価格変動が課税事務の簡素合理化の要請だけでは正当化できない程度に大きなものに限られると解するのが相当であるとしました。

本件のアスベスト被害については、アスベストは不溶性の物質であって、土地の構成要素である土壌を汚染するものではなく、そのため土壌汚染対策法の対象ともなっていないこと、また、本件アスベストは、前所有者により人為的に廃棄されたものであるが、これを除去することにより本件土地を原状に復することができるものであって、本件土地自体に内在する原因によって、本件土地の区画、形質に著しい変化があったものということはできないこと、また、アスベストスラッジの廃棄されている土地の事例は希有であって、類似する他の土地に比準することが容易ではないこと等を理由に、本件アスベストの存在が、「特別の事情」に当たるということはできないと判断しました。

②については、固定資産評価基準における「所要の補正」は、課税対象不動産の個別の状況を一定程度考慮しようとするものであるが、その究極の目的は、不動産鑑定評価基準などと異なり、固定資産税の公平な賦課徴収にあることは明らかであるから、不動産鑑定評価基準においては減価するべきも

のとされている場合であっても、少なくとも、不動産減価の要因が外的人為的なもので、その原因行為者の責任追及を行うことにより原状回復が論理的に可能な場合は、これを理由に「所要の補正」をしない取扱いをすることも許されるものと解するのが相当であるとしました。このように解しないと、例えば、ゴミや産業廃棄物等が大量に廃棄されており、その除去のために巨額の費用を要するような場合は、その土地の評価についてすべからく減価しなければならなくなるが、そのような対処が固定資産税の公平な賦課徴収の観点からみて不当であることが明らかであるとも判示しました。そして、本件のアスベストは人為的に廃棄されたものであり、しかもアスベストは不溶性の物質であって土地の構成要素である土壌を汚染するものではなく、除去することで原状回復が可能であるから、本件アスベストの存在を理由に所要の補正をしない取扱いをすることも許されるとして、「所要の補正」を行わなかったことについて、違法があるということはできないとしました。

③については、地方税法第408条における年1回の実地調査をするとの規定は訓示規定と解されるから、仮に実地調査を怠った事実があったとしても、それだけでは違法とすることはできないとしました。

[評釈]
　本件は、土壌汚染土地の固定資産税評価額はいかにあるべきかという論点にかかわる事件として興味深いものですが、本件は、土地に多量のアスベストスラッジが埋設されていたという事件で、アスベストスラッジ自体は土地の構成要素としての土壌を汚染しているものとは言えず、土壌とは分離して除去できると判断されましたので、結局、土壌汚染土地の評価の問題ではないとして、評価額の減額を認めませんでした。従って、土壌汚染土地の固定資産税評価額はいかにあるべきかという論点そのものにたどり着く前に、勝負が決したため、この論点については判断がされていません。本件の判断自体は妥当だと考えます。なお、土壌汚染土地の固定資産税評価額はいかに考えるべきかについては、本書第4章のQ29を参照して下さい。

[キーワード]
土壌汚染と固定資産税評価額

裁判例 30（ホクレン精糖工場事件）

【上告審】
最判平成 6 年 1 月 25 日
税務訴訟資料 200 号 51 頁

【控訴審】
札幌高判平成 5 年 7 月 20 日
税務訴訟資料 198 号 329 頁

【第 1 審】
釧路地判平成 4 年 3 月 17 日
税務訴訟資料 188 号 666 頁

［事案の概要］

　原告らは A の相続人でありますが、A は昭和 55 年 12 月 12 日、ホクレン農業協同組合連合会（以下「ホクレン」といいます）に対し、本件農地を代金 4433 万円で、本件宅地を代金 1100 万円で、本件土地上の立木、植木等を代金 197 万円で売り渡し、昭和 56 年 6 月 30 日までに代金を受領しました。

　しかし、A は、本件農地の代金には、ホクレンの操業する清水精糖工場が排出する悪臭・廃液・汚水等に起因する土地汚染等に対する損害賠償金として少なくとも 1800 万円が含まれるとして、所得税法（昭和 63 年法律第 109 号による改正前のもの。以下同じ）9 条 1 項 21 号、同法施行令 30 条によりこれを非課税所得と解し、同額などを控除した 306 万 5050 円を分離長期譲渡所得の収入金額として申告しました。

　これに対して、被告である帯広税務署長は本件農地の譲渡価格は 4433 万円が正当であり、A が損害賠償金として譲渡所得の収入金額から控除したうちの 1800 万円は非課税所得には該当しないと判断してこれを収入金額に加算することとし、また、A の譲渡収入金額に対する必要経費につき減算

した上で、Aの過少申告に正当な理由がないと認め、Aの昭和56年分所得税について、Aの相続人らである原告らに更正・過小申告加算税賦課決定処分をしました。そこで、原告らは、原告らに対する本件更正・決定処分の取消しを求めました。

[判決要旨]
【第1審】
　裁判所は、ホクレンの操業する精糖工場からの廃液・悪臭等により、Aが居住する工場東側の地域では、湧水池に汚水が溢れ、地下水が汚染されて着色、臭気、味の異常などを呈して飲用することができなくなり、農作物が減収となるなどの被害が発生したこと、工場内外に蓄積された大量の有機物が夏には腐敗等して悪臭が発止し、これが西風によって工場東側地域に流れ、害虫が大量に発生し、牛馬の飼育にも障害を来たすことになったことを認め、Aを含む周辺住民が多大の損害を被ってきたことを認めました。しかし、「長期にわたる継続的な損害については、ついにその内容（土地価額の低下及び農業収益の減少、精神的苦痛）や金額を確定させるところとならず、そのうえ波及効果をおそれるホクレンからは損害賠償の名目の支出を一切拒否されたことから、営農を断念した同人は課税を覚悟したうえで、時価を上回る代金額によりホクレンに本件土地を買い取らせ、右損害賠償請求権を放棄するに至ったが、本件農地の売買代金は相当額の四四三三万円と定め、他に移転補償などの名目による支払を設定して課税額の軽減を図ったことが認められる」として、本件農地の売買代金（対価）は、両者が合意した4433万円を下回ることはないというべきであるから、これがすべて長期譲渡所得であるとした被告の本件更正・決定に違法はないとしました。

【控訴審】
　まず、損害賠償金が非課税であることの趣旨について、所得税法第9条（非課税所得）第1項第21号、同法施行令第30条によれば、損害賠償金、見舞金及びこれに類するものは非課税所得とされているところ、「その趣旨は、それらの金員は受領者の心身、資産に加えられた損害を補填する性質のものであって、社会通念上積極的な所得として課税するのに適しないから」

であるとしました。従って、非課税所得となるのは、「右のような実質的な意味での損害賠償金等をいうのであって、本来所得となるべきものや得べかりし利益を喪失した部分が損害賠償金等の名目で支払われた場合には、実質的には所得を得たのと同一の結果となるから、非課税所得に当たらないものと解するのが相当である」と判示し、本件では、A は、ホクレンに対し損害賠償等を請求したものの、これを認めた場合の波及効果をおそれるホクレンがこれを受け入れず、交渉が重ねられた結果、本件土地を A の要求額にできるだけ近い代金額でホクレンが買い取り、A は損害賠償請求権等を放棄することで調整がつき、それに基づき本件における売買が成立した等と判示しました。また、売買代金額がその物件の価格に対比して合理的な説明がつかない程高額な場合は、売買代金中に損害賠償金を含むと認め得る余地があるが、少なくとも本件農地部分の売買に関する限りにおいては、これに該当しないとして、本件農地の売買代金中に損害賠償に相当する金額が含まれると認めることはできず、これがすべて長期譲渡所得であるとした被告の本件更正・決定に違法な点はないとしました。

【上告審】
　上告審でも、農地の売買代金中には、損害賠償金が含まれるとは認め難いとした原審の認定判断は、正当として是認できると判示しました。

[評釈]
　これは、A が隣地の工場からの廃液や悪臭に耐えられず農業を断念して、隣地の工場主であるホクレンに土地を売却したという事例で、売却代金にホクレンから A への損害賠償金が含まれていると言えるのか否かという事実認定の争いです。ただ、以下のとおり、判決理由を読むだけでも地裁及び高裁の事実認定の妥当性には疑問が生じます。
　地裁も高裁も売買代金には損害賠償金は含まれてはいないと判示しました。しかし、ホクレンが支払い名目を損害賠償金とすることによる他への波及効果をおそれて売買代金とすることにこだわったということは、地裁も高裁も認めている事実ですから、名目ではなく、実質が何かをさらに探究すべきだったのではないかと思われます。売買代金のうちどの範囲が損害賠償金

であるか明示されていないから損害賠償金が含まれているかどうかがわからないということはないはずで、売買代金相当額は不動産鑑定評価を行うことで算定可能です。長年廃液や悪臭に苦しんで地下水が汚染され農作物の減収もあり、ついには農業を断念したという地裁も高裁も認定した事実経過からは、当該土地の評価にあたって、かかる不利益が残存する当該土地は、かかる不利益を考慮して大きなマイナス評価がされてしかるべきです。そのマイナス評価をしたうえでの売買代金相当額と売買代金名目で現実に授受された金額との差は損害賠償金に他ならないと考えます。高裁の判示で「売買代金額がその物件の価格に対比して合理的な説明がつかない程高額で」ある場合は、売買代金に損害賠償額が含まれることがあるとしていますが、おそらくは本件はまさにそのような事案であったのではないかと思われます。本件のような背景があって時価の売買代金を払ってもらって満足する人間はいないからです。ただ、判決だけでは事実関係を十分知ることはできず断言はできません。

　本件が土壌汚染の事例に教訓となることは何かと言えば、類似の事案で汚染原因者に土地の売却をするような場合、授受する金員の性格を売買代金とするだけであれば、実際は売買代金の中に損害賠償金を含ませていても、税務署や裁判所で損害賠償金が含まれるとは認定されないおそれがあるので、注意が必要であるという点です。

[キーワード]
原因者への汚染土地売却、課税所得の範囲

4　裁定例

川崎市土壌汚染事件

公害等調整委員会
平成 20 年 5 月 7 日裁定

[事案の概要]

　申請人である東京急行電鉄株式会社（以下「東急電鉄」といいます）が、元土地所有者である学校法人（以下「本件学校法人」といいます）から購入した土地（以下「本件土地」といいます）に土壌汚染（以下「本件土壌汚染」といいます）が見つかり、この土壌汚染が生じたのは、川崎市（被申請人）が本件土地に焼却灰及び耐久消費財を搬入したことが原因である等と主張して、川崎市に対し、国家賠償法第 1 条第 1 項に基づき、土壌汚染対策工事費等の損害 52 億 1639 万 8250 円及びこれに対する遅延損害金の支払を求めた事件です。なお、当初は、本件学校法人を被申請人とする損害賠償請求に係る申請も併合して係属していましたが、平成 18 年 7 月 5 日、同学校法人に対する申請を取り下げています。

　申請人は、平成 4 年、本件学校法人から本件土地を購入しました。その後申請人は、マンション建設・分譲事業を行うため、転売先の買主である三法人（以下「買主三社」といいます）に対し、平成 12 年 12 月 22 日付けで本件土地を含む土地を売却しましたが。平成 15 年 3 月頃、申請人は買主三社から「ごみ混じりの土」が発見されたとの報告を受け、買主三社が土壌汚染調査を行ったところ、土中に廃棄物が存在し、そのことに起因した土壌汚染が発生していることが判明しました。そこで、買主三社は、平成 15 年 11 月 19 日付けで申請人に対し、土壌汚染に起因して、マンション建設・分譲事業の継続が困難となったとして、売買契約を解除する旨の通知をしました。これに対し、申請人は、平成 15 年 12 月 26 日付けで解除に応ずる旨回答し、平成 16 年 2 月 27 日付けで売買契約を解除することを確認し、申請人が買主三社に対して、売買代金 129 億 3085 万円を返還し、買主三社が負担した土

壊工事費計5億7428万円を含む、43億4523万3113円を損害賠償として支払う旨の合意をしました。

本件土地の調査については、買主三社による平成15年4月3日から平成16年2月27日までの第一次調査があり、平成16年3月1日からは申請人が買主三社から引き継ぎ調査を行っていますが、これらの調査は、指定調査機関による、土壌汚染対策法に準じた調査でした。

これら調査の結果、本件土地においては、重金属類（鉛、ヒ素、六価クロム、ホウ素）及び揮発性有機化合物（VOC）（トリクロロエチレン、シス-1・2-ジクロロエチレン、1・2-ジクロロエタン、ベンゼン）による汚染が確認されました。有害物質の濃度は、土壌汚染対策法の汚染地区の指定要件を満たす程度に達しており、一部の物質については、措置命令の対象となりうる程度のレベルであり、措置命令の発動の要件も満たすものでした。なお、平成16年6月10日までにすべての土壌汚染調査が終了し、申請人は同月17日には、川崎市に対して、汚染土壌等処理対策実施計画書を提出し、川崎市は同年8月25日、これを正式に受理しています。

[裁定要旨]

本件では、川崎市は、本案前の争点として、「公害」による被害ではない、将来給付に渡る請求であるなどと主張しましたが、いずれも却下されました。

続いて、川崎市は、焼却灰を本件土地には搬入しておらず、耐久消費財等を本件土地に埋めたことはない（本件土地の近隣の土地における埋立てを業者に依頼したのみ）と主張しましたが、裁定委員会は、川崎市は、昭和43年10月頃から昭和45年9月頃にかけて、川崎市の管理していた清掃作業場から本件土地の西側に焼却灰を搬入し、川崎市が埋立てを依頼した業者がこれを順次本件土地に埋め立てた結果、焼却灰に多く含まれる鉛が土壌に蓄積し、そのことによって、鉛による本件土壌汚染が引き起こされたものであることを認めました。また、昭和44年4月頃から昭和45年8月頃にかけて、管内から収集された耐久消費財（家庭用電化製品、電子部品、ガラス・陶器類等）の一部を、本件土地の西側に搬入し、業者がこれを順次本件土地に埋め立てた結果、電子部品に含まれる鉛、ヒ素、六価クロム、ガラス・陶器類

などに由来するホウ素、一斗缶に付着した六価クロム、トリクロロエチレン、ペンキ缶に由来する１・２−ジクロロエタン、廃プラスチックに由来するシス-１・２−ジクロロエチレン、スラッジに含まれるテトラクロロエチレン、ベンゼンが土壌に蓄積（重金属類）あるいは地下浸透（揮発性有機化合物（VOC））によって地下水を汚染し、そのことによって、重金属類及び揮発性有機化合物（VOC）による本件土壌汚染が引き起こされたものと認めることができると認定しました。

　その上で、過失の判断につき、平成 16 年 8 月 25 日には、汚染土壌等処理対策実施計画書を川崎市が受領しているから、遅くとも、川崎市には平成 16 年 8 月 25 日の時点で、申請人の土壌汚染対策工事費の支出（損害）の発生について、予見可能性があったと認められるとし、「損害を引き起こすべき危険状態を招いた先行行為者は、重大な結果を生ぜしめる蓋然性が高い場合には、条理上、その危険を除去すべき作為義務が課せられるものと解するのが相当である」として、本件では、平成 16 年当時既に土壌汚染対策法が施行されており，被申請人の代表者である川崎市長は、同法に基づき、土地の土壌の特定有害物質による汚染状態が環境省令で定める基準に適合しないと認める場合には、当該土地の区域を汚染区域として指定する権限を有し（旧法 5 条）、特定有害物質による汚染により人の健康に係る被害が生じ、又は生じるおそれがある場合には汚染の除去等の措置を採るよう命じることができ（旧法 7 条）、とりわけ、土壌汚染対策法 7 条 3 項（4 条 2 項を準用）（旧法）は、「都道府県知事は、過失がなくて当該汚染の除去等の措置を命ずべき者を確知することができず、かつ、これを放置することが著しく公益に反すると認められるときは、その者の負担において、当該汚染の除去等の措置を自ら行うことができる」としており、この規定がたとえ都道府県知事（政令市の場合、市長。以下同じ）が自ら当該汚染の除去等の措置を行うものではなく、あくまでも、土地所有者等の負担において行うものであったとしても、土壌汚染を放置することが著しく公益に反すると認められるときは、都道府県知事において、当該汚染の除去等の措置を採り得るのであるから、このような規定の存在及び本件土地に揮発性有機化合物（VOC）や重金属類による高濃度の汚染が発生し、「人の健康」及び「生活環境」に係る公害が発生していることをも考慮すると、被申請人は、自らが土壌汚染の原

因者であった場合には、第三者が所有者や原因者であった場合と比較して、一層強い理由により、自己の先行行為（汚物の搬入・業者を通じての埋立行為）に基づき、条理上、遅くとも平成16年8月25日の時点では、本件土壌汚染を除去すべき義務が生じているものと解するのが相当であると判示し、「遅くとも平成16年8月25日の時点では、申請人に土壌汚染対策工事に係る費用支出等の多額の財産的損害を与える蓋然性は極めて高く、その反面、被申請人において、自ら土壌汚染対策工事をすることが困難であったことを認めるに足りる証拠はないから、上記時点では、被申請人には、申請人に対し、本件土壌汚染を除去すべき結果回避義務があったというべきである」と認め、川崎市は、この作為義務・結果回避義務に違反していたことは明らかとしました。

また、損害の範囲については、申請人主張の損害のうち、本件土壌汚染が認められない部分を含めた造成工事費、周辺道路の補修費については、相当因果関係が認められないとして認めず、また、他の原因による土壌汚染の存在を考慮して、埋土部・地山部対策工事については1割の減額をし、48億0843万8459円の損害を認めました。

さらに、不作為型の不法行為においては、除斥期間の起算点は、不作為による継続的不法行為が終了した時（作為義務の履行が完了した時、あるいは、作為義務の性質上、作為義務の履行ができなくなった時）を指すとして、本件では、土壌汚染対策工事の終了した平成18年3月がその起算点になるから、本件では除斥期間は経過していないと判断しました。

[評釈]

これは「裁判例」ではありません。裁判所による判決ではなく、公害紛争処理法に基づく公害等調整委員会の裁定委員会による裁定です。上記のとおり、川崎市は、本裁定で損害賠償金の支払いを命じられたわけですが、これを不服として、東京地方裁判所に債務不存在確認訴訟を提起しました。平成22年8月末日現在ではまだその結果は出ていません。以下に、本裁定について検討します。

本件は、申請人である東急電鉄に本件土地を売却した本件学校法人が本件土地を所有していた昭和43年から45年頃に、川崎市が自ら本件土地に搬入

した廃棄物が業者により不適切に処分され、その結果、この廃棄物に起因した高濃度の土壌汚染が発生し、地下水汚染を通じて近隣の井戸水利用者の井戸水利用を妨げる程度に健康被害をもたらすおそれがあるものであり、かかる状況下で、本件土地について東急電鉄が土壌汚染対策を講じざるをえないことを川崎市が認識した段階から川崎市が汚染除去の作為義務を負うところ、これを怠ったことにより、東急電鉄に対策を余儀なくさせ、損害を負わせたとして、不法行為による損害賠償を認めているものです。本件は、多くの重要な論点を含んでいると考えますが、特に注意すべき点を以下に記すことにします。

　第一に、何をもって不作為の不法行為と解するのかが大きな論点ですが、この裁定は、不適切な廃棄物の処理を行った昭和43年から昭和45年頃において作為義務があったとは述べていません。作為義務は、「遅くとも平成16年8月25日の時点」で発生していたと認定しています。この平成16年8月25日が何の日なのかという問題ですが、これは、申請人である東急電鉄が被申請人である川崎市に対して汚染土壌等処理対策実施計画書を提出した日です。その計画書を見て、東急電鉄がいかなる対策を強いられているのかがわかったはずで、そこにおいて東急電鉄の被害への予見可能性があり、過失があるという判断となっています。しかし、なぜ、その認識が得られたならば、作為義務があるのでしょうか。この点について、本裁定では、「損害を引き起こすべき危険状態を招いた先行行為者は、重大な結果を生ぜしめる蓋然性が高い場合には、条理上、その危険を除去すべき作為義務が課せられるものと解するのが相当である」として、いわゆる、レール置石事件の最高裁判決である最判昭和62年1月22日（判例時報1236号66頁）を引用しています。しかし、レール置石事件の先行行為というものは、置石の動機となった話し合いであり、また、責任を問われた者は、置石がされるのも見ていたという事案で、この事例を本件の判断基準の判例として据えることには疑問があります。なぜなら、置石事件の場合は、先行行為時点で置石をすれば危険なことなど明らかで、置石がされるのを見て、それを放置すると危険であることはわかりきったことだったからです。一方、本件では、昭和43年頃から昭和45年頃という先行行為時点で、平成16年以降に東急電鉄のとった土壌汚染対策工事の費用支出という被害が予想できなかったことは明らかで

す。従って、両者を同列に論じるわけにはいかないと考えます。この裁定の論理では、自己が原因を作った行為が過去にあれば、それが誰かに被害をもたらしうると認識した時点で、その被害をもたらす要因を取り除く作為義務を負い、放置すると不法行為となるという論理になります。これでは、行為時の予見可能性の要件を無視した不法行為の議論となり、結果責任であって、これまでの判例には見られない奇妙な議論だと考えます。

　第二に、何をもって被害とするのかという点が問題です。本件では、近隣に井戸水を利用しているところがあったようです。その井戸水の水質が一定濃度以上に汚染されているため、井戸水を飲めないという被害はありえます。しかし、本件で議論になったのは、その近隣者の被害ではなく、申請人である東急電鉄が被った被害です。本件で、東急電鉄は、巨額の土壌汚染対策工事費用が支出していますが、それは、土地の改変等にあたって、川崎市の条例（法規）により、対策を講じなければならなかったからであろうと思われます。しかし、この支出は、このような条例（法規）が施行されたことによる損害です。そのことを本件汚染の原因行為がなされた昭和43年から45年に予見できたはずもありません。昭和43年頃から昭和45年頃には近隣の井戸水を飲む人の被害は予見できたかもしれませんが、その被害と東急電鉄の被害とは、当事者も守られるべき利益もまったく異なっています。もし、本件が汚染された井戸水を知らずに飲み続けていた人がいて、それを川崎市が知りながら又は知り得たにもかかわらず放置していたということがあれば、まさに置石事件と同様の判断枠組みで不作為の不法行為が成立するかもしれませんが、その場合に賠償すべき相手方はかかる井戸水を飲用する近隣者であって、被害はその健康被害又は井戸水を飲めない不利益であろうと考えます。

　第三に、不作為の不法行為における消滅時効や除斥期間はどのように考えるべきかという問題があります。本件も、仮に、廃棄物の不適切な埋設という行為を違法行為と捉え、当該行為が当時の法令違反であれば、その余を議論するまでもなく、当該作為を行った者は、それを行ったことにより通常発生する事態には責任を負うべきとして不法行為責任を負うとの評価が可能です。埋設時点の法令でも、地中にそのような状況で埋設してはいけなかったことが明確であれば、それは埋設行為自体が違法行為であり、その違法行為

により生じた損害の賠償を、のちの損害を受けた者は不法行為者に対して請求できます。ただし、それは、不法行為の消滅時効や除斥期間の規定に服するものです。しかし、本裁定は川崎市の原因行為自体を不法行為とは認定せずに、川崎市は自らの原因行為が危険を生じさせたのであるから、それを除去する作為義務を負い、その作為を行わないこと（不作為）をもって不法行為とし、その作為義務は、作為義務の履行ができなくなるまで継続し、その間不法行為が継続するとしています。このように考えることは、不作為の不法行為には事実上除斥期間を認めないという結果をもたらし、民法第724条段後の意味を失わせるものと考えます。なお、作為をもって違法行為とする場合において、被害の発生まで相当に時間がかかるというものであれば、もちろん、これらに特別な配慮をしなければなりません。しかし、仮に本件で川崎市の原因行為を違法行為と捉えるとしても、本件では、そのような配慮をすべき要素はないように思われます。

　第四に、本件の特殊事情としてあげられることは、措置命令を出す権限のある川崎市が土壌汚染の原因者でもあるという点です。本裁定が認定しているように、本件土地が指定区域に指定されるべき濃度の汚染をかかえ、かつ、近隣の井戸で井戸水を飲用に供している人がいるために、健康被害のおそれがあるのであれば、措置命令の権限が川崎市とは別の者にあると仮定した場合は（以下、わかりやすくするために措置命令の権限が神奈川県知事にあると仮定してみます）、その別の者、すなわち神奈川県知事が川崎市に対し原因者であることを理由として措置命令を出すことができます。もしも原因者が直ちにわからなければ土地所有者である東急電鉄に措置命令を出すことができ、この場合、東急電鉄がその対策工事に要した費用を川崎市に土壌汚染対策法（旧法では8条）に基づき求償できます。しかし、実際は、川崎市長が措置命令の権限を有しているために、かかる措置命令が出されず、その結果、東急電鉄が損害を被ったのではないかという見方ができ、実際、本裁定もそのような趣旨を述べていると思われます。確かに、かかる場合は、措置命令が出た場合と同様の対策を川崎市が講じる作為義務があると解することには理由があると思われます。それは、先行行為による作為義務というのではなく、自らに命令するということ自体が論理矛盾であるため、かかる場合は、土壌汚染対策法の趣旨から、措置命令を出す立場の者が自ら作為義

務を負うものと解すべきだと思われ、土壌汚染対策法（旧法では7条）を根拠にすべきように考えます。その場合、川崎市は、法律上土壌汚染対策義務を負うべきところ、これを怠ったため、東急電鉄が対策を講じざるをえなくなり、それにより被った損害を川崎市は不法行為による損害賠償として賠償すべきという議論ができると思います。不当利得又は事務管理の構成も可能かもしれません。

　以上のとおり、本裁定は、不作為の不法行為を認定するにあたって、先行行為による条理に基づく作為義務という一般的な理論構成を行っている点では、疑問がありますが、土壌汚染対策法の措置命令の条項にも言及して条理を説いているところからは、同条項を類推解釈して、命令権限者が原因者である場合の作為義務を根拠にしているとも思われ、そうであれば理由があるように思われます。その場合は、措置命令を出せる状況か、そのような状況であることを川崎市はいつ知ったか又は知り得たか、また、東急電鉄の対策が措置命令で求められるべき対策だったのかが論点となるはずで、それらの観点から本裁定で認定された損害賠償額が再吟味されるべきであるように考えます。

[キーワード]
原因者責任、不作為の不法行為、地方自治体の責任

5　裁判例からの示唆

　土壌汚染対策法の制定以降、国民の土壌汚染に対する意識の変化には大きなものがあり、それが従来どおりの汚染土地の取扱いを困難にしているため、紛争が急激に増加していると思われます。本章では全部で31件の事件（うち1件は裁定）を扱いましたが、これらの裁判例から何か一定のルールを抽出するという作業は時期尚早ではないかと思います。また、これらの裁判例の理由付けに振り回されるのも賢明であるとは思われません。理由付けが強引であったり、理由付けが破綻していたりする裁判例もあるように思われるからです。ただ、そうは言っても、それぞれの事件で当事者と裁判所とが真剣に法的問題に格闘した結果を尊重すべきこともまた当然であり、これらの裁判例から示唆を受ける点をまとめることも有意義であると思います。もっとも、帰納的にルールを導くことは安易には行ってはならず、今後の裁判例の展開により再検討すべき点が多々あることを自覚しつつ、以下に裁判例から示唆を受ける点を示したいと思います。

(1) 瑕疵担保請求権行使に関する制約

　「瑕疵を知ってから1年以内に権利行使が必要であり、瑕疵担保請求権は、引渡しから10年（商事時効が適用される場合は5年）で消滅時効で消滅する。ただし、商人間の売買では引渡しを受けてから6か月内に買主が物を調査し瑕疵があればその旨売主に通知しなければ、瑕疵担保請求権は行使できない。」というのが基本ルールです。ただし、この基本ルールに変更を加える特約があれば、特約が優先して基本ルールが修正されます。これを便宜上修正ルールと呼ぶことにします（もっとも、特約の有効性には法令上も一定の制約があります。すなわち、民法572条の他にも、宅地建物取引業法40条の制約があります。この点については裁判例5の解説参照）。土壌汚染の場合、このようなルールは、事件によって、信義則を理由に変更されていると言えます。その場合、修正ルールの変更（特約の効力に変更を加えること）が基本ルールの変更よりもより安易になされているように思われます。また、修正ルールは、特約時の状況により特約が錯誤で無効と処理されると、基本ルールに戻りますが、そのような処理も見られます。

信義則の事情ですが、①売主が土壌汚染を知っていたか、知らなかったことに重大な過失がある場合、②売主又は売主から土地を借りていた者が土壌汚染をもたらした場合、③土壌汚染の説明が不適切である場合に分けられるように思います。

裁判例5は、基本ルールを変更せずに、買主に厳しい判断を示しています。裁判例6（江南化工事件）は、おそらくは、上記①を理由にしているように読めますが、売主も対策が十分と誤解していた可能性があり、実質は上記②及び③が背景にあって、修正ルール（責任期間制限特約）を信義則で変更したものと思われます。裁判例8（三方商工事件）は、上記③が問題になった事案ですが、対策工事に買主が深く関与している事情から信義則違反を認めずに、修正ルール（負担費用額特約）の変更を認めていません。裁判例11（セボン事件）は、特約を錯誤無効として修正ルール（瑕疵担保責任免除特約）を変更しています。裁判例17（光洋機械産業事件）は、上記信義則上の説明義務があるとして、基本ルールを事実上変更しています。「事実上」というのは、形式的に基本ルールにはさわらずに、債務不履行構成をとっているからです。信義則の事情ですが、上記①があることは確実ですが、上記②も大きかったのではないかと思われることについては、裁判例17の評釈を参照して下さい。裁判例20（SMBC総合管理事件）は、修正ルール（瑕疵担保責任免除特約）を変更せずに、買主に厳しい判断を示しています。裁判例21（HOYA事件）は、土壌汚染ではなく地中埋設物の問題ですが、信義則の事情としては、上記①も②も③もそろっていたように思われます。ここでは、民法第572条の趣旨から信義則を導いて、修正ルール（瑕疵担保責任免除特約）を変更しています。

以上から、売主は、上記①、②又は③があると、信義則違反を理由に基本ルール又は修正ルールが変更される可能性があることに留意しなければなりません。売主は、とりわけ土壌汚染の原因を自ら又は借地人がもたらしている可能性がある場合は、知る限り、土壌汚染の事実と土壌汚染をもたらす可能性のある事実を正確に買主に伝えるべきであり、また、売主が土壌汚染調査や対策を行った場合も、買主が誤解しないように売主が行った土壌汚染調査や対策について買主に正確に伝えるべきで、これらを怠ると、信義則違反を理由とする基本ルールや修正ルールの変更がもたらされるリスクを引き受

けることになると言えます。一方、買主は、信義則を理由とする裁判所の救済は必ずしも確保されているわけではないことに留意して、瑕疵担保請求権行使のルールは、上記の基本ルール（特に鯖の缶詰も不動産も等しく扱うことを余儀なくされる商法526条は、いずれ立法的に解決すべき問題を含んでいますが、要注意です）と修正ルールによるのが原則であることを自覚し、これ以上を期待しないで対応することが慎重な対応だということになります。買主は、表明保証条項（これについては、本書第4章Q25参照）を活用して自らを守ることが望ましいと考えます。

(2) 原因者に対する法的責任の追及

土壌汚染のある土地を現在所有している者にとっては、土壌汚染対策法を契機として決定的となった土壌汚染土地の市場価格の下落は深刻な問題です。本書の至るところで詳述しましたが、土壌汚染対策法で汚染の除去等の措置を義務づけられる（法7条3項）者は、そのうちのごく一部であるため、かかる義務を負う者から原因者に対して土壌汚染対策法で認められた求償権（法8条1項）の発生もごく限られます。従って、土壌汚染土地の価格の下落で損害を被る者の損害の回復は、土壌汚染対策法以外の法令を根拠に検討するしかありません。もちろん、原因者が土地の売主であるような場合は、まずは原因者でもある売主に契約責任を問うことが検討されなければなりませんが、契約責任の中で中心的な瑕疵担保責任は、上記1にて説明したように行使期間の制約があり、その期間を過ぎてしまえば、もはや権利の行使ができません。そこで、契約責任以外の理論構成で原因者に対して損害賠償を請求することができないかが問題になります。最も可能性のある構成は、不法行為による損害賠償請求権です。もっとも、これも不法行為者を知ってから3年以内、不法行為時から20年以内という、権利行使に関する消滅時効と除斥期間の制約がありますので（民法724条）、原因行為が古い場合は権利行使期間が過ぎていないかが問題になります。しかし、この権利行使期間の問題を議論するよりも前に、原因者に対する不法行為責任を考える場合には、賠償されるべき損害は何か、不法行為は何か、当該行為が違法であるかはどのような判断基準で判断するのか、原因者はかかる損害の発生を予見できたかといった問題が存在します。これらの問題は判断が容易ではあ

りません。本書で紹介した事件もこの不法行為責任を議論するにあたって十分な手がかりを与えるものではありませんので、以下にこの問題を議論するにあたって重要であると考えるところを多少指摘するにとどめたいと思います。なお、以下では、土壌汚染対策法では手当のされていない問題、すなわち当該土壌汚染についての対策が法令上義務づけられてはいないものの、その土壌汚染の存在ゆえに当該土地が減価されて取引されざるをえないという損害（それを埋め合わせるには自らそれだけ費用をかけて土壌汚染対策をしなければならない損害）について検討します。

　第一に、何が損害なのかという問題です。土壌汚染対策法が重視している土壌汚染経由の地下水汚染による健康被害の防止という観点からは、その健康被害防止のためにいかなる損害を誰が受けているのかを考える必要がありますが、地下水汚染でこの問題が論じられたのが裁判例25（福島県井戸水汚染事件）です。そこでは、代替井戸掘削費用、慰謝料、水質検査費用、弁護士費用が認められたのであって、地価下落の損害は認められていません。地下水だけが汚染されているならば、このように地価の下落がない場合は多いと思われます。ところが、土壌汚染でしばしば問題となるのは、汚染された土壌の存在する土地そのものの価格下落です。確かに、その価格下落が汚染除去等の対策を義務づけられることによる場合は、汚染行為が引き起こした損害との評価ができるかもしれませんが、義務がない場合に市場の評価の変化による下落を損害と言えるのかがまず問題になるように思われます。

　第二に、義務がない場合も市場の変化による評価減（その下落を埋め合わせるために対策を行う場合の費用を含む。以下同じ）をもって損害と解すべきだとしても、土壌汚染行為を不法行為と評価できるのかという問題があります。仮に土壌汚染行為という原因行為の時に土地を原因者が所有している場合は、かかる土地を他人に処分しない限り、他人に土地評価減の損害を与えることはありえないのですから、不法行為を土壌汚染行為と構成することには無理があると思われます。従って、このような場合は他人への処分行為（汚染の存在又はその可能性があることを知りながら、又は知りうべきでありながら、それらを告げずに処分する行為）が不法行為と構成できないかを問題にすべきものと考えます。

　第三に、土壌汚染行為時の土地所有者が原因者ではなかった場合、当該土

壌汚染行為を違法と評価できるのかという問題があります。また、土壌汚染行為時の土地所有者が原因者である場合、当該土地の処分行為（汚染の存在又はその可能性があることを知りながら、又は知りうべきでありながら、それらを告げずに処分する行為）を違法と評価できるかという問題があります。不法行為における損害賠償請求権の成否を議論するにあたって、損害（権利侵害や法的保護に値する利益の侵害）があれば、原因行為者がその損害を予見できたのかどうかだけが問題となり、原因行為の違法性をあらためて問うことは不要かもしれません。しかし、それは、原因行為時と損害発生時とで「権利侵害」や「法的保護に値する利益」の判断において、法的な評価に変化がない場合のことではないでしょうか。土壌汚染対策法の規制は、長期的な国民の健康管理からの規制であり、その観点から新たに生まれた法規制です。この規制による事実上の効果として土壌汚染のある土地については、仮に対策を義務づけられなくとも対策に要する費用だけ低く評価されることになったものです。土壌汚染対策法又は土壌汚染に関する条例がこの評価減をもたらしたと言えるのならば、かかる法令が存在しなかった時点ではかかる損害は発生していなかったと言えます。もっとも土壌汚染自体は汚染行為時点から生じているのであり、損害の原因は存在していたわけですが、損害の原因を与えた行為（土壌汚染行為又は汚染土地を他人に処分する行為）がなぜ違法と評価できるのかは、別途検討が必要であるように思われます。

　第四に、予見可能性について検討したいと思います。原因行為時において既に原因行為が何らかの行政法規に反していれば、その原因行為を違法と評価できることに異論はないと思われます。行政法規に違反していなくとも当時の社会通念から非難されるような行為であった場合も同様です。それならば、そのようなケースでは、土壌汚染の存在ゆえに土地の評価が下ったことをもって、因果関係のある損害であるとして、これを賠償しなければならないということになるのでしょうか。行為時に果して現在の評価減を予測できたのかは、議論がありうる論点です。

　以上のとおり、土地の評価減というものを損害ととらえて原因者へ不法行為責任を追及するにはさまざまな問題があると考えます。いずれも難しい問題を含んでいますので、今後の紛争事例を参考にさらに検討したいと思います。

キーワード・裁判例対照表

キーワード	裁判例の番号
瑕疵	1、2、3、4、9、19、22
瑕疵と環境基準	2
瑕疵と事後規制	1
油汚染	2、4、22
地中埋没物	19、21
地中埋没物と建築工法	19
廃棄物と瑕疵	13
買主の過失	2、7、16、21
商法第526条	3、5、17
免責特約	12、20、21
瑕疵担保責任期間	5
責任期間特約	3、6
売主の重大な過失	21
信義則上の告知・説明義務	8、17、21
信義則上の浄化義務	6
根拠ない説明	21
錯誤	11
損害賠償の範囲	9、19、22、25
信頼利益	22
過失相殺	17
複合汚染の責任配分	15
調査費用負担	3
簡易土壌環境評価報告書	12
不十分な調査、対策	8、11
不適切処理	18
調査業者の責任	6
対策業者の責任	6
宅地建物取引業法	5

仲介業者の助言義務	7
建物賃貸借と土壌汚染	10、15
賃借人の原状回復義務	10、15
和解契約の成否	14
信託受益権売買と土壌汚染	16
競売物件と土壌汚染	20
一般廃棄物処分場	23
人格権	23、26
受忍限度	23、25
差止め請求	23、26
環境基準	23
カーバイド埋立	24
工場団地	24
調査・措置命令の不作為	24
予見可能性	24、25
地下水汚染	25
井戸水利用の権利	25
廃棄物の違法投棄	26
代執行	26
残土条例	27
土砂等	27
ダイオキシン	28
公害防止事業費事業者負担法	28
親会社の責任	28
土壌汚染と固定資産税評価額	29
原因者への汚染土地売却	30
課税所得の範囲	30
原因者責任	裁定
不作為の不法行為	裁定
地方自治体の責任	裁定

付録

土壌汚染対策法
土壌汚染対策法施行令
土壌汚染対策法施行規則
汚染の除去等の措置に関するイメージ図

土壌汚染対策法（平成十四年五月二十九日法律第五十三号）

最終改正：平成二一年四月二四日法律第二三号

目次
　第一章　総則（第一条・第二条）
　第二章　土壌汚染状況調査（第三条―第五条）
　第三章　区域の指定等
　　第一節　要措置区域（第六条―第十条）
　　第二節　形質変更時要届出区域（第十一条―第十三条）
　　第三節　雑則（第十四条・第十五条）
　第四章　汚染土壌の搬出等に関する規制
　　第一節　汚染土壌の搬出時の措置（第十六条―第二十一条）
　　第二節　汚染土壌処理業（第二十二条―第二十八条）
　第五章　指定調査機関（第二十九条―第四十三条）
　第六章　指定支援法人（第四十四条―第五十三条）
　第七章　雑則（第五十四条―第六十四条）
　第八章　罰則（第六十五条―第六十九条）
　附則

　　　第一章　総則

（目的）
第一条　この法律は、土壌の特定有害物質による汚染の状況の把握に関する措置及びその汚染による人の健康に係る被害の防止に関する措置を定めること等により、土壌汚染対策の実施を図り、もって国民の健康を保護することを目的とする。
（定義）
第二条　この法律において「特定有害物質」とは、鉛、砒素、トリクロロエチレンその他の物質（放射性物質を除く。）であって、それが土壌に含まれることに

起因して人の健康に係る被害を生ずるおそれがあるものとして政令で定めるものをいう。
2　この法律において「土壌汚染状況調査」とは、次条第一項、第四条第二項及び第五条の土壌の特定有害物質による汚染の状況の調査をいう。

第二章　土壌汚染状況調査

（使用が廃止された有害物質使用特定施設に係る工場又は事業場の敷地であった土地の調査）
第三条　使用が廃止された有害物質使用特定施設（水質汚濁防止法（昭和四十五年法律第百三十八号）第二条第二項に規定する特定施設（次項において単に「特定施設」という。）であって、同条第二項第一号に規定する物質（特定有害物質であるものに限る。）をその施設において製造し、使用し、又は処理するものをいう。以下同じ。）に係る工場又は事業場の敷地であった土地の所有者、管理者又は占有者（以下「所有者等」という。）であって、当該有害物質使用特定施設を設置していたもの又は次項の規定により都道府県知事から通知を受けたものは、環境省令で定めるところにより、当該土地の土壌の特定有害物質による汚染の状況について、環境大臣が指定する者に環境省令で定める方法により調査させて、その結果を都道府県知事に報告しなければならない。ただし、環境省令で定めるところにより、当該土地について予定されている利用の方法からみて土壌の特定有害物質による汚染により人の健康に係る被害が生ずるおそれがない旨の都道府県知事の確認を受けたときは、この限りでない。
2　都道府県知事は、水質汚濁防止法第十条の規定による特定施設（有害物質使用特定施設であるものに限る。）の使用の廃止の届出を受けた場合その他有害物質使用特定施設の使用が廃止されたことを知った場合において、当該有害物質使用特定施設を設置していた者以外に当該土地の所有者等があるときは、環境省令で定めるところにより、当該土地の所有者等に対し、当該有害物質使用特定施設の使用が廃止された旨その他の環境省令で定める事項を通知するものとする。
3　都道府県知事は、第一項に規定する者が同項の規定による報告をせず、又は虚偽の報告をしたときは、政令で定めるところにより、その者に対し、その報告を行い、又はその報告の内容を是正すべきことを命ずることができる。
4　第一項ただし書の確認を受けた者は、当該確認に係る土地の利用の方法の変更をしようとするときは、環境省令で定めるところにより、あらかじめ、その旨を都道府県知事に届け出なければならない。

5　都道府県知事は、前項の届出を受けた場合において、当該変更後の土地の利用の方法からみて土壌の特定有害物質による汚染により人の健康に係る被害が生ずるおそれがないと認められないときは、当該確認を取り消すものとする。

（土壌汚染のおそれがある土地の形質の変更が行われる場合の調査）

第四条　土地の掘削その他の土地の形質の変更（以下「土地の形質の変更」という。）であって、その対象となる土地の面積が環境省令で定める規模以上のものをしようとする者は、当該土地の形質の変更に着手する日の三十日前までに、環境省令で定めるところにより、当該土地の形質の変更の場所及び着手予定日その他環境省令で定める事項を都道府県知事に届け出なければならない。ただし、次に掲げる行為については、この限りでない。

一　軽易な行為その他の行為であって、環境省令で定めるもの
二　非常災害のために必要な応急措置として行う行為

2　都道府県知事は、前項の規定による土地の形質の変更の届出を受けた場合において、当該土地が特定有害物質によって汚染されているおそれがあるものとして環境省令で定める基準に該当すると認めるときは、環境省令で定めるところにより、当該土地の土壌の特定有害物質による汚染の状況について、当該土地の所有者等に対し、前条第一項の環境大臣が指定する者（以下「指定調査機関」という。）に同項の環境省令で定める方法により調査させて、その結果を報告すべきことを命ずることができる。

（土壌汚染による健康被害が生ずるおそれがある土地の調査）

第五条　都道府県知事は、第三条第一項本文及び前条第二項に規定するもののほか、土壌の特定有害物質による汚染により人の健康に係る被害が生ずるおそれがあるものとして政令で定める基準に該当する土地があると認めるときは、政令で定めるところにより、当該土地の土壌の特定有害物質による汚染の状況について、当該土地の所有者等に対し、指定調査機関に第三条第一項の環境省令で定める方法により調査させて、その結果を報告すべきことを命ずることができる。

2　都道府県知事は、前項の土壌の特定有害物質による汚染の状況の調査及びその結果の報告（以下この項において「調査等」という。）を命じようとする場合において、過失がなくて当該調査等を命ずべき者を確知することができず、かつ、これを放置することが著しく公益に反すると認められるときは、その者の負担において、当該調査を自ら行うことができる。この場合において、相当の期限を定めて、当該調査等をすべき旨及びその期限までに当該調査等をしないときは、当該調査を自ら行う旨を、あらかじめ、公告しなければならない。

第三章　区域の指定等

第一節　要措置区域

（要措置区域の指定等）

第六条　都道府県知事は、土地が次の各号のいずれにも該当すると認める場合には、当該土地の区域を、その土地が特定有害物質によって汚染されており、当該汚染による人の健康に係る被害を防止するため当該汚染の除去、当該汚染の拡散の防止その他の措置（以下「汚染の除去等の措置」という。）を講ずることが必要な区域として指定するものとする。

　一　土壌汚染状況調査の結果、当該土地の土壌の特定有害物質による汚染状態が環境省令で定める基準に適合しないこと。

　二　土壌の特定有害物質による汚染により、人の健康に係る被害が生じ、又は生ずるおそれがあるものとして政令で定める基準に該当すること。

2　都道府県知事は、前項の指定をするときは、環境省令で定めるところにより、その旨を公示しなければならない。

3　第一項の指定は、前項の公示によってその効力を生ずる。

4　都道府県知事は、汚染の除去等の措置により、第一項の指定に係る区域（以下「要措置区域」という。）の全部又は一部について同項の指定の事由がなくなったと認めるときは、当該要措置区域の全部又は一部について同項の指定を解除するものとする。

5　第二項及び第三項の規定は、前項の解除について準用する。

（汚染の除去等の措置）

第七条　都道府県知事は、前条第一項の指定をしたときは、環境省令で定めるところにより、当該汚染による人の健康に係る被害を防止するため必要な限度において、要措置区域内の土地の所有者等に対し、相当の期限を定めて、当該要措置区域内において汚染の除去等の措置を講ずべきことを指示するものとする。ただし、当該土地の所有者等以外の者の行為によって当該土地の土壌の特定有害物質による汚染が生じたことが明らかな場合であって、その行為をした者（相続、合併又は分割によりその地位を承継した者を含む。以下この項及び次条において同じ。）に汚染の除去等の措置を講じさせることが相当であると認められ、かつ、これを講じさせることについて当該土地の所有者等に異議がないときは、環境省令で定めるところにより、その行為をした者に対し、指示するものとする。

2　都道府県知事は、前項の規定による指示をするときは、当該要措置区域にお

いて講ずべき汚染の除去等の措置及びその理由その他環境省令で定める事項を示さなければならない。
3　第一項の規定により都道府県知事から指示を受けた者は、同項の期限までに、前項の規定により示された汚染の除去等の措置（以下「指示措置」という。）又はこれと同等以上の効果を有すると認められる汚染の除去等の措置として環境省令で定めるもの（以下「指示措置等」という。）を講じなければならない。
4　都道府県知事は、前項に規定する者が指示措置等を講じていないと認めるときは、環境省令で定めるところにより、その者に対し、当該指示措置等を講ずべきことを命ずることができる。
5　都道府県知事は、第一項の規定により指示をしようとする場合において、過失がなくて当該指示を受けるべき者を確知することができず、かつ、これを放置することが著しく公益に反すると認められるときは、その者の負担において、指示措置を自ら講ずることができる。この場合において、相当の期限を定めて、指示措置等を講ずべき旨及びその期限までに当該指示措置等を講じないときは、当該指示措置を自ら講ずる旨を、あらかじめ、公告しなければならない。
6　前三項の規定によって講ずべき指示措置等に関する技術的基準は、環境省令で定める。

（汚染の除去等の措置に要した費用の請求）
第八条　前条第一項本文の規定により都道府県知事から指示を受けた土地の所有者等は、当該土地において指示措置等を講じた場合において、当該土地の土壌の特定有害物質による汚染が当該土地の所有者等以外の者の行為によるものであるときは、その行為をした者に対し、当該指示措置等に要した費用について、指示措置に要する費用の額の限度において、請求することができる。ただし、その行為をした者が既に当該指示措置等に要する費用を負担し、又は負担したものとみなされるときは、この限りでない。
2　前項に規定する請求権は、当該指示措置等を講じ、かつ、その行為をした者を知った時から三年間行わないときは、時効によって消滅する。当該指示措置等を講じた時から二十年を経過したときも、同様とする。

（要措置区域内における土地の形質の変更の禁止）
第九条　要措置区域内においては、何人も、土地の形質の変更をしてはならない。ただし、次に掲げる行為については、この限りでない。
一　第七条第一項の規定により都道府県知事から指示を受けた者が指示措置等として行う行為
二　通常の管理行為、軽易な行為その他の行為であって、環境省令で定めるもの

三　非常災害のために必要な応急措置として行う行為
（適用除外）
第十条　第四条第一項の規定は、第七条第一項の規定により都道府県知事から指示を受けた者が指示措置等として行う行為については、適用しない。

　　　　第二節　形質変更時要届出区域
（形質変更時要届出区域の指定等）
第十一条　都道府県知事は、土地が第六条第一項第一号に該当し、同項第二号に該当しないと認める場合には、当該土地の区域を、その土地が特定有害物質によって汚染されており、当該土地の形質の変更をしようとするときの届出をしなければならない区域として指定するものとする。
2　都道府県知事は、土壌の特定有害物質による汚染の除去により、前項の指定に係る区域（以下「形質変更時要届出区域」という。）の全部又は一部について同項の指定の事由がなくなったと認めるときは、当該形質変更時要届出区域の全部又は一部について同項の指定を解除するものとする。
3　第六条第二項及び第三項の規定は、第一項の指定及び前項の解除について準用する。
4　形質変更時要届出区域の全部又は一部について、第六条第一項の規定による指定がされた場合においては、当該形質変更時要届出区域の全部又は一部について第一項の指定が解除されたものとする。この場合において、同条第二項の規定による指定の公示をしたときは、前項において準用する同条第二項の規定による解除の公示をしたものとみなす。
（形質変更時要届出区域内における土地の形質の変更の届出及び計画変更命令）
第十二条　形質変更時要届出区域内において土地の形質の変更をしようとする者は、当該土地の形質の変更に着手する日の十四日前までに、環境省令で定めるところにより、当該土地の形質の変更の種類、場所、施行方法及び着手予定日その他環境省令で定める事項を都道府県知事に届け出なければならない。ただし、次に掲げる行為については、この限りでない。
　一　通常の管理行為、軽易な行為その他の行為であって、環境省令で定めるもの
　二　形質変更時要届出区域が指定された際既に着手していた行為
　三　非常災害のために必要な応急措置として行う行為
2　形質変更時要届出区域が指定された際当該形質変更時要届出区域内において既に土地の形質の変更に着手している者は、その指定の日から起算して十四日以内に、環境省令で定めるところにより、都道府県知事にその旨を届け出なけ

ればならない。
3　形質変更時要届出区域内において非常災害のために必要な応急措置として土地の形質の変更をした者は、当該土地の形質の変更をした日から起算して十四日以内に、環境省令で定めるところにより、都道府県知事にその旨を届け出なければならない。
4　都道府県知事は、第一項の届出を受けた場合において、その届出に係る土地の形質の変更の施行方法が環境省令で定める基準に適合しないと認めるときは、その届出を受けた日から十四日以内に限り、その届出をした者に対し、その届出に係る土地の形質の変更の施行方法に関する計画の変更を命ずることができる。

（適用除外）

第十三条　第四条第一項の規定は、形質変更時要届出区域内における土地の形質の変更については、適用しない。

　　　第三節　雑則

（指定の申請）

第十四条　土地の所有者等は、第三条第一項本文、第四条第二項及び第五条第一項の規定の適用を受けない土地の土壌の特定有害物質による汚染の状況について調査した結果、当該土地の土壌の特定有害物質による汚染状態が第六条第一項第一号の環境省令で定める基準に適合しないと思料するときは、環境省令で定めるところにより、都道府県知事に対し、当該土地の区域について同項又は第十一条第一項の規定による指定をすることを申請することができる。この場合において、当該土地に当該申請に係る所有者等以外の所有者等がいるときは、あらかじめ、その全員の合意を得なければならない。
2　前項の申請をする者は、環境省令で定めるところにより、同項の申請に係る土地の土壌の特定有害物質による汚染の状況の調査（以下この条において「申請に係る調査」という。）の方法及び結果その他環境省令で定める事項を記載した申請書に、環境省令で定める書類を添付して、これを都道府県知事に提出しなければならない。
3　都道府県知事は、第一項の申請があった場合において、申請に係る調査が公正に、かつ、第三条第一項の環境省令で定める方法により行われたものであると認めるときは、当該申請に係る土地の区域について、第六条第一項又は第十一条第一項の規定による指定をすることができる。この場合において、当該申請に係る調査は、土壌汚染状況調査とみなす。
4　都道府県知事は、第一項の申請があった場合において、必要があると認める

ときは、当該申請をした者に対し、申請に係る調査に関し報告若しくは資料の提出を求め、又はその職員に、当該申請に係る土地に立ち入り、当該申請に係る調査の実施状況を検査させることができる。

（台帳）
第十五条　都道府県知事は、要措置区域の台帳及び形質変更時要届出区域の台帳（以下この条において「台帳」という。）を調製し、これを保管しなければならない。
2　台帳の記載事項その他その調製及び保管に関し必要な事項は、環境省令で定める。
3　都道府県知事は、台帳の閲覧を求められたときは、正当な理由がなければ、これを拒むことができない。

第四章　汚染土壌の搬出等に関する規制

第一節　汚染土壌の搬出時の措置

（汚染土壌の搬出時の届出及び計画変更命令）
第十六条　要措置区域又は形質変更時要届出区域（以下「要措置区域等」という。）内の土地の土壌（指定調査機関が環境省令で定める方法により調査した結果、特定有害物質による汚染状態が第六条第一項第一号の環境省令で定める基準に適合すると都道府県知事が認めたものを除く。以下「汚染土壌」という。）を当該要措置区域等外へ搬出しようとする者（その委託を受けて当該汚染土壌の運搬のみを行おうとする者を除く。）は、当該汚染土壌の搬出に着手する日の十四日前までに、環境省令で定めるところにより、次に掲げる事項を都道府県知事に届け出なければならない。ただし、非常災害のために必要な応急措置として当該搬出を行う場合及び汚染土壌を試験研究の用に供するために当該搬出を行う場合は、この限りでない。
一　当該汚染土壌の特定有害物質による汚染状態
二　当該汚染土壌の体積
三　当該汚染土壌の運搬の方法
四　当該汚染土壌を運搬する者及び当該汚染土壌を処理する者の氏名又は名称
五　当該汚染土壌を処理する施設の所在地
六　当該汚染土壌の搬出の着手予定日
七　その他環境省令で定める事項
2　前項の規定による届出をした者は、その届出に係る事項を変更しようとするときは、その届出に係る行為に着手する日の十四日前までに、環境省令で定め

るところにより、その旨を都道府県知事に届け出なければならない。
3　非常災害のために必要な応急措置として汚染土壌を当該要措置区域等外へ搬出した者は、当該汚染土壌を搬出した日から起算して十四日以内に、環境省令で定めるところにより、都道府県知事にその旨を届け出なければならない。
4　都道府県知事は、第一項又は第二項の届出があった場合において、次の各号のいずれかに該当すると認めるときは、その届出を受けた日から十四日以内に限り、その届出をした者に対し、当該各号に定める措置を講ずべきことを命ずることができる。
　一　運搬の方法が次条の環境省令で定める汚染土壌の運搬に関する基準に違反している場合　当該汚染土壌の運搬の方法を変更すること。
　二　第十八条第一項の規定に違反して当該汚染土壌の処理を第二十二条第一項の許可を受けた者（以下「汚染土壌処理業者」という。）に委託しない場合　当該汚染土壌の処理を汚染土壌処理業者に委託すること。

（運搬に関する基準）
第十七条　要措置区域等外において汚染土壌を運搬する者は、環境省令で定める汚染土壌の運搬に関する基準に従い、当該汚染土壌を運搬しなければならない。ただし、非常災害のために必要な応急措置として当該運搬を行う場合は、この限りでない。

（汚染土壌の処理の委託）
第十八条　汚染土壌を当該要措置区域等外へ搬出する者（その委託を受けて当該汚染土壌の運搬のみを行う者を除く。）は、当該汚染土壌の処理を汚染土壌処理業者に委託しなければならない。ただし、次に掲げる場合は、この限りでない。
　一　汚染土壌を当該要措置区域等外へ搬出する者が汚染土壌処理業者であって当該汚染土壌を自ら処理する場合
　二　非常災害のために必要な応急措置として当該搬出を行う場合
　三　汚染土壌を試験研究の用に供するために当該搬出を行う場合
2　前項本文の規定は、非常災害のために必要な応急措置として汚染土壌を当該要措置区域等外へ搬出した者について準用する。ただし、当該搬出をした者が汚染土壌処理業者であって当該汚染土壌を自ら処理する場合は、この限りでない。

（措置命令）
第十九条　都道府県知事は、次の各号のいずれかに該当する場合において、汚染土壌の特定有害物質による汚染の拡散の防止のため必要があると認めるときは、当該各号に定める者に対し、相当の期限を定めて、当該汚染土壌の適正な運搬

及び処理のための措置その他必要な措置を講ずべきことを命ずることができる。
一　第十七条の規定に違反して当該汚染土壌を運搬した場合　当該運搬を行った者
二　前条第一項（同条第二項において準用する場合を含む。）の規定に違反して当該汚染土壌の処理を汚染土壌処理業者に委託しなかった場合　当該汚染土壌を当該要措置区域等外へ搬出した者（その委託を受けて当該汚染土壌の運搬のみを行った者を除く。）

（管理票）
第二十条　汚染土壌を当該要措置区域等外へ搬出する者は、その汚染土壌の運搬又は処理を他人に委託する場合には、環境省令で定めるところにより、当該委託に係る汚染土壌の引渡しと同時に当該汚染土壌の運搬を受託した者（当該委託が汚染土壌の処理のみに係るものである場合にあっては、その処理を受託した者）に対し、当該委託に係る汚染土壌の特定有害物質による汚染状態及び体積、運搬又は処理を受託した者の氏名又は名称その他環境省令で定める事項を記載した管理票を交付しなければならない。ただし、非常災害のために必要な応急措置として当該搬出を行う場合及び汚染土壌を試験研究の用に供するために当該搬出を行う場合は、この限りでない。
2　前項本文の規定は、非常災害のために必要な応急措置として汚染土壌を当該要措置区域等外へ搬出した者について準用する。
3　汚染土壌の運搬を受託した者（以下「運搬受託者」という。）は、当該運搬を終了したときは、第一項（前項において準用する場合を含む。以下この項及び次項において同じ。）の規定により交付された管理票に環境省令で定める事項を記載し、環境省令で定める期間内に、第一項の規定により管理票を交付した者（以下この条において「管理票交付者」という。）に当該管理票の写しを送付しなければならない。この場合において、当該汚染土壌について処理を委託された者があるときは、当該処理を委託された者に管理票を回付しなければならない。
4　汚染土壌の処理を受託した者（以下「処理受託者」という。）は、当該処理を終了したときは、第一項の規定により交付された管理票又は前項後段の規定により回付された管理票に環境省令で定める事項を記載し、環境省令で定める期間内に、当該処理を委託した管理票交付者に当該管理票の写しを送付しなければならない。この場合において、当該管理票が同項後段の規定により回付されたものであるときは、当該回付をした者にも当該管理票の写しを送付しなければならない。

5　管理票交付者は、前二項の規定による管理票の写しの送付を受けたときは、当該運搬又は処理が終了したことを当該管理票の写しにより確認し、かつ、当該管理票の写しを当該送付を受けた日から環境省令で定める期間保存しなければならない。

6　管理票交付者は、環境省令で定める期間内に、第三項又は第四項の規定による管理票の写しの送付を受けないとき、又はこれらの規定に規定する事項が記載されていない管理票の写し若しくは虚偽の記載のある管理票の写しの送付を受けたときは、速やかに当該委託に係る汚染土壌の運搬又は処理の状況を把握し、その結果を都道府県知事に届け出なければならない。

7　運搬受託者は、第三項前段の規定により管理票の写しを送付したとき（同項後段の規定により管理票を回付したときを除く。）は当該管理票を当該送付の日から、第四項後段の規定による管理票の写しの送付を受けたときは当該管理票の写しを当該送付を受けた日から、それぞれ環境省令で定める期間保存しなければならない。

8　処理受託者は、第四項前段の規定により管理票の写しを送付したときは、当該管理票を当該送付の日から環境省令で定める期間保存しなければならない。

（虚偽の管理票の交付等の禁止）

第二十一条　何人も、汚染土壌の運搬を受託していないにもかかわらず、前条第三項に規定する事項について虚偽の記載をして管理票を交付してはならない。

2　何人も、汚染土壌の処理を受託していないにもかかわらず、前条第四項に規定する事項について虚偽の記載をして管理票を交付してはならない。

3　運搬受託者又は処理受託者は、受託した汚染土壌の運搬又は処理を終了していないにもかかわらず、前条第三項又は第四項の送付をしてはならない。

　　　　第二節　汚染土壌処理業

（汚染土壌処理業）

第二十二条　汚染土壌の処理（当該要措置区域等内における処理を除く。）を業として行おうとする者は、環境省令で定めるところにより、汚染土壌の処理の事業の用に供する施設（以下「汚染土壌処理施設」という。）ごとに、当該汚染土壌処理施設の所在地を管轄する都道府県知事の許可を受けなければならない。

2　前項の許可を受けようとする者は、環境省令で定めるところにより、次に掲げる事項を記載した申請書を提出しなければならない。

　一　氏名又は名称及び住所並びに法人にあっては、その代表者の氏名
　二　汚染土壌処理施設の設置の場所

三　汚染土壌処理施設の種類、構造及び処理能力
四　汚染土壌処理施設において処理する汚染土壌の特定有害物質による汚染状態
五　その他環境省令で定める事項
3　都道府県知事は、第一項の許可の申請が次に掲げる基準に適合していると認めるときでなければ、同項の許可をしてはならない。
一　汚染土壌処理施設及び申請者の能力がその事業を的確に、かつ、継続して行うに足りるものとして環境省令で定める基準に適合するものであること。
二　申請者が次のいずれにも該当しないこと。
イ　この法律又はこの法律に基づく処分に違反し、刑に処せられ、その執行を終わり、又は執行を受けることがなくなった日から二年を経過しない者
ロ　第二十五条の規定により許可を取り消され、その取消しの日から二年を経過しない者
ハ　法人であって、その事業を行う役員のうちにイ又はロのいずれかに該当する者があるもの
4　第一項の許可は、五年ごとにその更新を受けなければ、その期間の経過によって、その効力を失う。
5　第二項及び第三項の規定は、前項の更新について準用する。
6　汚染土壌処理業者は、環境省令で定める汚染土壌の処理に関する基準に従い、汚染土壌の処理を行わなければならない。
7　汚染土壌処理業者は、汚染土壌の処理を他人に委託してはならない。
8　汚染土壌処理業者は、環境省令で定めるところにより、当該許可に係る汚染土壌処理施設ごとに、当該汚染土壌処理施設において行った汚染土壌の処理に関し環境省令で定める事項を記録し、これを当該汚染土壌処理施設（当該汚染土壌処理施設に備え置くことが困難である場合にあっては、当該汚染土壌処理業者の最寄りの事務所）に備え置き、当該汚染土壌の処理に関し利害関係を有する者の求めに応じ、閲覧させなければならない。
9　汚染土壌処理業者は、その設置する当該許可に係る汚染土壌処理施設において破損その他の事故が発生し、当該汚染土壌処理施設において処理する汚染土壌又は当該処理に伴って生じた汚水若しくは気体が飛散し、流出し、地下に浸透し、又は発散したときは、直ちに、その旨を都道府県知事に届け出なければならない。

（変更の許可等）
第二十三条　汚染土壌処理業者は、当該許可に係る前条第二項第三号又は第四号に掲げる事項の変更をしようとするときは、環境省令で定めるところにより、

都道府県知事の許可を受けなければならない。ただし、その変更が環境省令で定める軽微な変更であるときは、この限りでない。

2　前条第三項の規定は、前項の許可について準用する。

3　汚染土壌処理業者は、第一項ただし書の環境省令で定める軽微な変更をしたとき、又は前条第二項第一号に掲げる事項その他環境省令で定める事項に変更があったときは、環境省令で定めるところにより、遅滞なく、その旨を都道府県知事に届け出なければならない。

4　汚染土壌処理業者は、その汚染土壌の処理の事業の全部若しくは一部を休止し、若しくは廃止し、又は休止した当該汚染土壌の処理の事業を再開しようとするときは、環境省令で定めるところにより、あらかじめ、その旨を都道府県知事に届け出なければならない。

（改善命令）

第二十四条　都道府県知事は、汚染土壌処理業者により第二十二条第六項の環境省令で定める汚染土壌の処理に関する基準に適合しない汚染土壌の処理が行われたと認めるときは、当該汚染土壌処理業者に対し、相当の期限を定めて、当該汚染土壌の処理の方法の変更その他必要な措置を講ずべきことを命ずることができる。

（許可の取消し等）

第二十五条　都道府県知事は、汚染土壌処理業者が次の各号のいずれかに該当するときは、その許可を取り消し、又は一年以内の期間を定めてその事業の全部若しくは一部の停止を命ずることができる。

一　第二十二条第三項第二号イ又はハのいずれかに該当するに至ったとき。

二　汚染土壌処理施設又はその者の能力が第二十二条第三項第一号の環境省令で定める基準に適合しなくなったとき。

三　この章の規定又は当該規定に基づく命令に違反したとき。

四　不正の手段により第二十二条第一項の許可（同条第四項の許可の更新を含む。）又は第二十三条第一項の変更の許可を受けたとき。

（名義貸しの禁止）

第二十六条　汚染土壌処理業者は、自己の名義をもって、他人に汚染土壌の処理を業として行わせてはならない。

（許可の取消し等の場合の措置義務）

第二十七条　汚染土壌の処理の事業を廃止し、又は第二十五条の規定により許可を取り消された汚染土壌処理業者は、環境省令で定めるところにより、当該廃止した事業の用に供した汚染土壌処理施設又は当該取り消された許可に係る汚

染土壌処理施設の特定有害物質による汚染の拡散の防止その他必要な措置を講じなければならない。
2　都道府県知事は、前項に規定する汚染土壌処理施設の特定有害物質による汚染により、人の健康に係る被害が生じ、又は生ずるおそれがあると認めるときは、当該汚染土壌処理施設を汚染土壌の処理の事業の用に供した者に対し、相当の期限を定めて、当該汚染の除去、当該汚染の拡散の防止その他必要な措置を講ずべきことを命ずることができる。

（環境省令への委任）
第二十八条　この節に定めるもののほか、汚染土壌の処理の事業に関し必要な事項は、環境省令で定める。

第五章　指定調査機関

（指定の申請）
第二十九条　第三条第一項の指定は、環境省令で定めるところにより、土壌汚染状況調査及び第十六条第一項の調査（以下この章において「土壌汚染状況調査等」という。）を行おうとする者の申請により行う。

（欠格条項）
第三十条　次の各号のいずれかに該当する者は、第三条第一項の指定を受けることができない。
　一　この法律又はこの法律に基づく処分に違反し、刑に処せられ、その執行を終わり、又は執行を受けることがなくなった日から二年を経過しない者
　二　第四十二条の規定により指定を取り消され、その取消しの日から二年を経過しない者
　三　法人であって、その業務を行う役員のうちに前二号のいずれかに該当する者があるもの

（指定の基準）
第三十一条　環境大臣は、第三条第一項の指定の申請が次の各号に適合していると認めるときでなければ、その指定をしてはならない。
　一　土壌汚染状況調査等の業務を適確かつ円滑に遂行するに足りる経理的基礎及び技術的能力を有するものとして、環境省令で定める基準に適合するものであること。
　二　法人にあっては、その役員又は法人の種類に応じて環境省令で定める構成員の構成が土壌汚染状況調査等の公正な実施に支障を及ぼすおそれがないものであること。

三　前号に定めるもののほか、土壌汚染状況調査等が不公正になるおそれがないものとして、環境省令で定める基準に適合するものであること。

（指定の更新）

第三十二条　第三条第一項の指定は、五年ごとにその更新を受けなければ、その期間の経過によって、その効力を失う。

2　前三条の規定は、前項の指定の更新について準用する。

（技術管理者の設置）

第三十三条　指定調査機関は、土壌汚染状況調査等を行う土地における当該土壌汚染状況調査等の技術上の管理をつかさどる者で環境省令で定める基準に適合するもの（次条において「技術管理者」という。）を選任しなければならない。

（技術管理者の職務）

第三十四条　指定調査機関は、土壌汚染状況調査等を行うときは、技術管理者に当該土壌汚染状況調査等に従事する他の者の監督をさせなければならない。ただし、技術管理者以外の者が当該土壌汚染状況調査等に従事しない場合は、この限りでない。

（変更の届出）

第三十五条　指定調査機関は、土壌汚染状況調査等を行う事業所の名称又は所在地その他環境省令で定める事項を変更しようとするときは、環境省令で定めるところにより、変更しようとする日の十四日前までに、その旨を環境大臣に届け出なければならない。

（土壌汚染状況調査等の義務）

第三十六条　指定調査機関は、土壌汚染状況調査等を行うことを求められたときは、正当な理由がある場合を除き、遅滞なく、土壌汚染状況調査等を行わなければならない。

2　指定調査機関は、公正に、かつ、第三条第一項及び第十六条第一項の環境省令で定める方法により土壌汚染状況調査等を行わなければならない。

3　環境大臣は、前二項に規定する場合において、指定調査機関がその土壌汚染状況調査等を行わず、又はその方法が適当でないときは、指定調査機関に対し、その土壌汚染状況調査等を行い、又はその方法を改善すべきことを命ずることができる。

（業務規程）

第三十七条　指定調査機関は、土壌汚染状況調査等の業務に関する規程（次項において「業務規程」という。）を定め、土壌汚染状況調査等の業務の開始前に、環境大臣に届け出なければならない。これを変更しようとするときも、同様と

する。

2　業務規程で定めるべき事項は、環境省令で定める。

（帳簿の備付け等）

第三十八条　指定調査機関は、環境省令で定めるところにより、土壌汚染状況調査等の業務に関する事項で環境省令で定めるものを記載した帳簿を備え付け、これを保存しなければならない。

（適合命令）

第三十九条　環境大臣は、指定調査機関が第三十一条各号のいずれかに適合しなくなったと認めるときは、その指定調査機関に対し、これらの規定に適合するため必要な措置を講ずべきことを命ずることができる。

（業務の廃止の届出）

第四十条　指定調査機関は、土壌汚染状況調査等の業務を廃止したときは、環境省令で定めるところにより、遅滞なく、その旨を環境大臣に届け出なければならない。

（指定の失効）

第四十一条　指定調査機関が土壌汚染状況調査等の業務を廃止したときは、第三条第一項の指定は、その効力を失う。

（指定の取消し）

第四十二条　環境大臣は、指定調査機関が次の各号のいずれかに該当するときは、第三条第一項の指定を取り消すことができる。

　一　第三十条第一号又は第三号に該当するに至ったとき。

　二　第三十三条、第三十五条、第三十七条第一項又は第三十八条の規定に違反したとき。

　三　第三十六条第三項又は第三十九条の規定による命令に違反したとき。

　四　不正の手段により第三条第一項の指定を受けたとき。

（公示）

第四十三条　環境大臣は、次に掲げる場合には、その旨を公示しなければならない。

　一　第三条第一項の指定をしたとき。

　二　第三十二条第一項の規定により第三条第一項の指定が効力を失ったとき、又は前条の規定により同項の指定を取り消したとき。

　三　第三十五条（同条の環境省令で定める事項の変更に係るものを除く。）又は第四十条の規定による届出を受けたとき。

第六章　指定支援法人

（指定）

第四十四条　環境大臣は、一般社団法人又は一般財団法人であって、次条に規定する業務（以下「支援業務」という。）を適正かつ確実に行うことができると認められるものを、その申請により、全国を通じて一個に限り、支援業務を行う者として指定することができる。

2　前項の指定を受けた者（以下「指定支援法人」という。）は、その名称、住所又は事務所の所在地を変更しようとするときは、あらかじめ、その旨を環境大臣に届け出なければならない。

（業務）

第四十五条　指定支援法人は、次に掲げる業務を行うものとする。

一　要措置区域内の土地において汚染の除去等の措置を講ずる者に対して助成を行う地方公共団体に対し、政令で定めるところにより、助成金を交付すること。

二　次に掲げる事項について、照会及び相談に応じ、並びに必要な助言を行うこと。

　　イ　土壌汚染状況調査
　　ロ　要措置区域等内の土地における汚染の除去等の措置
　　ハ　形質変更時要届出区域内における土地の形質の変更

三　前号イからハまでに掲げる事項の適正かつ円滑な実施を推進するため、土壌の特定有害物質による汚染が人の健康に及ぼす影響に関し、知識を普及し、及び国民の理解を増進すること。

四　前三号に掲げる業務に附帯する業務を行うこと。

（基金）

第四十六条　指定支援法人は、支援業務に関する基金（次条において単に「基金」という。）を設け、同条の規定により交付を受けた補助金と支援業務に要する資金に充てることを条件として政府以外の者から出えんされた金額の合計額に相当する金額をもってこれに充てるものとする。

（基金への補助金）

第四十七条　政府は、予算の範囲内において、指定支援法人に対し、基金に充てる資金を補助することができる。

（事業計画等）

第四十八条　指定支援法人は、毎事業年度、環境省令で定めるところにより、支

援業務に関し事業計画書及び収支予算書を作成し、環境大臣の認可を受けなければならない。これを変更しようとするときも、同様とする。
2 指定支援法人は、環境省令で定めるところにより、毎事業年度終了後、支援業務に関し事業報告書及び収支決算書を作成し、環境大臣に提出しなければならない。

（区分経理）

第四十九条 指定支援法人は、支援業務に係る経理については、その他の経理と区分し、特別の勘定を設けて整理しなければならない。

（秘密保持義務）

第五十条 指定支援法人の役員若しくは職員又はこれらの職にあった者は、第四十五条第一号若しくは第二号に掲げる業務又は同条第四号に掲げる業務（同条第一号又は第二号に掲げる業務に附帯するものに限る。）に関して知り得た秘密を漏らしてはならない。

（監督命令）

第五十一条 環境大臣は、この章の規定を施行するために必要な限度において、指定支援法人に対し、支援業務に関し監督上必要な命令をすることができる。

（指定の取消し）

第五十二条 環境大臣は、指定支援法人が次の各号のいずれかに該当するときは、第四十四条第一項の指定を取り消すことができる。
一 支援業務を適正かつ確実に実施することができないと認められるとき。
二 この章の規定又は当該規定に基づく命令若しくは処分に違反したとき。
三 不正の手段により第四十四条第一項の指定を受けたとき。

（公示）

第五十三条 環境大臣は、次に掲げる場合には、その旨を公示しなければならない。
一 第四十四条第一項の指定をしたとき。
二 第四十四条第二項の規定による届出を受けたとき。
三 前条の規定により第四十四条第一項の指定を取り消したとき。

第七章 雑則

（報告及び検査）

第五十四条 環境大臣又は都道府県知事は、この法律の施行に必要な限度において、土壌汚染状況調査に係る土地若しくは要措置区域等内の土地の所有者等又は要措置区域等内の土地において汚染の除去等の措置若しくは土地の形質の変

更を行い、若しくは行った者に対し、当該土地の状況、当該汚染の除去等の措置若しくは土地の形質の変更の実施状況その他必要な事項について報告を求め、又はその職員に、当該土地に立ち入り、当該土地の状況若しくは当該汚染の除去等の措置若しくは土地の形質の変更の実施状況を検査させることができる。
2 　前項の環境大臣による報告の徴収又はその職員による立入検査は、土壌の特定有害物質による汚染により人の健康に係る被害が生ずることを防止するため緊急の必要があると認められる場合に行うものとする。
3 　都道府県知事は、この法律の施行に必要な限度において、汚染土壌を当該要措置区域等外へ搬出した者又は汚染土壌の運搬を行った者に対し、汚染土壌の運搬若しくは処理の状況に関し必要な報告を求め、又はその職員に、これらの者の事務所、当該汚染土壌の積卸しを行う場所その他の場所若しくは汚染土壌の運搬の用に供する自動車その他の車両若しくは船舶（以下この項において「自動車等」という。）に立ち入り、当該汚染土壌の状況、自動車等若しくは帳簿、書類その他の物件を検査させることができる。
4 　都道府県知事は、この法律の施行に必要な限度において、汚染土壌処理業者又は汚染土壌処理業者であった者に対し、その事業に関し必要な報告を求め、又はその職員に、汚染土壌処理業者若しくは汚染土壌処理業者であった者の事務所、汚染土壌処理施設その他の事業場に立ち入り、設備、帳簿、書類その他の物件を検査させることができる。
5 　環境大臣は、この法律の施行に必要な限度において、指定調査機関又は指定支援法人に対し、その業務若しくは経理の状況に関し必要な報告を求め、又はその職員に、その者の事務所に立ち入り、業務の状況若しくは帳簿、書類その他の物件を検査させることができる。
6 　第一項又は前三項の規定により立入検査をする職員は、その身分を示す証明書を携帯し、関係者に提示しなければならない。
7 　第一項又は第三項から第五項までの立入検査の権限は、犯罪捜査のために認められたものと解釈してはならない。
（協議）
第五十五条　都道府県知事は、法令の規定により公共の用に供する施設の管理を行う者がその権原に基づき管理する土地として政令で定めるものについて、第三条第三項、第四条第二項、第五条第一項、第七条第四項又は第十二条第四項の規定による命令をしようとするときは、あらかじめ、当該施設の管理を行う者に協議しなければならない。

（資料の提出の要求等）
第五十六条　環境大臣は、この法律の目的を達成するため必要があると認めるときは、関係地方公共団体の長に対し、必要な資料の提出及び説明を求めることができる。
2　都道府県知事は、この法律の目的を達成するため必要があると認めるときは、関係行政機関の長又は関係地方公共団体の長に対し、必要な資料の送付その他の協力を求め、又は土壌の特定有害物質による汚染の状況の把握及びその汚染による人の健康に係る被害の防止に関し意見を述べることができる。

（環境大臣の指示）
第五十七条　環境大臣は、土壌の特定有害物質による汚染により人の健康に係る被害が生ずることを防止するため緊急の必要があると認めるときは、都道府県知事又は第六十四条の政令で定める市（特別区を含む。）の長に対し、次に掲げる事務に関し必要な指示をすることができる。
一　第三条第一項ただし書の確認に関する事務
二　第三条第三項、第四条第二項、第五条第一項、第七条第四項、第十二条第四項、第十六条第四項、第十九条、第二十四条、第二十五条及び第二十七条第二項の命令に関する事務
三　第三条第五項の確認の取消しに関する事務
四　第五条第二項の調査に関する事務
五　第六条第一項の指定に関する事務
六　第六条第二項の公示に関する事務
七　第六条第四項の指定の解除に関する事務
八　第七条第一項の指示に関する事務
九　第七条第五項の指示措置に関する事務
十　前条第二項の協力を求め、又は意見を述べることに関する事務

（国の援助）
第五十八条　国は、土壌の特定有害物質による汚染により人の健康に係る被害が生ずることを防止するため、土壌汚染状況調査又は要措置区域内の土地における汚染の除去等の措置の実施につき必要な資金のあっせん、技術的な助言その他の援助に努めるものとする。
2　前項の措置を講ずるに当たっては、中小企業者に対する特別の配慮がなされなければならない。

（研究の推進等）
第五十九条　国は、汚染の除去等の措置に関する技術の研究その他土壌の特定有

害物質による汚染により人の健康に係る被害が生ずることを防止するための研究を推進し、その成果の普及に努めるものとする。
(国民の理解の増進)
第六十条　国及び地方公共団体は、教育活動、広報活動その他の活動を通じて土壌の特定有害物質による汚染が人の健康に及ぼす影響に関する国民の理解を深めるよう努めるものとする。
2　国及び地方公共団体は、前項の責務を果たすために必要な人材を育成するよう努めるものとする。
(都道府県知事による土壌汚染に関する情報の収集、整理、保存及び提供等)
第六十一条　都道府県知事は、当該都道府県の区域内の土地について、土壌の特定有害物質による汚染の状況に関する情報を収集し、整理し、保存し、及び適切に提供するよう努めるものとする。
2　都道府県知事は、公園等の公共施設若しくは学校、卸売市場等の公益的施設又はこれらに準ずる施設を設置しようとする者に対し、当該施設を設置しようとする土地が第四条第二項の環境省令で定める基準に該当するか否かを把握させるよう努めるものとする。
(経過措置)
第六十二条　この法律の規定に基づき命令を制定し、又は改廃する場合においては、その命令で、その制定又は改廃に伴い合理的に必要と判断される範囲内において、所要の経過措置（罰則に関する経過措置を含む。）を定めることができる。
(権限の委任)
第六十三条　この法律に規定する環境大臣の権限は、環境省令で定めるところにより、地方環境事務所長に委任することができる。
(政令で定める市の長による事務の処理)
第六十四条　この法律の規定により都道府県知事の権限に属する事務の一部は、政令で定めるところにより、政令で定める市（特別区を含む。）の長が行うこととすることができる。

第八章　罰則

第六十五条　次の各号のいずれかに該当する者は、一年以下の懲役又は百万円以下の罰金に処する。
　一　第三条第三項、第四条第二項、第五条第一項、第七条第四項、第十二条第四項、第十六条第四項、第十九条、第二十四条、第二十五条又は第二十七条

第二項の規定による命令に違反した者
　二　第九条の規定に違反した者
　三　第二十二条第一項の規定に違反して、汚染土壌の処理を業として行った者
　四　第二十三条第一項の規定に違反して、汚染土壌の処理の事業を行った者
　五　不正の手段により第二十二条第一項の許可（同条第四項の許可の更新を含む。）又は第二十三条第一項の変更の許可を受けた者
　六　第二十六条の規定に違反して、他人に汚染土壌の処理を業として行わせた者
第六十六条　次の各号のいずれかに該当する者は、三月以下の懲役又は三十万円以下の罰金に処する。
　一　第三条第四項、第四条第一項、第十二条第一項、第十六条第一項若しくは第二項又は第二十三条第三項若しくは第四項の規定による届出をせず、又は虚偽の届出をした者
　二　第十七条の規定に違反して、汚染土壌を運搬した者
　三　第十八条第一項（同条第二項において準用する場合を含む。）又は第二十二条第七項の規定に違反して、汚染土壌の処理を他人に委託した者
　四　第二十条第一項（同条第二項において準用する場合を含む。）の規定に違反して、管理票を交付せず、又は同条第一項に規定する事項を記載せず、若しくは虚偽の記載をして管理票を交付した者
　五　第二十条第三項前段又は第四項の規定に違反して、管理票の写しを送付せず、又はこれらの規定に規定する事項を記載せず、若しくは虚偽の記載をして管理票の写しを送付した者
　六　第二十条第三項後段の規定に違反して、管理票を回付しなかった者
　七　第二十条第五項、第七項又は第八項の規定に違反して、管理票又はその写しを保存しなかった者
　八　第二十一条第一項又は第二項の規定に違反して、虚偽の記載をして管理票を交付した者
　九　第二十一条第三項の規定に違反して、送付をした者
第六十七条　次の各号のいずれかに該当する者は、三十万円以下の罰金に処する。
　一　第二十二条第八項の規定に違反して、記録せず、若しくは虚偽の記録をし、又は記録を備え置かなかった者
　二　第五十条の規定に違反した者
　三　第五十四条第一項若しくは第三項から第五項までの規定による報告をせず、若しくは虚偽の報告をし、又はこれらの規定による検査を拒み、妨げ、若しくは忌避した者

第六十八条　法人の代表者又は法人若しくは人の代理人、使用人その他の従業者が、その法人又は人の業務に関し、前三条（前条第二号を除く。）の違反行為をしたときは、行為者を罰するほか、その法人又は人に対して各本条の罰金刑を科する。

第六十九条　第十二条第二項若しくは第三項、第十六条第三項、第二十条第六項又は第四十条の規定による届出をせず、又は虚偽の届出をした者は、二十万円以下の過料に処する。

　　　附　則

（施行期日）

第一条　この法律は、公布の日から起算して九月を超えない範囲内において政令で定める日から施行する。ただし、次条の規定は、公布の日から起算して六月を超えない範囲内において政令で定める日から施行する。

（準備行為）

第二条　第三条第一項の指定及びこれに関し必要な手続その他の行為は、この法律の施行前においても、第十条から第十二条まで及び第十五条の規定の例により行うことができる。

2　第二十条第一項の指定及びこれに関し必要な手続その他の行為は、この法律の施行前においても、同項及び同条第二項並びに第二十四条第一項の規定の例により行うことができる。

（経過措置）

第三条　第三条の規定は、この法律の施行前に使用が廃止された有害物質使用特定施設に係る工場又は事業場の敷地であった土地については、適用しない。

（政令への委任）

第四条　前二条に定めるもののほか、この法律の施行に関して必要な経過措置は、政令で定める。

（検討）

第五条　政府は、この法律の施行後十年を経過した場合において、指定支援法人の支援業務の在り方について廃止を含めて見直しを行うとともに、この法律の施行の状況について検討を加え、その結果に基づいて必要な措置を講ずるものとする。

附　　則　（平成一七年四月二七日法律第三三号）抄

（施行期日）

第一条　この法律は、平成十七年十月一日から施行する。

（経過措置）

第二十四条　この法律による改正後のそれぞれの法律の規定に基づき命令を制定し、又は改廃する場合においては、その命令で、その制定又は改廃に伴い合理的に必要と判断される範囲内において、所要の経過措置（罰則に関する経過措置を含む。）を定めることができる。

　　附　　則　（平成一八年六月二日法律第五〇号）抄

（施行期日）

1　この法律は、一般社団・財団法人法の施行の日から施行する。

（調整規定）

2　犯罪の国際化及び組織化並びに情報処理の高度化に対処するための刑法等の一部を改正する法律（平成十八年法律第　　　号）の施行の日が施行日後となる場合には、施行日から同法の施行の日の前日までの間における組織的な犯罪の処罰及び犯罪収益の規制等に関する法律（平成十一年法律第百三十六号。次項において「組織的犯罪処罰法」という。）別表第六十二号の規定の適用については、同号中「中間法人法（平成十三年法律第四十九号）第百五十七条（理事等の特別背任）の罪」とあるのは、「一般社団法人及び一般財団法人に関する法律（平成十八年法律第四十八号）第三百三十四条（理事等の特別背任）の罪」とする。

3　前項に規定するもののほか、同項の場合において、犯罪の国際化及び組織化並びに情報処理の高度化に対処するための刑法等の一部を改正する法律の施行の日の前日までの間における組織的犯罪処罰法の規定の適用については、第四百五十七条の規定によりなお従前の例によることとされている場合における旧中間法人法第百五十七条（理事等の特別背任）の罪は、組織的犯罪処罰法別表第六十二号に掲げる罪とみなす。

　　附　　則　（平成二一年四月二四日法律第二三号）

（施行期日）

第一条　この法律は、平成二十二年四月一日までの間において政令で定める日から施行する。ただし、次条及び附則第十四条の規定は、公布の日から起算して六月を超えない範囲内において政令で定める日から施行する。

（準備行為）

第二条　この法律による改正後の土壌汚染対策法（以下「新法」という。）第二十二条第一項の許可を受けようとする者は、この法律の施行前においても、同条第二項の規定の例により、その申請を行うことができる。

2　前項の規定による申請に係る申請書又はこれに添付すべき書類に虚偽の記載をして提出した者は、一年以下の懲役又は百万円以下の罰金に処する。

3　法人の代表者又は法人若しくは人の代理人、使用人その他の従業者が、その法人又は人の業務に関し、前項の違反行為をしたときは、行為者を罰するほか、その法人又は人に対して同項の罰金刑を科する。

（一定規模以上の面積の土地の形質の変更の届出に関する経過措置）

第三条　新法第四条第一項の規定は、この法律の施行の日（以下「施行日」という。）から起算して三十日を経過する日以後に土地の形質の変更（同項に規定する土地の形質の変更をいう。附則第八条において同じ。）に着手する者について適用する。

（指定区域の指定に関する経過措置）

第四条　この法律の施行の際現にこの法律による改正前の土壌汚染対策法（以下「旧法」という。）第五条第一項の規定により指定されている土地の区域は、新法第十一条第一項の規定により指定された同条第二項に規定する形質変更時要届出区域とみなす。

（指定区域台帳に関する経過措置）

第五条　この法律の施行の際現に存する旧法第六条第一項の規定による指定区域の台帳は、新法第十五条第一項の規定による形質変更時要届出区域の台帳とみなす。

（措置命令に関する経過措置）

第六条　この法律の施行前にした旧法第七条第一項又は第二項の規定に基づく命令については、なお従前の例による。

（汚染の除去等の措置に要した費用の請求に関する経過措置）

第七条　この法律の施行前に旧法第七条第一項の規定による命令を受けた者に係る旧法第八条の規定の適用については、なお従前の例による。

（形質変更時要届出区域内における土地の形質の変更の届出に関する経過措置）

第八条　施行日以後の日に附則第四条の規定により新法第十一条第二項に規定する形質変更時要届出区域とみなされた土地の区域において当該土地の形質の変更に着手する者であって、施行日前に当該土地の形質の変更について旧法第九条第一項の規定による届出をした者は、新法第十二条第一項の規定による届出

をしたものとみなす。
　(汚染土壌の搬出時の届出に関する経過措置)
第九条　新法第十六条第一項の規定は、施行日から起算して十四日を経過する日以後に汚染土壌を当該要措置区域等（同項に規定する要措置区域等をいう。）外へ搬出しようとする者（その委託を受けて当該汚染土壌の運搬のみを行おうとする者を除く。）について適用する。
　(指定調査機関の指定に関する経過措置)
第十条　この法律の施行の際現に旧法第三条第一項の規定による指定を受けている者は、施行日に、新法第三条第一項の指定を受けたものとみなす。
　(変更の届出に関する経過措置)
第十一条　新法第三十五条の規定は、施行日から起算して十四日を経過する日以後に同条に規定する事項を変更しようとする指定調査機関について適用し、同日前に当該事項を変更しようとする指定調査機関については、なお従前の例による。
　(適合命令に関する経過措置)
第十二条　この法律の施行前に旧法第十六条の規定によりした命令は、新法第三十九条の規定によりした命令とみなす。
　(罰則の適用に関する経過措置)
第十三条　この法律の施行前にした行為及び附則第六条の規定によりなお従前の例によることとされる場合における施行日以後にした行為に対する罰則の適用については、なお従前の例による。
　(その他の経過措置の政令への委任)
第十四条　この附則に定めるもののほか、この法律の施行に伴い必要な経過措置は、政令で定める。
　(検討)
第十五条　政府は、この法律の施行後五年を経過した場合において、新法の施行の状況について検討を加え、その結果に基づいて必要な措置を講ずるものとする。

土壌汚染対策法施行令（平成十四年十一月十三日政令第三百三十六号）

最終改正：平成二一年一〇月一五日政令第二四六号

　内閣は、土壌汚染対策法（平成十四年法律第五十三号）第二条第一項、第三条第三項、第四条第一項、第七条第一項及び第二項、第二十一条第一号、第三十条並びに第三十七条の規定に基づき、この政令を制定する。

（特定有害物質）

第一条　土壌汚染対策法（以下「法」という。）第二条第一項の政令で定める物質は、次に掲げる物質とする。

一　カドミウム及びその化合物
二　六価クロム化合物
三　二―クロロ―四・六―ビス（エチルアミノ）―一・三・五―トリアジン（別名シマジン又はCAT）
四　シアン化合物
五　Ｎ・Ｎ―ジエチルチオカルバミン酸Ｓ―四―クロロベンジル（別名チオベンカルブ又はベンチオカーブ）
六　四塩化炭素
七　一・二―ジクロロエタン
八　一・一―ジクロロエチレン（別名塩化ビニリデン）
九　シス―一・二―ジクロロエチレン
十　一・三―ジクロロプロペン（別名Ｄ―Ｄ）
十一　ジクロロメタン（別名塩化メチレン）
十二　水銀及びその化合物
十三　セレン及びその化合物
十四　テトラクロロエチレン
十五　テトラメチルチウラムジスルフィド（別名チウラム又はチラム）
十六　一・一・一―トリクロロエタン
十七　一・一・二―トリクロロエタン
十八　トリクロロエチレン
十九　鉛及びその化合物
二十　砒素及びその化合物
二十一　ふっ素及びその化合物
二十二　ベンゼン
二十三　ほう素及びその化合物
二十四　ポリ塩化ビフェニル（別名PCB）
二十五　有機りん化合物（ジエチルパラニトロフェニルチオホスフェイト（別名パラチオン）、ジメチルパラニトロフェニルチオホスフェイト（別名メチルパラチオン）、ジメチルエチルメルカプトエチルチオホスフェイト（別名メチルジメトン）及びエチルパラニトロフェニルチオノベンゼンホスホネイト（別名EPN）に限る。）

（土壌汚染状況調査の結果の報告を行うべき旨又はその報告の内容を是正すべき旨の命令）

第二条　法第三条第三項に規定する命令は、相当の履行期限を定めて、書面によ

（土壌汚染状況調査の対象となる土地の基準）

第三条　法第五条第一項の政令で定める基準は、次の各号のいずれにも該当することとする。

一　次のいずれかに該当すること。

　イ　当該土地の土壌の特定有害物質（法第二条第一項に規定する特定有害物質をいう。以下同じ。）による汚染状態が環境省令で定める基準に適合しないことが明らかであり、当該土壌の特定有害物質による汚染に起因して現に環境省令で定める限度を超える地下水の水質の汚濁が生じ、又は生ずることが確実であると認められ、かつ、当該土地又はその周辺の土地にある地下水の利用状況その他の状況が環境省令で定める要件に該当すること。

　ロ　当該土地の土壌の特定有害物質による汚染状態がイの環境省令で定める基準に適合しないおそれがあり、当該土壌の特定有害物質による汚染に起因して現にイの環境省令で定める限度を超える地下水の水質の汚濁が生じていると認められ、かつ、当該土地又はその周辺の土地にある地下水の利用状況その他の状況がイの環境省令で定める要件に該当すること。

　ハ　当該土地の土壌の特定有害物質による汚染状態が環境省令で定める基準に適合せず、又は適合しないおそれがあると認められ、かつ、当該土地が人が立ち入ることができる土地（工場又は事業場の敷地のうち、当該工場又は事業場に係る事業に従事する者その他の関係者以外の者が立ち入ることができない土地を除く。第五条第一号ロにおいて同じ。）であること。

二　次のいずれにも該当しないこと。

　イ　法第七条第六項の技術的基準に適合する汚染の除去等の措置（法第六条第一項に規定する汚染の除去等の措置をいう。以下同じ。）が講じられていること。

　ロ　鉱山保安法（昭和二十四年法律第七十号）第二条第二項本文に規定する鉱山（以下この号において「鉱山」という。）若しくは同項ただし書に規定する附属施設の敷地又は鉱業権の消滅後五年以内の鉱山の敷地であった土地であること。

（土壌汚染状況調査の命令）

第四条　法第五条第一項に規定する命令は、次に掲げる事項を記載した書面により行うものとする。

一　法第五条第一項に規定する調査の対象となる土地の範囲及び特定有害物質の種類

二　法第五条第一項の規定による報告を行うべき期限

2　前項第一号に掲げる土地の範囲及び特定有害物質の種類は、当該土地若しくはその周辺の土地の土壌又は当該土地若しくはその周辺の土地にある地下水の特定有害物質による汚染状態等を勘案し、人の健康に係る被害を防止するため必要な限度において定めるものとする。

（要措置区域の指定に係る基準）

第五条　法第六条第一項第二号の政令で定める基準は、次の各号のいずれにも該当することとする。
　一　次のいずれかに該当すること。
　　イ　土壌の特定有害物質による汚染状態が第三条第一号イの環境省令で定める基準に適合しない土地にあっては、当該土地又はその周辺の土地にある地下水の利用状況その他の状況が同号イの環境省令で定める要件に該当すること。
　　ロ　土壌の特定有害物質による汚染状態が第三条第一号ハの環境省令で定める基準に適合しない土地にあっては、当該土地が人が立ち入ることができる土地であること。
　二　法第七条第六項の技術的基準に適合する汚染の除去等の措置が講じられていないこと。

（助成金の交付）

第六条　法第四十五条第一号の助成金の交付は、法第七条第一項の規定により汚染の除去等の措置を講ずべきことを指示された者（当該土壌汚染を生じさせる行為をした者を除く。）であって、環境大臣が定める負担能力に関する基準に適合するものに対して当該汚染の除去等の措置の円滑な推進のための助成を行う地方公共団体（当該地方公共団体の長が当該汚染の除去等の措置を講ずべきことを指示した場合に限る。）に対し、行うものとする。

2　環境大臣は、前項の基準を定めようとするときは、財務大臣と協議しなければならない。

（公共の用に供する施設の管理を行う者が管理する土地）

第七条　法第五十五条の政令で定める土地は、次に掲げる土地とする。
　一　砂防法（明治三十年法律第二十九号）第二条の規定により指定された土地
　二　漁港漁場整備法（昭和二十五年法律第百三十七号）第三条第二号ハに掲げる漁港施設用地
　三　港湾法（昭和二十五年法律第二百十八号）第二条第五項第十一号に掲げる港湾施設用地
　四　森林法（昭和二十六年法律第二百四十九号）第二十五条第一項若しくは第二項若しくは第二十五条の二第一項若しくは第二項の規定により保安林として指定された森林又は同法第四十一条第一項若しくは第三項の規定により保安施設地区として指定された土地
　五　道路法（昭和二十七年法律第百八十号）第十八条第一項の規定により決定され、又は変更された道路の区域内の土地
　六　都市公園法（昭和三十一年法律第七十九号）第二条第一項に規定する都市公園の区域内の土地又は同法第三十三条第四項に規定する公園予定区域内の土地
　七　海岸法（昭和三十一年法律第百一号）第二条第二項に規定する一般公共海岸区域内の土地又は同法第三条第一項若しくは第二項の規定により指定された海岸保全区域内の土地
　八　高速自動車国道法（昭和三十二年法律第七十九号）第七条第一項の規定に

より決定され、又は変更された高速自動車国道の区域内の土地

九　地すべり等防止法（昭和三十三年法律第三十号）第三条第一項の規定により指定された地すべり防止区域内の土地又は同法第四条第一項の規定により指定されたぼた山崩壊防止区域内の土地

十　河川法（昭和三十九年法律第百六十七号）第六条第一項に規定する河川区域内の土地、同法第五十四条第一項の規定により指定された河川保全区域内の土地、同法第五十六条第一項の規定により指定された河川予定地、同法第五十八条の三第一項の規定により指定された河川保全立体区域内の土地又は同法第五十八条の五第一項の規定により指定された河川予定立体区域内の土地

十一　急傾斜地の崩壊による災害の防止に関する法律（昭和四十四年法律第五十七号）第三条第一項の規定により指定された急傾斜地崩壊危険区域内の土地

（政令で定める市の長による事務の処理）

第八条　法に規定する都道府県知事の権限に属する事務は、地方自治法（昭和二十二年法律第六十七号）第二百五十二条の十九第一項に規定する指定都市の長、同法第二百五十二条の二十二第一項に規定する中核市の長及び同法第二百五十二条の二十六の三第一項に規定する特例市の長並びに福島市、市川市、松戸市、市原市、八王子市、町田市、藤沢市及び徳島市の長（以下この条において「指定都市の長等」という。）が行うこととする。この場合においては、法中都道府県知事に関する規定は、指定都市の長等に関する規定として指定都市の長等に適用があるものとする。

　　　附　則
（施行期日）

第一条　この政令は、法の施行の日（平成十五年二月十五日）から施行する。

（経過措置）

第二条　平成十五年三月三十一日までの間は、第十条中「越谷市、市川市」とあるのは「川越市、越谷市、さいたま市、市川市、船橋市」と、「藤沢市」とあるのは「藤沢市、相模原市、高槻市」とする。

　　　附　則（平成一四年一二月一三日政令第三七二号）抄
（施行期日）

1　この政令は、平成十五年四月一日から施行する。

　　　附　則（平成一六年一〇月二七日政令第三二三号）抄
（施行期日）

第一条　この政令は、平成十七年四月一日から施行する。

　　　附　則（平成一六年一二月一五日政令第三九六号）抄
（施行期日）

第一条　この政令は、都市緑地保全法等の一部を改正する法律（以下「改正法」と

いう。）の施行の日（平成十六年十二月十七日。以下「施行日」という。）から施行する。

（処分、手続等の効力に関する経過措置）

第四条　改正法附則第二条から第五条まで及び前二条に規定するもののほか、施行日前に改正法による改正前のそれぞれの法律又はこの政令による改正前のそれぞれの政令の規定によってした処分、手続その他の行為であって、改正法による改正後のそれぞれの法律又はこの政令による改正後のそれぞれの政令に相当の規定があるものは、これらの規定によってした処分、手続その他の行為とみなす。

　　　附　則（平成一九年一一月二一日政令第三三九号）抄

（施行期日）

第一条　この政令は、平成二十年四月一日から施行する。

　　　附　則（平成二一年一〇月一五日政令第二四六号）抄

（施行期日）

1　この政令は、土壌汚染対策法の一部を改正する法律の施行の日（平成二十二年四月一日）から施行する。

土壌汚染対策法施行規則(平成十四年十二月二十六日環境省令第二十九号)

最終改正:平成二二年二月二六日環境省令第一号

　土壌汚染対策法(平成十四年法律第五十三号)及び土壌汚染対策法施行令(平成十四年政令第三百三十六号)の規定に基づき、並びに同法第二十九条第四項の規定を実施するため、土壌汚染対策法施行規則を次のように定める。

(使用が廃止された有害物質使用特定施設に係る工場又は事業場の敷地であった土地の調査)

第一条　土壌汚染対策法(平成十四年法律第五十三号。以下「法」という。)第三条第一項本文の報告は、次の各号に掲げる場合の区分に応じ、当該各号に定める日から起算して百二十日以内に行わなければならない。ただし、当該期間内に当該報告を行うことができない特別の事情があると認められるときは、都道府県知事(土壌汚染対策法施行令(平成十四年政令第三百三十六号。以下「令」という。)第八条に規定する市にあっては、市長。以下同じ。)は、当該土地の所有者等(法第三条第一項本文に規定する所有者等をいう。以下同じ。)の申請により、その期限を延長することができる。

一　当該土地の所有者等が当該有害物質使用特定施設(法第三条第一項に規定する有害物質使用特定施設をいう。以下同じ。)を設置していた者である場合(同項ただし書の確認を受けた場合を除く。)当該有害物質使用特定施設の使用が廃止された日

二　当該土地の所有者等が法第三条第二項の通知を受けた者である場合(法第三条第一項ただし書の確認を受けた場合を除く。)当該通知を受けた日

三　法第三条第一項ただし書の確認が取り消された場合　第二十一条の通知を受けた日

2　法第三条第一項本文の報告は、次に掲げる事項を記載した様式第一による報告書を提出して行うものとする。

一　氏名又は名称及び住所並びに法人にあっては、その代表者の氏名

二　工場又は事業場の名称及び当該工場又は事業場の敷地であった土地の所在地

三　使用が廃止された有害物質使用特定施設の種類、設置場所及び廃止年月日並びに当該有害物質使用特定施設において製造され、使用され、又は処理されていた特定有害物質(法第二条第一項に規定する特定有害物質をいう。以下同じ。)の種類その他の土壌汚染状況調査(同条第二項に規定する土壌汚染状況調査をいう。以下同じ。)の対象となる土地(以下「調査対象地」という。)において土壌の汚染状態が法

第六条第一項第一号の環境省令で定める基準に適合していないおそれがある特定有害物質の種類
　四　土壌その他の試料の採取を行った地点及び日時、当該試料の分析の結果、当該分析を行った計量法（平成四年法律第五十一号）第百七条の登録を受けた者の氏名又は名称その他の土壌汚染状況調査の結果に関する事項
　五　土壌汚染状況調査を行った指定調査機関の氏名又は名称
　六　土壌汚染状況調査に従事した者を監督した技術管理者（法第三十三条の技術管理者をいう。第六十条第一項第七号において同じ。）の氏名及び技術管理者証（土壌汚染対策法に基づく指定調査機関及び指定支援法人に関する省令（平成十四年環境省令第二十三号）第一条第二項第三号の技術管理者証をいう。第六十条第一項第七号において同じ。）の交付番号

　（土壌汚染状況調査の方法）
第二条　法第三条第一項の環境省令で定める方法は、次条から第十五条までに定めるとおりとする。

　（調査対象地の土壌汚染のおそれの把握）
第三条　土壌汚染状況調査を行う者（以下「調査実施者」という。）は、調査対象地及びその周辺の土地について、その利用の状況、特定有害物質の製造、使用又は処理の状況、土壌又は地下水の特定有害物質による汚染の概況その他の調査対象地における土壌の特定有害物質による汚染のおそれを推定するために有効な情報を把握するものとする。

２　調査実施者は、前項の規定により把握した情報により、当該調査対象地において土壌の汚染状態が法第六条第一項第一号の環境省令で定める基準に適合していないおそれがあると認められる特定有害物質の種類について、土壌その他の試料の採取及び測定（以下「試料採取等」という。）の対象とするものとする。ただし、次の各号のいずれかに該当する場合には、当該各号に定める特定有害物質の種類以外の特定有害物質の種類について、試料採取等の対象としないことができる。
　一　次項の規定により都道府県知事から通知を受けた場合　当該通知に係る特定有害物質の種類
　二　法第四条第二項又は法第五条第一項に規定する命令に基づき土壌汚染状況調査を行う場合　当該命令に係る第二十七条又は令第四条第一項の書面に記載された特定有害物質の種類
　三　申請に係る調査（法第十四条第二項に規定する申請に係る調査をいう。以下同じ。）を行う場合　同条第一項の申請をしようとする土地の所有者等が申請に係る調査の対象とした特定有害物質の種類

３　都道府県知事は、調査実施者が法第三条第一項に基づき土壌汚染状況調査を行う場合において、当該調査対象地において土壌の汚染状態が法第六条第一項第一号の環境省令で定める基準に適合していないおそれがある特定有害物質の種類があると認めるときは、当該調査実施者の申請に基づき、当該申請を受けた日から起算して三十日以内に、当該特定有害物

質の種類を当該調査実施者に通知するものとする。

4　前項の申請は、様式第二による申請書を提出して行うものとする。

5　調査実施者は、第三項の申請をしようとする場合において、当該調査対象地における土壌の特定有害物質による汚染のおそれを推定するために有効な情報を有しているときは、前項の申請書に当該情報を記載した書類を添付しなければならない。

6　調査実施者は、第一項の規定により把握した情報により、調査対象地を当該調査対象地において土壌の汚染状態が法第六条第一項第一号の環境省令で定める基準に適合していないおそれがあると認められる特定有害物質の種類ごとに次に掲げる区分に分類するものとする。

　一　当該土地が有害物質使用特定施設に係る工場又は事業場において事業の用に供されていない旨の情報その他の情報により、第三十一条第一項の基準（以下「土壌溶出量基準」という。）又は同条第二項の基準（以下「土壌含有量基準」という。）に適合しない汚染状態にある土壌（以下「基準不適合土壌」という。）が存在するおそれがないと認められる土地

　二　当該土地が有害物質使用特定施設に係る工場又は事業場において特定有害物質の製造、使用又は処理に係る事業の用に供されていない旨の情報その他の情報により、基準不適合土壌が存在するおそれが少ないと認められる土地

　三　前二号に掲げる土地以外の土地

（試料採取等を行う区画の選定）

第四条　調査実施者は、調査対象地の最も北にある地点（当該地点が複数ある場合にあっては、そのうち最も東にある地点。以下「起点」という。）を通り東西方向及び南北方向に引いた線並びにこれらと平行して十メートル間隔で引いた線により調査対象地を区画するものとする。ただし、区画される部分の数が、これらの線を起点を支点として回転させることにより減少するときは、調査実施者は、これらの線を区画される部分の数が最も少なく、かつ、起点を支点として右に回転させた角度が最も小さくなるように回転させて得られる線により、調査対象地を区画することができる。

2　前項の場合において、調査実施者は、区画された調査対象地（以下「単位区画」という。）であって隣接するものの面積の合計が百三十平方メートルを超えないときは、これらの隣接する単位区画を一の単位区画とすることができる。ただし、当該一の単位区画を当該調査対象地を区画する線に垂直に投影したときの長さは、二十メートルを超えてはならない。

3　調査実施者は、次に掲げる単位区画について、試料採取等の対象とする。

　一　前条第六項第三号に掲げる土地を含む単位区画

　二　前条第六項第二号に掲げる土地を含む単位区画（前号に掲げる単位区画を除く。以下「一部対象区画」という。）がある場合において、次のイ又はロに掲げる場合の区分に応じ、当該イ又はロに定める単位区画

イ　前条第二項の規定により試料採取等の対象とされた特定有害物質の種類（以下「試料採取等対象物質」という。）が令第一条第六号から第十一号まで、第十四号、第十六号から第十八号まで又は第二十二号に掲げる特定有害物質の種類（以下「第一種特定有害物質」という。）である場合　次の(1)又は(2)に掲げる場合の区分に応じ、当該(1)又は(2)に定める単位区画

　(1)　調査対象地を区画する線であって起点を通るもの及びこれらと平行して三十メートル間隔で引いた線により分割された調査対象地のそれぞれの部分（以下「三十メートル格子」という。）に一部対象区画が含まれ、かつ、当該三十メートル格子の中心が調査対象地の区域内にある場合　当該三十メートル格子の中心を含む単位区画

　(2)　三十メートル格子に一部対象区画が含まれ、かつ、当該三十メートル格子の中心が調査対象地の区域内にない場合　当該三十メートル格子内にある一部対象区画のうちいずれか一区画

ロ　試料採取等対象物質が第一種特定有害物質以外の特定有害物質の種類である場合　次の(1)又は(2)に掲げる場合の区分に応じ、当該(1)又は(2)に定める単位区画

　(1)　三十メートル格子内にある一部対象区画の数が六以上である場合　当該三十メートル格子内にある一部対象区画のうちいずれか五区画

　(2)　三十メートル格子内にある一部対象区画の数が五以下である場合　当該三十メートル格子内にあるすべて一部対象区画

（土壌汚染のおそれがある土地の形質の変更が行われる場合の都道府県知事の命令に基づく土壌汚染状況調査に係る特例）

第五条　調査実施者は、法第四条第二項に規定する命令に基づき土壌汚染状況調査を行う場合において、当該命令に係る同条第一項の規定による届出に係る土地の区域内に調査対象地が複数あるときは、前条第一項本文の規定にかかわらず、当該複数ある調査対象地の起点のうち最も北にあるもの（当該最も北にある起点が複数ある場合にあっては、そのうち最も東にあるもの）を通り東西方向及び南北方向に引いた線並びにこれらと平行して十メートル間隔で引いた線により当該複数ある調査対象地を区画することができる。

（試料採取等の実施）

第六条　調査実施者は、第四条第三項の規定により試料採取等の対象とされた単位区画（以下「試料採取等区画」という。）の土壌について、次の各号に掲げる試料採取等対象物質に応じ、当該各号に定める試料採取等を行うものとする。

一　第一種特定有害物質　土壌中の気体の採取及び当該気体に含まれる特定有害物質の種類ごとの量の測定（以下「土壌ガス調査」という。）

二　令第一条第一号、第二号、第四号、第十二号、第十三号、第十九号から第

二十一号まで又は第二十三号に掲げる特定有害物質の種類（以下「第二種特定有害物質」という。）　土壌の採取及び当該土壌に水を加えた場合に溶出する特定有害物質の種類ごとの量の測定（以下「土壌溶出量調査」という。）並びに土壌の採取及び当該土壌に含まれる特定有害物質の種類ごとの量の測定（以下「土壌含有量調査」という。）

三　前二号に掲げる特定有害物質の種類以外の特定有害物質の種類（以下「第三種特定有害物質」という。）　土壌溶出量調査

2　土壌ガス調査の方法は、次に掲げるとおりとする。

一　試料採取等区画の中心（第三条第一項の規定により調査実施者が把握した情報により、当該試料採取等区画において基準不適合土壌が存在するおそれが多いと認められる部分がある場合にあっては、当該部分における任意の地点。以下「試料採取地点」という。）において、土壌中の気体（当該試料採取地点における土壌中の気体の採取が困難であると認められる場合にあっては、地下水）を、環境大臣が定める方法により採取すること。

二　前号の規定により採取した気体又は地下水に含まれる試料採取等対象物質の量を、環境大臣が定める方法により測定すること。

3　土壌溶出量調査の方法は、次に掲げるとおりとする。

一　試料採取地点の汚染のおそれが生じた場所の位置から深さ五十センチメートルまでの土壌（地表から深さ十メートルまでにある土壌に限る。）を採取すること。ただし、当該汚染のおそれが生じた場所の位置が地表と同一の位置にある場合又は当該汚染のおそれが生じた場所の位置が明らかでない場合には、地表から深さ五センチメートルまでの土壌（以下「表層の土壌」という。）及び深さ五センチメートルから五十センチメートルまでの土壌を採取すること。

二　前号ただし書の規定により土壌を採取した場合にあっては、同号の規定により採取された表層の土壌及び深さ五センチメートルから五十センチメートルまでの土壌を、同じ重量混合すること。

三　第四条第三項（同項第二号ロに係る部分に限る。）の規定により三十メートル格子内にある二以上の単位区画が試料採取等区画である場合にあっては、当該二以上の単位区画に係る第一号の規定により採取された土壌（前号に規定する場合には、同号の規定により混合された土壌）をそれぞれ同じ重量混合すること。

四　前三号の規定により採取され、又は混合された土壌に水を加えた検液に溶出する試料採取等対象物質の量を、環境大臣が定める方法により測定すること。

4　土壌含有量調査の方法は、次に掲げるとおりとする。

一　前項第一号から第三号までに定めるところにより、試料採取地点の土壌を採取し、及び混合すること。

二　前号の規定により混合された土壌に

含まれる試料採取等対象物質の量を、環境大臣が定める方法により測定すること。

5　試料採取地点の傾斜が著しいことその他の理由により、当該試料採取地点において土壌その他の試料を採取することが困難であると認められる場合には、調査実施者は、第二項第一号、第三項第一号及び前項第一号の規定にかかわらず、当該試料採取地点に係る単位区画における任意の地点において行う土壌その他の試料の採取をもって、これらの規定に規定する土壌その他の試料の採取に代えることができる。

（三十メートル格子内の汚染範囲の確定のための試料採取等）

第七条　調査実施者は、第四条第三項（同項第二号イに係る部分に限る。）の規定による試料採取等区画に係る土壌ガス調査において気体から試料採取等対象物質が検出されたとき、又は地下水から検出された試料採取等対象物質が別表第一の上欄に掲げる特定有害物質の種類の区分に応じ、それぞれ同表の下欄に掲げる基準（以下「地下水基準」という。）に適合しなかったときは、当該試料採取等区画を含む三十メートル格子内にある一部対象区画（試料採取等区画であるものを除く。）において、土壌ガス調査を行うものとする。

2　調査実施者は、第四条第三項（同項第二号ロに係る部分に限る。）の規定による試料採取等区画に係る土壌溶出量調査又は土壌含有量調査において、当該土壌溶出量調査又は土壌含有量調査に係る土壌の特定有害物質による汚染状態が土壌溶出量基準又は土壌含有量基準に適合しなかったときは、当該試料採取等区画を含む三十メートル格子内にある一部対象区画において、土壌溶出量調査又は土壌含有量調査を行うものとする。

3　前条第五項の規定は、前二項の規定による土壌ガス調査、土壌溶出量調査及び土壌含有量調査に係る土壌その他の試料の採取について準用する。

（土壌ガス調査により試料採取等対象物質が検出された場合等における土壌の採取及び測定）

第八条　調査実施者は、土壌ガス調査において気体から試料採取等対象物質が検出された試料採取地点があるとき、又は地下水から検出された試料採取等対象物質が地下水基準に適合しなかった試料採取地点があるときは、気体又は地下水から試料採取等対象物質が検出された試料採取地点を含む部分ごとに基準不適合土壌が存在するおそれが最も多いと認められる地点において、当該試料採取等対象物質に係る試料採取等を行うものとする。

2　前項の試料採取等の方法は、次に掲げるとおりとする。

一　当該地点において、次の土壌（イ及びロにあっては、地表から深さ十メートルまでにある土壌に限る。）の採取を行うこと。

イ　汚染のおそれが生じた場所の位置の土壌（当該汚染のおそれが生じた場所の位置が地表と同一の位置にある場合又は当該汚染のおそれが生じた場所の位置が明らかでない場合にあっては、表層の土壌）

ロ　汚染のおそれが生じた場所の位置

から深さ五十センチメートルの土壌（当該汚染のおそれが生じた場所の位置が明らかでない場合にあっては、地表から深さ五十センチメートルの土壌）
ハ　深さ一メートルから十メートルまでの一メートルごとの土壌（地表から汚染のおそれが生じた場所の位置の深さまでの土壌及び地表から深さ十メートル以内に帯水層の底面がある場合における当該底面より深い位置にある土壌を除く。）
ニ　帯水層の底面の土壌（地表から深さ十メートル以内に帯水層の底面がある場合に限る。）
二　前号の規定により採取されたそれぞれの土壌に水を加えた検液に溶出する当該試料採取等対象物質の量を、第六条第三項第四号の環境大臣が定める方法により測定すること。

（試料採取等の結果の評価）

第九条　土壌ガス調査において気体から試料採取等対象物質が検出され、又は地下水から検出された試料採取等対象物質が地下水基準に適合しなかった場合であって、前条第二項第二号の測定において当該測定に係る土壌の特定有害物質による汚染状態が次の各号のいずれかに該当するときは、当該土壌ガス調査を行った試料採取等区画（同号の測定において当該測定に係る土壌の特定有害物質による汚染状態がすべて土壌溶出量基準に適合するものであった場合における当該試料採取等区画の区域を除く。）の区域を、当該試料採取等対象物質について当該各号に定める基準に適合しない汚染状態にある土地とみなす。
一　土壌溶出量基準に適合しなかったとき（次号に掲げる場合を除く。）　土壌溶出量基準
二　別表第四の上欄に掲げる特定有害物質の種類の区分に応じ、それぞれ同表の下欄に掲げる基準（以下「第二溶出量基準」という。）に適合しなかったとき　第二溶出量基準

2　土壌溶出量調査又は土壌含有量調査（第四条第三項（同項第二号ロに係る部分に限る。）の規定による試料採取等区画に係るものを除く。）において当該土壌溶出量調査又は土壌含有量調査に係る土壌の特定有害物質による汚染状態が次の各号のいずれかに該当するときは、当該土壌溶出量調査又は土壌含有量調査を行った単位区画の区域を、当該試料採取等対象物質について当該各号に定める基準に適合しない汚染状態にある土地とみなす。
一　土壌溶出量基準に適合しなかったとき（次号に掲げる場合を除く。）　土壌溶出量基準
二　第二溶出量基準に適合しなかったとき　第二溶出量基準
三　土壌含有量基準に適合しなかったとき　土壌含有量基準

（土壌汚染による健康被害が生ずるおそれがある土地における都道府県知事の命令に基づく土壌汚染状況調査に係る特例）

第十条　調査実施者は、法第五条第一項に規定する命令（令第三条第一号イ又はロに該当する場合においてなされたものに限る。）に基づき土壌汚染状況調査を行

う場合において、当該調査対象地に前条の規定により土壌溶出量基準又は第二溶出量基準に適合しない汚染状態にあるとみなされる土地がないときには、次に定めるところにより、試料採取等を行うものとする。
一　令第三条第一号イに該当する場合
　イ　当該調査対象地において基準不適合土壌（土壌溶出量基準に係るものに限る。この号ロ及び次号イにおいて同じ。）が存在することが明らかである部分における任意の地点において帯水層のうち最も浅い位置にあるものの地下水を採取し、当該地下水に含まれる試料採取等対象物質の量を、第六条第二項第二号の環境大臣が定める方法により測定すること。
　ロ　当該調査対象地において基準不適合土壌が存在することが明らかである部分における任意の地点において次に掲げる場合の区分に応じ、それぞれ次に定める土壌の採取を行い、採取されたそれぞれの土壌に水を加えた検液に溶出する調査対象物質の量を、第六条第三項第四号の環境大臣が定める方法により測定すること。
　　（1）試料採取等対象物質が第一種特定有害物質である場合　第八条第二項第一号の土壌
　　（2）試料採取等対象物質が第二種特定有害物質又は第三種特定有害物質である場合　次に掲げる土壌（（イ）にあっては、地表から深さ十メートルまでにある土壌に限る。）
　　　（イ）汚染のおそれが生じた場所の位置から深さ五十センチメートルまでの土壌（当該汚染のおそれが生じた場所の位置が地表と同一の位置にある場合又は当該汚染のおそれが生じた場所の位置が明らかでない場合にあっては、表層の土壌及び深さ五センチメートルから五十センチメートルまでの土壌）
　　　（ロ）深さ一メートルから十メートルまでの一メートルごとの土壌（地表から汚染のおそれが生じた場所の位置の深さまでの土壌及び地表から深さ十メートル以内に帯水層の底面がある場合における当該底面より深い位置にある土壌を除く。）
　　　（ハ）帯水層の底面の土壌（地表から深さ十メートル以内に帯水層の底面がある場合に限る。）
二　令第三条第一号ロに該当する場合
　イ　当該調査対象地において基準不適合土壌が存在するおそれが多いと認められる部分における任意の地点において帯水層のうち最も浅い位置にあるものの地下水を採取し、当該地下水に含まれる試料採取等対象物質の量を、第六条第二項第二号の環境大臣が定める方法により測定すること。
　ロ　この号イの測定において当該地下水から検出された試料採取等対象物質が地下水基準に適合しないものであるときは、当該地点において前号

ロの土壌の採取を行い、採取されたそれぞれの土壌に水を加えた検液に溶出する試料採取等対象物質の量を、第六条第三項第四号の環境大臣が定める方法により測定すること。
2　前項第一号ロ又は第二号ロの測定において当該測定に係る土壌の特定有害物質による汚染状態が前条第一項各号のいずれかに該当するときは、当該調査対象地の区域（次に掲げる単位区画の区域を除く。）を、当該試料採取等対象物質について当該各号に定める基準に適合しない汚染状態にある土地とみなす。
　一　単位区画のすべての区域が第三条第六項第一号に掲げる土地に分類される場合における当該単位区画の区域
　二　単位区画の中心（第三条第一項の規定により調査実施者が把握した情報により、当該単位区画に基準不適合土壌が存在するおそれが多いと認められる部分がある場合にあっては、当該部分における任意の地点。次項において同じ。）において前項第一号ロの土壌の採取を行い、採取されたそれぞれの土壌に水を加えた検液に溶出する当該試料採取等対象物質の量を第六条第三項第四号の環境大臣が定める方法により測定した結果、当該測定に係る土壌の特定有害物質による汚染状態が土壌溶出量基準に適合するものである場合における当該単位区画の区域
3　前項第二号の単位区画の中心の傾斜が著しいことその他の理由により、当該単位区画の中心において第一項第一号ロの土壌の採取を行うことが困難であると認められる場合には、前項第二号の規定に

かかわらず、当該単位区画における任意の地点において行う第一項第一号ロの土壌の採取をもって、前項第二号に規定する土壌の採取に代えることができる。

（調査対象地の土壌汚染のおそれの把握等の省略）

第十一条　調査実施者は、第三条から第八条までの規定にかかわらず、これらの規定による調査対象地の土壌汚染のおそれの把握、試料採取等を行う区画の選定及び試料採取等（次項において「調査対象地の土壌汚染のおそれの把握等」という。）を行わないことができる。

2　前項の規定により調査対象地の土壌汚染のおそれの把握等を行わなかったときは、調査対象地の区域を、試料採取等対象物質（調査実施者が法第三条第一項に基づき土壌汚染状況調査を行う場合であって、第三条第一項の規定による調査対象地における土壌の特定有害物質による汚染のおそれを推定するために有効な情報の把握を行わなかったときは、特定有害物質。以下この項において同じ。）について第二溶出量基準に適合せず、かつ、当該試料採取等対象物質に第二種特定有害物質が含まれる場合における当該第二種特定有害物質について土壌含有量基準に適合しない汚染状態にある土地とみなす。

（第一種特定有害物質に関する試料採取等に係る特例）

第十二条　調査実施者は、第一種特定有害物質に係る試料採取等を行うときは、第四条第三項、第五条、第六条第一項第一号、第二項及び第五項、第七条第一項及び第三項並びに第八条第一項の規定にか

かわらず、これらの規定による試料採取等を行う区画の選定及び試料採取等（次条において「試料採取等を行う区画の選定等」という。）に代えて、第三条第六項第二号及び第三号に掲げる土地を含む単位区画の中心（同条第一項の規定により調査実施者が把握した情報により、当該単位区画において基準不適合土壌が存在するおそれが多いと認められる部分がある場合にあっては、当該部分における任意の地点）において、当該第一種特定有害物質に係る試料採取等を行うことができる。

2　第八条第二項の規定は、前項の試料採取等について準用する。

3　第一項の規定により試料採取等を行った場合であって、前項において準用する第八条第二項第二号の測定において当該測定に係る土壌の第一種特定有害物質による汚染状態が次の各号のいずれかに該当するときは、当該試料採取等の対象とされた単位区画（前項において準用する第八条第二項第二号の測定において当該測定に係る土壌の第一種特定有害物質による汚染状態がすべて土壌溶出量基準に適合するものであった単位区画を除く。）の区域を、当該第一種特定有害物質について当該各号に定める基準に適合しない汚染状態にある土地とみなす。

一　土壌溶出量基準に適合しなかったとき（次号に掲げる場合を除く。）　土壌溶出量基準

二　第二溶出量基準に適合しなかったとき　第二溶出量基準

（試料採取等を行う区画の選定等の省略）

第十三条　調査実施者は、第四条第三項及び第五条から第八条までの規定にかかわらず、これらの規定による試料採取等を行う区画の選定等を行わないことができる。

2　前項の規定により試料採取等を行う区画の選定等を行わなかったときは、調査対象地の区域（すべての区域が第三条第六項第一号に掲げる土地に分類される単位区画の区域を除く。）を、試料採取等対象物質について第二溶出量基準及び土壌含有量基準に適合しない汚染状態にある土地とみなす。

（試料採取等の省略）

第十四条　調査実施者は、第六条から第八条までの規定による試料採取等の結果が次に掲げるものに該当するときは、これらの規定にかかわらず、当該試料採取等対象物質についてこれらの規定によるその他の試料採取等を行わないことができる。

一　土壌ガス調査において気体から試料採取等対象物質が検出されていること、又は地下水から検出された試料採取等対象物質が地下水基準に適合しないものであること。

二　土壌溶出量調査又は土壌含有量調査において当該土壌溶出量調査又は土壌含有量調査に係る土壌の特定有害物質による汚染状態が土壌溶出量基準又は土壌含有量基準に適合しないものであること。

三　第八条第二項第二号の測定において当該測定に係る土壌の特定有害物質に

よる汚染状態が土壌溶出量基準に適合しないものであること。
2　前項の規定により試料採取等を行わなかったときは、調査対象地の区域（次に掲げる単位区画及びすべての区域が第三条第六項第一号に掲げる土地に分類される単位区画の区域を除く。）を、当該試料採取等対象物質について第二溶出量基準又は土壌含有量基準に適合しない汚染状態にある土地とみなす。
　一　土壌ガス調査において気体から試料採取等対象物質が検出されず、又は地下水から検出された試料採取等対象物質が地下水基準に適合するものであった単位区画
　二　土壌溶出量調査又は土壌含有量調査（第四条第三項（同項第二号ロに係る部分に限る。）の規定による試料採取等区画に係るものを除く。）において当該土壌溶出量調査又は土壌含有量調査に係る土壌の特定有害物質による汚染状態が土壌溶出量基準及び土壌含有量基準に適合するものであった単位区画
　三　第四条第三項（同項第二号イに係る部分に限る。）の規定による試料採取等区画に係る土壌ガス調査において気体から試料採取等対象物質が検出されず、又は地下水から検出された試料採取等対象物質が地下水基準に適合するものであった場合における当該三十メートル格子内にある一部対象区画
　四　第四条第三項（同項第二号ロに係る部分に限る。）の規定による試料採取等区画に係る土壌溶出量調査又は土壌含有量調査において当該土壌溶出量調査又は土壌含有量調査に係る土壌の特定有害物質による汚染状態が土壌溶出量基準及び土壌含有量基準に適合するものであった場合における当該三十メートル格子内にある一部対象区画
　五　第八条第二項第二号の測定において当該測定に係る土壌の特定有害物質による汚染状態が土壌溶出量基準に適合するものであった地点を含む単位区画

（法施行前に行われた調査の結果の利用）
第十五条　調査対象地において、法の施行前に第六条から第八条まで及び第十条の規定による試料採取等と同等程度に土壌の特定有害物質による汚染状態を把握できる精度を保って試料採取等が行われたと認められる場合であって、当該試料採取等の後に土壌の特定有害物質による汚染が生じたおそれがないと認められるときは、当該試料採取等の結果をこれらの規定による試料採取等の結果とみなす。

（人の健康に係る被害が生ずるおそれがない旨の確認）
第十六条　法第三条第一項ただし書の確認を受けようとする土地の所有者等は、次に掲げる事項を記載した様式第三による申請書を提出しなければならない。
　一　氏名又は名称及び住所並びに法人にあっては、その代表者の氏名
　二　工場又は事業場の名称及び当該工場又は事業場の敷地であった土地の所在地
　三　使用が廃止された有害物質使用特定施設の種類、設置場所及び廃止年月日並びに当該有害物質使用特定施設において製造され、使用され、又は処理さ

れていた特定有害物質の種類
四　確認を受けようとする土地の場所
五　確認を受けようとする土地について予定されている利用の方法
2　都道府県知事は、前項の申請に係る同項第四号の土地の場所が次のいずれかに該当することが確実であると認められる場合に限り、当該土地の場所について、法第三条第一項ただし書の確認をするものとする。
　一　工場又は事業場（当該有害物質使用特定施設を設置していたもの、又は当該工場又は事業場に係る事業に従事する者その他の関係者以外の者が立ち入ることができないものに限る。）の敷地として利用されること。
　二　当該有害物質使用特定施設を設置していた小規模な工場又は事業場において、事業の用に供されている建築物と当該工場又は事業場の設置者（その者が法人である場合にあっては、その代表者）の居住の用に供されている建築物とが同一のものであり、又は近接して設置されており、かつ、当該居住の用に供されている建築物が引き続き当該設置者の居住の用に供される場合において、当該居住の用に供されている建築物の敷地（これと一体として管理される土地を含む。）として利用されること。
　三　鉱山保安法（昭和二十四年法律第七十号）第二条第二項本文に規定する鉱山（以下この号において「鉱山」という。）若しくは同項ただし書に規定する附属施設の敷地又は鉱山の敷地であった土地（鉱業権の消滅後五年以内であるもの又は同法第三十九条第一項の命令に基づき土壌の特定有害物質による汚染による鉱害を防止するために必要な設備がされているものに限る。）（第二十五条第四号において「鉱山関係の土地」という。）であること。
3　法第三条第一項ただし書の確認を受けた土地の所有者等が当該確認に係る土地に関する権利を譲渡し、又は当該土地の所有者等について相続、合併若しくは分割（当該確認に係る土地に関する権利を承継させるものに限る。）があったときは、その権利を譲り受けた者又は相続人、合併若しくは分割後存続する法人若しくは合併若しくは分割により設立した法人は、当該土地の所有者等の地位を承継する。
4　前項の規定により土地の所有者等の地位を承継した者は、遅滞なく、その旨を様式第四の届出書により届け出なければならない。

（有害物質使用特定施設の使用の廃止等の通知）
第十七条　法第三条第二項の通知は、有害物質使用特定施設の使用が廃止された際の土地の所有者等（当該土地の所有者等から土地に関する権利を譲り受けた者その他の新たに土地の所有者等となった者が同条第一項の調査を行うことについて、当該土地の所有者等及び当該新たに土地の所有者等となった者が合意している場合にあっては、当該新たに土地の所有者等となった者）に対して行うものとする。

（有害物質使用特定施設の使用の廃止等に関し通知すべき事項）

第十八条　法第三条第二項の環境省令で定める事項は、次のとおりとする。
一　使用が廃止された有害物質使用特定施設の種類、設置場所及び廃止年月日並びに当該有害物質使用特定施設において製造され、使用され、又は処理されていた特定有害物質の種類
二　工場又は事業場の名称及び当該工場又は事業場の敷地であった土地の所在地
三　法第三条第一項の報告を行うべき期限

（法第三条第一項ただし書の確認に係る土地の利用の方法の変更の届出）

第十九条　法第三条第四項の届出は、次に掲げる事項を記載した様式第五による届出書を提出して行うものとする。
一　氏名又は名称及び住所並びに法人にあっては、その代表者の氏名
二　法第三条第一項ただし書の確認に係る土地の所在地及び当該確認を受けた年月日
三　利用の方法を変更しようとする土地の場所
四　当該変更後の当該確認に係る土地の利用の方法

（法第三条第一項ただし書の確認の取消しを行う場所）

第二十条　法第三条第五項の規定による同条第一項ただし書の確認の取消しは、前条第三号の土地の場所について行うものとする。

（法第三条第一項ただし書の確認の取消しの通知）

第二十一条　都道府県知事は、法第三条第五項の規定により同条第一項ただし書の確認を取り消したときは、遅滞なく、その旨を当該確認に係る土地の所有者等に通知するものとする。

（土地の形質の変更の届出の対象となる土地の規模）

第二十二条　法第四条第一項の環境省令で定める規模は、三千平方メートルとする。

（土地の形質の変更の届出）

第二十三条　法第四条第一項の届出は、様式第六による届出書を提出して行うものとする。
2　前項の届出には、次に掲げる図面及び書類を添付しなければならない。
一　土地の形質の変更（法第四条第一項に規定する土地の形質の変更をいう。以下同じ。）をしようとする場所を明らかにした図面
二　土地の形質の変更をしようとする者が当該土地の所有者等でない場合にあっては、当該土地の所有者等の当該土地の形質の変更の実施についての同意書

第二十四条　法第四条第一項の環境省令で定める事項は、次のとおりとする。
一　氏名又は名称及び住所並びに法人にあっては、その代表者の氏名
二　土地の形質の変更の対象となる土地の所在地
三　土地の形質の変更の規模

（土地の形質の変更の届出を要しない行為）

第二十五条　法第四条第一項第一号の環境省令で定める行為は、次に掲げる行為とする。

一　次のいずれにも該当しない行為
　　イ　土壌を当該土地の形質の変更の対象となる土地の区域外へ搬出すること。
　　ロ　土壌の飛散又は流出を伴う土地の形質の変更を行うこと。
　　ハ　土地の形質の変更に係る部分の深さが五十センチメートル以上であること。
二　農業を営むために通常行われる行為であって、前号イに該当しないもの
三　林業の用に供する作業路網の整備であって、第一号イに該当しないもの
四　鉱山関係の土地において行われる土地の形質の変更

（特定有害物質によって汚染されているおそれがある土地の基準）

第二十六条　法第四条第二項の環境省令で定める基準は、次の各号のいずれかに該当することとする。

一　土壌の特定有害物質による汚染状態が法第六条第一項第一号の環境省令で定める基準に適合しないことが明らかである土地であること。
二　特定有害物質又は特定有害物質を含む固体若しくは液体が埋められ、飛散し、流出し、又は地下に浸透した土地であること。
三　特定有害物質をその施設において製造し、使用し、又は処理する施設に係る工場又は事業場の敷地である土地又は敷地であった土地であること。
四　特定有害物質又は特定有害物質を含む固体若しくは液体をその施設において貯蔵し、又は保管する施設（特定有害物質を含む液体の地下への浸透の防止のための措置として環境大臣が定めるものが講じられている施設を除く。）に係る工場又は事業場の敷地である土地又は敷地であった土地であること。
五　前三号に掲げる土地と同等程度に土壌の特定有害物質による汚染状態が法第六条第一項第一号の環境省令で定める基準に適合しないおそれがある土地であること。

（特定有害物質によって汚染されているおそれがある土地に係る土壌汚染状況調査の命令）

第二十七条　法第四条第二項に規定する命令は、次に掲げる事項を記載した書面により行うものとする。

一　法第四条第二項に規定する調査の対象となる土地の場所及び特定有害物質の種類並びにその理由
二　法第四条第二項の規定による報告を行うべき期限

（土壌汚染状況調査の対象となる土地の土壌の特定有害物質による汚染状態に係る基準）

第二十八条　令第三条第一号イの環境省令で定める基準は、土壌溶出量基準とする。
2　令第三条第一号ハの環境省令で定める基準は、土壌含有量基準とする。

（地下水の水質の汚濁に係る限度）

第二十九条　令第三条第一号イの環境省令で定める限度は、地下水基準とする。

（地下水の利用状況等に係る要件）
第三十条　令第三条第一号イの環境省令で定める要件は、地下水の流動の状況等からみて、地下水汚染（地下水から検出された特定有害物質が地下水基準に適合しないものであることをいう。以下同じ。）が生じているとすれば地下水汚染が拡大するおそれがあると認められる区域に、次の各号のいずれかの地点があることとする。
一　地下水を人の飲用に供するために用い、又は用いることが確実である井戸のストレーナー、揚水機の取水口その他の地下水の取水口
二　地下水を水道法（昭和三十二年法律第百七十七号）第三条第二項に規定する水道事業（同条第五項に規定する水道用水供給事業者により供給される水道水のみをその用に供するものを除く。）、同条第四項に規定する水道用水供給事業若しくは同条第六項に規定する専用水道のための原水として取り入れるために用い、又は用いることが確実である取水施設の取水口
三　災害対策基本法（昭和三十六年法律第二百二十三号）第四十条第一項の都道府県地域防災計画等に基づき、災害時において地下水を人の飲用に供するために用いるものとされている井戸のストレーナー、揚水機の取水口その他の地下水の取水口
四　地下水基準に適合しない地下水のゆう出を主たる原因として、水質の汚濁に係る環境上の条件についての環境基本法（平成五年法律第九十一号）第十六条第一項の基準が確保されない水質の汚濁が生じ、又は生ずることが確実である公共用水域の地点

（区域の指定に係る基準）
第三十一条　法第六条第一項第一号の環境省令で定める基準のうち土壌に水を加えた場合に溶出する特定有害物質の量に関するものは、特定有害物質の量を第六条第三項第四号の環境大臣が定める方法により測定した結果が、別表第二の上欄に掲げる特定有害物質の種類の区分に応じ、それぞれ同表の下欄に掲げる要件に該当することとする。
2　法第六条第一項第一号の環境省令で定める基準のうち土壌に含まれる特定有害物質の量に関するものは、特定有害物質の量を第六条第四項第二号の環境大臣が定める方法により測定した結果が、別表第三の上欄に掲げる特定有害物質の種類の区分に応じ、それぞれ同表の下欄に掲げる要件に該当することとする。

（要措置区域の指定の公示）
第三十二条　法第六条第二項（同条第五項において準用する場合を含む。）の要措置区域（同条第四項に規定する要措置区域をいう。以下同じ。）の指定（同条第五項において準用する場合にあっては、指定の解除。以下この条において同じ。）の公示は、当該指定をする旨、当該要措置区域、当該要措置区域において土壌の汚染状態が土壌溶出量基準又は土壌含有量基準に適合していない特定有害物質の種類及び当該要措置区域において講ずべき指示措置（法第七条第三項に規定する指示措置をいう。）（法第六条第五項において準用する場合にあっては、当該要措置区域において講じられた指示措置等

（法第七条第三項に規定する指示措置等をいう。以下同じ。））を明示して、都道府県又は令第八条に規定する市の公報に掲載して行うものとする。この場合において、当該要措置区域の明示については、次のいずれかによることとする。
一　市町村（特別区を含む。）、大字、字、小字及び地番
二　一定の地物、施設、工作物又はこれらからの距離及び方向
三　平面図

（要措置区域内の土地の所有者等に対する指示）
第三十三条　法第七条第一項本文に規定する指示は、次に掲げる事項を記載した書面により行うものとする。
一　汚染の除去等の措置（法第六条第一項に規定する汚染の除去等の措置をいう。以下同じ。）を講ずべき土地の場所
二　要措置区域において講ずべき汚染の除去等の措置及びその理由
三　汚染の除去等の措置を講ずべき期限
2　前項第一号に掲げる土地の場所は、当該土地若しくはその周辺の土地の土壌又は当該土地若しくはその周辺の土地にある地下水の特定有害物質による汚染状態等を勘案し、人の健康に係る被害を防止するため必要な限度において定めるものとする。
3　第一項第三号に掲げる期限は、汚染の除去等の措置を講ずべき土地の場所、当該土地の土壌の特定有害物質による汚染状態、当該土地の所有者等の経理的基礎及び技術的能力等を勘案し、相当なものとなるよう定めるものとする。

（土壌汚染を生じさせる行為をした者に対する指示）
第三十四条　法第七条第一項ただし書に規定する指示は、特定有害物質又は特定有害物質を含む固体若しくは液体を埋め、飛散させ、流出させ、又は地下に浸透させる行為をした者に対して行うものとする。ただし、当該行為が次に掲げる行為に該当する場合は、この限りでない。
一　廃棄物の処理及び清掃に関する法律（昭和四十五年法律第百三十七号）第六条の二第二項に規定する一般廃棄物処理基準に従ってする同法第二条第二項に規定する一般廃棄物の埋立処分
二　廃棄物の処理及び清掃に関する法律第十二条第一項に規定する産業廃棄物処理基準若しくは同法第十二条の二第一項に規定する特別管理産業廃棄物処理基準に従ってする同法第二条第四項に規定する産業廃棄物の埋立処分
三　海洋汚染等及び海上災害の防止に関する法律（昭和四十五年法律第百三十六号）第十条第二項第四号に規定する基準に従ってする同法第三条第六号に規定する廃棄物の排出
2　法第七条第一項ただし書に規定する指示は、二以上の者に対して行う場合には、当該二以上の者が当該土地の土壌の特定有害物質による汚染を生じさせたと認められる程度に応じて講ずべき汚染の除去等の措置を定めて行うものとする。
3　前条の規定は、法第七条第一項ただし書に規定する指示について準用する。この場合において、前条第三項中「当該土地の所有者等」とあるのは、「当該土壌汚染を生じさせる行為をした者」と読み

替えるものとする。
　（指示事項）
第三十五条　法第七条第二項の環境省令で定める事項は、汚染の除去等の措置を講ずべき土地の場所及び期限とする。
　（指示措置と同等以上の効果を有すると認められる汚染の除去等の措置）
第三十六条　法第七条第三項の環境省令で定める汚染の除去等の措置は、別表第五の上欄に掲げる土地の区分に応じ、それぞれ同表の下欄に定める汚染の除去等の措置とする。
　（指示措置等を講ずべき旨の命令）
第三十七条　法第七条第四項に規定する命令は、相当の履行期限を定めて、書面により行うものとする。
　（指示措置等に関する技術的基準）
第三十八条　法第七条第六項の指示措置等に関する技術的基準は、次条から第四十二条までに定めるところによる。
　（汚染の除去等の措置）
第三十九条　別表第五の上欄に掲げる土地において講ずべき汚染の除去等の措置は、それぞれ同表の中欄に定める汚染の除去等の措置とする。
　（措置の実施の方法）
第四十条　別表第五の一の項に規定する地下水の水質の測定、同表の二の項に規定する原位置封じ込め、遮水工封じ込め、地下水汚染の拡大の防止及び土壌汚染の除去、同表の三の項に規定する遮断工封じ込め、同表の四の項に規定する不溶化、同表の七の項に規定する舗装及び立入禁止、同表の八の項に規定する土壌入換え並びに同表の九の項に規定する盛土の実施の方法は、別表第六に定めるところによる。
　（廃棄物埋立護岸において造成された土地における汚染の除去等の措置）
第四十一条　次に掲げる基準に従い港湾法（昭和二十五年法律第二百十八号）第二条第五項第九号の二に掲げる廃棄物埋立護岸において造成された土地であって、同法第二条第一項に規定する港湾管理者が管理するものについては、前二条に定める汚染の除去等の措置が講じられている土地とみなす。
　一　廃棄物の処理及び清掃に関する法律第六条の二第二項に規定する一般廃棄物処理基準又は同法第十二条第一項に規定する産業廃棄物処理基準若しくは同法第十二条の二第一項に規定する特別管理産業廃棄物処理基準
　二　海洋汚染等及び海上災害の防止に関する法律第十条第二項第四号に規定する基準
　（担保権の実行等により一時的に土地の所有者等となった者が講ずべき措置）
第四十二条　都道府県知事が、自らが有する担保権の実行としての競売における競落その他これに類する行為により土地の所有者等となった者であって、当該土地を譲渡する意思の有無等からみて土地の所有者等であることが一時的であると認められるものに対し、法第七条第二項の規定により当該要措置区域において講ずべき汚染の除去等の措置を示すときは、第三十九条及び第四十条の規定にかかわらず、当該要措置区域内の土地の土壌の特定有害物質による汚染状態が土壌溶出量基準に適合しない場合にあっては別表第五の一の項に規定する地下水の水質の

測定、当該要措置区域内の土地の土壌の特定有害物質による汚染状態が土壌含有量基準に適合しない場合にあっては同表の七の項に規定する立入禁止を示すものとする。

（要措置区域内における土地の形質の変更の禁止の例外）
第四十三条　法第九条第二号の環境省令で定めるものは、次に掲げる行為とする。
一　次のいずれにも該当しない行為
　イ　指示措置等を講ずるために設けられた構造物に変更を加えること。
　ロ　土地の形質の変更であって、その対象となる土地の面積の合計が十平方メートル以上であり、かつ、その深さが五十センチメートル以上（地表から一定の深さまでに帯水層（その中にある地下水が飲用に適さないものとして環境大臣が定める要件に該当するものを除く。ハにおいて同じ。）がない旨の都道府県知事の確認を受けた場合にあっては、当該一定の深さより一メートル浅い深さ以上）であること。
　ハ　土地の形質の変更であって、その深さが三メートル以上（ロの都道府県知事の確認を受けた場合にあっては、当該一定の深さより一メートル浅い深さ以上）であること。
二　指示措置等と一体として行われる土地の形質の変更であって、その施行方法が環境大臣が定める基準に適合する旨の都道府県知事の確認を受けたもの
三　次のいずれかに該当する要措置区域内における土地の形質の変更であって、その施行方法が前号の環境大臣が定める基準に適合する旨の都道府県知事の確認を受けたもの
　イ　別表第五の一の項の上欄に掲げる土地に該当する要措置区域であって、地下水の水質の測定が講じられているもの
　ロ　別表第五の一の項から四の項まで及び六の項の上欄に掲げる土地（同表の一の項の上欄に掲げる土地にあっては、土壌の第三種特定有害物質による汚染状態が第二溶出量基準に適合しない土地を除く。）に該当する要措置区域であって、原位置封じ込めが講じられているもの（別表第六の二の項の下欄に掲げる原位置封じ込めに係る工程のうち、ト及びチ以外の工程が完了しているものに限る。）
　ハ　別表第五の一の項から四の項まで及び六の項の上欄に掲げる土地（同表の一の項の上欄に掲げる土地にあっては、土壌の第三種特定有害物質による汚染状態が第二溶出量基準に適合しない土地を除く。）に該当する要措置区域であって、遮水工封じ込めが講じられているもの（別表第六の三の項の下欄に掲げる遮水工封じ込めに係る工程のうち、ト及びチ以外の工程が完了しているものに限る。）
　ニ　別表第五の一の項から六の項までの上欄に掲げる土地に該当する要措置区域であって、地下水汚染の拡大の防止が講じられているもの
　ホ　土壌汚染の除去が講じられている要措置区域（別表第六の五の項の下

欄第一号に掲げる基準不適合土壌の掘削による除去に係る工程のうち、ハ以外の工程が完了しているもの、又は同欄第二号に掲げる原位置での浄化による除去に係る工程のうち、ハ以外の工程が完了しているものに限る。)

ヘ　別表第五の一の項及び三の項から六の項までの上欄に掲げる土地(同表の一の項の上欄に掲げる土地にあっては、土壌の第一種特定有害物質による汚染状態が土壌溶出量基準に適合しない土地を除く。)に該当する要措置区域であって、遮断工封じ込めが講じられているもの(別表第六の六の項の下欄に掲げる遮断工封じ込めに係る工程のうち、チ及びリ以外の工程が完了しているものに限る。)

ト　別表第五の一の項及び四の項の上欄に掲げる土地(同表の一の項の上欄に掲げる土地にあっては、土壌の第一種特定有害物質又は第三種特定有害物質による汚染状態が土壌溶出量基準に適合しない土地及び土壌の第二種特定有害物質による汚染状態が第二溶出量基準に適合しない土地を除く。)に該当する要措置区域であって、不溶化が講じられているもの(別表第六の七の項の下欄第一号に掲げる原位置不溶化に係る工程のうち、ホ以外の工程が完了しているもの、又は同欄第二号に掲げる不溶化埋め戻しに係る工程のうち、ホ以外の工程が完了しているものに限る。)

（帯水層の深さに係る確認の申請）
第四十四条　前条第一号ロの確認を受けようとする者は、次に掲げる事項を記載した様式第七による申請書を提出しなければならない。
　一　氏名又は名称及び住所並びに法人にあっては、その代表者の氏名
　二　要措置区域の所在地
　三　要措置区域のうち地下水位を観測するための井戸を設置した地点及び当該地点に当該井戸を設置した理由
　四　前号の地下水位の観測の結果
　五　観測された地下水位のうち最も浅いものにおける地下水を含む帯水層の深さ
2　前項の申請書には、次に掲げる書類及び図面を添付しなければならない。
　一　前項第三号の井戸の構造図
　二　前項第三号の井戸を設置した地点を明らかにした当該要措置区域の図面
　三　前項第五号の帯水層の深さを定めた理由を説明する書類
3　都道府県知事は、第一項の申請があったときは、同項第三号の井戸を設置した地点及び当該地点に当該井戸を設置した理由並びに同項第四号の観測の結果からみて前項第三号の帯水層の深さを定めた理由が相当であると認められる場合に限り、前条第一号ロの確認をするものとする。
4　都道府県知事は、前条第一号ロの確認をする場合において、当該確認に係る地下水位及び帯水層の深さの変化を的確に把握するため必要があると認めるときは、当該確認に、当該地下水位及び帯水層の深さを都道府県知事に定期的に報告

することその他の条件を付することができる。

5　都道府県知事は、前条第一号ロの確認をした後において、前項の報告その他の資料により当該確認に係る要措置区域において当該確認に係る深さまで帯水層が存在しないと認められなくなったとき又は前項の報告がなかったときは、遅滞なく、当該確認を取り消し、その旨を当該確認を受けた者に通知するものとする。

（土地の形質の変更に係る確認の申請）

第四十五条　第四十三条第二号の確認を受けようとする者は、次に掲げる事項を記載した様式第八による申請書を提出しなければならない。

一　氏名又は名称及び住所並びに法人にあっては、その代表者の氏名

二　土地の形質の変更（当該土地の形質の変更と一体として行われる指示措置等を含む。次号を除き、以下この条において同じ。）を行う要措置区域の所在地

三　土地の形質の変更の種類

四　土地の形質の変更の場所

五　土地の形質の変更の施行方法

六　土地の形質の変更の着手予定日及び完了予定日

2　前項の申請書には、次に掲げる書類及び図面を添付しなければならない。

一　土地の形質の変更をしようとする場所を明らかにした要措置区域の図面

二　土地の形質の変更の施行方法を明らかにした平面図、立面図及び断面図

3　都道府県知事は、第一項の申請があったときは、当該申請に係る土地の形質の変更が次の要件のいずれにも該当すると認められる場合に限り、第四十三条第二号の確認をするものとする。

一　当該申請に係る土地の形質の変更とそれと一体として行われる指示措置等との間に一体性が認められること。

二　当該申請に係る土地の形質の変更の施行方法が第四十三条第二号の環境大臣が定める基準に適合していること。

三　当該申請に係る土地の形質の着手予定日及び完了予定日が法第七条第一項の期限に照らして適当であると認められること。

（土地の形質の変更の施行方法に係る確認の申請）

第四十六条　第四十三条第三号の確認を受けようとする者は、次に掲げる事項を記載した様式第九による申請書を提出しなければならない。

一　氏名又は名称及び住所並びに法人にあっては、その代表者の氏名

二　土地の形質の変更を行う要措置区域の所在地

三　土地の形質の変更の種類

四　土地の形質の変更の場所

五　土地の形質の変更の施行方法

六　土地の形質の変更の着手予定日及び完了予定日

七　土地の形質の変更を行う要措置区域において講じられている汚染の除去等の措置

2　都道府県知事は、前項の申請があったときは、当該申請に係る土地の形質の変更の施行方法が第四十三条第二号の環境大臣が定める基準に適合していると認められる場合に限り、同条第三号の確認をするものとする。

（形質変更時要届出区域の指定の公示）
第四十七条　法第十一条第三項において準用する法第六条第二項の規定により、都道府県が行う形質変更時要届出区域（法第十一条第二項に規定する形質変更時要届出区域をいう。以下同じ。）の指定及びその解除の公示は、当該指定及びその解除をする旨、当該形質変更時要届出区域、当該形質変更時要届出区域において土壌の汚染状態が土壌溶出量基準又は土壌含有量基準に適合していない特定有害物質の種類並びに指定の解除の公示の場合にあっては当該形質変更時要届出区域において講じられた汚染の除去等の措置を明示して、都道府県又は令第八条に規定する市の公報に掲載して行うものとする。この場合において、当該形質変更時要届出区域の明示については、第三十二条後段の規定を準用する。

（形質変更時要届出区域内における土地の形質の変更の届出）
第四十八条　法第十二条第一項の届出は、様式第十による届出書を提出して行うものとする。
2　前項の届出書には、次に掲げる図面を添付しなければならない。
　一　土地の形質の変更をしようとする場所を明らかにした形質変更時要届出区域の図面
　二　土地の形質の変更をしようとする形質変更時要届出区域の状況を明らかにした図面
　三　土地の形質の変更の施行方法を明らかにした平面図、立面図及び断面図
　四　土地の形質の変更の終了後における当該土地の利用の方法を明らかにした図面

第四十九条　法第十二条第一項本文の環境省令で定める事項は、次のとおりとする。
　一　氏名又は名称及び住所並びに法人にあっては、その代表者の氏名
　二　土地の形質の変更を行う形質変更時要届出区域の所在地
　三　土地の形質の変更の完了予定日

（形質変更時要届出区域内における土地の形質の変更の届出を要しない通常の管理行為、軽易な行為その他の行為）
第五十条　第四十三条の規定は、法第十二条第一項第一号の環境省令で定めるものについて準用する。この場合において、第四十三条第一号イ及び同条第二号中「指示措置等」とあるのは「汚染の除去等の措置」と、同条第三号中「要措置区域」とあるのは「形質変更時要届出区域」と読み替えるものとする。
2　第四十四条の規定は、前項において準用する第四十三条第一号ロの確認を受けようとする者について準用する。この場合において、第四十四条第一項第二号及び第三号、第二項第二号並びに第五項中「要措置区域」とあるのは、「形質変更時要届出区域」と読み替えるものとする。
3　第四十五条（同条第三項第三号を除く。）の規定は、第一項において準用する第四十三条第二号の確認を受けようとする者について準用する。この場合において、第四十五条第一項第二号中「指示措置等」とあるのは「汚染の除去等の措置」と、同条第二項第一号中「要措置区域」とあるのは「形質変更時要届出区域」と、同条第三項第一号中「指示措置

等」とあるのは「汚染の除去等の措置」と読み替えるものとする。
4　第四十六条の規定は、第一項において準用する第四十三条第三号の確認を受けようとする者について準用する。この場合において、第四十六条第一項第二号及び第七号中「要措置区域」とあるのは、「形質変更時要届出区域」と読み替えるものとする。
5　第四十三条第一号ロの確認に係る要措置区域が法第十一条第一項の規定により形質変更時要届出区域として指定された場合においては、当該形質変更時要届出区域は、第一項の規定において準用する第四十三条第一号ロの確認に係る形質変更時要届出区域とみなす。
6　第一項において準用する第四十三条第一号ロの確認に係る形質変更時要届出区域が法第六条第一項の規定により要措置区域として指定された場合においては、当該要措置区域は、第四十三条第一号ロの確認に係る要措置区域とみなす。

（既に土地の形質の変更に着手している者の届出）
第五十一条　法第十二条第二項の届出は、次に掲げる事項を記載した様式第十による届出書を提出して行うものとする。
　一　氏名又は名称及び住所並びに法人にあっては、その代表者の氏名
　二　土地の形質の変更をしている形質変更時要届出区域の所在地
　三　土地の形質の変更の種類、場所及び施行方法
　四　土地の形質の変更の着手日
　五　土地の形質の変更の完了日又は完了予定日

2　第四十八条第二項の規定は、前項の届出について準用する。この場合において、同条第二項第一号及び第二号中「変更をしようとする」とあるのは、「変更をしている」と読み替えるものとする。

（非常災害のために必要な応急措置として土地の形質の変更をした者の届出）
第五十二条　第四十八条第二項及び前条第一項の規定は、法第十二条第三項の届出について準用する。この場合において、第四十八条第二項第一号及び第二号中「変更をしようとする」とあり、及び前条第一項第二号中「変更をしている」とあるのは「変更をした」と、同項第五号中「完了日又は完了予定日」とあるのは「完了日」と、それぞれ読み替えるものとする。

（土地の形質の変更の施行方法に関する基準）
第五十三条　法第十二条第四項の環境省令で定める基準は、次のとおりとする。
　一　土地の形質の変更に当たり、基準不適合土壌又は特定有害物質の飛散、揮散又は流出（以下「飛散等」という。）を防止するために必要な措置を講ずること。
　二　土地の形質の変更に当たり、基準不適合土壌（土壌溶出量基準に係るものに限る。）が当該形質変更時要届出区域内の帯水層に接しないようにすること。
　三　土地の形質の変更を行った後、法第七条第六項の技術的基準に適合する汚染の除去等の措置が講じられた場合と同等以上に人の健康に係る被害が生ずるおそれがないようにすること。

（指定の申請）

第五十四条　法第十四条第一項の申請は、様式第十一による申請書を提出して行うものとする。

第五十五条　法第十四条第二項の環境省令で定める事項は、次のとおりとする。
一　氏名又は名称及び住所並びに法人にあっては、その代表者の氏名
二　申請に係る土地の所在地
三　申請に係る調査における試料採取等対象物質
四　申請に係る調査において土壌その他の試料の採取を行った地点及び年月日、当該試料の分析の結果並びに当該分析を行った計量法第百七条の登録を受けた者の氏名又は名称
五　申請に係る調査を行った者の氏名又は名称

第五十六条　法第十四条第二項の環境省令で定める書類は、次のとおりとする。
一　申請に係る土地の周辺の地図
二　申請に係る土地の場所を明らかにした図面
三　申請者が申請に係る土地の所有者等であることを証する書類
四　申請に係る土地に申請者以外の所有者等がいる場合にあっては、これらの所有者等全員の当該申請することについての合意を得たことを証する書類

第五十七条　法第十四条第四項の規定により立入検査をする職員は、その身分を示す様式第十二による証明書を携帯し、関係者に提示しなければならない。

（台帳）

第五十八条　法第十五条第一項の台帳は、帳簿及び図面をもって調製するものとする。

2　前項の帳簿及び図面は、要措置区域等（法第十六条第一項に規定する要措置区域等をいう。以下同じ。）ごとに調製するものとする。

3　第一項の帳簿及び図面であって、要措置区域に関するものは、形質変更時要届出区域に関するものと区別して保管しなければならない。

4　第一項の帳簿は、要措置区域等につき、少なくとも次に掲げる事項を記載するものとし、その様式は、要措置区域にあっては様式第十三、形質変更時要届出区域にあっては様式第十四のとおりとする。
一　要措置区域等に指定された年月日
二　要措置区域等の所在地
三　要措置区域等の概況
四　法第十四条第三項の規定に基づき指定された要措置区域等にあっては、その旨
五　要措置区域等内の土壌の汚染状態並びに第十一条第一項、第十三条第一項又は第十四条第一項の規定により調査対象地の土壌汚染のおそれの把握等、試料採取等を行う区画の選定等又は試料採取等を省略した場合における土壌汚染状況調査（法第十四条第三項の規定に基づき指定された要措置区域等にあっては、同項の規定により土壌汚染状況調査とみなされた申請に係る調査。次項第一号において同じ。）の結果により法第六条第一項、第十一条第一項又は第十四条第三項の規定に基づき指定された要措置区域等にあっては、当該省略をした旨及びその理由
六　土壌汚染状況調査を行った指定調査

機関（法第十四条第三項の規定に基づき指定された要措置区域等にあっては、同項の規定により土壌汚染状況調査とみなされた申請に係る調査を行った者）の氏名又は名称
七　要措置区域（土壌溶出量基準に係るものに限る。）にあっては、地下水汚染の有無
八　形質変更時要届出区域であって法第七条第六項の技術的基準に適合する汚染の除去等の措置が講じられたものにあっては、その旨及び当該汚染の除去等の措置
九　土地の形質の変更の実施状況
5　第一項の図面は、次のとおりとする。
一　土壌汚染状況調査において土壌その他の試料の採取を行った地点を明示した図面
二　汚染の除去等の措置に該当する行為の実施場所及び施行方法を明示した図面
三　要措置区域等の周辺の地図
6　帳簿の記載事項及び図面に変更があったときは、都道府県知事は、速やかにこれを訂正しなければならない。
7　法第六条第四項又は法第十一条第二項の規定により要措置区域等の指定が解除された場合には、都道府県知事は、当該要措置区域等に係る帳簿及び図面を台帳から消除しなければならない。

（搬出しようとする土壌の調査）
第五十九条　法第十六条第一項の環境省令で定める方法は、次のいずれかの方法とする。
一　要措置区域等内の土地の土壌を掘削する前に当該掘削しようとする土壌を調査する方法（以下「掘削前調査の方法」という。）
二　要措置区域等内の土地の土壌を掘削した後に当該掘削した土壌を調査する方法（第三項並びに次条第一項第五号及び第二項第二号において「掘削後調査の方法」という。）
2　掘削前調査の方法は、次に掲げるとおりとする。
一　土壌の掘削の対象となる土地の区域（以下この号において「掘削対象地」という。）を、当該掘削対象地を含む要措置区域等に係る土壌汚染状況調査において第四条第一項（第五条の規定により調査対象地を区画した場合にあっては同条）及び第二項の規定に基づき調査対象地を区画した単位区画（申請に係る調査にあっては、第四条第一項及び第二項に準じて調査対象地を区画した単位区画）に区分する方法により区分すること。
二　前号の規定により区分された区画の中心（当該区画において基準不適合土壌が存在するおそれが多いと認められる部分がある場合にあっては、当該部分における任意の地点）において、次の土壌の採取を行うこと。
イ　表層の土壌
ロ　深さ五センチメートルから五十センチメートルまでの土壌
ハ　地表から深さ五十センチメートルの土壌
ニ　深さ一メートルから土壌の掘削の対象となる部分の深さまでの一メートルごとの土壌
ホ　帯水層の底面の土壌（掘削の対象

となる部分の深さの範囲内に帯水層の底面がある場合に限る。）
　ヘ　掘削の対象となる部分の深さの土壌
　ト　汚染のおそれが生じた場所の位置が地表より深い位置にあり、かつ、汚染のおそれが生じた場所の位置が明らかであると認められる場合にあっては、当該汚染のおそれが生じた場所の位置の土壌、当該汚染のおそれが生じた場所の位置から深さ五十センチメートルまでの土壌及び当該汚染のおそれが生じた場所の位置から深さ五十センチメートルの土壌
　三　前号の規定により採取されたそれぞれの土壌（第一種特定有害物質の量を測定する場合にあっては深さ五センチメートルから五十センチメートルまでの土壌及び同号トの場合における汚染のおそれが生じた場所の位置から深さ五十センチメートルまでの土壌を除き、第二種特定有害物質及び第三種特定有害物質の量を測定する場合にあって地表から深さ五十センチメートルの土壌並びに同号トの場合における汚染のおそれが生じた場所の位置の土壌及び当該汚染のおそれが生じた場所の位置から深さ五十センチメートルの土壌を除く。）に水を加えた検液に溶出する特定有害物質の量にあっては第六条第三項第四号の環境大臣が定める方法により、当該土壌（地表から深さ五十センチメートルの土壌並びに前号トの場合における汚染のおそれが生じた場所の位置の土壌及び当該汚染のおそれが生じた場所の位置から深さ五十セン

チメートルの土壌を除く。）に含まれる第二種特定有害物質の量にあっては同条第四項第二号の環境大臣が定める方法により、それぞれ測定すること。
3　掘削後調査の方法は、次に掲げるとおりとする。
　一　掘削した土壌を、百立方メートル以下ごとに区分すること。
　二　前号の規定により区分された土壌のすべてについて、当該土壌の任意の五地点の土壌を採取すること。
　三　前号の規定により採取された五地点の土壌のうち任意の一地点の土壌に水を加えた検液に溶出する第一種特定有害物質の量を、第六条第三項第四号の環境大臣が定める方法により測定すること。
　四　第二号の規定により採取された五地点の土壌を、それぞれ同じ重量混合すること。
　五　前号の規定により混合された土壌に水を加えた検液に溶出する第二種特定有害物質及び第三種特定有害物質の量にあっては第六条第三項第四号の環境大臣が定める方法により、当該土壌に含まれる第二種特定有害物質の量にあっては同条第四項第二号の環境大臣が定める方法により、それぞれ測定すること。

（搬出しようとする土壌に係る環境省令で定める基準に適合する旨の認定）
第六十条　法第十六条第一項の規定による都道府県知事の認定を受けようとする者は、次に掲げる事項を記載した様式第十五による申請書を提出しなければならない。

一　氏名又は名称及び住所並びに法人にあっては、その代表者の氏名
二　要措置区域等の所在地
三　法第十六条第一項の調査（以下「認定調査」という。）の方法の種類
四　掘削前調査の方法により認定調査を行った場合にあっては、土壌の採取を行った地点及び日時、当該土壌の分析の結果、当該分析を行った計量法第百七条の登録を受けた者の氏名又は名称その他の認定調査の結果に関する事項
五　掘削後調査の方法により認定調査を行った場合にあっては、土壌の採取を行った日時、調査対象とした土壌全体の体積、当該土壌の分析の結果、当該分析を行った計量法第百七条の登録を受けた者の氏名又は名称その他の認定調査の結果に関する事項
六　認定調査を行った指定調査機関の氏名又は名称
七　認定調査に従事した者を監督した技術管理者の氏名及び技術管理者証の交付番号

2　都道府県知事は、前項の申請があったときは、次の各号に掲げる調査の方法に応じ、それぞれ当該各号に定める土壌について、法第十六条第一項の認定をするものとする。
一　掘削前調査の方法　前条第二項第二号の規定に基づき採取された土壌のうち連続する二以上の深さにおいて採取された土壌を同項第三号の規定に基づき測定した結果、その汚染状態がすべての特定有害物質の種類について土壌溶出量基準及び土壌含有量基準に適合することが明らかになった場合における、当該二以上の土壌を採取した深さの位置の間の部分にある当該測定に係る前条第二項第二号の区画内の土壌（当該二以上の土壌を採取した深さの位置の間の部分において、土壌汚染状況調査の結果、少なくとも一の特定有害物質の種類について土壌溶出量基準又は土壌含有量基準に適合しないことが明らかとなった土壌を採取した位置を含む場合における当該二以上の土壌を採取した深さの位置の間の部分にある土壌を除く。）
二　掘削後調査の方法　前条第三項第三号及び第六号の測定においてこれらの測定に係る土壌の汚染状態がすべての特定有害物質の種類について土壌溶出量基準及び土壌含有量基準に適合することが明らかになった場合における、当該土壌に係る同項第一号の百立方メートル以下ごとに区分された土壌

（汚染土壌の搬出の届出）
第六十一条　法第十六条第一項の届出は、様式第十六による届出書を提出して行うものとする。
2　前項の届出書には、次に掲げる書類及び図面を添付しなければならない。
一　汚染土壌の場所を明らかにした要措置区域等の図面
二　搬出に係る必要事項が記載された使用予定の管理票（法第二十条第一項に規定する管理票をいう。以下同じ。）の写し
三　汚染土壌の運搬の用に供する自動車等（法第五十四条第三項に規定する自動車等をいう。以下同じ。）の構造を記した書類

四　運搬の過程において、積替えのために当該汚染土壌を一時的に保管する場合には、当該保管の用に供する施設の構造を記した書類

五　汚染土壌の処理を汚染土壌処理業者（法第十六条第四項第二号に規定する汚染土壌処理業者をいう。以下同じ。）に委託したことを証する書類

六　汚染土壌の処理を行う汚染土壌処理施設に関する法第二十二条第一項の許可を受けた者の当該許可に係る許可証（汚染土壌処理業に関する省令（平成二十一年環境省令第十号）第十四条第一項に規定する許可証をいう。第六十四条第二項第六号において同じ。）の写し

第六十二条　法第十六条第一項第七号の環境省令で定める事項は、次のとおりとする。

一　氏名又は名称及び住所並びに法人にあっては、その代表者の氏名

二　要措置区域等の所在地

三　汚染土壌の搬出、運搬及び処理の完了予定日

四　汚染土壌の運搬の用に供する自動車等の所有者の氏名又は名称及び連絡先

五　運搬の際、積替えを行う場合には、当該積替えを行う場所の所在地並びに所有者の氏名又は名称及び連絡先

六　前条第二項第四号の場合における当該保管の用に供する施設（以下「保管施設」という。）の所在地並びに所有者の氏名又は名称及び連絡先

（変更の届出）

第六十三条　法第十六条第二項の届出は、様式第十七による届出書を提出して行うものとする。

2　前項の届出書には、第六十一条第二項各号に掲げる書類及び図面を添付しなければならない。ただし、既に都道府県知事に提出されている当該書類又は図面の内容に変更がないときは、届出書にその旨を記載して当該書類又は図面の添付を省略することができる。

（非常災害のために必要な応急措置として汚染土壌の搬出をした場合の届出）

第六十四条　法第十六条第三項の届出は、次に掲げる事項を記載した様式第十八による届出書を提出して行うものとする。

一　氏名又は名称及び住所並びに法人にあっては、その代表者の氏名

二　要措置区域等の所在地

三　汚染土壌の特定有害物質による汚染状態

四　汚染土壌の体積

五　汚染土壌の搬出先

六　汚染土壌の搬出の着手日

七　汚染土壌の搬出の完了日

八　汚染土壌の搬出先から再度搬出を行う場合にあっては当該搬出の着手予定日

九　汚染土壌の運搬の方法

十　汚染土壌を運搬する者及び当該汚染土壌を処理する者の氏名又は名称

十一　汚染土壌の運搬及び処理の完了予定日

十二　汚染土壌の運搬の用に供する自動車等の所有者の氏名又は名称及び連絡先

十三　運搬の際、積替えを行う場合には、当該積替えを行う場所の所在地並びに所有者の氏名又は名称及び連絡先

十四　保管施設の所在地並びに所有者の氏名又は名称及び連絡先

十五　汚染土壌を処理する施設の所在地

2　前項の届出書には、次に掲げる書類及び図面を添付しなけばならない。

一　汚染土壌の搬出先の場所の状況を示す図面及び写真

二　搬出に係る必要事項が記載された使用予定の管理票の写し

三　汚染土壌の運搬の用に供する自動車等の構造を記した書類

四　保管施設の構造を記した書類

五　汚染土壌の処理を汚染土壌処理業者に委託したことを証する書類

六　汚染土壌の処理を行う汚染土壌処理施設に関する法第二十二条第一項の許可を受けた者の当該許可に係る許可証の写し

（運搬に関する基準）

第六十五条　法第十七条第一項の規定による汚染土壌の運搬の基準は、次のとおりとする。

一　運搬は、次のように行うこと。

イ　特定有害物質又は特定有害物質を含む固体若しくは液体の飛散等及び地下への浸透を防止するために必要な措置を講ずること。

ロ　運搬に伴う悪臭、騒音又は振動によって生活環境の保全上支障が生じないように必要な措置を講ずること。

二　特定有害物質又は特定有害物質を含む固体若しくは液体が飛散等をし、若しくは地下へ浸透し、又は悪臭が発散したときは、当該運搬を中止し、直ちに、自動車等又は保管施設の点検を行うとともに、当該特定有害物質を含む固体の回収その他の環境の保全に必要な措置を講ずること。

三　自動車等及び運搬容器は、特定有害物質又は特定有害物質を含む固体若しくは液体の飛散等及び地下への浸透並びに悪臭の発散のおそれのないものであること。

四　運搬の用に供する自動車等の両側面に汚染土壌を運搬している旨を日本工業規格Ｚ八三〇五に規定する百四十ポイント以上の大きさの文字を用いて表示し、かつ、当該運搬を行う自動車等に当該汚染土壌に係る管理票（汚染土壌処理業に関する省令第五条第十八号及び第十三条第一項第一号に規定する場合にあっては、第五条第十八号の管理票をいう。以下この条において同じ。）を備え付けること。

五　混載等については、次によること。

イ　運搬の過程において、汚染土壌とその他の物を混合してはならないこと。

ロ　運搬の過程において、汚染土壌から岩、コンクリートくずその他の物を分別してはならないこと。

ハ　異なる要措置区域等から搬出された汚染土壌が混合するおそれのないように、搬出された要措置区域等ごとに区分して運搬すること。ただし、当該汚染土壌を一の汚染土壌処理施設において処理する場合（当該汚染土壌を法第二十二条第二項の申請書に記載した汚染土壌処理施設において処理する汚染土壌の特定有害物質による汚染状態及び処理の方法

に照らして処理することが可能である場合に限る。）は、この限りでないこと。
六　汚染土壌の積替えを行う場合には、次によること。
　イ　積替えは、周囲に囲いが設けられ、かつ、汚染土壌の積替えの場所であることの表示がなされている場所で行うこと。
　ロ　積替えの場所から特定有害物質又は特定有害物質を含む固体若しくは液体の飛散等及び地下への浸透並びに悪臭の発散を防止するために必要な措置を講ずること。
七　汚染土壌の保管は、汚染土壌の積替えを行う場合を除き、行ってはならないこと。
八　汚染土壌の積替えのために、これを一時的に保管する場合には、次によること。
　イ　保管は、次に掲げる要件を満たす場所で行うこと。
　　（1）特定有害物質又は特定有害物質を含む固体若しくは液体の飛散等及び地下への浸透並びに悪臭の発散を防止するために、周囲に囲い（保管する汚染土壌の荷重が当該囲いにかかる構造である場合にあっては、当該荷重に対して構造耐力上安全であるものに限る。）が設けられていること。
　　（2）見やすい箇所に、次の掲示板が設けられていること。
　　　（イ）大きさが縦及び横それぞれ六十センチメートル以上であること。
　　　（ロ）保管施設である旨並びに当該保管施設の管理者の氏名又は名称及び連絡先が表示されていること。
　ロ　当該保管施設からの特定有害物質又は特定有害物質を含む固体の飛散等及び地下への浸透並びに悪臭の発散を防止するために次に掲げる措置を講ずること。
　　（1）保管施設の壁面及び床面は、特定有害物質又は特定有害物質を含む固体若しくは液体の飛散等及び地下への浸透並びに悪臭の発散を防止するための構造を有していること。
　　（2）汚染土壌の保管に伴い汚水が生ずるおそれがある場合にあっては、当該汚水による公共用水域の汚染を防止するために必要な排水溝その他の設備を設けること。
　　（3）屋内において汚染土壌を保管し、かつ、排気を行う場合にあっては、当該排出される気体による人の健康に係る被害を防止するために必要な設備を設けること。
九　第六号及び前号の場合であって、汚染土壌の荷卸しその他の移動を行う場合には、当該汚染土壌の飛散を防止するため、次のいずれかによること。
　イ　粉じんが飛散しにくい構造の設備内において当該移動を行うこと。
　ロ　当該移動を行う場所において、散水装置による散水を行うこと。
　ハ　当該移動させる汚染土壌を防じんカバーで覆うこと。
　ニ　当該移動させる汚染土壌に薬液を

散布し、又は締固めを行うことによってその表層を固化すること。
ホ　イからニまでの措置と同等以上の効果を有する措置を講ずること。
十　汚染土壌の荷卸しは、法第十六条第一項、第二項又は第三項の規定により提出した届出書に記載された場所（汚染土壌を試験研究の用に供するために当該運搬を行う場合は、当該試験研究を行う施設であって、当該汚染土壌若しくは特定有害物質の拡散防止措置が講じられている施設又は汚染土壌処理施設）以外の場所で行ってはならないこと。
十一　汚染土壌の引渡しは、法第十六条第一項、第二項又は第三項の規定により提出した届出書に記載された者（汚染土壌を試験研究の用に供するために当該運搬を行う場合は、当該試験研究を行う者又は汚染土壌処理業者）以外に行ってはならないこと。
十二　汚染土壌の運搬は、要措置区域等外への搬出の日（汚染土壌処理業に関する省令第五条第十七号ロ及び第十三条第一項第一号に規定する場合にあっては、同号の汚染土壌処理施設外への搬出の日）から三十日以内に終了すること。
十三　管理票の交付又は回付を受けた者は、管理票に記載されている事項に誤りがないかどうかを確認し、当該管理票に運搬の用に供した自動車等の番号及び運搬を担当した者の氏名を記載しなければならないこと。
十四　管理票の交付又は回付を受けた者は、汚染土壌を引き渡すときは、交付又は回付を受けた管理票に汚染土壌を引き渡した年月日を記載し、引渡しの相手方に対し当該管理票を回付しなければならない。
十五　当該汚染土壌の運搬を他人に委託してはならないこと。

（管理票の交付）
第六十六条　法第二十条第一項の管理票の交付は、次により行うものとする。
一　第六十一条第二項第二号又は第六十四条第二項第二号の規定により都道府県知事に提出した管理票の写しの原本を交付すること。
二　運搬の用に供する自動車等ごとに交付すること。ただし、一の自動車等で運搬する汚染土壌の運搬先が二以上である場合には、運搬先ごとに交付すること。
三　交付した管理票の控えを、運搬受託者（処理受託者がある場合にあっては、当該処理受託者）から管理票の写しの送付があるまでの間保管すること。

（管理票の記載事項等）
第六十七条　法第二十条第一項の環境省令で定める事項は、次のとおりとする。
一　管理票の交付年月日及び交付番号
二　氏名又は名称、住所及び連絡先並びに法人にあっては、その代表者の氏名
三　当該要措置区域等の所在地
四　法人にあっては、管理票の交付を担当した者の氏名
五　運搬受託者の住所及び連絡先
六　運搬の際、積替えを行う場合には、当該積替えを行う場所の名称及び所在地

七 保管施設の所在地並びに所有者の氏名又は名称及び連絡先
八 処理受託者の住所及び連絡先
九 当該委託に係る汚染土壌の処理を行う汚染土壌処理施設の名称及び所在地
十 当該委託に係る汚染土壌の荷姿
2 管理票の様式は、様式第十九のとおりとする。

（運搬受託者の記載事項）
第六十八条　法第二十条第三項の環境省令で定める事項は、次のとおりとする。
一 運搬を担当した者の氏名
二 運搬の用に供した自動車等の番号
三 汚染土壌を引き渡した年月日
四 運搬を行った区間
五 当該委託に係る汚染土壌の重量

（運搬受託者の管理票交付者への送付期限）
第六十九条　法第二十条第三項の環境省令で定める期間は、運搬を終了した日から十日とする。

（処理受託者の記載事項）
第七十条　法第二十条第四項の環境省令で定める事項は、次のとおりとする。
一 当該委託に係る汚染土壌の引渡しを受けた者の氏名
二 処理を担当した者の氏名
三 処理を終了した年月日
四 処理の方法

（処理受託者の管理票交付者への送付期限）
第七十一条　法第二十条第四項の環境省令で定める期間は、処理を終了した日から十日とする。

（管理票交付者の管理票の写しの保存期間）
第七十二条　法第二十条第五項の環境省令で定める期間は、五年とする。

（管理票の写しの送付を受けるまでの期間）
第七十三条　法第二十条第六項の環境省令で定める期間は、次の各号に掲げる区分に応じ、それぞれ当該各号に定める期間とする。
一 法第二十条第三項の規定による管理票の写しの送付　管理票の交付の日から四十日
二 法第二十条第四項の規定による管理票の写しの送付　管理票の交付の日から百日

（汚染土壌の運搬又は処理の状況の届出）
第七十四条　法第二十条第六項の届出は、様式第二十による届出書を提出して行うものとする。

（運搬受託者の管理票の保存期間）
第七十五条　法第二十条第七項の環境省令で定める期間は、五年とする。

（処理受託者の管理票の写しの保存期間）
第七十六条　法第二十条第八項の環境省令で定める期間は、五年とする。

（立入検査の身分証明書）
第七十七条　法第五十四条第一項、第三項及び第四項の規定による立入検査に係る同条第六項の証明書の様式は、様式第二十一のとおりとする。

（権限の委任）
第七十八条　法第五十四条第一項及び第五十六条第一項に規定する環境大臣の権限

は、地方環境事務所長に委任する。ただし、法第五十四条第一項に規定する権限については、環境大臣が自ら行うことを妨げない。

　　　附　則
この省令は、法の施行の日（平成十五年二月十五日）から施行する。

　　　附　則（平成一七年三月二五日環境省令第六号）
この省令は、平成十七年四月一日から施行する。

　　　附　則（平成一七年四月一九日環境省令第一一号）
この省令は、海洋汚染及び海上災害の防止に関する法律等の一部を改正する法律の施行の日から施行する。

　　　附　則（平成一七年九月二〇日環境省令第二〇号）
（施行期日）
第一条　この省令は、平成十七年十月一日から施行する。
（処分、申請等に関する経過措置）
第二条　この省令の施行前に環境大臣が法令の規定によりした登録その他の処分又は通知その他の行為（この省令による改正後のそれぞれの省令の規定により地方環境事務所長に委任された権限に係るものに限る。以下「処分等」という。）は、相当の地方環境事務所長がした処分等とみなし、この省令の施行前に法令の規定により環境大臣に対してした申請、届出その他の行為（この省令による改正後のそれぞれの省令の規定により地方環境事務所長に委任された権限に係るものに限る。以下「申請等」という。）は、相当の地方環境事務所長に対してした申請等とみなす。

2　この省令の施行前に法令の規定により環境大臣に対し報告、届出、提出その他の手続をしなければならない事項（この省令による改正後のそれぞれの省令の規定により地方環境事務所長に委任された権限に係るものに限る。）で、この省令の施行前にその手続がされていないものについては、これを、当該法令の規定により地方環境事務所長に対して報告、届出、提出その他の手続をしなければならない事項についてその手続がされていないものとみなして、当該法令の規定を適用する。
（罰則に関する経過措置）
第三条　この省令の施行前にした行為に対する罰則の適用については、なお従前の例による。

　　　附　則（平成一七年九月二二日環境省令第二八号）抄
（施行期日）
第一条　この省令は、海洋汚染等及び海上災害の防止に関する法律の一部を改正する法律（平成十六年法律第四十八号）の施行の日（平成十九年四月一日）から施行する。

　　　附　則（平成一九年二月一九日環境省令第五号）

この省令は、公布の日から施行する。

　　　附　則（平成一九年四月二〇日環境省令第一一号）
（施行期日）
第一条　この省令は、公布の日から施行する。
（経過措置）
第二条　この省令の施行の際現にあるこの省令による改正前の様式による証明書は、この省令による改正後の様式によるものとみなす。
2　この省令の施行の際現にあるこの省令による改正前の様式により調製した用紙は、この省令の施行後においても当分の間、これを取り繕って使用することができる。

　　　附　則（平成二二年二月二六日環境省令第一号）
（施行期日）
第一条　この省令は、土壌汚染対策法の一部を改正する法律（平成二十一年法律第二十三号）の施行の日（平成二十二年四月一日）から施行する。
（経過措置）
第二条　法第十六条第一項の環境省令で定める方法は、第五十九条第一項の規定にかかわらず、当分の間、掘削前調査の方法のみとする。

別表第一 (第六条第一項関係)

特定有害物質の種類	地下水基準
カドミウム及びその化合物	1ℓにつきカドミウム0.01mg以下であること。
六価クロム化合物	1ℓにつき六価クロム0.05mg以下であること。
2-クロロ-4,6-ビス(エチルアミノ)-1,3,5-トリアジン(以下「シマジン」という。)	1ℓにつき0.003mg以下であること。
シアン化合物	シアンが検出されないこと。
N,N-ジエチルチオカルバミン酸S-4-クロロベンジル(以下「チオベンカルブ」という。	1ℓにつき0.02mg以下であること。
四塩化炭素	1ℓにつき0.002mg以下であること。
1,2-ジクロロエタン	1ℓにつき0.004mg以下であること。
1,1-ジクロロエチレン	1ℓにつき0.02mg以下であること。
シス-1,2-ジクロロエチレン	1ℓにつき0.04mg以下であること。
1,3-ジクロロプロペン	1ℓにつき0.002mg以下であること。
ジクロロメタン	1ℓにつき0.02mg以下であること。
水銀及びその化合物	1ℓにつき水銀0.0005mg以下であり、かつ、アルキル水銀が検出されないこと
セレン及びその化合物	1ℓにつきセレン0.01mg以下であること。
テトラクロロエチレン	1ℓにつき0.01mg以下であること。
テトラメチルチウラムジスルフィド(以下「チウラム」という。)	1ℓにつき0.006mg以下であること。
1,1,1-トリクロロエタン	1ℓにつき1mg以下であること。
1,1,2-トリクロロエタン	1ℓにつき0.006mg以下であること。
トリクロロエチレン	1ℓにつき0.03mg以下であること。
鉛及びその化合物	1ℓにつき鉛0.01mg以下であること。
砒素及びその化合物	1ℓにつき砒素0.01mg以下であること。
ふっ素及びその化合物	1ℓにつきふっ素0.8mg以下であること。
ベンゼン	1ℓにつき0.01mg以下であること。
ほう素及びその化合物	1ℓにつきほう素1mg以下であること。
ポリ塩化ビフェニル	検出されないこと。
有機りん化合物(パラチオン、メチルパラチオン、メチルジメント及びEPNに限る。以下同じ。)	検出されないこと。

別表第二（第十八条第一項関係）

特定有害物質の種類	要件
カドミウム及びその化合物	検液1ℓにつきカドミウム0.01mg以下であること。
六価クロム化合物	検液1ℓにつき六価クロム0.05mg以下であること。
シマジン	検液1ℓにつき0.003mg以下であること。
シアン化合物	検液中にシアンが検出されないこと。
チオベンカルブ	検液1ℓにつき0.02mg以下であること。
四塩化炭素	検液1ℓにつき0.002mg以下であること。
1,2-ジクロロエタン	検液1ℓにつき0.004mg以下であること。
1,1-ジクロロエチレン	検液1ℓにつき0.02mg以下であること。
シス-1,2-ジクロロエチレン	検液1ℓにつき0.04mg以下であること。
1,3-ジクロロプロペン	検液1ℓにつき0.002mg以下であること。
ジクロロメタン	検液1ℓにつき0.02mg以下であること。
水銀及びその化合物	検液1ℓにつき水銀0.0005mg以下であり、かつ、検液中にアルキル水銀が検出されないこと。
セレン及びその化合物	検液1ℓにつきセレン0.01mg以下であること。
テトラクロロエチレン	検液1ℓにつき0.01mg以下であること。
チウラム	検液1ℓにつき0.006mg以下であること。
1,1,1-トリクロロエタン	検液1ℓにつき1mg以下であること。
1,1,2-トリクロロエタン	検液1ℓにつき0.006mg以下であること。
トリクロロエチレン	検液1ℓにつき0.03mg以下であること。
鉛及びその化合物	検液1ℓにつき鉛0.01mg以下であること。
砒素及びその化合物	検液1ℓにつき砒素0.01mg以下であること。
ふっ素及びその化合物	検液1ℓにつきふっ素0.8mg以下であること。
ベンゼン	検液1ℓにつき0.01mg以下であること。
ほう素及びその化合物	検液1ℓにつきほう素1mg以下であること。
ポリ塩化ビフェニル	検液中に検出されないこと。
有機りん化合物	検液中に検出されないこと。

別表第三（第十八条第二項関係）

特定有害物質の種類	要件
カドミウム及びその化合物	土壌 1kg につきカドミウム 150mg 以下であること。
六価クロム化合物	土壌 1kg につき六価クロム 250mg 以下であること。
シアン化合物	土壌 1kg につき遊離シアン 50mg 以下であること。
水銀及びその化合物	土壌 1kg につき水銀 15mg 以下であること。
セレン及びその化合物	土壌 1kg につきセレン 150mg 以下であること。
鉛及びその化合物	土壌 1kg につき鉛 150mg 以下であること。
砒素及びその化合物	土壌 1kg につき砒素 150mg 以下であること。
ふっ素及びその化合物	土壌 1kg につきふっ素 4000mg 以下であること。
ほう素及びその化合物	土壌 1kg につきほう素 4000mg 以下であること。

別表第四（第二十四条第一項第一号関係）

特定有害物質の種類	第二溶出量基準
カドミウム及びその化合物	検液1ℓにつきカドミウム 0.3mg 以下であること。
六価クロム化合物	検液1ℓにつき六価クロム 1.5mg 以下であること。
シマジン	検液1ℓにつき 0.03mg 以下であること。
シアン化合物	検液1ℓにつきシアン 1mg 以下であること。
チオベンカルブ	検液1ℓにつき 0.2mg 以下であること。
四塩化炭素	検液1ℓにつき 0.02mg 以下であること。
1,2-ジクロロエタン	検液1ℓにつき 0.04mg 以下であること。
1,1-ジクロロエチレン	検液1ℓにつき 0.2mg 以下であること。
シス-1,2-ジクロロエチレン	検液1ℓにつき 0.4mg 以下であること。
1,3-ジクロロプロペン	検液1ℓにつき 0.02mg 以下であること。
ジクロロメタン	検液1ℓにつき 0.2mg 以下であること。
水銀及びその化合物	検液1ℓにつき水銀 0.005mg 以下であり、かつ、検液中にアルキル水銀が検出されないこと。
セレン及びその化合物	検液1ℓにつきセレン 0.3mg 以下であること。
テトラクロロエチレン	検液1ℓにつき 0.1mg 以下であること。
チウラム	検液1ℓにつき 0.06mg 以下であること。
1,1,1-トリクロロエタン	検液1ℓにつき 3mg 以下であること。
1,1,2-トリクロロエタン	検液1ℓにつき 0.06mg 以下であること。
トリクロロエチレン	検液1ℓにつき 0.3mg 以下であること。
鉛及びその化合物	検液1ℓにつき鉛 0.3mg 以下であること。
砒素及びその化合物	検液1ℓにつき砒素 0.3mg 以下であること。
ふっ素及びその化合物	検液1ℓにつきふっ素 24mg 以下であること。
ベンゼン	検液1ℓにつき 0.1mg 以下であること。
ほう素及びその化合物	検液1ℓにつきほう素 30mg 以下であること。
ポリ塩化ビフェニル	検液1ℓにつき 0.003mg 以下であること。
有機りん化合物	検液1ℓにつき 1mg 以下であること。

別表第五（第三十六条、第三十九条関係）

土地	講ずべき汚染の除去等の措置	環境省令で定める汚染の除去等の措置
一 土壌の特定有害物質による汚染状態が土壌溶出量基準に適合せず、当該土壌の特定有害物質による汚染に起因する地下水汚染が生じていない土地	当該土地において地下水の水質の測定を行うこと（以下「地下水の水質の測定」という。）	次項から九の項までの上欄に掲げる土地に応じ、それぞれこれらの項の中欄及び下欄に定める汚染の除去等の措置
二 土壌の第一種特定有害物質による汚染状態が土壌溶出量基準に適合せず、当該土壌の第一種特定有害物質による汚染に起因する地下水汚染が生じている土地	基準不適合土壌のある区域の側面に、不透水層のうち最も浅い位置にあるものの深さまで地下水の浸出の防止のための構造物を設置すること（以下「原位置封じ込め」という。）又は基準不適合土壌を当該土地から掘削し、当該土地に地下水の浸出を防止するための構造物を設置し、及び当該構造物の内部に掘削した基準不適合土壌を埋め戻すこと（以下「遮水工封じ込め」という。）	イ 当該土地に地下水汚染の拡大を防止するための構造物を設置すること（以下「地下水汚染の拡大の防止」という。） ロ 基準不適合土壌を当該土地から取り除き、又は基準不適合土壌の中の特定有害物質を取り除くこと（以下「土壌汚染の除去」という。）
三 土壌の第二種特定有害物質による汚染状態が第二溶出量基準に適合せず、当該土壌の第二種特定有害物質による汚染に起因する地下水汚染が生じている土地	原位置封じ込め又は遮水工封じ込め	イ 基準不適合土壌を当該土地から掘削し、当該土地に必要な水密性及び耐久性を有する構造物を設置し、並びに当該構造物の内部に掘削した基準不適合土壌を埋め戻すこと（以下「遮断工封じ込め」という。） ロ 地下水汚染の拡大の防止

		ハ 土壌汚染の除去
四 土壌の第二種特定有害物質による汚染状態が土壌溶出量基準に適合せず、当該土壌の第二種特定有害物質による汚染に起因する地下水汚染が生じている土地（前項に掲げる土地を除く。）	原位置封じ込め又は遮水工封じ込め	イ 基準不適合土壌を特定有害物質が水に溶出しないように性状を変更すること（以下「不溶化」という。） ロ 遮断工封じ込め ハ 地下水汚染の拡大の防止 ニ 土壌汚染の除去
五 土壌の第三種特定有害物質による汚染状態が第二溶出量基準に適合せず、当該土壌の第三種特定有害物質による汚染に起因する地下水汚染が生じている土地	遮断工封じ込め	イ 地下水汚染の拡大の防止 ロ 土壌汚染の除去
六 土壌の第三種特定有害物質による汚染状態が土壌溶出量基準に適合せず、当該土壌の第三種特定有害物質による汚染に起因する地下水汚染が生じている土地（前項に掲げる土地を除く。）	原位置封じ込め又は遮水工封じ込め	イ 遮断工封じ込め ロ 地下水汚染の拡大の防止 ハ 土壌汚染の除去
七 土壌の第二種特定有害物質による汚染状態が土壌含有量基準に適合しない土地（乳幼児の砂遊び若しくは土遊びに日常的に利用されている砂場若しくは園庭の敷地又は遊園地その他の遊戯設備により乳幼児に屋外において遊戯をさせる施設の用に供されている土地であって土地の形質の変更が頻繁に行われることにより次項若しくは九の項に定める措置の効果の確保に支障が生ずるおそれがあると認められるものに限る。）	土壌汚染の除去	イ 舗装すること（以下「舗装」という。） ロ 人が立ち入ることができないようにすること（以下「立入禁止」という。）

八　土壌の第二種特定有害物質による汚染状態が土壌含有量基準に適合しない土地（現に主として居住の用に供されている建築物のうち地表から高さ五十センチメートルまでの部分に専ら居住の用に供されている部分があるものが建築されている区域の土地であって、地表面を五十センチメートル高くすることにより当該建築物に居住する者の日常の生活に著しい支障が生ずるおそれがあると認められるものに限り、前項に掲げる土地を除く。）	土壌を掘削して地表面を低くし、土壌含有量基準に適合する汚染状態にある土壌により覆うこと（以下「土壌入換え」という。）	イ ロ ハ	舗装 立入禁止 土壌汚染の除去
九　土壌の第二種特定有害物質による汚染状態が土壌含有量基準に適合しない土地（前二項に掲げる土地を除く。）	土壌含有量基準に適合する汚染状態にある土壌により覆うこと（以下「盛土」という。）	イ ロ ハ ニ	舗装 立入禁止 土壌入換え 土壌汚染の除去

別表第六（第四十条関係）

汚染の除去等の措置の種類		
汚染の除去等の措置の実施の方法		
一 地下水の水質の測定	イ	当該土地において土壌汚染に起因する地下水汚染の状況を的確に把握できると認められる地点に観測井を設け、当初1年は4回以上、2年目から10年目までは1年に1回以上、11年目以降は2年に1回以上定期的に地下水を採取し、当該地下水に含まれる特定有害物質の量を、第六条第二項第二号の環境大臣が定める方法により測定すること。
	ロ	イの測定の結果を都道府県知事に報告すること。
二 原位置封じ込め	イ	基準不適合土壌のある範囲及び深さについて、ボーリングによる土壌の採取及び測定その他の方法により把握すること。
	ロ	第二溶出量基準に適合しない汚染状態にある土地にあっては、基準不適合土壌を特定有害物質が水に溶出しないように性状を変更する方法、土壌中の気体又は地下水に含まれる特定有害物質を抽出又は分解する方法その他の方法により、第二溶出量基準に適合する汚染状態にある土地とすること。
	ハ	基準不適合土壌のある範囲の側面を囲み、基準不適合土壌の下にある不透水層（厚さが5m以上であり、かつ、透水係数が毎秒100ナノメートル（岩盤にあっては、ルジオン値が1）以下である地層又はこれと同等以上の遮水の効力を有する地層をいう。）であって最も浅い位置にあるものの深さまで、鋼矢板その他の遮水の効力を有する構造物を設置すること。
	ニ	ハの構造物により囲まれた範囲の土地を、厚さが10cm以上のコンクリート又は厚さが3cm以上のアスファルトにより覆うこと。
	ホ	ニにより設けられた覆いの損壊を防止するための措置を講ずること。
	ヘ	表面をコンクリート又はアスファルトとすることが適当でないと認められる用途に用いられている土地にあっては、必要に応じニにより設けられた覆いの表面を基準不適合土壌以外の土壌（基準不適合土壌を特定有害物質が水に溶出しないように性状を変更して基準不適合土壌以外の土壌としたものを除く。以下同じ。）により覆うこと。
	ト	ハの構造物により囲まれた範囲にある地下水の下流側の当該範囲の周縁に1以上の観測井を設け、1年に4回以上定期的に地下水を採取し、当該地下水に含まれる特定有害物質の量を第六条第二項第二号の環境大臣が定める方法により測定し、地下水汚染が生じていない状態が2年間継続することを確認すること。
	チ	ハの構造物により囲まれた範囲に1以上の観測井を設け、トの確認がされるまでの間、雨水、地下水その他の水の浸入がないことを確認すること。
	イ	基準不適合土壌のある範囲及び深さについて、ボーリングによる土壌の採取及び測定その他の方法により把握すること。

三　遮水工封じ込め	ロ　イにより把握された基準不適合土壌を掘削し、掘削された基準不適合土壌のうち第二溶出量基準に適合しない汚染状態にあるものについては、特定有害物質が水に溶出しないように性状を変更する方法、土壌中の気体又は地下水に含まれる特定有害物質を抽出又は分解する方法その他の方法により、第二溶出量基準に適合する汚染状態にある土壌とすること。 ハ　当該土地に、不織布その他の物の表面に二重の遮水シートを敷設した遮水層又はこれと同等以上の効力を有する遮水層を有する遮水工を設置し、その内部にロにより掘削された基準不適合土壌を埋め戻すこと。 ニ　ハにより埋め戻された場所を、厚さが10cm以上のコンクリート又は厚さが3cm以上のアスファルトにより覆うこと。 ホ　ニにより設けられた覆いの損壊を防止するための措置を講ずること。 ヘ　表面をコンクリート又はアスファルトとすることが適当でないと認められる用途に用いられている土地にあっては、必要に応じニにより設けられた覆いの表面を基準不適合土壌以外の土壌により覆うこと。 ト　ハにより埋め戻された場所にある地下水の下流側の当該場所の周縁に1以上の観測井を設け、1年に4回以上定期的に地下水を採取し、当該地下水に含まれる特定有害物質の量を第六条第二項第二号の環境大臣が定める方法により測定し、地下水汚染が生じていない状態が2年間継続することを確認すること。 チ　ハにより埋め戻された場所の内部に1以上の観測井を設け、トの確認がされるまでの間、雨水、地下水その他の水の浸入がないことを確認すること。
四　地下水汚染の拡大の防止	一　揚水施設による地下水汚染の拡大の防止 　イ　当該土地において土壌汚染に起因する地下水汚染の拡大を的確に防止できると認められる地点に揚水施設を設置し、地下水を揚水すること。 　ロ　イにより揚水した地下水に含まれる特定有害物質を除去し、当該地下水の水質を排出水基準（汚染土壌処理業に関する省令（平成二十一年環境省令第十号）第四条第一号ト(1)に規定する排出水基準をいう。）に適合させて公共用水域（水質汚濁防止法（昭和四十五年法律第百三十八号）第二条第一項に規定する公共用水域をいう。）に排出するか、又は当該地下水の水質を排除基準（同令第四条第一号チ(1)に規定する排除基準をいう。）に適合させて下水道（下水道法（昭和三十三年法律第七十九号）第二条第三号に規定する公共下水道及び同条第四号に規定する流域下水道であって、同条第六号に規定する終末処理場を設置しているもの（その流域下水道に接続する公共下水道を含む。）をいう。）に排除すること。 　ハ　当該土地の地下水汚染が拡大するおそれがあると認められる範囲であって、基準不適合土壌のある範囲の周縁に観測井を設け、1年に4回以上定期的に地下水を採取し、当該地下水に含まれる特定有害物質の量を第六条第二項第二号

	の環境大臣が定める方法により測定し、地下水汚染が当該土地の区域外に拡大していないことを確認すること。この場合において、隣り合う観測井の間の距離は、30mを超えてはならない。 ニ　ハの測定の結果を都道府県知事に報告すること。 二　透過性地下水浄化壁による地下水汚染の拡大の防止 　イ　当該土地において土壌汚染に起因する地下水汚染の拡大を的確に防止できると認められている地点に透過性地下水浄化壁（汚染された地下水を通過させる過程において、特定有害物質を分解し、又は吸着する方法により、当該汚染された地下水を地下水基準に適合させるために必要な機能を備えた設備であって、地中に設置された設備をいう。）を設置すること。 　ロ　当該土地の地下水汚染が拡大するおそれがあると認められる範囲であって、基準不適合土壌のある範囲の周縁に観測井を設け、1年に4回以上定期的に地下水を採取し、当該地下水に含まれる特定有害物質の量を第六条第二項第二号の環境大臣が定める方法により測定し、地下水汚染が当該土地の区域外に拡大していないことを確認すること。この場合において、隣り合う観測井の間の距離は、30mを超えてはならない。 　ハ　ロの鑑定の結果を都道府県知事に報告すること。
五　土壌汚染の除去	一　基準不適合土壌の掘削による除去 　イ　基準不適合土壌のある範囲及び深さについて、ボーリングによる土壌の採取及び測定その他の方法により把握すること。 　ロ　イにより把握された基準不適合土壌を掘削し、掘削された場所を基準不適合土壌以外の土壌により埋めること。ただし、建築物の建築又は工作物の建設を行う場合等掘削された場所に土壌を埋める必要がない場合は、この限りでない。 　ハ　土壌溶出量基準に適合しない汚染状態にある土地にあっては、ロにより土壌の埋め戻しを行った場合には埋め戻された場所にある地下水の下流側の当該土地の周縁に、土壌の埋め戻しを行わなかった場合には掘削された場所にある地下水の下流側の当該土地の周縁に1以上の観測井を設け、1年に4回以上定期的に地下水を採取し、当該地下水に含まれる特定有害物質の量を第六条第二項第二号の環境大臣が定める方法により測定し、地下水汚染が生じていない状態が2年間継続することを確認すること。ただし、現に地下水汚染が生じていないときに土壌汚染の除去を行う場合にあっては、地下水汚染が生じていない状態を1回確認すること。 二　原位置での浄化による除去 　イ　基準不適合土壌のある範囲及び深さについて、ボーリングによる土壌の採取及び測定その他の方法により把握すること。

	ロ　土壌中の気体又は地下水に含まれる特定有害物質を抽出又は分解する方法その他の基準不適合土壌を掘削せずに行う方法により、イにより把握された基準不適合土壌から特定有害物質を除去すること。 ハ　土壌溶出量基準に適合しない汚染状態にある土地にあっては、ロの基準不適合土壌からの特定有害物質の除去を行った後、イにより把握された基準不適合土壌のある範囲に1以上の観測井を設け、1年に4回以上定期的に地下水を採取し、当該地下水に含まれる特定有害物質の量を第六条第二項第二号の環境大臣が定める方法により測定し、地下水汚染が生じていない状態が2年間継続することを確認すること。 ニ　土壌含有量基準に適合しない汚染状態にある土地にあっては、ロの基準不適合土壌からの特定有害物質の除去を行った後、イにより把握された基準不適合土壌のある範囲について、100m^{2}につき1地点の割合で深さ1mからイにより把握された基準不適合土壌のある深さまでの1mごとの土壌を採取し、当該土壌に含まれる特定有害物質の量を第六条第四項第二号の環境大臣が定める方法により測定し、当該基準に適合する汚染状態にあることを確認すること。
六　遮断工封じ込め	イ　基準不適合土壌のある範囲及び深さについて、ボーリングによる土壌の採取及び測定その他の方法により把握すること。 ロ　イにより把握された基準不適合土壌を掘削すること。 ハ　当該土地に、基準不適合土壌の投入のための開口部を除き、次の要件を備えた仕切設備を設置すること。 　(1)　1軸圧縮強度が1mm^{2}につき25ニュートン以上で、水密性を有する鉄筋コンクリートで造られ、かつ、その厚さが35cm以上であること又はこれと同等以上の遮断の効力を有すること。 　(2)　埋め戻す基準不適合土壌と接する面が遮水の効力及び腐食防止の効力を有する材料により十分に覆われていること。 　(3)　目視その他の方法により損壊の有無を点検できる構造であること。 ニ　ハにより設置した仕切設備の内部に、ロにより掘削した基準不適合土壌を埋め戻すこと。 ホ　ニにより土壌の埋め戻しを行った後、ハの開口部をハ(1)から(3)までの要件を備えた覆いにより閉鎖すること。 ヘ　ホにより設けられた覆いの損壊を防止するための措置を講ずること。 ト　表面をコンクリート又はアスファルトとすることが適当でないと認められる用途に用いられている土地にあっては、必要に応じホにより設けられた覆いの表面を基準不適合土壌以外の土壌により覆うこと。 チ　ニにより埋め戻された場所にある地下水の下流側の当該場所の周縁に1以上の観測井を設け、1年に4回以上定期的に地下水を採取し、当該地下水に含まれる

特定有害物質の量を第六条第二項第二号の環境大臣が定める方法により測定し、地下水汚染が生じていない状態が２年間継続することを確認すること。
リ　ニにより埋め戻された場所の内部に１以上の観測井を設け、チの確認がされるまでの間、雨水、地下水その他の水の浸入がないことを確認すること。

| 七　不溶化 | 一　原位置不溶化
　イ　基準不適合土壌のある範囲及び深さについて、ボーリングによる土壌の採取及び測定その他の方法により把握すること。
　ロ　イにより把握された基準不適合土壌を薬剤の注入その他の基準不適合土壌を掘削せずに行う方法により特定有害物質が水に溶出しないように性状を変更して土壌溶出量基準に適合する汚染状態にある土地とすること。
　ハ　ロにより性状の変更を行った基準不適合土壌のある範囲について、$100m^2$ごとに任意の地点において深さ1mからイにより把握された基準不適合土壌のある深さまでの1mごとの土壌を採取し、当該土壌について特定有害物質の量を第六条第三項第四号の環境大臣が定める方法により測定し、土壌溶出量基準に適合する汚染状態にあることを確認すること。
　ニ　ロにより性状の変更を行った基準不適合土壌のある範囲について、当該土地の区域外への基準不適合土壌又は特定有害物質の飛散等を防止するため、シートにより覆うことその他の措置を講ずること。
　ホ　ロにより性状の変更を行った基準不適合土壌のある範囲にある地下水の下流側に１以上の観測井を設け、１年に４回以上定期的に地下水を採取し、当該地下水に含まれる特定有害物質の量を第六条第二項第二号の環境大臣が定める方法により測定し、地下水汚染が生じていない状態が２年間継続することを確認すること。
二　不溶化埋め戻し
　イ　基準不適合土壌のある範囲及び深さについて、ボーリングによる土壌の採取及び測定その他の方法により把握すること。
　ロ　イにより把握された基準不適合土壌を掘削し、掘削された基準不適合土壌を薬剤の注入その他の方法により特定有害物質が水に溶出しないように性状を変更して土壌溶出量基準井適合する汚染状態にある土壌とすること。
　ハ　ロにより性状の変更を行った土壌について、おおむね$100m^3$ごとに５点から採取した土壌をそれぞれ同じ重量混合し、当該土壌について特定有害ｂ物質の量を第六条第三項第四号の環境大臣が定める方法により測定し、土壌溶出量基準に適合する汚染状態にあることを確認した後、当該土地の区域内に埋め戻すこと。
　ニ　ハにより埋め戻された場所について、当該土地の区域外への汚染土壌又は特定有害物質の飛散等を防止するためシートにより覆うことその他の措置を講ず |

	ること。 ホ　ハにより埋め戻された場所にある地下水の下流側に1以上の観測井を設け、1年に4回以上定期的に地下水を採取し、当該地下水に含まれる特定有害物質の量を第六条第二項第二号の環境大臣が定める方法により測定し、地下水汚染が生じていない状態が2年間継続することを確認すること。
八　舗装	イ　当該土地のうち基準不適合土壌のある範囲を、厚さが10cm以上のコンクリート若しくは厚さが3cm以上のアスファルト又はこれと同等以上の耐久性及び遮断の効力を有するもの（当該土地の傾斜が著しいことその他の理由によりこれらを用いることが困難であると認められる場合には、モルタルその他の土壌以外のものであって、容易に取り外すことができないもの（以下「モルタル等」という。））により覆うこと。 ロ　イにより設けられた覆いの損壊を防止するための措置を講ずること。
九　立入禁止	イ　当該土地のうち基準不適合土壌のある範囲の周囲に、みだりに人が当該範囲に立ち入ることを防止するための囲いを設けること。 ロ　当該土地の区域外への基準不適合土壌又は特定有害物質の飛散等を防止するため、シートにより覆うことその他の措置を講ずること。 ハ　イにより設けられた囲いの出入口（出入口がない場合にあっては、囲いの周囲のいずれかの場所）の見やすい部分に、関係者以外の立入りを禁止する旨を表示する立札その他の設備を設置すること。
十　土壌入換え	一　区域外土壌入換え 　イ　当該土地の土壌を掘削し、ロにより覆いを設けた際に当該土地に建築されている建築物に居住する者の日常の生活に著しい支障が生じないようにすること。 　ロ　当該土地のうち地表から深さ50cmまでに基準不適合土壌のある範囲を、まず、砂利その他の土壌以外のもので覆い、次に、厚さが50cm以上の基準不適合土壌以外の土壌（当該土地の傾斜が著しいことその他の理由により土壌を用いることが困難であると認められる場合には、モルタル等）により覆うこと。 　ハ　ロにより設けられた覆いの損壊を防止するための措置を講ずること。 二　区域内土壌入換え 　イ　基準不適合土壌のある範囲及び深さについて、ボーリングによる土壌の採取及び測定その他の方法により把握すること。 　ロ　イにより把握された基準不適合土壌のある範囲において、イにより把握された基準不適合土壌及び地表から当該基準不適合土壌のある深さより50cm以上深い深さまでの基準不適合土壌以外の土壌を掘削すること。 　ハ　ロにより掘削を行った場所にロにより掘削された基準不適合土壌を埋め戻すこと。

	ニ	ハにより埋め戻された場所について、まず、砂利その他の土壌以外のもので覆い、次に、ロにより掘削された基準不適合土壌以外の土壌により覆うこと。
	ホ	ニにより設けられた覆いの破損を防止するための措置を講ずること。
十一 盛土	イ	当該土地のうち基準不適合土壌のある範囲を、まず、砂利その他の土壌以外のもので覆い、次に、厚さが50cm以上の基準不適合土壌以外の土壌（当該土地の傾斜が著しいことその他の理由により土壌を用いることが困難であると認められる場合には、モルタル等）により覆うこと。
	ロ	イにより設けられた覆いの損壊を防止するための措置を講ずること。

備考

地下水の水質の測定、原位置封じ込め、遮水工封じ込め、地下水汚染の拡大の防止、土壌汚染の除去、遮断工封じ込め、不溶化、舗装、立入禁止、土壌入換え又は盛土を行うに当たっては、汚染土壌又は特定有害物質の飛散、揮散又は流出を防止するために必要な措置を講じなければならない。

様式第一　（第一条第二項関係）

様式第二　（第三条第四項関係）

様式第三　（第十六条第一項関係）

様式第四　（第十六条第四項関係）

様式第五　（第十九条関係）

様式第六　（第二十三条第一項関係）

様式第七　（第四十四条第一項及び第五十条第二項関係）

様式第八　（第四十五条第一項及び第五十条第三項関係）

様式第九　（第四十六条第一項及び第五十条第四項関係）

様式第十　（第四十八条第一項、第五十一条第一項及び第五十二条関係）

様式第十一　（第五十四条関係）

様式第十二　（第五十七条関係）

様式第十三　（第五十八条第四項関係）

様式第十四　（第五十八条第四項関係）

様式第十五　（第六十条第一項関係）

様式第十六　（第六十一条第一項関係）

様式第十七　（第六十三条第一項関係）

様式第十八　（第六十四条第一項関係）

様式第十九　（第六十七条第二項関係）

様式第二十　（第七十四条関係）

様式第二十一　（第七十七条関係）

汚染の除去等の措置に関するイメージ図

※中央環境審議会土壌農薬部会土壌制度小委員会（第2回）（平成20年7月16日）
参考資料1「土壌汚染対策法に基づく措置の概要」より転載。

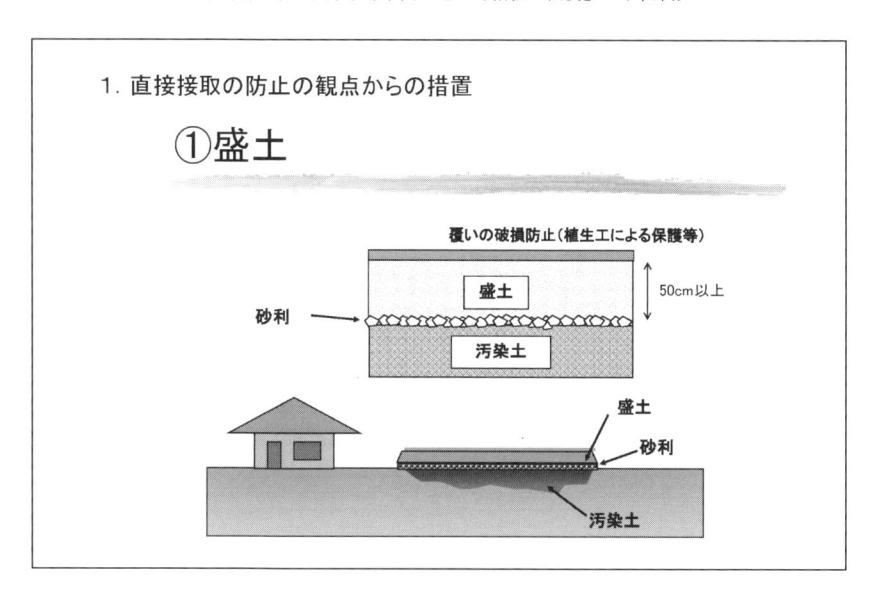

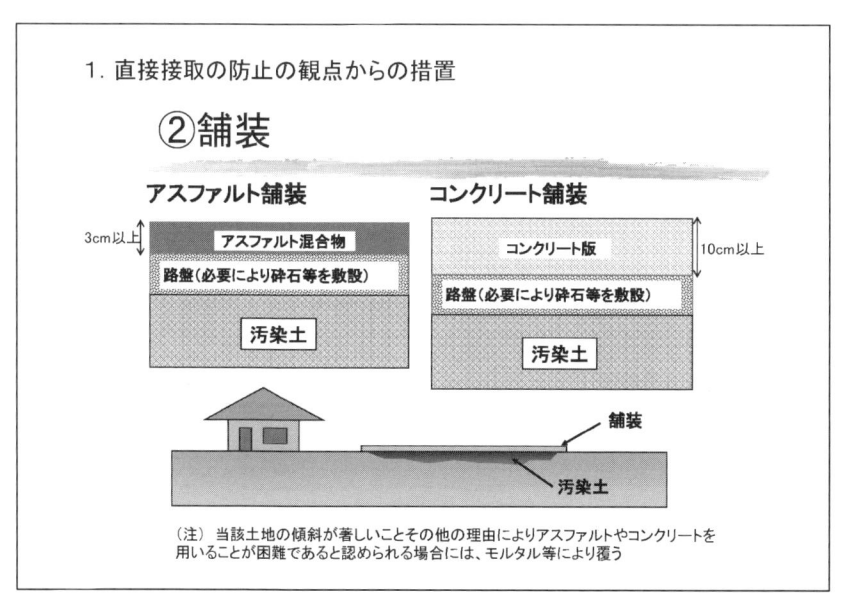

1. 直接摂取の防止の観点からの措置

①盛土

- 覆いの破損防止（植生工による保護等）
- 盛土　50cm以上
- 砂利
- 汚染土

②舗装

アスファルト舗装
- アスファルト混合物　3cm以上
- 路盤（必要により砕石等を敷設）
- 汚染土

コンクリート舗装
- コンクリート版　10cm以上
- 路盤（必要により砕石等を敷設）
- 汚染土

（注）当該土地の傾斜が著しいことその他の理由によりアスファルトやコンクリートを用いることが困難であると認められる場合には、モルタル等により覆う

1. 直接接取の防止の観点からの措置

③立入禁止

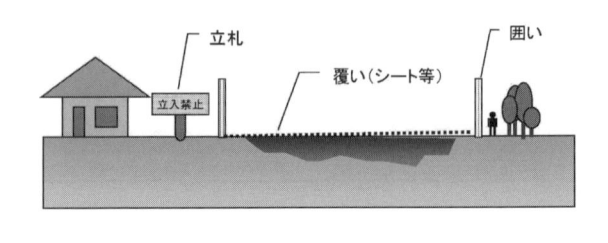

1. 直接接取の防止の観点からの措置

④土壌入換え（指定区域外）

汚染土壌掘削→場外搬出→非汚染土壌埋め戻し

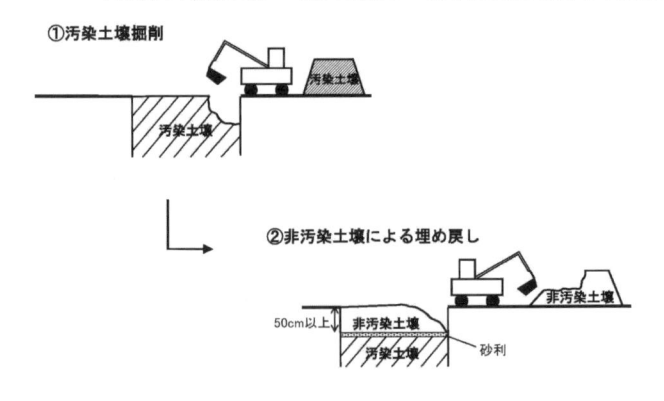

①汚染土壌掘削

②非汚染土壌による埋め戻し

汚染の除去等の措置に関するイメージ図

1. 直接摂取の防止の観点からの措置

⑤土壌入換え（指定区域内）

非汚染土壌＋汚染土壌の掘削→天地返し

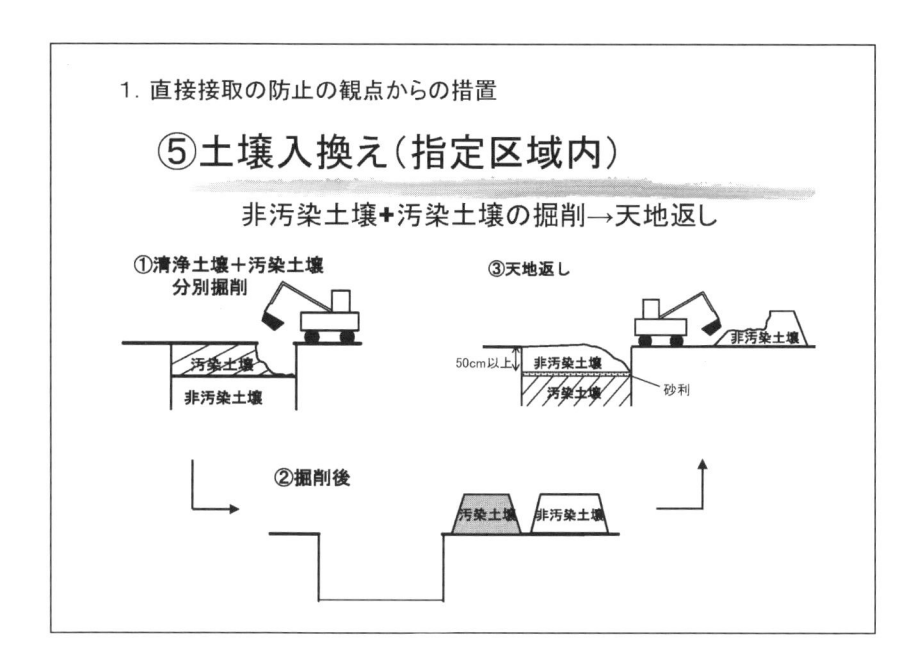

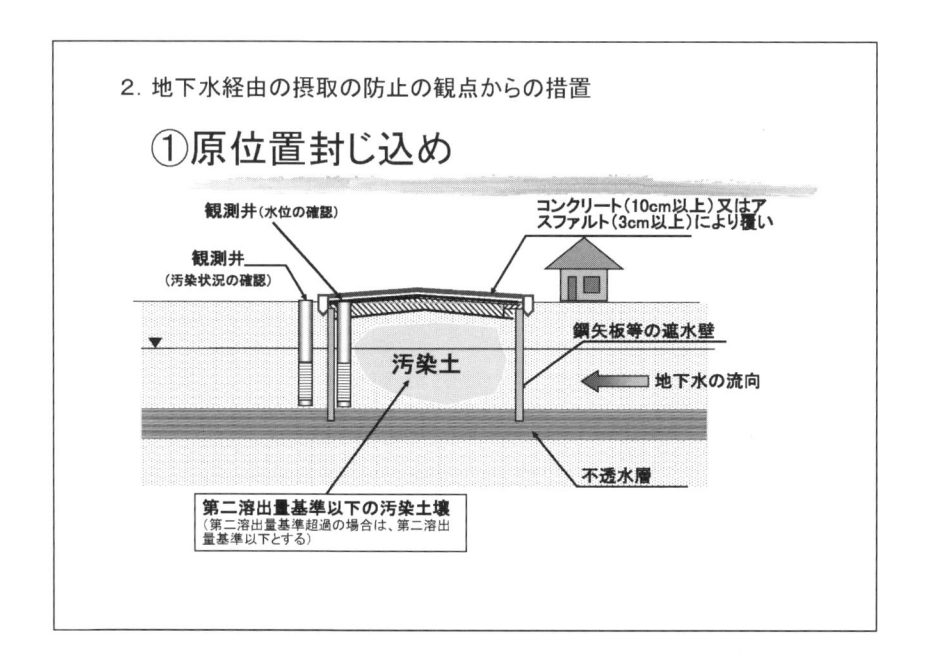

① 清浄土壌＋汚染土壌 分別掘削

汚染土壌
非汚染土壌

② 掘削後

汚染土壌　非汚染土壌

③ 天地返し

50cm以上　非汚染土壌
汚染土壌　砂利
非汚染土壌

2. 地下水経由の摂取の防止の観点からの措置

①原位置封じ込め

観測井（水位の確認）
観測井（汚染状況の確認）
コンクリート（10cm以上）又はアスファルト（3cm以上）により覆い
鋼矢板等の遮水壁
汚染土
←地下水の流向
不透水層
第二溶出量基準以下の汚染土壌
（第二溶出量基準超過の場合は、第二溶出量基準以下とする）

2. 地下水経由の摂取の防止の観点からの措置

②遮水工封じ込め

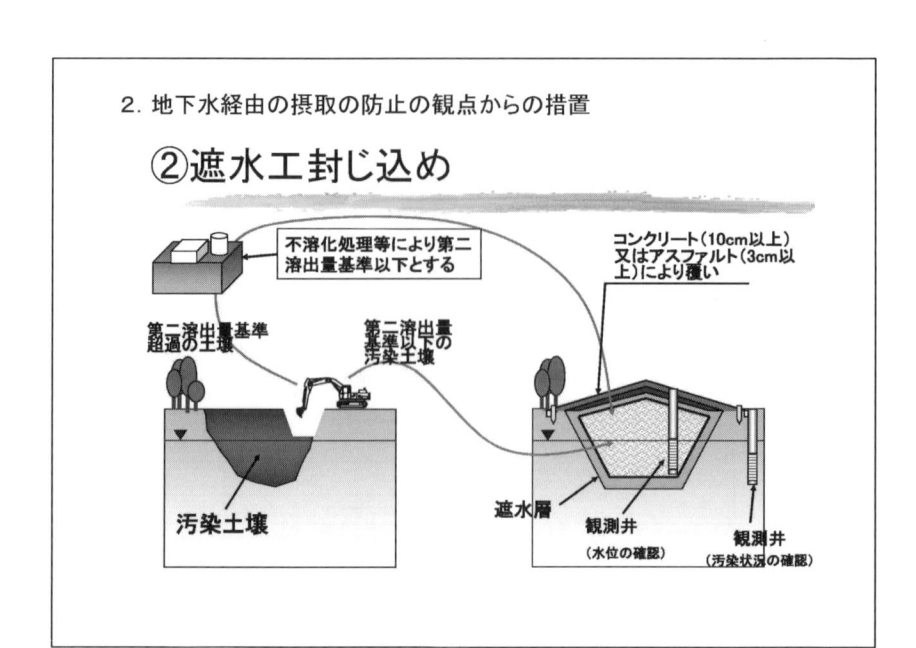

2. 地下水経由の摂取の防止の観点からの措置

③遮断工封じ込め

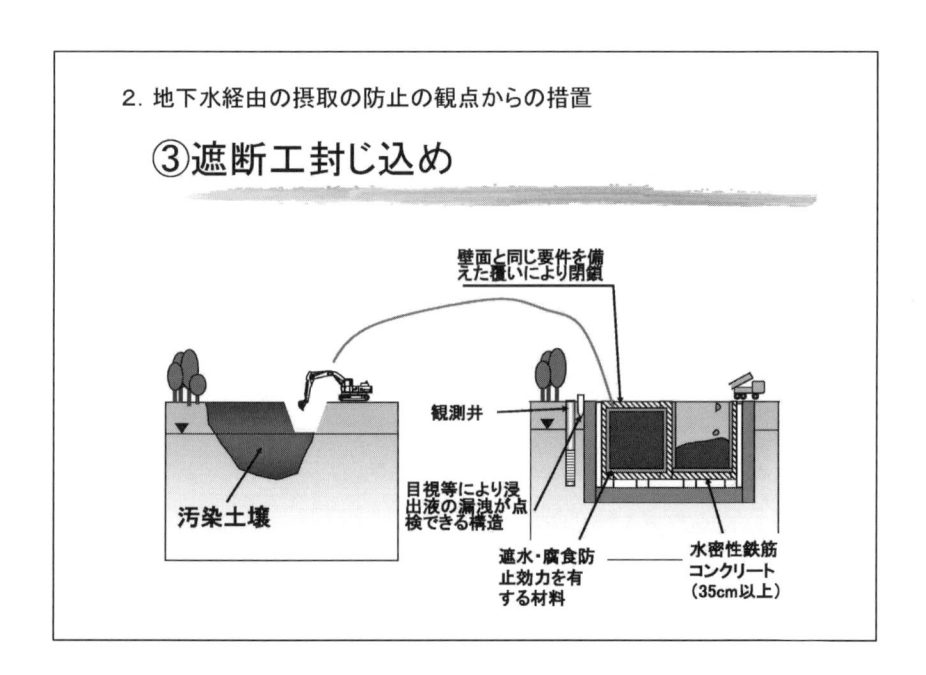

汚染の除去等の措置に関するイメージ図

2．地下水経由の摂取の防止の観点からの措置

④原位置不溶化

薬剤を注入・撹拌し、土壌溶出量基準に適合させる。

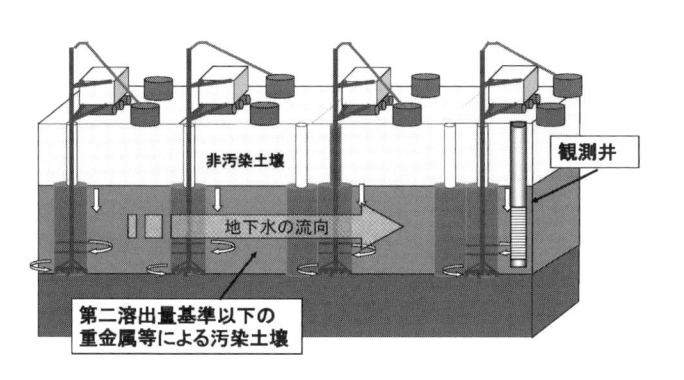

非汚染土壌
観測井
地下水の流向
第二溶出量基準以下の重金属等による汚染土壌

2．地下水経由の摂取の防止の観点からの措置

⑤不溶化埋め戻し

第二溶出量基準以下の重金属等による汚染土壌
不溶化処理
観測井
溶出量基準適合土壌

3. 直接摂取及び地下水経由の摂取の防止の両方観点からの措置

①掘削除去

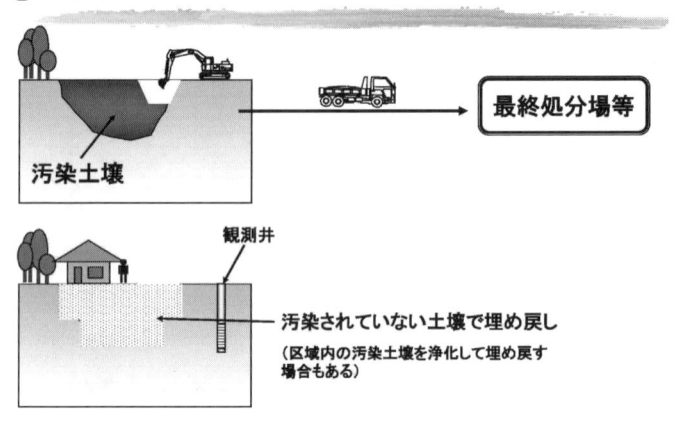

汚染土壌 → 最終処分場等

観測井

汚染されていない土壌で埋め戻し
（区域内の汚染土壌を浄化して埋め戻す場合もある）

---

3. 直接摂取及び地下水経由の摂取の防止の両方観点からの措置

②原位置浄化（分解）

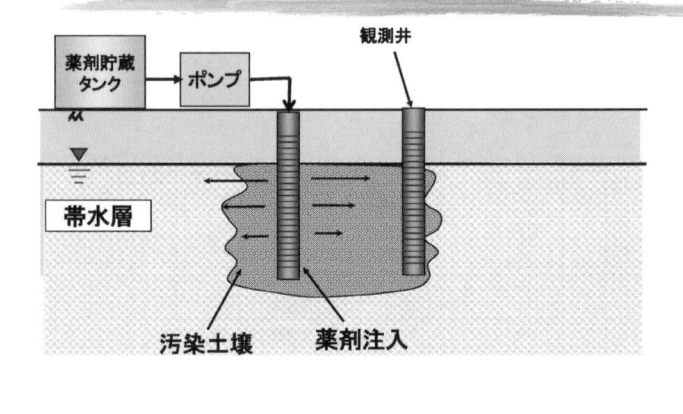

薬剤貯蔵タンク → ポンプ

観測井

帯水層

汚染土壌　薬剤注入

汚染の除去等の措置に関するイメージ図

3．直接摂取及び地下水経由の摂取の防止の両方観点からの措置

③原位置浄化（地下水揚水処理法）

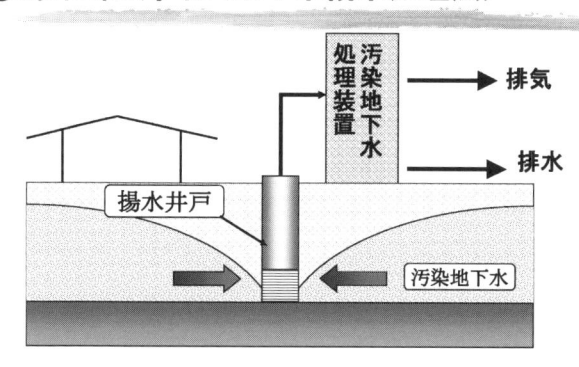

- 汚染地下水処理装置 → 排気
- → 排水
- 揚水井戸
- 汚染地下水

3．直接摂取及び地下水経由の摂取の防止の両方観点からの措置

④原位置浄化（土壌ガス吸引法）

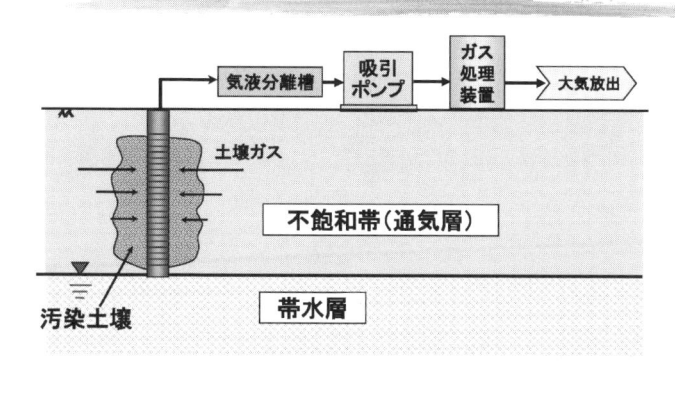

気液分離槽 → 吸引ポンプ → ガス処理装置 → 大気放出

- 土壌ガス
- 不飽和帯（通気層）
- 帯水層
- 汚染土壌

索　引

ISO14015　256-8

ア
油汚染　294-6, 300, 353
安定型最終処分場　214n, 215

イギリスの土壌汚染対策　37, 47
イタイイタイ病　22
一般債権　250-1
一般廃棄物　211, 215-6, 266-7, 354, 357
井戸水　50, 228, 281, 366, 368, 373, 397-9, 404
委任政令　92n
飲用リスク　52, 59, 61

埋立処分　210-1, 214, 378, 380
埋立処理施設　154-5
売主の重大な過失　350
運搬受託者　145-51

エンジニアリング・レポート　239

汚染土壌処理業者　138, 141-4, 153, 159-63, 178
汚染土壌処理業の許可　56, 153, 155-8, 161, 193
汚染土壌処理施設　142, 147, 150, 152-3, 155-160, 162, 178
汚染土壌の運搬　53, 56, 58-9, 136-7, 141-7, 150-1, 178-9, 196, 267
汚染土壌の処分　53, 56, 58, 139, 229, 263, 267
汚染土壌の処理の委託　142-3
汚染土壌の積替え　142
汚染土壌の搬出　56, 58, 136, 139, 141, 179, 196, 229
汚染土壌の保管　142, 156
汚染曝露経路　59
汚泥　266

親会社の責任　385
オランダの土壌汚染対策　24n, 35n, 36

カ
会社分割　254-5
買主の過失　296, 310, 333, 350
海面埋立　261-2
海洋投入処分　214n
瑕疵　51, 222, 327, 351-3
貸倒懸念債権　250-2
瑕疵担保責任　51, 221-2, 224-5, 234, 263, 270, 277, 287-90, 294-6, 299
瑕疵担保責任期間　224-6, 296
過失相殺　336, 338
環境アセスメント　215, 257
環境影響評価法　215, 215n, 375n
環境基準　216
環境サイトアセッサー　258
換地　275-8, 278n
管理型最終処分場　214n, 215-6, 215n, 354
管理票　144-51
管理票交付者　145, 148-51

技術管理者　166-7, 196
技術的事項答申　76, 112
基準不適合土壌　109-11, 125, 128, 130, 133, 268
揮発性有機化合物　24, 76-7, 114, 324, 344, 394-5
キャッシュ・フロー見積法　251
金融商品に関する会計基準　250

区域指定　361-3
区域指定の単位　100
掘削後調査の方法　139
掘削除去　53, 102, 113, 230, 241
掘削前調査の方法　139

497

計画変更命令　127, 136
形質変更時要届出区域　55-6, 60, 124-31, 133
　-6, 138, 194-5, 204, 206, 263-4
形質変更時要届出区域台帳　131, 135-6, 194
競売物件　345
原位置封じ込め　53, 114, 125
原位置不溶化　125
原因者責任　270, 400
原因者責任主義　28, 30-1, 44, 105
原因者への求償　57-8, 121, 195
健康項目に係る排水基準　217-8
健康被害が生ずるおそれ　113
検査通知義務　226, 303, 335
原状回復　144, 248, 311, 319-20, 329, 374, 388
原則的時価算定　240
減損の兆候　246-7

公害防止事業　22, 381-2, 384
公害防止事業費事業者負担法　22, 381-5
交換価値　274, 278, 335
公共用水域　94, 157-8, 204-5, 212, 217, 264
公共用地の取得における土壌汚染への対応に係
　る取扱指針　273
鉱山保安管理区域　92
鉱山保安法　74, 88-9, 92
工場団地　365
工場排水規制法　212
港湾管理者　116, 262
国際会計基準　247-50
固定資産税評価額　242, 388
固定資産の減損に係る会計基準　246-9, 252

サ
最終処分場　211, 214-7, 316
再処理汚染土壌処理施設　156, 159
財務諸表　240, 250, 252-3
財務内容評価法　251
錯誤　322-3, 334, 343, 401-2
産業廃棄物　218
産業廃棄物管理票　265
残土条例　378-9

事業譲渡　255-6

事後規制　291
資産除去債務　248-9
資産除去債務に関する会計基準　248-9
指示措置　100-2, 113-4, 118-9, 121, 218-9
指示措置等　121-2
自主調査　54n, 60, 87, 98, 124, 132-3
自然由来　262, 269-70
指定支援法人　44, 107, 164, 171-7, 179-80,
　184, 191-2, 260-1
指定調査機関　43-4, 60, 86, 91, 135-6, 163-
　71, 174, 179-80, 191, 196, 278, 394
遮水工封じ込め　114
遮断型最終処分場　214n, 215, 218
遮断工封じ込め　114-5
重金属等　24, 76-7, 113-4, 324, 344, 354-6,
　373, 394-5
受忍限度　355-6, 359-60, 367-70, 376
照応の原則　276
使用価値　247, 274
浄化等処理施設　155, 157
証券化対象不動産　239
硝酸性窒素類　68, 231
使用の廃止　45, 60, 71, 76, 84, 203-4
商法第526条　225-6, 297-8, 300-3, 335-6,
　338, 342, 348, 351
正味売却価額　247, 250, 275
将来キャッシュフロー　246-7, 275
所有者責任主義　30, 44, 104-5
処理受託者　146-7, 149-51
試料調査　34, 76
人格権　354-8, 368, 370-1, 373-7
信義則上の告知・説明義務　314, 338, 350
信義則上の浄化義務　306-7
信託受益権売買　333
信頼利益　352-3
心理的嫌悪感　241

水質汚濁防止法　24, 28, 67, 69, 84, 158, 216,
　218, 276, 299
水質汚濁防止法上の特定施設　43, 70n
水質保全法　212
スティグマ　241
スーパーファンド法　25-7, 32-4, 33n, 46, 48n,

51

生活環境項目に係る排水基準　217
清掃法　210, 210n, 211n, 214
正当な補償　271-2
責任期間特約　298, 307
セメント製造施設　155-7
潜在的責任当事者　26-7, 33, 35-6

相続税評価額　244
想定上の条件　239-40
措置の指示　57, 60, 105-8, 118, 122, 202, 204-5, 207, 209, 227, 230, 237
措置命令　60, 207-8
損害賠償の範囲　318, 343, 352

タ
第一種特定有害物質　76-7, 79, 81, 110, 113
ダイオキシン　23n, 24, 29, 371
ダイオキシン類　29, 68, 216, 218, 315, 354-6, 373, 381-2, 384
ダイオキシン類対策特別措置法　24, 29n, 158, 216, 316, 384
対策業者の責任　307
第三種特定有害物質　76-7, 110, 113
代執行　209, 372, 375, 377
第二溶出量基準　113, 134, 154-5, 218
第二種特定有害物質　76-7, 110, 113
宅地建物取引業者の責任　235
宅地建物取引業法　225-6, 301-3, 401
立入禁止　95, 107, 112, 115, 126, 237, 280
建物賃貸借　319, 330
棚卸資産の評価に関する会計基準　249-50
単位区画　78-9, 81, 100, 109-10

地下水汚染　24-5, 28, 30, 36, 45, 49-50, 71, 94, 114-5, 135, 280
地下水の水質汚濁に係る環境基準　25, 216, 216n
地下水モニタリング　107, 112, 122
地中埋設物　243, 299, 315, 323, 338, 341-4, 346-50, 402
地方自治体の責任　400

中央環境審議会　53n, 55, 58, 68, 68n, 70n, 71n, 85, 104, 115, 132, 217n, 218, 280, 380
仲介業者　309
中間処理　155, 214n, 372
中間処理施設　214n
調査義務　73, 203, 208
調査業者の責任　307
調査・措置命令の不作為　365
調査費用　21, 34, 168, 221, 245, 297, 312, 315, 319
調査命令　60, 89-90, 93-5, 203-4, 208, 280-1, 361-3
直接摂取のリスク　52, 59, 204-5
地歴調査　72, 76

ディスクロージャー　252

ドイツの土壌汚染対策　35, 35n
東京証券取引所　252-3
東京都環境確保条例　89
道路用地　270-1
特定有害物質　22, 43, 45, 49, 52, 67-8, 72, 76-77, 269
特別管理産業廃棄物　218
特別清掃地域　210-1
土砂等　378-381
土壌入替え　114, 320
土壌汚染状況調査　56, 67, 69, 96, 98, 124, 132, 163, 165-70, 178-9, 264
土壌汚染対策基金　173
土壌汚染の除去　45, 113-5, 125, 207-8, 229, 240
土壌ガス調査　76-7, 82-3
土壌含有量基準　93, 125, 134, 268
土壌含有量調査　77, 264, 356
土壌・地下水汚染に係る調査・対策指針及び同運用基準　25, 205, 223
土壌の汚染に係る環境基準　24, 216, 216n, 223
土壌溶出量基準　93, 125, 130, 135, 216-8, 264, 268
土壌溶出量調査　76-7
土地区画整理　275, 276-7, 278n
土地工作物責任　210, 229

土地の形質の変更　55-6, 60, 88, 114, 121-3, 127-31, 136, 172, 178-9, 194-5, 204, 219, 228, 236, 249
土地の所有者等　38-9, 43-5, 47, 52, 57-8, 60, 74-5, 84-5, 89, 96, 108, 178-9

ナ
日本環境協会　107, 172-4, 261
任意調査　21, 55, 57-8, 206

濃度基準　49-50, 59, 61, 72, 93, 97, 216, 219
農薬等　77, 113-4
農用地土壌汚染防止法　22-3, 22n, 30

ハ
廃棄物埋立護岸　116, 262
廃棄物処分場　116, 155, 211, 214, 354, 357
廃棄物処理法　53, 67, 116, 154, 210-1, 214, 217, 265-6
排出事業者　23, 265
ハイテク汚染　24, 28
破産更生債権等　250, 252
販売用不動産　246, 249-50

秘密保持　175, 278-9
表明保証条項　51, 233-4, 403

フェーズ1調査　34n
複合汚染　331
不作為の不法行為　397-400
不適切処理　340
不動産鑑定評価　237, 392
不動産鑑定評価基準　238-41, 272, 387
不法行為責任の除斥期間　121, 220, 264, 396, 398-9
不法投棄　23, 23n, 179, 264
不溶化埋め戻し　115
ブラウンフィールド　33, 55, 230
ブラウンフィールド活性化法　33-4

分別等処理施設　155

報告義務　132, 146, 175, 205-6
保険　258-60, 323
舗装　105, 112, 115
保留地　275, 277

マ
みなし時価算定　240
民法第570条　221-2, 225-6, 288-9, 292, 301, 344, 347, 349, 351

免責規定　47, 107
免責特約　304, 306, 323, 337-8, 342-3, 345, 347-50

モニタリング調査　237
盛土　87, 108, 114-5, 274

ヤ
有害物質使用特定施設　69-70, 76, 98, 191
融資　27, 236, 250-1, 258
油類　68, 231

要措置区域　55-6, 58, 69, 91, 96-101, 109, 119, 121-6, 129, 133-5, 138, 202, 206, 219, 262, 264-5
要措置区域等　55, 135-9, 207, 221-2, 236
用対連基準　271-4
予見可能性　352, 365, 367, 371, 397-8, 405

ラ
ラブ・カナル事件　26, 26n

リスク管理　49, 59, 105, 295
リスクコミュニケーション　33n, 133

六価クロム汚染　339

小澤　英明（おざわ　ひであき）

1956年長崎県生まれ　西村あさひ法律事務所パートナー弁護士（不動産法・環境法）
1978年東京大学法学部卒業、1980年東京弁護士会弁護士登録、1985年東京大学大学院工学系都市工学修士課程修了、1991年コロンビア・ロー・スクールLLM修了、1992年NY州弁護士資格取得

著書：『東京都の温室効果ガス規制と排出量取引―都条例逐条解説―』（共著　白揚社　2010年）、『日本のクラシックホール』（共著　白揚社　2007年）、「歴史的建造物と所有権」（共著　稲本洋之助先生古稀記念論文集『都市と土地利用』所収　日本評論社　2006年）、『建物のアスベストと法』（白揚社　2006年）、西村ときわ法律事務所編『ファイナンス法大全アップデート』第6章第3節「環境法」（共著　商事法務研究会　2006年）、『日本の駅舎とクラシックホテル』（共著　白揚社　2005年）、西村総合法律事務所編『ファイナンス法大全下』第11章第7節「不動産投融資における不動産法上の若干の問題」（共著　商事法務研究会　2003年）、『土壌汚染対策法』（白揚社　2003年）、『都市の記憶――美しいまちへ』（共著　白揚社　2002年）、西村総合法律事務所編『M&A法大全』第9章「M&Aと不動産法・環境法」（共著　商事法務研究会　2001年）、『定期借家法ガイダンス』（共著　住宅新報社　2000年）

論文：「日本における土壌汚染と法規制―過去及び現在―」（都市問題　2010年8月号pp.44-54）、「土壌汚染に関する東京高裁判決について」（ビジネス法務　2009年3月号pp.74-79）、「土壌汚染対策法の概要と今後の立法的課題」（自由と正義　2008年11月号pp.28-38）、「土地区画整理組合の再建―君津市郡戸土地区画整理組合の例―」（共著　区画整理　2008年4月号pp.45-62）、「組合の再建にかかわる法的課題」（区画整理　2005年8月号pp.12-18）、「組合区画整理の破綻」（区画整理　2003年8月号pp.29-33）、「不動産賃貸借法の立法論と解釈論について―定期借家の再契約の予約をトピックとして―」（日本不動産学会誌　2002年／Vol.16 No.1 pp.65-79）、「土壌汚染浄化の立法論の分析」（判例タイムズ　2001年／1071号pp.65-80）、「建築協定の再生」（土地総合研究　2000年／第8巻第3号pp.64-70）、「建物区分所有関係の解消―建替え方式を廃止して売却方式を導入することについて―」（マンション学　2000年4月号pp.89-94）、「景観地役権―美しい町づくりのために」（判例タイムズ　1999年／1011号pp.28-34）、「アメリカのマンション法―建替えおよび復旧についてのヒント―」（判例タイムズ　1999年／997号pp.81-89、同1999年／999号pp.66-75）、「問答式土地区画整理の法律実務」（共著　新日本法規　1999年以降毎年改訂）、「自由な賃貸借について」（ビルディングマネジメントジャーナル　1998年11月号／16号pp.8-16、同1999年1月号／17号pp.29-37、同1999年3月号／18号pp.36-44）、「定期借家面白Q＆A」（ビルディングマネジメントジャーナル　1998年9月号／15号pp.12-19）、「バイパスとしての大深度地下利用制度―臨時大深度地下利用調査会答申批判」（自治研究　1998年／74巻9号pp.67-87）、「国民共有財産としての大深度地下―将来の世代の利益のために」（自治研究　1998年／74巻3号pp.97-107）、「民間の集合賃貸住宅の可能性―良質な集合住宅の維持および更新のために―」（住宅　1996年／Vol.45 pp.23-32）、「大深度地下と土地所有権―地下水利用権の分析を手がかりに」（NBL　1995年／583号pp.18-25）、「区画整理における換地計画の自由と制約―原位置換地主義の批判と申出換地の検討」（ジュリスト　1995年／1076号pp.64-69）、"Japanese Environmental Law"（Environmental Law & Practice　1994年July／August pp.27-35）、「日本の借地・借家法の根本的検討―アメリカ法との比較―」（季刊日本不動産学会誌　1994年／Vol.9 No.3 pp.36-49）、「仮取締役の選任の必要性について」（商事法務　1990年／1204号pp.59-65）、「土地所有権の制限―現代社会と土地所有権」（ジュリスト　1985年／828号pp.67-75）他

土壌汚染対策法と民事責任
<small>どじょうおせんたいさくほう　みんじせきにん</small>

2011 年 4 月 15 日　第 1 版第 1 刷発行
2014 年 5 月 30 日　第 1 版第 2 刷発行

著　　　者	小澤英明 ⓒ <small>おざわひであき</small>
発 行 者	中村　浩
発 行 所	株式会社 白揚社
	〒 101-0062　東京都千代田区神田駿河台 1-7
	電話 (03)5281-9772　振替 00130-1-25400
装　　　幀	岩崎寿文
印刷・製本	シナノ印刷株式会社

ISBN 978-4-8269-9049-3

◇ 白揚社好評既刊 ◇

建物のアスベストと法

小澤英明著

建築物に使用されているアスベストに焦点を合わせ、被害および紛争防止の観点から法律問題を分析。アスベストがいかなる法規制のもとに置かれているのかを正しく理解し、適切な行動を取るための、法律家による初めてのアスベスト問題解説書。　224頁　2940円

東京都の
温室効果ガス規制と排出量取引

小澤英明ほか著

地球温暖化の一因といわれる温室効果ガス削減のために東京都が導入した「排出量規制」と「排出量取引制度」に焦点を合わせ、網羅的に解説したガイドブック。逐条解説、具体例に則したＱ＆Ａなど、排出量規制に関わる方必携の一冊。　644頁　6090円

＊経済情勢により価格を変更することがあります。